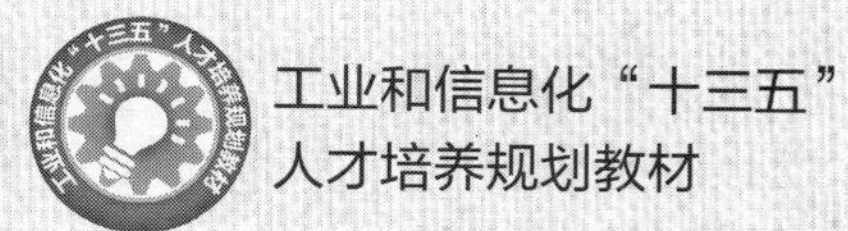

Ubuntu Linux 操作系统

第 2 版 | 微课版

张金石 主编
钟小平 汪健 副主编

人 民 邮 电 出 版 社
北 京

图书在版编目（CIP）数据

Ubuntu Linux操作系统 : 微课版 / 张金石主编. --
2版. -- 北京 : 人民邮电出版社, 2020.6(2021.11重印)
工业和信息化“十三五”人才培养规划教材
ISBN 978-7-115-53371-5

Ⅰ. ①U… Ⅱ. ①张… Ⅲ. ①Linux操作系统－高等学
校－教材 Ⅳ. ①TP316.89

中国版本图书馆CIP数据核字(2020)第021263号

内容提要

本书主要讲解Linux桌面操作系统Ubuntu的配置管理、桌面应用、编程和软件开发。全书共12章，内容包括Ubuntu概述、安装与基本操作，用户与组管理，文件与目录管理，磁盘存储管理，软件包管理，系统高级管理，Ubuntu桌面应用，Shell编程，C/C++编程，Java与Android开发环境，PHP、Python和Node.js开发环境，Ubuntu服务器。

本书内容丰富，注重实践性和可操作性，对每个知识点都有相应的操作示范，便于读者快速上手。

本书可作为高等院校、职业院校计算机专业的教材，也可作为Ubuntu Linux系统操作人员的参考书，以及各类培训班教材。

◆ 主　　编　张金石
副 主 编　钟小平　汪　健
责任编辑　桑　珊
责任印制　王　郁　马振武

◆ 人民邮电出版社出版发行　　北京市丰台区成寿寺路 11 号
邮编　100164　　电子邮件　315@ptpress.com.cn
网址　https://www.ptpress.com.cn
大厂回族自治县聚鑫印刷有限责任公司印刷

◆ 开本：787×1092　1/16
印张：18.25　　　　2020 年 6 月第 2 版
字数：551 千字　　　　2021 年11月河北第 7 次印刷

定价：59.80 元

读者服务热线：(010)81055256　印装质量热线：(010)81055316
反盗版热线：(010)81055315
广告经营许可证：京东市监广登字 20170147 号

第2版前言 FOREWORD

作为操作系统的后起之秀，Linux 继承了 UNIX 卓越的稳定性，不仅功能强大，而且可以自由、免费使用，市场份额不断增加，占据着非常重要的地位。一方面，Linux 系统凭借其开放性和安全性优势，广泛应用于各类网络服务器平台；另一方面，随着桌面操作系统的不断发展和完善，越来越多的用户选择 Linux 作为日常桌面应用和软件开发的系统平台。

Ubuntu 是目前流行的 Linux 桌面系统，其宗旨是为广大用户提供一个不断更新且相当稳定的，主要由自由、开源软件构建而成的系统平台。它提供了良好的用户体验，可以让用户在 PC 上便捷地使用 Linux 成为现实。

目前，我国很多高等院校、职业院校的计算机相关专业，都将 Linux 操作系统作为一门重要的专业课程，而 Ubuntu 又是 Linux 桌面系统的首选。编写本书的目的是帮助教师比较全面、系统地讲授这门课程，使学生能够熟练地掌握 Ubuntu 的配置管理、软件使用和编程环境部署。

本书内容系统、全面，结构清晰，在内容编写方面注意难点分散、循序渐进；在文字叙述方面注意言简意赅、重点突出；在实例选取方面注意实用性和针对性。

本书第 2 版根据 Ubuntu 操作系统的新进展对第 1 版进行了修订完善。本版修订主要包括：将 Ubuntu 版本从 14.10 升级到 18.04 LTS，删改一些过时的内容，如桌面环境变为 GNOME；将第 1 版前两章合并为第 1 章，将 Ubuntu 服务器单独作为一章讲解；补充了一些新内容，如 Snap 软件包安装、systemd 系统和服务管理、Python 和 Node.js 程序开发环境。

全书共 12 章，按照从基础到应用、开发的逻辑进行组织，内容主要包括 Ubuntu 系统桌面版的安装和基本使用、系统配置管理、桌面应用软件，以及编程与软件开发环境的搭建。第 1 章是基础部分，讲解 Linux 基本知识、Ubuntu 的安装、图形界面与命令行的基本操作。第 2 章至第 6 章介绍各类系统配置管理，涉及用户与组、文件与目录、磁盘存储、软件包安装，以及进程、系统和服务、任务调度和系统日志等高级管理，这些都是 Ubuntu 管理员、操作员和程序开发人员等需要掌握的基本技能。Ubuntu 所提供的桌面应用很有特色，第 7 章简单介绍了桌面应用软件的功能特性和基本使用。Ubuntu 已被许多用户用来进行编程和软件开发。第 8 章讲解最基本的 Linux 编程——Shell 编程。编写 Shell 脚本也属于高级系统管理内容，这对于管理员来说非常必要。第 9 章至第 11 章讲解软件开发，涉及 C/C++、Java、Android、PHP、Python 和 Node.js 等主流程序开发语言，重点不是如何编写程序，而是在 Ubuntu 系统中如何部署和使用软件开发环境，让读者掌握基本的应用开发流程。第 12 章专门讲解 Ubuntu 服务器的安装和配置管理，还介绍了 LAMP 服务器的搭建。考虑到 Linux 初学者，各章节还穿插介绍了必需的 Linux 概念和操作方法。

由于编者水平有限，书中难免存在不足之处，敬请广大读者批评指正。

编者

2020 年 1 月

目录 CONTENTS

第4章

第5章

第6章

第7章

第8章

第9章

第10章

第11章

第12章

第 1 章 Ubuntu概述、安装与基本操作

01

Linux 是操作系统的后起之秀，Ubuntu 是目前 Linux 桌面操作系统的优秀代表。本章是入门部分，将向读者介绍 Linux 和 Ubuntu 的基础知识，讲解 Ubuntu 的安装、桌面环境的基本操作和命令行的使用方法。

学习目标

① 了解什么是 Linux 和 Ubuntu，熟悉它们的特点和版本演变。

② 熟悉 Ubuntu 桌面版安装过程，掌握 Ubuntu 的安装方法。

③ 掌握 Ubuntu 桌面环境的基本操作，学会桌面个性化设置。

④ 掌握 Linux 命令行界面的基本使用，能通过命令行工具编辑文本文件。

1.1 Linux 与 Ubuntu

Linux 继承了 UNIX 系统卓越的稳定性，不仅功能强大，而且可以自由、免费使用，在桌面应用、服务器平台、嵌入式应用等领域形成了自身的产业环境，市场份额不断增加。作为一个新兴的 Linux 发行版，Ubuntu 是目前非常热门的 Linux 发行版之一。

1.1.1 Linux 操作系统的发展

操作系统（Operating System，OS）是最基本、最重要的系统软件，用于管理系统资源，控制程序执行，改善人机界面，提供各种服务，合理组织计算机工作流程，为用户使用计算机提供良好的运行环境。起源于 UNIX 的 Linux 已经成为一种主流的操作系统，下面介绍一下 Linux 系统的产生和发展过程。

1. UNIX

UNIX 原本是针对小型机主机环境开发的操作系统，是一种集中式分时多用户体系结构。经过不断发展，UNIX 成为可移植的操作系统，能够运行在各种计算机上，包括大型主机和巨型计算机，从而大大扩大了应用范围。随着 PC 的迅速发展和功能不断增强，UNIX 的 PC 版本面世，为 UNIX 在商业和办公应用方面开辟了新的市场。

UNIX 是一个强大的多用户、多任务操作系统，支持多种处理器架构。它的版本很多，大多要与硬件相配套，代表产品包括 HP-UX、IBM AIX 等。

UNIX 目前的商标权由国际开放标准组织所拥有，只有符合单一 UNIX 规范的 UNIX 系统才能使用 UNIX 这个名称，否则只能称为类 UNIX（UNIX-like）。

2. GNU与GPL

UNIX 诞生之后，很多教育机构、大型企业都投入研究，并取得了不同程度的研究成果，从而导致了一些经济利益和版权问题。早期计算机程序的源代码（Source Code）都是公开的，到 20 世纪 70 年代，源代码开始对用户封闭，这就对程序员造成了不便，也限制了软件的发展。为此，UNIX 爱好者 Richard M.Stallman 提出开放源码（Open Source）的概念，提倡大家共享自己的程序，让很多人参与校验，在不同的平台进行测试，以编写出更好的程序。他在 1984 年创立了 GNU 与自由软件基金会（Free Software Foundation，FSF），目标是创建一套完全自由的操作系统。

GNU 是“GNU's Not UNIX”的递归缩写，其含义是开发出一套与 UNIX 相似而不是 UNIX 的系统。作为一个自由软件工程项目，所谓的“自由”（free），并不是价格免费，而是指使用软件对所有的用户来说是自由的，即用户在取得软件之后，可以进行修改，进一步在不同的计算机平台上发布和复制。

为保证 GNU 软件可以自由地使用、复制、修改和发布，所有 GNU 软件都有一份在禁止其他人添加任何限制的情况下，授权所有权利给任何人的协议条款。针对不同场合，GNU 包含以下 3 个协议条款。

- GNU 通用公共许可证（GNU General Public License，GPL）。
- GNU 较宽松公共许可证（GNU Lesser General Public License，LGPL）。
- GNU 自由文档许可证（GNU Free Documentation License，GFDL）。

其中 GPL 条款使用最为广泛。GNU GPL 的精神就是开放、自由，为优秀的程序员提供展现自己才能的平台，也使他们能够编写出自由、高质量、容易理解的软件。任何软件加上 GPL 授权之后，即成为自由的软件，任何人均可获得，同时亦可获得其源代码。获得 GPL 授权软件后，任何人均可根据需要修改其源代码。除此之外，经过修改的源代码应回报给网络社会，供大家参考。

GNU GPL 的出现为 Linux 的诞生奠定了基础。1991 年，Linus Torvalds 按照 GPL 条款发布了 Linux，很快就吸引了专业人士加入 Linux 的开发，从而促进了 Linux 的快速发展。

3. POSIX

POSIX（Portable Operating System Interface for Computing Systems）是由 IEEE 和 ISO/IEC 开发的一簇标准。该标准基于现有的 UNIX 实践和经验，描述操作系统的调用服务接口，用于保证编写的应用程序可以在源代码一级上移植到多种操作系统上运行。

POSIX 是 UNIX 类型操作系统接口集合的国际标准。Linux 是一种起源于 UNIX，以 POSIX 标准为框架而发展起来的开放源代码的操作系统。IEEE POSIX 标准的制定阶段正是 Linux 刚刚起步的时候，这个 UNIX 标准为 Linux 提供了极为重要的信息，使得 Linux 在标准的指导下进行开发，能够与绝大多数 UNIX 系统兼容。

4. Minix

Minix 的名称源自英语 Mini UNIX，是一种基于微内核架构的类 UNIX 计算机操作系统，由 Andrew S. Tanenbaum 发明。它最初发布于 1987 年，全部源代码开放给大学教学和研究工作。2000 年重新改为 BSD 授权，成为自由和开放源码软件。

全套 Minix 除了启动部分以汇编语言编写以外，其他大部分都是用 C 语言编写，包括内核、内存管理和文件管理 3 个部分。Linux 是其作者受到 Minix 的影响而开发的，但在设计思想上 Linux 和 Minix 大相迳庭。Minix 在内核设计上采用的是微内核，而 Linux 与原始的 UNIX 一样采用宏内核。

5. Linux 的诞生

Linus Torvald 设计 Linux 的目标是要开发可用于 Intel 386 或奔腾处理器的 PC 机上，且具有 UNIX 全部功能的操作系统。1991 年 10 月 5 日，他在 comp.os.minix 新闻组上发布消息，正式向外宣布 Linux 内核系统的诞生。1994 年 Linux 第一个正式版本 1.0 发布，随后通过 Internet 迅速传播。

Linux 是一套在 GNU 公共许可权限下免费获得的自由软件，用户可以无偿地得到它及其源代码，可以无偿地获得大量的应用程序，而且可以任意地修改和补充它们。Linux 能够在 PC 计算机上实现全部的 UNIX 特性，具有多任务、多用户的能力。Linux 正确的读音应该为['li:nəks]。

6. Linux 的发展

Linux 诞生之后，发展迅速。一些机构和公司将 Linux 内核、源码以及相关应用软件集成为一个完整的操作系统，便于用户安装和使用，从而形成 Linux 发行版本。这些发行版不仅包括完整的 Linux 系统，还包括了文本编辑器、高级语言编译器等应用软件，以及 X-Windows 图形用户界面。

Linux 在桌面应用、服务器平台、嵌入式应用等领域得到了良好发展，并形成了自己的产业环境，包括芯片制造商、硬件厂商、软件提供商等。

Linux 具有完善的网络功能和较高的安全性，继承了 UNIX 系统卓越的稳定性表现，在全球各地的服务器平台上市场份额不断增加。

在高性能集群计算（HPCC）中，Linux 是无可争议的霸主，在全球排名前 500 名的高性能计算机系统中，Linux 占了 90%以上的份额。

云计算、大数据作为一个基于开源软件的平台，Linux 占据了核心优势。Linux 基金会的研究结果表明，86%的企业已经在使用 Linux 操作系统进行云计算、大数据平台的构建。

在桌面领域，Windows 仍然是霸主，但是 Ubuntu 等注重于桌面体验的发行版的不断进步，使得 Linux 在桌面领域的市场份额正在逐步提升。

在物联网、嵌入式系统、移动终端等市场，Linux 也占据着最大的份额。

1.1.2 分层设计的 Linux 体系结构

Windows 系列操作系统采用微内核体系结构，模块化设计，将对象分为用户模式层和内核模式层。用户模式层由一组组件（子系统）构成，将与内核模式组件有关的必要信息与其最终用户和应用程序隔离开来。内核模式层有权访问系统数据和硬件，能直接访问内存，并在被保护的内存区域中执行。

Linux 操作系统是采用单内核模式的操作系统，内核代码结构紧凑、执行速度快。内核是 Linux 操作系统的主要部分，它可实现进程管理、内存管理、文件管理、设备驱动和网络管理等功能，为核外的所有程序提供运行环境。

Linux 采用分层设计，分层结构如图 1-1 所示，它包括 4 个层次。每层只能与它相邻的层通信，层次间具有从上到下的依赖关系，靠上的层依赖于靠下的层，但靠下的层并不依赖于靠上的层。各层系统介绍如下。

- 用户应用程序。位于整个系统的最顶层，是 Linux 系统上运行的应用程序集合，常见的用户应用程序有字处理应用程序、多媒体处理应用程序、网络应用程序等。
- 操作系统服务。位于用户应用程序与 Linux 内核之间，主要是指那些为用户提供服务且执行操作系统部分功能的程序，为应用程序提供系统内核的调用接口。X 窗口系统、Shell 命令解释系统、内核编程接口等就属于操作系统服务子系统。这一部分也称为系统程序。
- Linux 内核。靠近硬件的是内核，即 Linux 操作系统常驻内存部分。Linux 内核是整个操作系统的核心，由它实现对硬件资源的抽象和访问调度。它为上层调用提供了一个统一的虚拟机器接口，在编写上层程序的时候不需要考虑计算机使用何种类型的物理硬件，也不需要考虑临界资源问题。每个上层进程执行时就像它是计算机上的唯一进程，独占了系统的所有内存和其他硬件资源。但实际上，系统可以同时运行多个进程，由 Linux 内核保证各进程对临界资源的安全使用。所有运行在内核之上的程序可分为系统程序和用户程序两大类，但它们统统运行在用户模式之下。内核之外的所有程序必须通过系统调用才能进入操作系统的内核。
- 硬件系统。包含 Linux 所使用的所有物理设备，如 CPU、内存、硬盘和网络设备等。

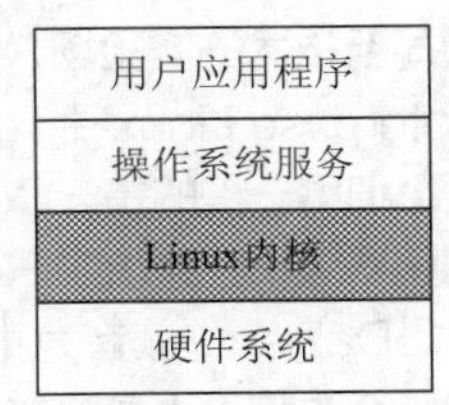

图 1-1 Linux 系统层次结构

1.1.3 多种多样的 Linux 版本

Linux 的版本分为两种：内核版本和发行版本。从技术角度看，Linux 是一个内核。内核指的是一个提供硬件抽象层、磁盘及文件系统控制、多任务等功能的系统软件。一个内核不是一套完整的操作系统。一套基于 Linux 内核的完整操作系统称为 Linux 操作系统，或是 GNU/Linux。仅有 Linux 内核是难以直接使用的。为方便普通用户使用，很多厂商在 Linux 内核基础上开发了自己的操作系统，因此 Linux 的发行版本非常丰富。

1. 内核版本

内核版本是指内核小组开发维护的系统内核的版本号。内核版本也有两种不同的版本号：实验版本和产品版本。实验版本还将不断地增加新的功能，不断地修正 BUG 从而发展到产品版本，而产品版本不再增加新的功能，只是修改错误。在产品版本的基础上再衍生出一个新的实验版本，继续增加功能和修正错误，由此不断循环。

内核版本的每一个版本号都是由 4 个部分组成的，其形式如下：

```
[主版本].[次版本].[修订版本]-[附版本]
```

其中主版本和次版本两者共同构成当前内核版本号。次版本还表示内核类型，偶数说明是稳定的产品版本，奇数说明是开发中的实验版本。作为正式用途的网络操作系统，建议使用稳定版本的内核。

修订版本表示是第几次修正的内核。最末的附版本是由 Linux 产品厂商所定义的版本编号，这组版本是可以省略的。

用户在登录到 Linux 字符界面时，可以在提示信息中看到内核版本号，也可以随时执行命令 uname -r 来查看系统的内核版本号。例如，有一个内核的版本编号为 4.4.0-75-generic，那就说明：这个内核的主版本为 4；次版本为 4，是一个稳定的版本；修订版本号为 9；厂商的版本编号为 75；最后的 generic 表示通用版。

2. 发行版本

对于操作系统来说，仅有内核是不够的，还需配备基本的应用软件。一些组织机构和公司将 Linux 内核、源码以及相关应用软件集成为一个完整的操作系统，便于用户安装和使用，从而形成 Linux 发行版本。

Linux 的发行版本通常包含一些常用的工具性的实用程序（Utility），供普通用户日常操作和管理员维护操作使用。此外，Linux 系统还有成百上千的第三方应用程序可供选用，如数据库管理系统、文字处理系统、Web 服务器程序等。

发行版本由发行商确定，知名的有 Red Hat、CentOS、Debian、SuSE、Ubuntu 等。发行版本的版本号也是随着发行者的不同而不同。Red Hat 和 Debian 是目前 Linux 发行版最重要的两大分支。

Red Hat Linux 是商业上运作最为成功的一个 Linux 发行套件，普及程度很高，由 Red Hat 公司发行。目前 Red Hat 分为两个系列：一个是 Red Hat Enterprise Linux（简称 RHEL），Red Hat 提供收费技术支持和更新，适合服务器用户；另一个是 Fedora，它的定位是桌面用户，Fedora 是 Red Hat 公司新技术的实验场，许多新的技术都会在 Fedora Core 中检验，如果稳定则会考虑加入 Red Hat Enterprise Linux 中。

值得一提的是，CentOS（Community Enterprise Operating System）是 RHEL 源代码再编译的免费版，它继承了 Red Hat Linux 的稳定性，且提供免费更新，在服务器市场广受欢迎。

Debian（读音为 [dɛ.bi.ən]）是迄今为止完全遵循 GNU 规范的 Linux 系统。Ubuntu 是 Debian 的一个改版，也是现在最流行的 Linux 桌面系统之一。接下来将重点介绍这两个发行版本。

1.1.4 Ubuntu Linux

“Ubuntu”一词源于非洲祖鲁人和科萨人的语言，发作 oo-boon-too 的音，国际音标为[u：'bu：ntu：]，含义是“人性”“我的存在是因为大家的存在”，是非洲的一种传统价值观，类似我们的“仁爱”思想。中文音译为“乌班图”。Ubuntu 基于 Debian 发行版，每半年发布一个新版本。

1. Ubuntu 的父版本 Debian

Debian 是 Ubuntu 的一个父版本，于 1993 年 8 月由一名美国普渡大学学生 Ian Murdock 首次发布。Debian 是一个纯粹由自由软件组合而成的作业环境。系统中绝大部分基础工具来自于 GNU 工程，因此 Debian 的全称为 Debian GNU/Linux。它并没有任何的营利组织支持，开发团队全部来自世界各地的志愿者，官方开发者的总数就将近千名，而非官方的开发者亦为数众多。

Debian 以其坚守 UNIX 和自由软件的精神以及给予用户众多选择而闻名。它永远是自由软件，可以在网上免费获得。Debian 是极为精简的 Linux 发行版，操作环境干净，安装步骤简易，拥有方便的套件管理程序，可以让使用者容易寻找、安装、移除、更新程序，或升级系统。它建立有健全的软件管理制度，包括了 Bug 汇报、套件维护人等制度，让 Debian 所收集的软件品质位居其他的 Linux 发行套件之上。它拥有庞大的套件库，使用者只需通过它自带的软件管理系统便可下载并安装套件。套件库分类清楚，使用者可以明确地选择安装自由软件、半自由软件或闭源软件。

Debian 的缺点和不足主要表现在以下几个方面：

- 软件不能及时获得更新。
- 一些非自由软件不能得到很好的支持。
- 发行周期偏长。

有很多 Linux 发行版本都继承了 Debian 系统，最著名的就是 Ubuntu，它继承了 Debian 的优点，集成在 Debian 下经过测试的优秀自由软件的开源 GNU/Linux 操作系统。

2. Ubuntu 的诞生与发展

Ubuntu 由 Mark Shuttleworth 创立，以 Debian GNU/Linux 不稳定分支为开发基础，其首个版本于 2004 年 10 月 20 日发布。Ubuntu 使用了 Debian 的大量资源，同时其开发人员作为贡献者也参与 Debian 社区开发，还有许多热心人士也参与了 Ubuntu 的开发。2005 年 7 月 8 日，Mark Shuttleworth 与 Canonical 有限公司宣布成立 Ubuntu 基金会，以确保将来 Ubuntu 得以持续开发与获得支持。Ubuntu 的出现得益于 GPL，同时也对 GNU/Linux 的普及尤其是桌面普及作出了巨大贡献，使更多人共享开源成果。

Ubuntu 旨在为广大用户提供一个最新的、同时又相当稳定的，主要由自由软件构建而成的操作系统。它具有庞大的社区力量，用户可以方便地从社区获得帮助。

Ubuntu 每半年发行一个新的版本，版本号由发布年月组成。例如第一个版本 4.10，代表是在 2004 年 10 月发行的。Ubuntu 会发行长期支持版本（简称 LTS），更新维护的时间比较长，大约两年会推出一个正式的大改版版本。值得一提的是，自 Ubuntu 12.04 LTS 开始，桌面版和服务器版 LTS 均可获得 Canonical 公司为期 5 年的技术支持。每个发行版本都提供相应的代号，代号的命名由两个单词组成的，而且两个单词的第一个字母都是相同的，第一个单词为形容词，第二个单词为表示动物的名词，例如，Ubuntu 18.04 LTS 的代号为“Bionic Beaver”（仿生海狸）。

Ubuntu 的支持者众多，而且 Ubuntu 遵循着自由软件的精神，因而出现了比较多的衍生版本，这些版本统一使用和 Ubuntu 一样的软件包。Ubuntu Kylin（优麒麟）是基于 Ubuntu 的一款官方衍生版，是一款专门为中国市场打造的免费操作系统，而且它已经被列入中国政府采购条例名单中。它包括 Ubuntu 用户期待的各种功能，并配有必备的中文软件及程序。

Ubuntu 是一个基于 Debian 的以桌面为主的 Linux 发行版，以其应用性而闻名。Ubuntu 提供 3

种官方版本：用于个人计算机的 Ubuntu 桌面版、用于服务器和云的 Ubuntu 服务器版和用于物联网设备和机器人的 Ubuntu Core。

Ubuntu 更接近 Debian 的开发理念，它主要使用自由、开源的软件，而其他发行版往往会附带很多非开源的软件。

1.2 安装 Ubuntu 操作系统

作为全球最流行且最有影响力的 Linux 开源系统之一，Ubuntu 自发布以来在应用体验方面有较大幅度的提升。Ubuntu 18.04 LTS 是 Ubuntu 的第 7 个长期支持版（LTS），本书重点以该版本为例讲解 Ubuntu Linux 操作系统。

1.2.1 安装前的准备工作

安装之前要做一些准备工作，如硬件检查、分区准备、分区方法选择。

1. 获取 Ubuntu 安装包

这里选择 Ubuntu 18.04 LTS 桌面版，读者可以到 Ubuntu 官网下载该版本的 ISO 镜像文件，可以根据需要刻录成光盘。从 2018 年 4 月开始发布直到 2023 年 4 月的 5 年内，Canonical 将为其提供安全和软件的更新，这期间将至少会有 5 个维护性更新版本，本例使用的是第 2 个更新版本，ISO 镜像文件为 ubuntu-18.04.2-desktop-amd64.iso。

2. 准备硬件

硬件最低要求：

- 至少 2GHz 的双核处理器。
- 4GB 内存。
- 25GB 可用硬盘空间。
- DVD 光驱或 USB 端口，用于安装程序介质。
- 确保计算机能够连接访问 Internet，以便安装过程中在线下载软件包。

3. 了解 Linux 磁盘分区

刚开始使用 Linux 的读者应当了解 Linux 磁盘分区知识。磁盘在系统中使用都必须先进行分区。Windows 系统使用盘符（驱动器标识符）来标明分区，如 C、D、E 等（A 和 B 表示软驱），用户可以通过相应的驱动器字母访问分区。而 Linux 系统使用单一的目录树结构，整个系统只有一个根目录，各个分区以挂载到某个目录的形式成为根目录的一部分。Linux 使用设备名称加分区编号来标明分区。SCSI 磁盘、SATA 磁盘（串口硬盘）均可表示为“sd”，并且在“sd”之后使用小写字母表示磁盘编号，磁盘编号之后是分区编号，使用阿拉伯数字表示（主分区或扩展分区的分区编号为 1~4，逻辑分区的分区编号从 5 开始）。例如，第一块 SCSI 或 SATA 磁盘被命名为 sda，第二块为 sdb；第一块磁盘的第一个主分区表示为 sda1，第二个主分区表示为 sda2。IDE 磁盘使用“hd”表示，表示方法同 SCSI 磁盘一样。

每个操作系统都需要一个主分区来引导，该分区存放有引导整个系统所需的程序文件。操作系统引导程序必须安装在用于引导的主分区，而其主体部分可以安装在其他主分区或扩展分区中。要保证有足够的未分区磁盘空间来安装 Linux 操作系统。在 Linux 系统安装过程中，可以使用可视化工具进行分区。

创建 Ubuntu 虚拟机

4. 准备安装环境

通常下载 ISO 安装光盘镜像文件之后，制作成光盘，直接用安装光盘的方式进行安装，这是最简单也是最常用的方法，推荐初学者使用。

为便于学习和实验，在 Windows 平台下利用虚拟机安装 Ubuntu 是一个不错的选择，读者可以充分利用虚拟机的快照功能来设置和切换不同的实验环境。这里推荐使用 Vmware Workstation 虚拟机软件。首先要创建一台 Ubuntu Linux 虚拟机，配置好内存（建议 4GB）和硬盘（建议 40GB），还要提供 Internet 连接，最省事的方法是将网络模式选择为 NAT，建议改为桥接模式。最后将安装镜像文件加载到虚拟的光驱，启动虚拟机即可开始安装。

1.2.2 Ubuntu 安装过程

这里以通过虚拟机安装为例示范 Ubuntu 桌面版的安装过程。

Ubuntu 安装过程

（1）启动虚拟机（直接在物理计算机上安装，先将计算机设置为从光盘启动，再将安装光盘插入光驱，重新启动），引导成功，出现图 1-2 所示的界面，从左侧列表中选择语言类型，这里选择“中文（简体）”。

图 1-2　选择语言类型

（2）单击“安装 Ubuntu”按钮，出现图 1-3 所示的界面，选择键盘布局，这里选择“英语（美国）”。

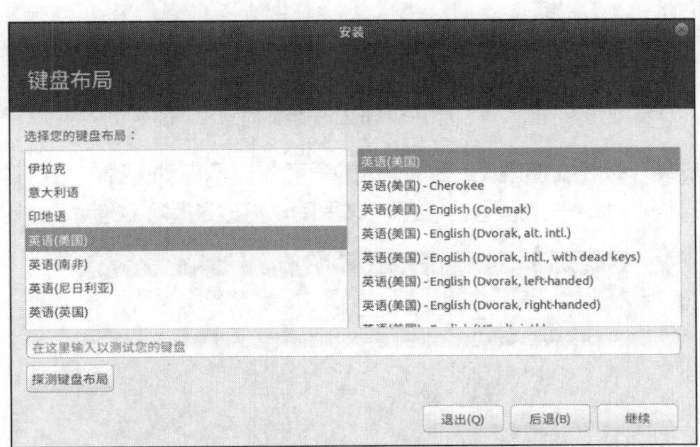

图 1-3　选择键盘布局

（3）单击“继续”按钮出现图 1-4 所示的界面，选择更新和其他软件，这里选择“正常安装”和“安装 Ubuntu 时下载更新”。

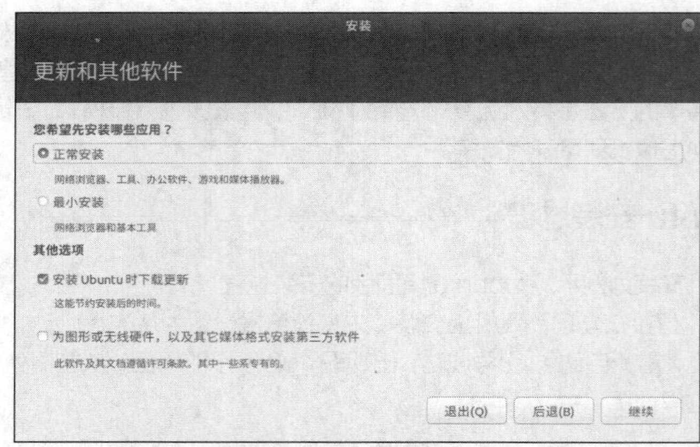

图 1-4　选择更新和其他软件

（4）单击“继续”按钮，出现图 1-5 所示的界面，选择安装类型。这里选择第 1 种类型“清除整个磁盘并安装 Ubuntu”，还可以勾选下面两个复选框，分别表示在安装过程中加密磁盘或使用 LVM（逻辑卷管理）。

如果要保留磁盘其他分区或数据，应选择第 2 种类型“其他选项”，可以创建或调整磁盘分区之后再安装。

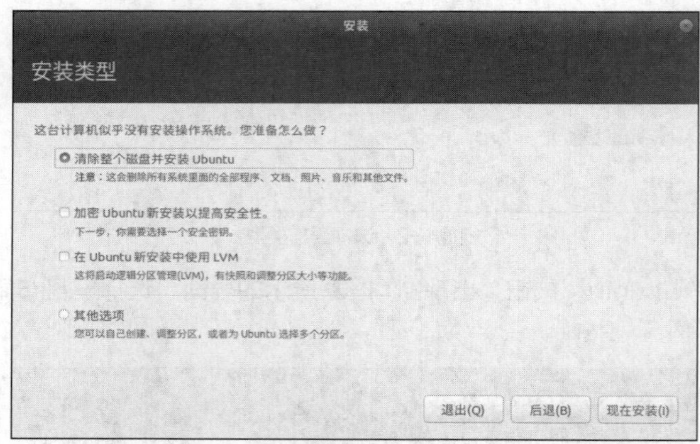

图 1-5　选择安装类型

（5）单击“现在安装”按钮，出现图 1-6 所示的界面，显示自动创建的分区信息，提示是否将改动写入磁盘。若要自行调整，则单击“后退”按钮。这里确认将改动写入磁盘。

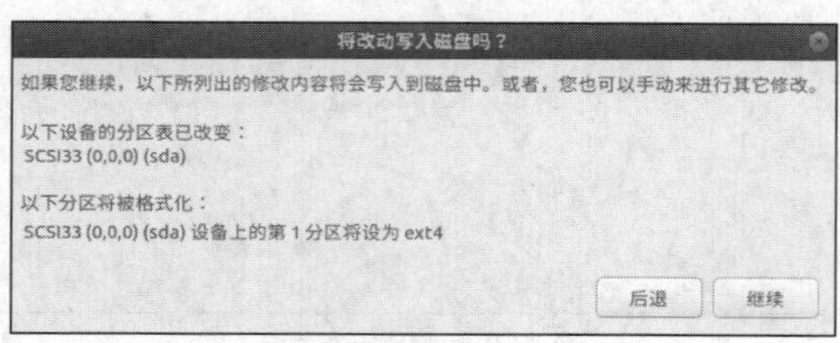

图 1-6　显示分区信息

（6）单击“继续”按钮，出现“您在什么地方”的提示，选择所在时区，默认值为“Shanghai”，可根据需要改为国内其他城市。

（7）单击“继续”按钮，出现图 1-7 所示的界面，输入个人姓名和计算机名，设置一个用户名及其密码，选择默认的登录方式“登录时需要密码”。

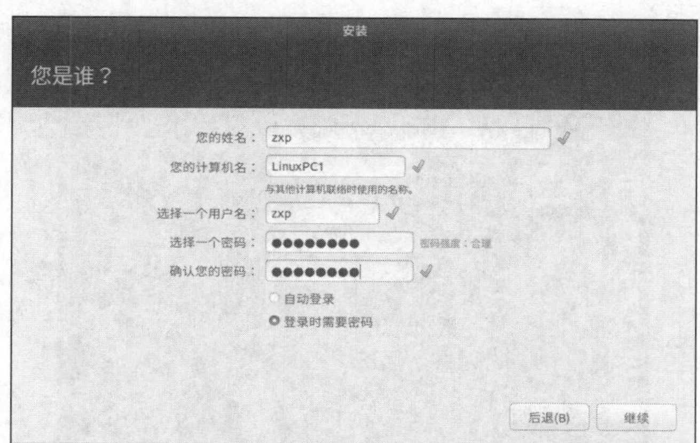

图 1-7　设置计算机名和用户

（8）单击“继续”按钮，进入正式的安装界面，安装过程中需要在线下载软件包。

（9）安装完成后，出现“安装完毕，您需要重新启动计算机以使用新安装的系统”提示对话框，单击“现在重启”按钮。如果光驱中还有光盘（本例中为镜像文件），则会提示移除该介质重启计算机。

（10）出现图 1-8 所示的界面，单击用户名会出现相应的登录界面，输入密码，单击“登录”按钮即可登录 Ubuntu 系统。

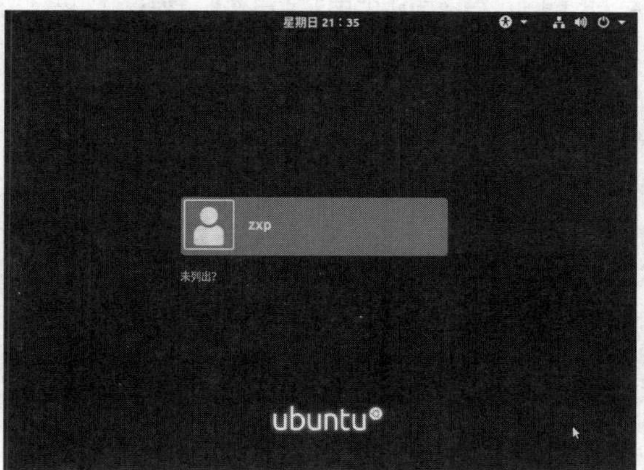

图 1-8　Ubuntu 登录

1.2.3　登录、注销与关机

在使用 Ubuntu Linux 操作系统之前用户必须先登录，然后才可以使用系统中的各种资源。登录的目的就是使系统能够识别出当前的用户身份，当用户访问资源时就可以判断该用户是否具备相应的访问权限。登录 Linux 系统是使用这个系统的第一步。用户应该首先拥有该系统的一个账户，作为登录凭证。

初次使用 Ubuntu 系统，无法作为 root（超级管理员）登录系统。其他 Linux 发行版一般在安装过程就可以设置 root 密码，用户可以直接用 root 账户登录，或者使用 su 命令转换到超级用户身份。与之相反，Ubuntu 默认安装时，并没有给 root 用户设置口令，也没有启用 root 账户，而是让安装系统时设置的第一个用户通过 sudo 命令获得超级用户的所有权限。在图形界面中执行系统配置管理操作时，会提示输入管理员密码，类似于 Windows 中的用户账户控制。

首次登录时，界面中会显示 Ubuntu 中的新特性，单击“前进”按钮，根据提示完成更新之后，进入图 1-9 所示的桌面环境。

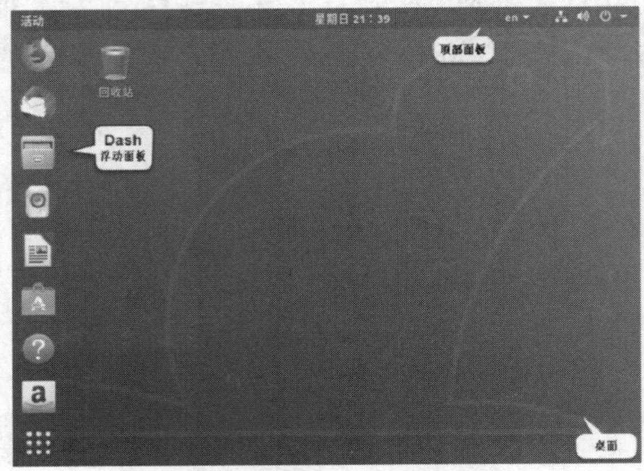

图 1-9　Ubuntu 桌面环境

注销就是退出某个用户的会话，是登录操作的反向操作。注销会结束当前用户的所有进程，但是不会关闭系统，也不影响系统上其他用户的工作。注销当前登录的用户，目的是为了以其他用户身份登录系统。单击右上角的任一图标弹出状态菜单，再单击以图标打头的当前登录用户名以展开状态菜单，如图 1-10 所示，单击“注销”执行注销并进入登录界面。

如果要关机，打开系统状态菜单，单击其中的电源按钮，弹出图 1-11 所示的关机界面，可以执行重启或关机操作。进入关机界面后如果不进行任何操作，则系统将在 60 秒（这是默认设置）后自动关机。

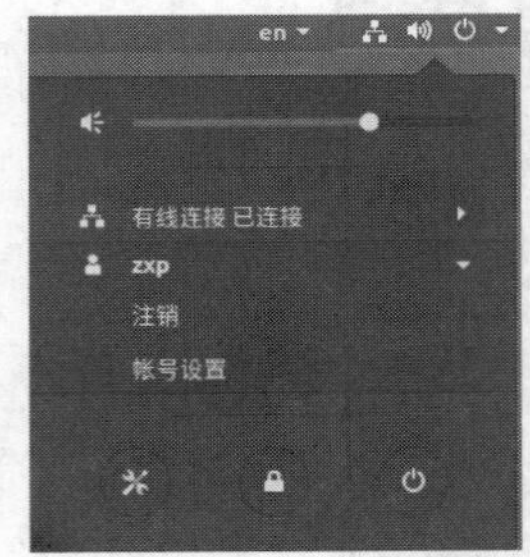

图 1-10　状态菜单

图 1-11　关机界面

1.2.4　安装 open-vm-tools 工具

open-vm-tools 的安装步骤

考虑到很多初学者在 VMware 虚拟机环境中学习 Ubuntu，只有在 VMware 虚拟机中安装 VMware Tools，才能实现主机与虚拟机之间的文件共享，支持自由拖曳的功能，在虚拟机与主机之间自由移动鼠标，全屏化虚拟机屏幕。官方的 VMware Tools 可能存在兼容性问题，建议使用 open-vm-tools 来代替。该工具是 VMware Tools 的开源实现，由一套虚拟化实用程序组成。

1. open-vm-tools 的安装步骤

（1）在 VMware 虚拟机中运行 Ubuntu，按下组合键<Ctrl>+<Alt>+<T>进入终端界面。

（2）运行命令 sudo apt install open-vm-tools 安装基本软件包（需要输入管理员密码）。

（3）运行命令 sudo apt install open-vm-tools-desktop 以支持桌面环境的双向拖放文件。

（4）关闭该虚拟机，在虚拟机设置的“硬件”部署部分打开“显示器”设置，确认已选中“加速 3D 图形”选项。

（5）重新启动该虚拟机即可正常使用 open-vm-tools 的功能，例如进行文件拖拽、复制和剪切等操作。

2. 让虚拟机共享主机上的文件夹

这里介绍一下在主机与虚拟机（以 VMware 为例）之间实现文件夹共享的配置步骤。

（1）打开 VMware 虚拟机（运行 Ubuntu）的虚拟机对话框，切换到“选项”选项卡，单击“共享文件夹”，选中“总是启用”单选钮，单击“添加”按钮启动相应的向导。

（2）单击“下一步”按钮，出现“命名共享文件夹”对话框，在“主机路径”框中设置主机上要共享给虚拟机的文件夹路径，在“名称”框中为该共享文件夹命名（例中为 testShare）。

（3）单击“下一步”按钮，出现“指定共享文件夹属性”对话框，选中“启用此共享”。

（4）单击“完成”按钮完成共享文件夹的添加。可根据需要添加多个共享文件夹。

（5）单击“确定”按钮完成共享文件夹的设置。

（6）启动虚拟机，参照上述 open-vm-tools 安装步骤完成该套件的安装。早期版本还需要安装 open-vm-tools-dkms 以实现文件夹共享，Ubuntu 18.04 不用安装它。重启虚拟机。

（7）进入终端界面，执行以下命令，列出上述共享文件夹名称，说明可以挂载。

```
zxp@LinuxPC1:~$ vmware-hgfsclient
testShare
```

（8）执行命令 sudo mkdir -p /mnt/hgfs 创建共享文件夹专用的挂载目录。

（9）执行以下命令挂载共享文件夹。

```
sudo /usr/bin/vmhgfs-fuse .host:/ /mnt/hgfs -o subtype=vmhgfs-fuse,allow_other
```

（10）至此即可访问主机上的共享文件夹。例如：

```
zxp@LinuxPC1:~$ ls -l /mnt/hgfs
总用量 4
drwxrwxrwx 1 root root 4096 9月   4 14:27 testShare
```

也可以使用 mount 命令将共享文件夹作为 fuse.vmhgfs-fuse 文件系统挂载。

```
sudo mount -t fuse.vmhgfs-fuse .host:/ /mnt/hgfs -o allow_other
```

上述设置重启系统时会丢失，如果要在开机时自动挂载共享文件夹，则需更改/etc/fstab 文件，在该文件添加以下语句行即可：

```
.host:/      /mnt/hgfs          fuse.vmhgfs-fuse allow_other,defaults   0      0
```

1.3 熟悉 Ubuntu 桌面环境

Linux 操作系统比较流行的桌面环境是 GNOME 或 KDE，早期版本的 Ubuntu 使用 GNOME 桌面环境，从 11.04 版本开始，Ubuntu 放弃了 GNOME 桌面环境，以 Unity 作为默认的桌面环境，而从 17.10 版本又开始改回 GNOME 界面。Ubuntu 18.04 LTS 桌面版使用 GNOME 3 作为默认的桌面环境。Ubuntu 的桌面环境非常优秀，这也是它能成为优秀的 Linux 桌面系统的一种重要原因。使用 Ubuntu，首先要熟悉其桌面环境，之后可以根据需要定制桌面。

1.3.1 初始界面

前面在讲解登录操作时已经涉及用户界面了，Ubuntu 采用 GNOME 3 完全重绘了用户界面，界面非常简洁，首次登录时，只看到一个空旷的桌面和顶部面板。参见图 1-9，顶部面板条可提供对窗口和应用程序、日历和日程、以及像声音、网络连接和电源这样的系统属性的操作。其中的状态菜单可以调整音量或屏幕亮度，编辑 Wi-Fi 连接详细信息，检查电池状态，注销或切换用户，关闭计算机等。

1.3.2 桌面环境基本操作

桌面环境基本操作

熟悉 Ubuntu 桌面环境的基本操作，首先要了解活动概览视图（Activities overview）。

1. 使用活动概览视图

默认处于普通视图，单击屏幕左上角的“活动”（Activities）按钮，或者按Super键，可在普通视图和活动概览视图之间来回切换。Super键是指Windows（窗口）键。如图 1-12 所示，活动概览是一种全屏模式，提供从一个活动切换到另一个活动的多种途径。它会显示所有已打开的窗口的预览，以及收藏的应用程序和正在运行的应用程序的图标。另外，它还集成了搜索与浏览功能。

处于活动概览视图时，顶部面板上的左上角“活动”（Activities）按钮自动加上下划线。

在视图的左边可以看到 Dash 浮动面板，它就是一个收藏夹，放置最常用的程序和当前正在运行的程序，单击其中的图标可以打开相应的程序，如果程序已经运行了会高亮显示（正在运行的程序一个副本在图标左侧显示一个红点，多个副本就有多个红点），单击图标会显示最近使用的窗口。也可以从Dash浮动面板中拖动图标到视图，或者拖动到右边的任一工作区。

切换到活动概览视图时桌面上显示的是窗口概览视图，显示当前工作区中所有窗口的实时缩略图，其中只有一个是处于活动状态的窗口。每个窗口代表一个在运行的图形界面应用程序。上部有一个搜索框，可用于查找主目录中的应用程序、设置及文件。

工作区选择器位于活动概览视图右侧，可用于切换到不同的工作区。

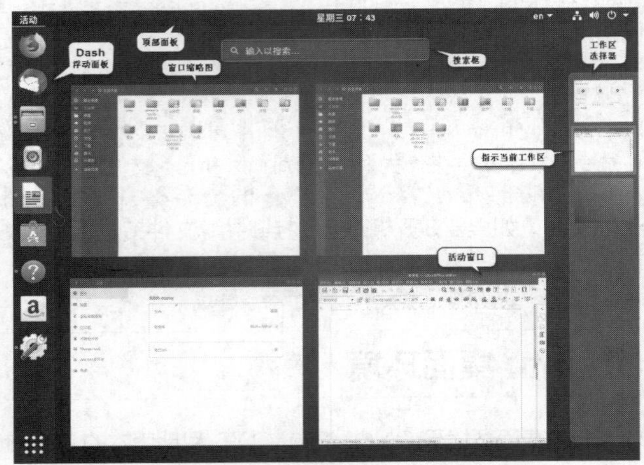

图1-12 活动概览视图

2. 启动应用程序

启动并运行图形界面应用程序的方法有很多，列举如下。

- 从 Dash 浮动面板中选择要运行的应用程序。对于经常使用的程序，可以将它添加到 Dash 面板中。常用应用程序即使没有处于运行状态，也会位于该面板中，以便快速访问。在 Dash 浮动面板图标上右击会显示一个菜单，允许选择任一运行程序的窗口，或者打开一个新的窗口。还可以按住<Ctrl>单击图标打开一个新窗口。
- 单击 Dash 浮动面板底部的“网格”按钮▦会显示应用程序概览视图，也就是应用程序列表，如图 1-13 所示。单击其中要运行的任何应程序，或者将一个应用程序拖动到概览视图或工作区缩略图上即可启动相应的应用程序。

- 打开活动概览视图后直接输入程序的名称，系统自动搜索该应用程序，并显示相应的应用程序图标，单击该图标即可运行。如果没有出现搜索，先单击屏幕上部的搜索条，然后再输入。
- 在终端窗口中执行命令来运行图形化应用程序。

图 1-13　应用程序列表

3. 将应用程序添加到 Dash 面板

进入活动概览视图，单击 Dash 面板底部的▦按钮，右击要添加应用程序，从快捷菜单中选择“添加到收藏夹”命令，或者直接拖动其图标到 Dash 面板中。要从 Dash 面板中删除应用程序，右击该应用程序，并选择“从收藏夹中移除”命令即可。

4. 窗口操作

在 Ubuntu 中运行图形界面应用程序时都会打开相应的窗口，如图 1-14 所示，应用程序窗口的标题栏右上角通常提供窗口关闭、窗口最小化和窗口最大化按钮；一般窗口都有菜单，默认菜单位于顶部面板左侧的菜单栏（要弹出下拉菜单）；一般窗口也可以通过拖动边缘来改变大小；多个窗口之间可以使用<Alt>+<Tab>键进行切换。

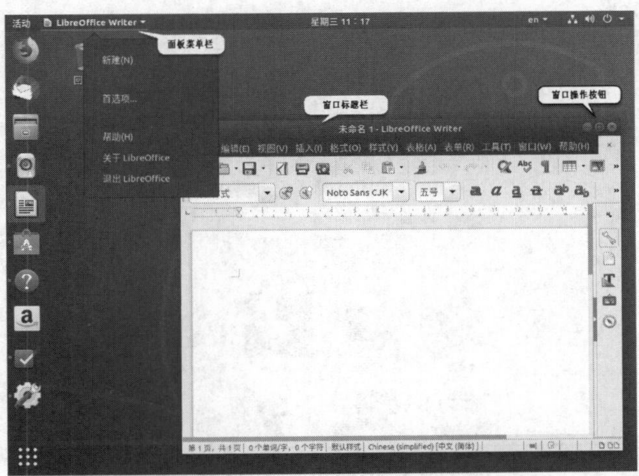

图 1-14　窗口操作

5. 使用工作区

可以使用工作区将应用程序组织在一起。将程序放在不同的工作区中是组织和归类窗口的一种有效的方法。

在工作区之间切换可以使用鼠标或键盘。进入活动概览视图之后，屏幕右侧显示工作区选择器，单击要进入的工作区，或者按<Page Up>或<Page Down>翻页键在工作区选择器中上下切换。

在普通视图中启动的应用程序位于当前工作区。在活动概览视图中，可以通过以下方法使用工作区。

- 将 Dash 浮动面板中的应用程序拖放到右侧某工作区中以在该工作区中运行该程序。
- 将当前工作区中某窗口的实时缩略图拖放到右侧的某工作区，使得该窗口切换到该工作区。
- 在工作区选择器中，可以将一个工作区中的应用程序窗口缩略图拖放到另一个工作区，使该应用程序切换到目标工作区中运行。

1.3.3 常用的图形界面应用程序

1. 文件管理器

单击“文件”按钮打开图 1-15 所示的界面，类似于 Windows 资源管理器，用于访问本地文件和文件夹以及网络资源。默认以图标方式显示，也可切换到列表方式，还可以指定排序方式。展开“其他位置”可以选择“位于本机”查看主机上的所有资源，或选择“网络”浏览网络资源。

图 1-15 文件管理器

2. FireFox 浏览器

单击按钮打开图 1-16 所示的浏览器界面。Linux 一直将 Mozilla FireFox 作为默认的 Web 浏览器，Ubuntu 也不例外。

图 1-16 FireFox 浏览器

3. 使用 gedit 文本编辑器

Ubuntu 提供图形化文本编辑器 gedit 来查看和编辑纯文本文件。纯文本文件是包含没有应用字体或风格格式文本的普通文本文件，如系统日志和配置文件。

从应用程序列表中浏览或查找“文本编辑器”或 gedit，或者在终端仿真窗口命令行中运行 gedit 命令打开该编辑器。gedit 界面如图 1-17 所示，可以打开、编辑并保存纯文本文件，还可以从其他图形化桌面程序中剪切和粘贴文本、创建新的文本文件及打印文件。

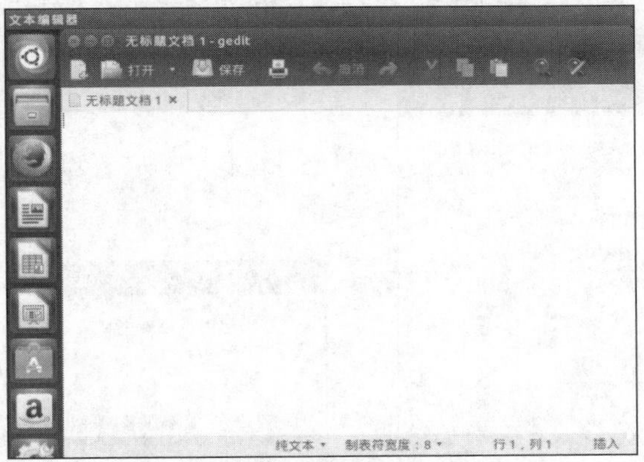

图 1-17　文本编辑器

由于用户权限限制，不能直接编辑保存配置文件等位于个人主目录之外的文件，这时要考虑使用 sudo 命令，在终端仿真窗口命令行中执行 sudo gedit 命令。

4. Ubuntu 软件中心

单击按钮打开 Ubuntu 软件中心，它类似于苹果商店（App Store），提供软件包供用户根据需要搜索、查询、安装和卸载。对于 Ubuntu 官方仓库中的软件包，可以通过利用该中心自动从后端的软件源下载安装。这是 Ubuntu 桌面版中最简单、最容易的安装方式，能让用户安装和卸载许多流行的软件包，非常适合初学者使用。

这里简单介绍它的使用方法。打开 Ubuntu 软件中心之后，用户可以通过关键字搜索来查找想安装的软件包，或者通过分类浏览来选择要安装的程序。如图 1-18 所示，找到要安装的软件包，这里以文本编辑器软件 GNU Emacs 25(GUI)为例，单击它即可进入该软件包的详细信息页面。

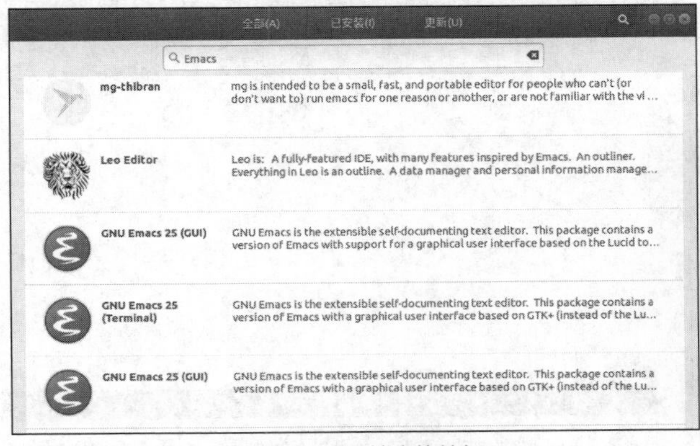

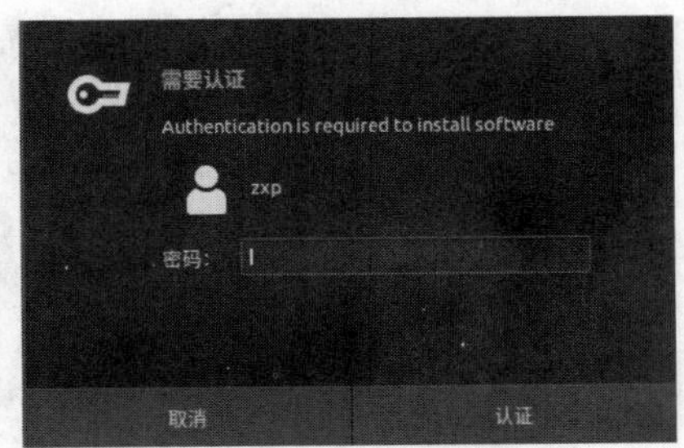

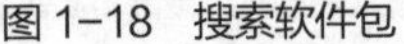
图 1-18　搜索软件包

图 1-19　用户认证

此页面将给出应用程序截图和简要介绍，单击其中的“安装”按钮，弹出图 1-19 所示的“需要认证”对话框，由于安装软件需要特权（root 权限），输入当前管理员账户的密码，单击“认证”按钮获得授权后即开始安装软件。安装成功之后即可正常使用软件。

通过 Ubuntu 软件中心可以查看已经安装的软件列表，单击窗口标题栏中的“已安装”按钮即可。此处也可以移除（卸载）软件。

5. 软件和更新

从应用程序列表中找到“软件和更新”程序并运行它，默认出现图1-20所示的界面，在“Ubuntu软件”选项卡中查看和设置软件源，从“下载自”下拉列表中选择所需的软件源（默认选择的是中国的服务器）。如果选择“其他站点”，将打开图1-21所示的对话框，从列表中选择一个下载服务器作为软件源，或者直接单击“选择最佳服务器”按钮（这种情况由于要测试速度，可能要耗费较长时间）。

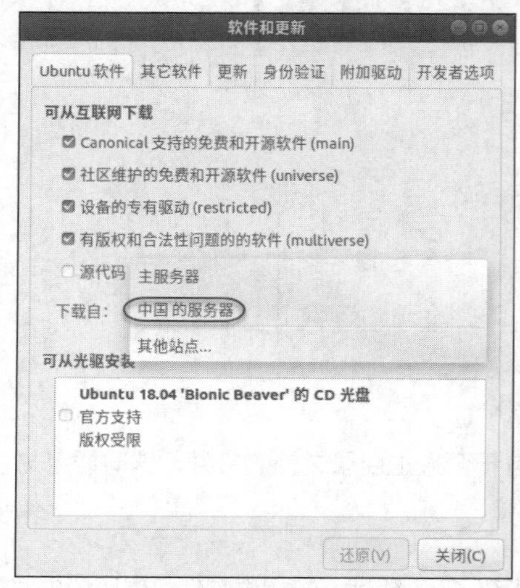

图1-20　设置软件源

图1-21　选择下载服务器

有些软件包安装不成功，会出现“下载软件包文件失败”“下载软件仓库信息失败”一类的提示，这主要是软件源的问题，解决的办法是变更软件源。Ubuntu软件中心的顶部面板菜单栏也会提供“软件和更新”菜单项，用于打开“软件和更新”程序。

除了设置软件源之外，“软件和更新”程序还有一项重要的功能是更新软件。切换到“更新”选项卡，可以设置系统更新选项，如图1-22所示。默认允许自动更新，如果有更新升级，会自动提醒可用的系统升级，自动打开软件更新器，如图1-23所示，界面中会显示需要下载的软件包大小，单击“更新详情”按钮可以进一步查看需要更新的软件清单。如果需要更新，单击“立即安装”按钮即可。

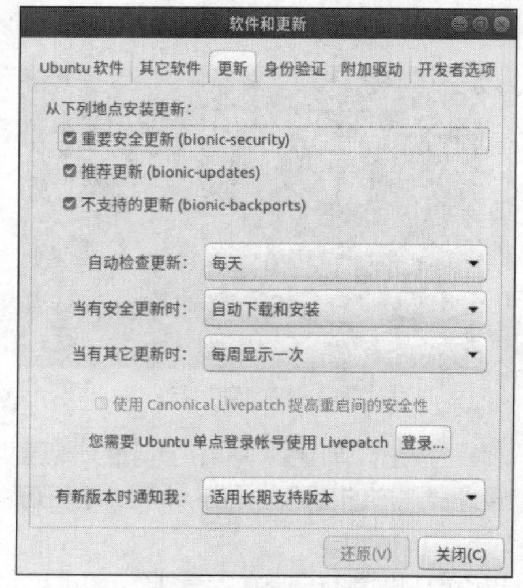

图1-22　设置更新选项

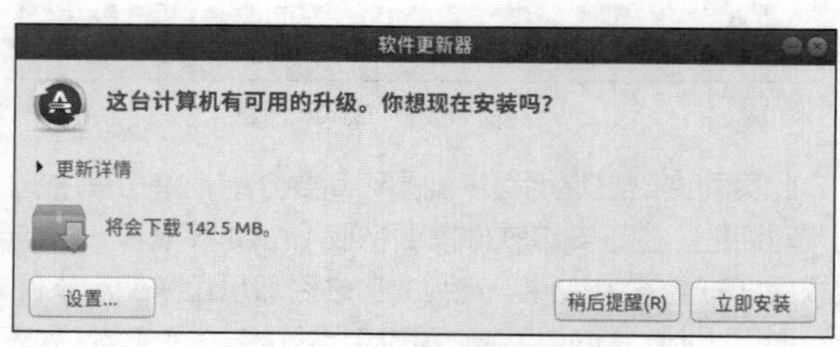

图1-23　软件更新器

当然，还可以手动运行软件更新器程序，从应用程序概览视图中找到它运行即可。

1.3.4 桌面个性化设置

桌面个性化设置

用户在开始使用 Ubuntu 时，往往要根据自己的需求对桌面环境进行定制。多数设置针对当前用户，不需要用户认证，而有关系统的设置则需要拥有超级管理员权限。从状态菜单中单击按钮，或者从应用程序列表中单击按钮，打开图 1-24 所示的“设置”应用程序，可执行各类系统设置任务。这里仅介绍部分常用的设置。

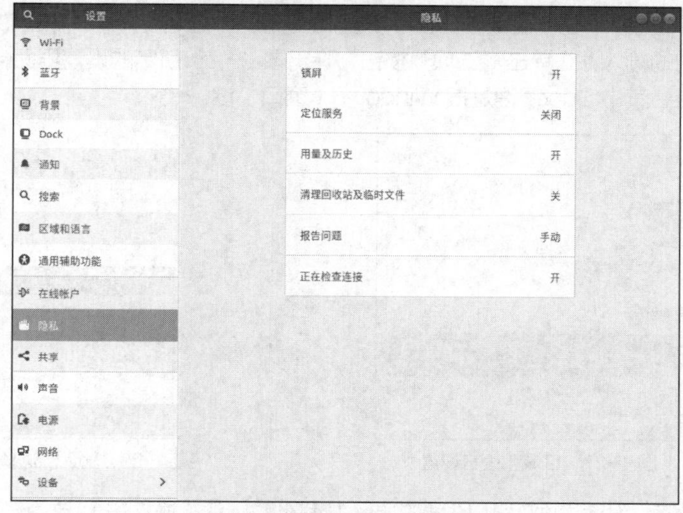

图 1-24 Ubuntu 系统设置

1. 显示设置

默认的显示分辨率为 800×600（像素），一般不能满足实际需要，所以就要修改屏幕分辨率。从“设置”应用程序中单击“设备”按钮打开相应界面，如图 1-25 所示，默认显示的“显示”设置界面，从“分辨率”下拉列表中选择所需的分辨率，然后单击“应用”按钮即可。

图 1-25 显示设置

2. 外观设置

外观设置涉及多项设置。从“设置”应用程序中单击“背景”按钮打开相应的界面，可以设置屏幕或锁定屏幕的背景壁纸、图片和色彩。

单击“Dock”按钮打开相应界面，可设置 Dash 浮动面板在屏幕上的位置、图标的大小等。

单击“通用辅助功能”按钮打开相应界面，可设置对比度、光标大小、是否缩放等。

3. 锁屏设置

从“设置”应用程序中单击“隐私”按钮打开相应的界面（见图1-24），单击“锁屏”弹出图1-26所示的窗口，默认5分钟无操作将自动关闭屏幕并开启屏幕锁定功能，从挂起状态唤醒时需要密码。为方便测试，最好关闭锁屏功能。

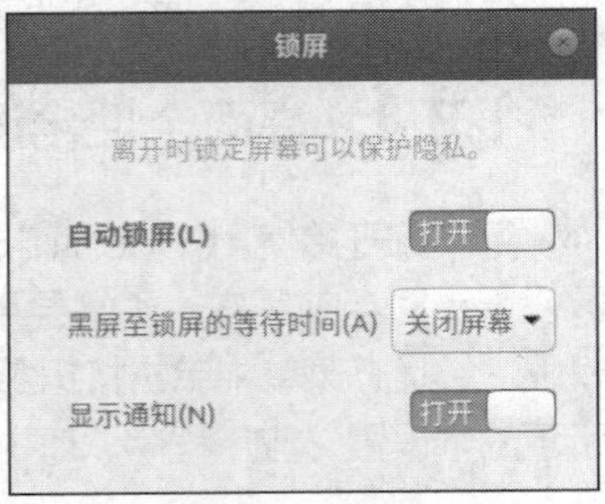

图1-26 锁屏设置

4. 输入法设置与输入法切换

从“设置”应用程序中单击“区域和语言”按钮，打开图1-27所示的界面，列出当前的输入源，单击“选项”按钮，弹出图1-28所示的设置界面，可以设置输入源之间切换使用的快捷键，其中Super键是指Windows（窗口）键。

图1-27 区域和语言设置

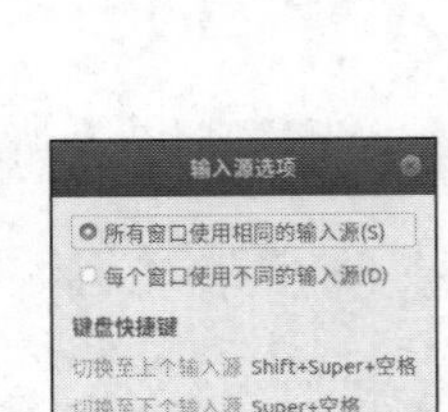

图1-28 输入源选项设置

回到“区域和语言”设置界面，可以根据需要添加其他输入源（输入法）。这里选中“汉语(Intelligent Pinyin)”输入源，单击右下角的齿轮按钮，弹出图1-29所示的对话框，可以设置该输入法的首选项。

在实际输入中还需要进行状态切换，单击桌面面板右上角的“en”按钮，弹出相应的下拉菜单，单击“汉语(Intelligent Pinyin)”可以切换到中文输入法，此时右上角“en”按钮变为“中”按钮。单击“中”按钮会弹出图1-30所示的菜单，除了可以切回英文输入法之外，还可以设置该中文输入法的选项。

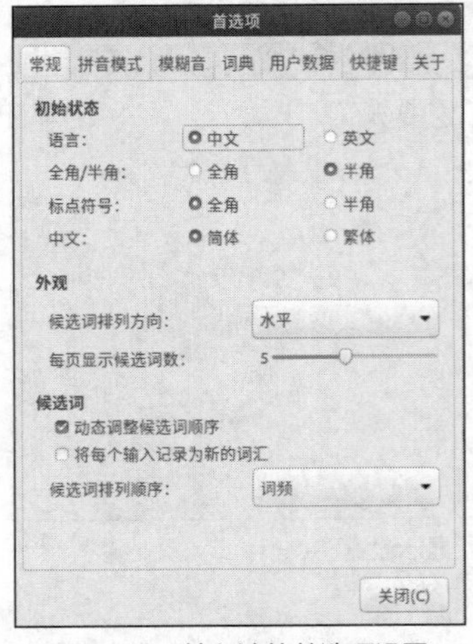

图1-29 输入法的首选项设置

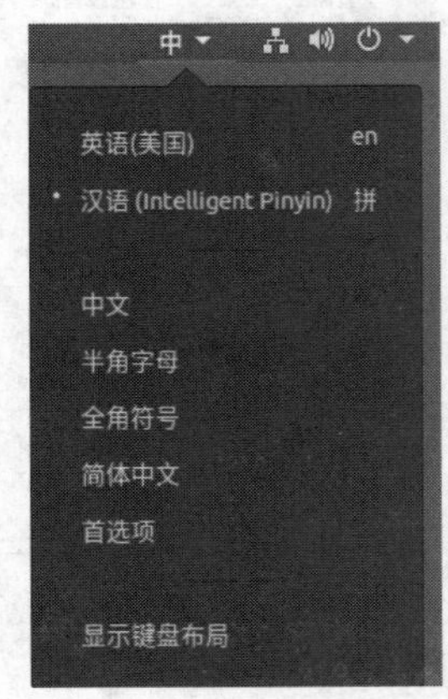

图1-30 中文输入法菜单

5. 快捷键设置

在桌面应用中经常要用到快捷键，从“设置”应用程序中单击“设备”按钮打开相应界面，再单击

“键盘”按钮，出现图 1-31 所示的界面，可以查看系统默认设置的各类快捷键，可以根据需要进行编辑或修改。

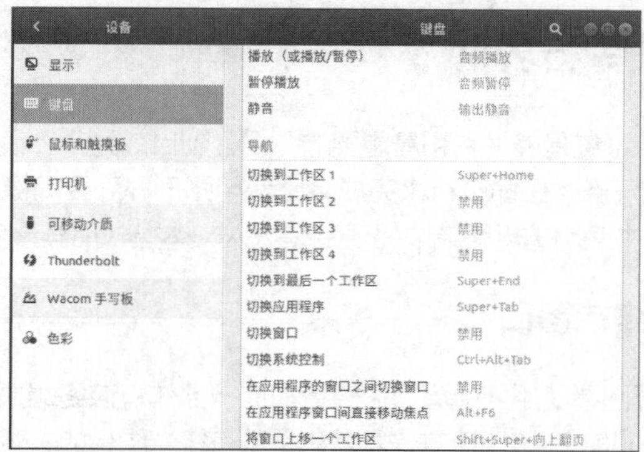

图 1-31　快捷键设置

6. 网络设置

从“设置”应用程序中单击“网络”按钮，打开图 1-32 所示的界面，列出已有网络接口的当前状态，默认的“有线连接”处于打开状态（可切换为关闭状态），单击其右侧的⚙按钮，弹出图 1-33 所示的对话框，可以根据需要查看或修改该网络连接设置。默认在“详细信息”选项卡中显示网络连接的详细信息。可以切换到其他选项卡查看和修改相应的设置，例如切换到“IPv4”选项卡，这里将默认的“自动(DHCP)”改为“手动”，并输入 IP 地址和 DNS 信息，如图 1-34 所示。

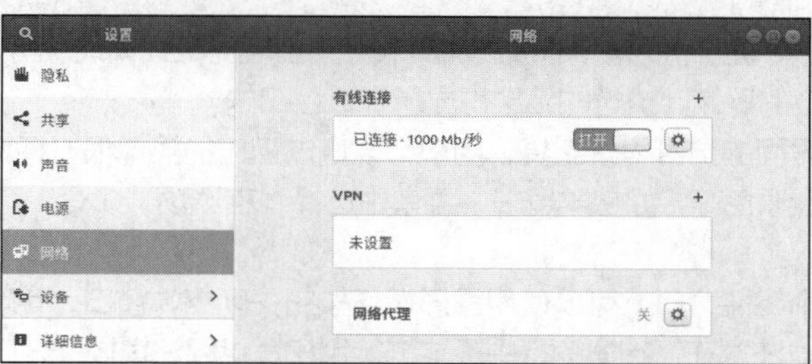

图 1-32　网络设置

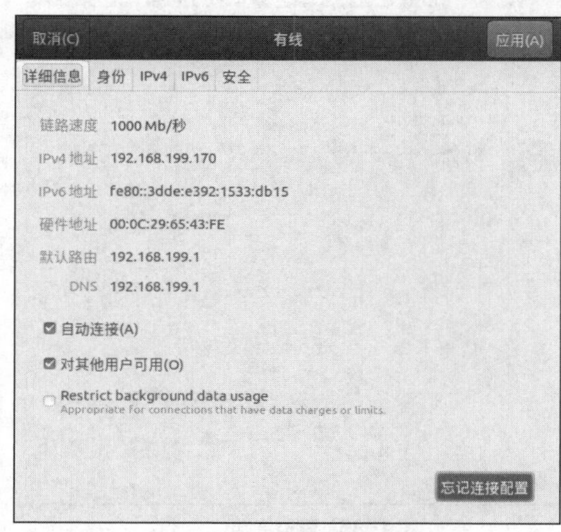

图 1-33　网络连接详细信息

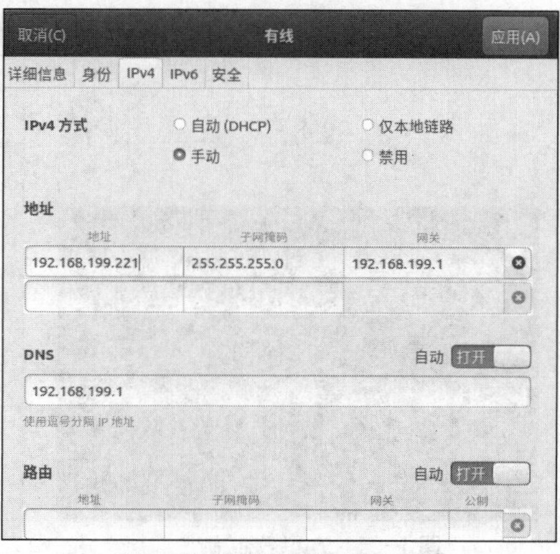

图 1-34　网络连接的 IPv4 设置

还可以单击顶部面板右上角的任一图标弹出状态菜单，从中操作网络连接项，打开上述网络设置界面。

1.4 Linux 命令行界面

使用命令行管理 Linux 系统是最基本和最重要的方式。到目前为止，很多重要的任务依然必须由命令行完成，而且执行相同的任务，由命令行来完成会比使用图形界面要简捷高效得多。使用命令行有两种方式，一种是在桌面环境中使用仿真终端，另一种是进入文本模式后登录到终端。

1.4.1 使用仿真终端窗口

可以在 Ubuntu 图形界面中使用终端窗口来执行命令行操作。该终端是一个终端仿真应用程序，提供命令行工作模式。在 Ubuntu 系统快捷方式里默认是没有终端图标的，可以使用如下几种方法打开终端控制台。

- 使用组合键<Ctrl>+<Alt>+<T>。这个组合键适合 Ubuntu 的各种版本。
- 从应用程序概览中找到“终端”程序并运行它。
- 进入活动概览视图，输入“终端”或“gnome-terminal”就可以搜索到“终端”程序，然后运行它。

建议将终端应用程序添加到 Dash 面板，以便于今后通过快捷方式运行。仿真终端窗口如图 1-35 所示，界面中将显示一串提示符，它由 4 部分组成，格式如下：

```
当前用户名@主机名 当前目录 命令提示符
```

普通用户登录后，命令提示符为$；超级管理员 root 用户登录后，命令提示符为#。在命令提示符之后输入命令即可执行相应的操作，执行的结果也显示在该窗口中。

由于这是一个图形界面的仿真终端工具，用户可以通过相应的菜单很方便地修改终端的设置，如字符编码、字体颜色、背景颜色等，如从“编辑”菜单中选择“首选项”命令，可打开图 1-36 所示的对话框并进行相应的设置。

可根据需要打开多个终端窗口，可以使用图形操作按钮关闭终端窗口，也可在终端命令行中执行命令 exit 关闭该终端窗口。注意在终端命令行中不能进行用户登录和注销操作。

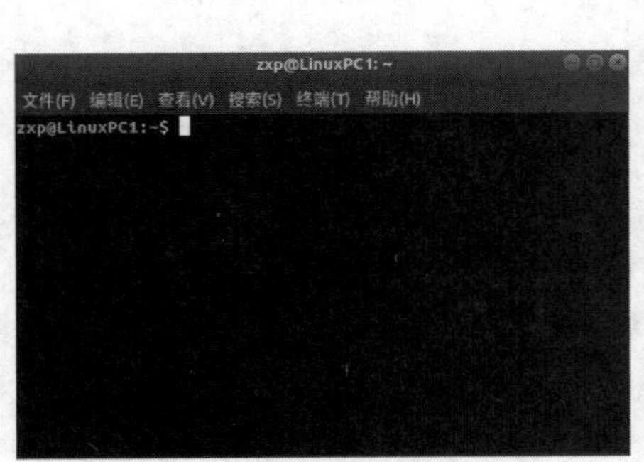

图 1-35 仿真终端控制台

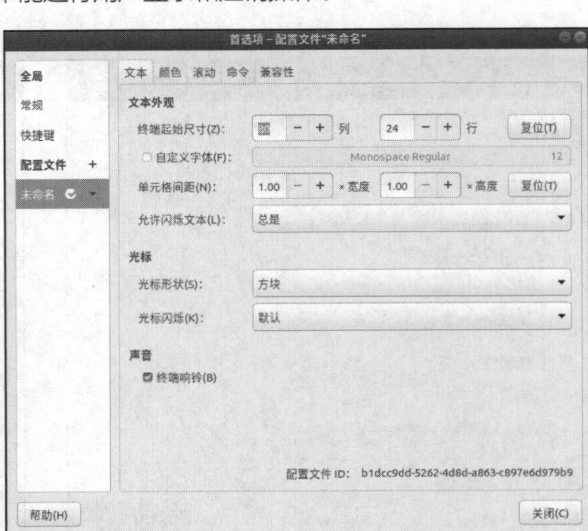

图 1-36 配置终端

1.4.2 使用文本模式

使用文本模式

Ubuntu 桌面版启动之后直接进入图形界面，如果需要切换到文本模式（又称字符界面），需要登录到 Linux 系统。

Linux 是一个真正的多用户操作系统，可以接受多个用户同时登录，而且允许一个用户进行多次登录，因为 Linux 与 UNIX 一样，提供虚拟控制台（Virtual Console）的访问方式，允许用户在同一时间从不同的控制台进行多次登录。直接在 Linux 计算机上的登录称为从控制台登录，使用 telnet、SSH 等工具通过网络登录到 Linux 主机称为远程登录。在文本模式下从控制台登录的界面称为终端（TTY）。

Linux 系统允许用户同时打开 6 个虚拟控制台（tty1～tty6）进行操作，每个控制台可以让不同的用户登录，运行不同的应用程序。每个控制台有一个设备特殊文件与之相关联，文件名为 tty 加上序号。例如，1 号控制台为 tty1，2 号控制台为 tty2。注意 tty0 表示当前所使用的是虚拟控制台的一个别名，系统所产生的信息会发送到该控制台上，不管当前正在使用哪个虚拟控制台，系统信息都会发送到该控制台上。

在早期版本的 Ubuntu 图形界面中，可按组合键<Ctrl>+<Alt>+<F(n)>（其中 F(n)为 F1～F6，分别代表 1～6 号控制台）切换到文本控制台界面，在文本控制台界面中可按组合键<Ctrl>+<Alt>+<F7>返回到图形界面。而在 Ubuntu 18.04 LTS 图形界面中，tty1 是用户登录图形界面，每个用户登录之后就会占用后面一个未使用的 tty，要切换到文本控制台，也只能使用未占用的 tty。假使有一个用户登录之后占用了 tty2，就只能按住<Ctrl>+<Alt>+<F3/F4/F5/F6>进入 tty（3～6）终端。例如，按组合键<Ctrl>+<Alt>+<F4>进入 tty4 控制台并进行登录，如图 1-37 所示。另外，一共只有 6 个 tty，因而按组合键<Ctrl>+<Alt>+<F7>不会返回到图形界面，而是黑屏。

为安全起见，用户输入的口令（密码）不在屏幕上显示，而且用户名和口令输入错误时只会给出一个“login incorrect”提示，不会明确地提示究竟是用户名还是口令错误。

在文本模式下执行 logout 或 exit 命令即可注销。

提 示　**在图形环境下的仿真终端窗口中，使用命令行操作比直接使用 Linux 文本模式要方便一些，既可打开多个终端窗口，又可借助图形界面来处理各种配置文件。建议初学者在桌面环境中使用仿真终端命令行，本书的操作实例是在仿真终端窗口中完成的。**

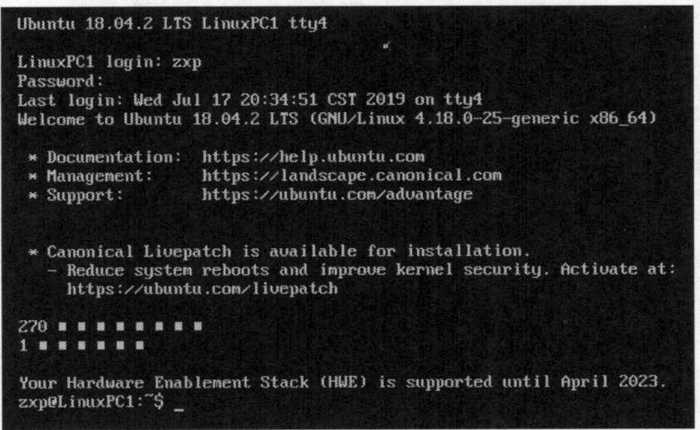

图 1-37　文本控制台界面

1.4.3 使用命令行关闭和重启系统

通过直接关掉电源来关机是很不安全的做法，正确的方法是使用专门的命令执行关机和重启系统。

Linux 只有 root 用户才能执行关机或重启命令。例如，执行 reboot 命令重启系统，执行情况如下。

```
zxp@LinuxPC1:~$ reboot
```

通常执行 shutdown 命令来关机。该命令有很多选项，这里介绍常用的选项。例如，要立即关机，执行以下命令。

```
shutdown -h now
```

Linux 服务器是多用户系统，在关机之前应提前通知所有登录的用户，如执行以下命令表示 10 分钟之后关机，并向用户给出提示。

```
shutdown +10 "System will shutdown after 10 minutes"
```

也可以使用 halt 命令关机，它实际调用的是命令 shutdown -h。执行 halt 命令，将停止所有进程，将所有内存中的缓存数据都写到磁盘上，待文件系统写操作完成之后，停止内核运行。它有一个选项-p 用于设置关闭电源，省略此选项表示仅关闭系统而不切断电源。

还有一个关机命令 poweroff 相当于 halt -p，关闭系统的同时切断电源。

另外，命令 shutdown -r 也可用于系统重启，功能与 reboot 相同。

1.5 Shell 基础

学习 Linux 命令行操作，还要了解 Linux Shell，Shell 可以用来管理计算机的所有资源。

1.5.1 什么是 Shell

在 Linux 中，Shell 就是外壳的意思，是用户和系统交互的接口。如图 1-38 所示，它提供用户与内核进行交互操作的一种接口，接收用户输入的命令，并将其送到内核去执行。

实际上 Shell 是一个命令解释器，拥有自己内建的 Shell 命令集。用户在命令提示符下输入的命令都由 Shell 先接收并进行分析，然后传给 Linux 内核执行。结果返回给 Shell，由它在屏幕上显示。不管命令执行结果成功与否，Shell 总是再次给出命令提示符，等待用户输入下一个命令。Shell 同时又是一种程序设计语言，允许用户编写由 Shell 命令组成的程序，这种程序通常称为 Shell 脚本（Shell script）或命令文件。

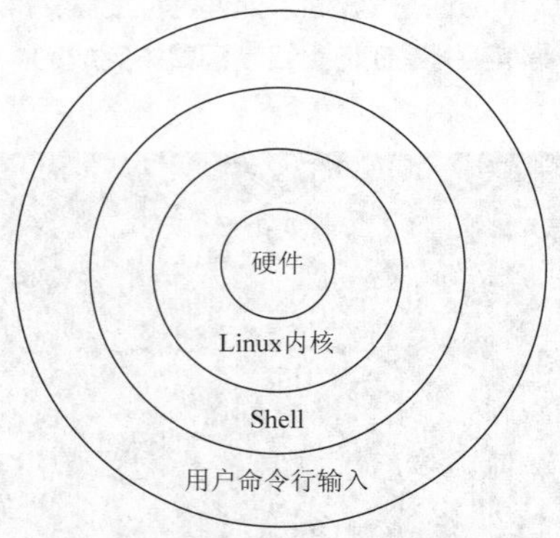

图 1-38　Linux Shell 示意图

总的来说，Linux Shell 主要提供以下几种功能。

- 解释用户在命令行提示符下输入的命令。这是最主要的功能。
- 提供个性化的用户环境，通常由 Shell 初始化配置文件（如.profile、.login 等）实现。
- 编写 Shell 脚本，实现高级管理功能。

Shell 有多种不同版本，按照来源可以分为两大类型：一类是由贝尔实验室开发的，以 Bourne Shell

（sh）为代表，此类兼容的有 Bourne-Agian Shell（bash）、Korn Shell（ksh）、Z Shell（zsh）；另一类是由加州大学伯克莱分校开发的，以 C Shell（csh）为代表，与之兼容的有 TENEX C Shell（tcsh）。

Shell 本身是一个用 C 语言编写的程序，虽然不是 Unix/Linux 系统内核的一部分，但它调用了系统核心的大部分功能来执行程序，建立文件并以并行方式协调各个程序的运行。因此，对于用户来说，Shell 是最重要的实用程序，是使用 Unix/Linux 的桥梁，用户的大部分工作是通过 Shell 完成的。掌握 Shell 对使用 Linux 系统很关键，这里介绍 Shell 的基本用法，主要是与命令行使用相关的内容，Shell 编程将在第 8 章专门讲解。

1.5.2 使用 Shell

用户进入 Linux 命令行（切换到文本界面，或者在图形界面中打开终端）时，就已自动运行一个默认的 Shell 程序。用户看到 Shell 的提示符，在提示符后输入一串字符，Shell 将对这一串字符进行解释。输入的这一串字符就是命令行。

Ubuntu 默认使用的 Shell 程序是 bash。使用以下命令查看当前使用的 Shell 类型。

```
~$ echo $SHELL
/bin/bash
```

bash 是 Bourne Again Shell 的缩写，是 Linux 标准的默认 Shell，操作和使用非常方便。它基于 Bourne Shell，吸收了 C Shell 和 Korn Shell 的一些特性。bash 是 sh 的增强版本，完全兼容 sh，也就是说，用 sh 写的脚本可以不加修改地在 bash 中执行。

如果安装有多种 Shell 程序，要改变当前 Shell 程序，只需在命令行中输入 Shell 名称即可。需要退出 Shell 程序，执行 exit 命令即可。用户可以嵌套进入多个 Shell，然后使用 exit 命令逐个退出。

建议用户使用默认的 bash，如无特别说明，本书中的命令行操作例子都是在 bash 下执行的。bash 提供了几百个系统命令，尽管这些命令的功能不同，但它们的使用方式和规则都是统一的。

1.5.3 正则表达式

正则表达式（Regular Expression，RE）是一种可以用于模式匹配和替换的工具。通过正则表达式，Shell 可以使用一系列的特殊字符构建匹配模式，然后将匹配模式与待比较字符串或文件进行比较，根据比较对象中是否包含匹配模式，执行相应的程序。

1. 通配符

通配符用于模式匹配，如字符串查找、文件名匹配与搜索等。常用通配符有以下 6 种。

*（星号）：表示任何字符串。例如，*log*表示含有 log 的字符串。

?（问号）：表示任何单个字符。例如，a?c 表示由 a、任意字符和 b 组成的字符串。

[ ]（一对方括号）：表示一个字符序列。字符序列可以直接包括若干字符，例如[abc]表示 a、b、c 之中的任一字符；也可以是由“-”连接起止字符形成的序列，例如[abc-fp]表示 a、b、c、d、e、f、p 之中的任一字符。除连字符“-”之外，其他特殊字符在[ ]中都是普通字符，包括*和?。

!（感叹号）：在[ ]中使用!表示排除其中任意字符，如[!ab]表示不是 a 或 b 的任一字符。

^（幂符号）：只在一行的开头匹配字符串。如执行命令 ls -.l ^d”将显示所有的目录。

$（美元符号）：只在行尾匹配字符串，它放在匹配单词的后面。例如，linux$表示以单词 linux 结尾的所有文件。

2. 模式表达式

模式表达式是那些包含一个或多个通配符的字符串，各模式之间以竖线（|）分开。bash 除支持上述通配符外，还提供了以下特有的扩展模式匹配表达式。

：匹配任意多个模式。例如，file(.c|.o)匹配文件 file.c、file.o、file.c.o、file.c.c、file.o.c、file 等，

但不匹配 file.h、file.s 等。

+：匹配 1 个或多个模式。例如，file+(.c|.o)匹配文件 file.c、file.o、file.o.c、file.c.o 等，但不匹配 file。

？：匹配模式表中任何一种模式。例如，file?(.c|.o)只匹配 file、file.c、file.o 等，不匹配 file.c.c、file.c.o 等。

@：仅匹配模式表中一个给定模式。例如，file@(.c|.o)只匹配 file.c 和 file.o，但不匹配 file、file.c.c、file.c.o 等。

!：除给定模式表中的一个模式之外，它可以匹配其他任何字符串。

在实际使用时，模式表达式可以递归，即每个表达式中都可以包含一个或多个模式。例如，file*(.[cho]|.sh)是合法的模式表达式。

1.5.4 Shell 中的特殊字符

Shell 中除使用普通字符外，还可以使用特殊字符，应注意其特殊的含义和作用范围。通配符前面已经介绍过。

1. 引号

在 Shell 中的引号有 3 种，即单引号、双引号和反引号。

由单引号（'）括起来的字符串视为普通字符串，包括空格、$、/、\等特殊字符。

由双引号（"）括起来的字符串，除$、\、单引号和双引号仍作为特殊字符并保留其特殊功能外，其他都视为普通字符对待。\是转义符，Shell 不会对其后面的那个字符进行特殊处理，要将$、\、单引号和双引号作为普通字符，在其前面加上转义符\即可。

还有一个特殊引号是反引号（`）。由反引号括起来的字符串被 Shell 解释为命令行，在执行时首先执行该命令行，并以它的标准输出结果替代该命令行（反引号括起来的部分，包括反引号）。

2. 其他符号

常见的其他符号有#（注释）、\（跳转符号，将特殊字符或通配符还原成一般字符）、|（分隔两个管道命令）、;（分隔多个命令）、～（用户的主目录）、$（变量前需要加的变量值）、&（将该符号前的命令放到后台执行），具体使用将在涉及有关功能时介绍。

1.5.5 环境变量

环境变量（Environment Variables）是用来指定操作系统运行环境的一些参数，这些参数会对系统行为产生影响。例如，常用的 PATH 环境变量，当要求系统运行一个程序而没有提供它所在位置的完整路径时，系统除了在当前目录下面寻找此程序外，还会到 PATH 中指定的路径去找。Ubuntu 系统包括系统环境变量和用户环境变量这两种类型，前者对所有系统用户都有效，是全局环境变量；后者仅仅对当前用户有效，是局部环境变量。用户可直接引用环境变量，也可修改环境变量来定制运行环境。

1. 查看环境变量

常用的环境变量有 PATH（可执行命令的搜索路径）、HOME（用户主目录）、LOGNAME（当前用户的登录名）、HOSTNAME（主机名）、PS1（当前命令提示符）、SHELL（用户当前使用的 Shell）等。

要引用某个环境变量，在其面加上$符号。使用 echo 命令查看单个环境变量。例如：

```
echo $PATH
```

使用 env 可以查看所有环境变量。

使用 printenv 查看指定环境变量（不用加$引用）的值，例如：

```
printenv PATH
```

2. 设置环境变量

使用 export 临时设置环境变量，不会永久保存。

```
export CLASS_PATH=./JAVA_HOME/lib:$JAVA_HOME/jre/lib
```

也可以通过直接赋值来添加或修改某个环境变量，此时环境变量不用加上$符号，如默认历史命令记录数量为 1000，要修改它，只需在命令行中为其重新赋值。例如：

```
zxp@LinuxPC1:~$ HISTSIZE=1010
zxp@LinuxPC1:~$ echo $HISTSIZE
```

这些临时设置的环境变量只在当前的 Shell 环境中有效。

要使设置的环境变量永久保存，应当使用配置文件。

对于系统环境变量，可使用/etc/profile 或/etc/environment 文件来设置。当一个用户登录 Linux 系统或使用 su 命令切换到另一个用户时，设置用户环境首先读取的文件就是/etc/profile。在读取/etc/profile 文件之后，登录系统时读取/etc/environment 文件中的环境变量。不建议用户通过/etc/environment 文件来添加或修改环境变量，因为/etc/environment 文件是面向系统的，设置出了问题影响大，不像/etc/profile 文件是面向系统用户的。

要使/etc/profile 或/etc/environment 文件中添加或修改的环境变量立即生效，可执行以下命令：

```
source /etc/profile
source /etc/environment
```

需要注意的是，新的环境变量只能在当前的终端环境中有效，打开新的 Shell 终端时，它在新的终端环境中是不生效的。因此要使/etc/profile 环境变量全局生效，只有注销之后重新登录或者直接重启系统。

用户环境变量保存在~/.profile 或~/.bashrc 文件（~表示当前用户主目录）中，只对当前用户有效。执行以下命令可以使其中的环境变量立即生效。

```
source ~/.profile
source ~/.bashrc
```

1.6 Linux 命令行使用

Linux 命令包括内部命令和程序（相当于外部命令）。内部命令包含在 Shell 内部，而程序是存放在文件系统中某个目录下的可执行文件。Shell 首先检查命令是否是内部命令，如果不是，再检查是否是一个单独程序，然后由系统调用该命令传给 Linux 内核，如果两者都不是就会报错。当然就用户使用而言，没有必要关心某条命令是不是内部命令。

1.6.1 命令语法格式

用户进入命令行界面时，可以看到一个 Shell 提示符（管理员为#，普通用户为户$），提示符标识命令行的开始，用户可以在它后面输入任何命令及其选项和参数。输入命令必须遵循一定的语法规则，命令行中输入的第 1 项必须是一个命令的名称，从第 2 项开始是命令的选项（Option）或参数（Arguments），各项之间必须由空格或 TAB 制表符隔开，格式如下：

```
提示符　命令　选项　参数
```

有的命令不带任何选项和参数。Linux 命令行严格区分大小写，命令、选项和参数都是如此。

（1）选项。选项是包括一个或多个字母的代码，前面有一个“-”连字符，主要用于改变命令执行动作的类型。例如，如果没有任何选项，ls 命令只能列出当前目录中所有文件和目录的名称；而使用带-l 选项的 ls 命令将列出文件和目录列表的详细信息。

使用一个命令的多个选项时，可以简化输入。例如，将命令 ls -l -a 简写为 ls -la。

对于由多个字符组成的选项（长选项格式），前面必须使用“--”符号，如 ls --directory。

有些选项既可以使用短选项格式，又可使用长选项格式，例如 ls -a 与 ls -all 意义相同。

（2）参数。参数通常是命令的操作对象，多数命令可使用参数。例如，不带参数的 ls 命令只能列出当前目录下的文件和目录，而使用参数可列出指定目录或文件中的文件和目录。例如：

```
zxp@LinuxPC1:~$ ls /home/test
```

```
examples.desktop
```

使用多个参数的命令必须注意参数的顺序。有的命令必须带参数。

同时带有选项和参数的命令，通常选项位于参数之前。

1.6.2 命令行基本用法

1. 编辑修改命令行

命令行实际上是一个可编辑的文本缓冲区，在按回车键前，可以对输入的内容进行编辑，如删除字符、删除整行、插入字符。这样用户在输入命令的过程中出现错误，无须重新输入整个命令，只需利用编辑操作，即可改正错误。在命令行输入过程中，使用快捷键<Ctrl>+<D>将提交一个文件结束符以结束键盘输入。

2. 调用历史命令

用户执行过的命令保存在一个命令缓存区中，称为命令历史表。默认情况下，bash 可以存储 1000 个历史命令。用户可以查看自己的命令历史，根据需要重新调用历史命令，以提高命令行使用效率。

按上、下箭头键，便可以在命令行上逐次显示已经执行过的各条命令，用户可以修改并执行这些命令。

如果命令非常多，可使用 history 命令列出最近用过的所有命令，显示结果中为历史命令加上数字编号，如果要执行其中某一条命令，可输入“!编号”来执行该编号的历史命令。

3. 自动补全命令

bash 具有命令自动补全功能，当用户输入了命令、文件名的一部分时，按<Tab>键就可将剩余部分补全；如果不能补全，再按一次<Tab>键就可获取与已输入部分匹配的命令或文件名列表，供用户从中选择。这个功能可以减少不必要的输入错误，非常实用。

4. 一行多条命令和命令行续行

在一个命令行中可以使用多个命令，用分号“;”将各个命令隔开。例如：

```
ls -l;pwd
```

也可在几个命令行中输入一个命令，用反斜杠“\”将一个命令行持续到下一行。例如：

```
ls -l -a \
```

5. 强制中断命令运行

在执行命令的过程中，可使用组合键<Ctrl>+<C>强制中断当前运行的命令或程序。例如，当屏幕上产生大量输出，或者等待时间太长，或者进入不熟悉的环境，就可立即中断命令运行。

6. 获得联机帮助

Linux 命令非常多，许多命令有各种选项和参数，在具体使用时要善于利用相关的帮助信息。Linux 系统安装有联机手册（Man Pages），为用户提供命令和配置文件的详细介绍，是用户的重要参考资料。使用命令 man 显示联机手册，基本用法如下：

```
man [选项] 命令名或配置文件名
```

运行该命令显示相应的联机手册，它提供基本的交互控制功能，如翻页查看，输入命令 q 即可退出 man 命令。

对于 Linux 命令，也可使用选项--help 来获取某命令的帮助信息，如要查看 cat 命令的帮助信息，可执行命令 cat --help。

1.6.3 命令行输入与输出

与 DOS 类似，Shell 程序通常自动打开 3 个标准文档：标准输入文档（stdin）、标准输出文档（stdout）和标准错误输出文档（stderr）。其中 stdin 一般对应终端键盘，stdout 和 stderr 对应终端屏幕。进程从 stdin 获取输入内容，将执行结果信息输出到 stdout，如果有错误信息，同时输出到 stderr。

多数情况下使用标准输入输出作为命令的输入输出，但有时可能要改变标准输入输出，这就涉及重定向和管道。

1. 输入重定向

输入重定向主要用于改变命令的输入源，让输入不要来自键盘，而来自指定文件。基本用法：

```
命令 < 文件名
```

例如，wc 命令用于统计指定文件包含的行数、字数和字符数，直接执行不带参数的 wc 命令，等用户输入内容之后，按<Ctrl>+<D>组合键结束输入后才对输入的内容进行统计。而执行下列命令通过文件为 wc 命令提供统计源。

```
zxp@LinuxPC1:~$ wc < /etc/protocols
  64  474 2932
```

2. 输出重定向

输出重定向主要用于改变命令的输出，让标准输出不要显示在屏幕上，而写入指定文件中。基本用法：

```
命令 > 文件名
```

例如，ls 命令在屏幕上列出文件列表，不能保存列表信息。要将结果保存到指定的文件，就可使用输出重定向，下列命令将当前目录中的文件列表信息写到所指定的文件中。

```
ls > /home/zxp/myml.lst
```

如果写入已有文件，则将该文件重写（覆盖）。要避免重写破坏原有数据，可选择追加功能，将>改为>>，下列命令将当前目录中的文件列表信息追加到指定文件的末尾。

```
ls >> /home/zhongxp/myml.lst
```

以上是对标准输出来讲的，至于标准错误输出的重定向，只需要换一种符号，将>改为 2>；将>>改为 2>>。将标准输出和标准错误输出重定向到同一文件，则使用符号&>。

3. 管道

管道用于将一个命令的输出作为另一个命令的输入，使用符号“|”来连接命令。可以将多个命令依此连接起来，前一个命令的输出作为后一个命令的输入。基本用法：

```
命令 1 | 命令 2 …… | 命令 n
```

在 Linux 命令行中，管道操作非常实用。例如，以下命令将 ls 命令的输出结果提交给 grep 命令进行搜索。

```
ls | grep "ab"
```

在执行输出内容较多的命令时，可以通过管道使用 more 命令进行分页显示，例如：

```
cat /etc/log/messages | more
```

4. 命令替换

命令替换与重定向有些类似，不同的是，命令替换将一个命令的输出作为另一个命令的参数，常用命令格式为

```
命令 1 '命令 2'
```

其中命令 2 的输出作为命令 1 的参数，注意这里的符号是反引号，被它括起来的内容将作为命令执行，执行的结果作为命令 1 的参数。例如，以下命令将 pwd 命令列出的目录作为 cd 命令的参数，结果仍停留在当前目录下。

```
cd 'pwd'
```

1.6.4 执行 Shell 脚本

Shell 脚本是指使用 Shell 所提供的语句所编写的命令文件，又称 Shell 程序。它可以包含任意从键盘输入的 Linux 命令。Shell 脚本最基本的功能就是汇集一些在命令行输入的连续指令，将它们写入脚本中，然后直接执行脚本来启动一连串的命令行指令，如用脚本定义防火墙规则或者执行批处理任务。如果经常用到相同执行顺序的操作命令，就可以将这些命令写成脚本文件，以后要进行同样的操作时，只

要在命令行输入该脚本文件名即可。

执行 Shell 脚本最常用的方式是将 Shell 脚本的权限设置为可执行，然后在提示符下直接执行。直接编辑生成的脚本文件没有执行权限，如果要将 Shell 脚本直接当作命令执行，就需要利用命令 chmod 将它设置为具有执行权限。例如：

```
chmod +x example1
```

这样就可以像执行 Linux 命令一样来执行脚本文件。执行 Shell 脚本的方式与执行一般的可执行文件的方式相似。Shell 接收用户输入的命令（脚本名），并进行分析。如果文件被标记为可执行的，但不是被编译过的程序，Shell 就认为它是一个脚本，并读取其中的内容，加以解释执行。

Shell 本身就是一种解释型的程序设计语言，编写 Shell 脚本的过程就是 Shell 编程。

1.7 使用文本编辑器

Linux 系统配置需要编辑大量的配置文件，在图形界面中编辑这些文件很简单，通常使用 gedit，它类似于 Windows 记事本。作为管理员，往往要在文本模式下操作，这就需要熟练掌握文本编辑器。这里介绍两个主流的命令行文本编辑器 vim 和 nano。

1.7.1 vim 编辑器

vi 是一个功能强大的文本模式全屏幕编辑器，也是 UNIX/Linux 平台上最通用、最基本的文本编辑器，Ubuntu 提供的版本为 vim，vim 相当于 vi 的增强版本。掌握 vim 对于管理员来说是必需的。由于当前用户权限限制，不能直接编辑保存配置文件等位于个人主目录之外的文件，这就要考虑使用 sudo 命令。

1. vim 操作模式

vim 分为以下 3 种操作模式，代表不同的操作状态，熟悉这一点尤为重要。

- 命令模式（Command mode）：输入的任何字符都作为命令（指令）来处理。
- 插入模式（Insert mode）：输入的任何字符都作为插入的字符来处理。
- 末行模式（Last line mode）：执行文件级或全局性操作，如保存文件、退出编辑器，设置编辑环境等。

命令模式下可控制屏幕光标的移动、行编辑（删除、移动、复制），输入相应的命令可进入插入模式。进入插入模式的命令有以下 6 个。

- a：从当前光标位置右边开始输入下一字符。
- A：从当前光标所在行的行尾开始输入下一字符。
- i：从当前光标位置左边插入新的字符。
- I：从当前光标所在行的行首开始插入字符。
- o：从当前光标所在行新增一行并进入插入模式，光标移到新的一行行首。
- O：从当前光标所在行上方新增一行并进入插入模式，光标移到新的一行行首。

从插入模式切换到命令模式，只需按<ESC>键。

命令模式下输入“:”切换到末行模式，从末行模式切换到命令模式，也需按<ESC>键。

如果不知道当前处于哪种模式，可以直接按<ESC>键确认进入命令模式。

2. 打开 vim 编辑器

在命令行中输入 vi 命令即可进入 vim 编辑器，如图 1-39 所示。

这里没有指定文件名，将打开一个新文件，保存时需要给出一个明确的文件名。如果给出指定文件名，如 vi filename，将打开指定的文件。如果指定的文件名不存在，则打开一个新文件，保存时使用该文件名。

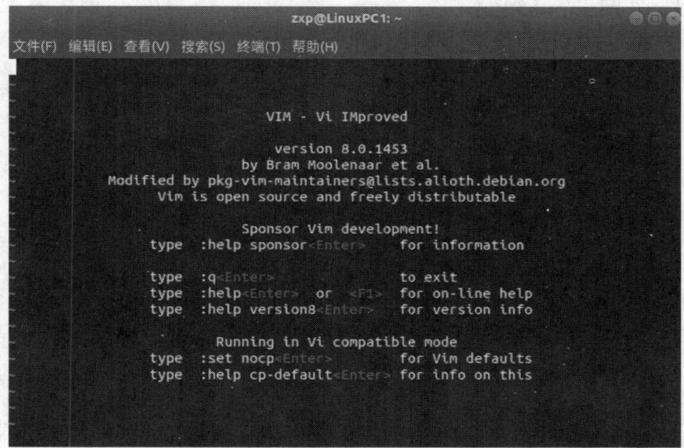

图 1-39　vim 编辑器

对于普通用户来说，如果要将编辑的文件保存到个人主目录之外的目录，需要 root 权限，这时就要使用 sudo 命令，如 sudo vi。要修改一些配置文件，往往需要加上 sudo 命令。

3. 编辑文件

刚进入 vim 之后处于命令模式下，不要急着用上下左右键移动光标，而是要输入 a、i、o 中的任一字符（用途前面有介绍）进入插入模式，正式开始编辑。

在插入模式下只能进行基本的字符编辑操作，可使用键盘操作键（非 vim 命令）打字、删除、退格、插入、替换、移动光标、翻页等。

其他一些编辑操作，如整行操作、区块操作，需要按<ESC>键回到命令模式中进行。实际应用中插入模式与命令模式之间的切换非常频繁。下面列出常见的 vim 编辑命令。

（1）移动光标。可以直接用键盘上的光标键来上下左右移动，但正规的 vim 的用法是用小写英文字母 h、j、k、l，分别控制光标左、下、上、右移一格。其他常用的光标操作如下：

- 按<Ctrl>+<b>组合键上翻一页，按<Ctrl>+<f>组合键下翻一页；
- 按 0 键移到光标所在行行首，按$键移到该行开头，按 w 键光标跳到下个单词开头；
- 按 g 键移到文件最后一行，再 *n*g 键（*n* 为数字，下同），移到文件第 *n* 行。

（2）删除。

- 字符删除：按 x 键向后删除一个字符；按 *n*x 键，向后删除 *n* 个字符。
- 行删除：按 dd 键删除光标所在行；按 *n*dd 键，从光标所在行开始向下删除 *n* 行。

（3）复制。

- 字符复制：按 y 键复制光标所在字符，按 yw 复制光标所在处到字尾的字符。
- 行复制：按 yy 键复制光标所在行；按 *n*yy 键，复制从光标所在行开始往下的 *n* 行。

（4）粘贴。删除和复制的内容都将放到内存缓冲区。使用命令 p 将缓冲区内的内容粘贴到光标所在位置。

（5）查找字符串。

- /关键字：先按/键，再输入要寻找的字符串，再按回车键向下查找字符串。
- ?关键字：先按?键，再输入要寻找的字符串，再按回车键向上查找字符串。

（6）撤销或重复操作。如果误操作一个命令，按 u 回复到上一次操作。按.键可以重复执行上一次操作。

4. 保存文件和退出 vim

保存文件和退出 vim 要进入末行模式才能操作。

- :w filename：将文件存入指定的文件名 filename。
- :wq：将文件以当前文件名保存并退出 vim 编辑器。
- :w：将文件以当前文件名保存并继续编辑。
- :q：退出 vim 编辑器。
- :q!：不保存文件强行退出 vim 编辑器。
- qw：保存文件并退出 vim 编辑器。

5. 其他全局性操作

在末行模式下还可执行以下操作。

- 列出行号：输入 set *n*u，按回车键，在文件的每一行前面都会列出行号。
- 跳到某一行：输入数字，再按回车键，就会跳到该数字指定的行。
- 替换字符串：输入“范围/字符串 1/字符串 2/g”，将文件中指定范围字符串 1 替换为字符串 2，g 表示替换不必确认；如果 g 改为 c，则在替换过程中要求确认是否替换。范围使用“*m*,*n*s”的形式表示从 *m* 行到 *n* 行，对于整个文件，则可表示为“1,$s”。

6. 多文件操作

要将某个文件内容复制到另一个文件中当前光标处，可在末行模式下执行命令：r filename，filename 的内容将粘贴进来。要同时打开多个文件，启动时加上多个文件名作为参数，如 vi filename1 filename2。打开多个文件之后，在末行模式下可以执行命令:next 和:previous 在文件之间切换。

1.7.2 nano 编辑器

nano 是一个字符终端的文本编辑器，比 vi/vim 要简单得多，比较适合 Linux 初学者使用。执行 nano 命令打开文本文件之后即可直接编辑。例如这里执行命令 sudo nano /etc/hosts 编辑 hosts 文件（设置主机 IP 与主机名映射），如图 1-40 所示。

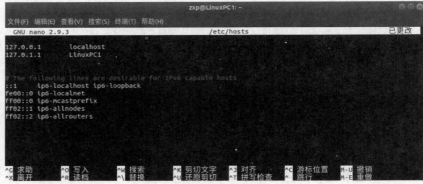

图 1-40 nano 编辑器

组合键中的^表示<Ctrl>键，如^O 就是组合键<Ctrl>+<O>；M-表示<Alt>键，如 M-U 表示组合键<Alt>+<U>。

1.8 习题

1. 什么是 GNU GPL？它对 Linux 有何影响？

2. 简述 Linux 的体系结构。
3. 简述 Linux 内核版本与发行版本。
4. 简述 Ubuntu 与 Debian 的关系。
5. 活动概览视图有什么作用?
6. 为什么要学习命令行?
7. 什么是 Shell，它有什么作用?
8. 环境变量分为哪两种类型? 如何设置环境变量?
9. 简述命令行命令语法格式。
10. 管道有什么作用?
11. 安装 Ubuntu 桌面版。
12. 熟悉 Ubuntu 桌面环境的基本操作。
13. 切换到 Linux 文本模式，在虚拟控制台中登录，然后再切回图形界面。
14. 打开终端窗口，练习命令行的基本操作。
15. 使用 vim 编辑器编辑一个文本文件，熟悉基本的编辑方法。

第 2 章 用户与组管理

02

作为一种多用户操作系统，Ubuntu Linux 支持多个用户同时登录到系统，并能响应每个用户的需求，用户的身份决定了其资源访问权限。用户账户（Account）用于用户身份验证，授权资源访问，审核用户操作。可以对用户进一步分组以简化管理工作。用户和组的管理是一项重要的系统管理工作，本章将向读者详细介绍如何创建和管理用户账户和组账户。在 Ubuntu Linux 中可通过命令行来创建和管理用户与组，也可在图形界面中使用用户管理工具来完成相应工作。

学习目标

① 熟悉 Linux 用户和组账户及其类型，了解用户与组配置文件。

② 理解 Ubuntu 的超级用户权限，掌握管理员账户获得 root 特权的方法。

③ 熟练使用图形化工具管理和操作用户和组账户。

④ 熟练使用命令行工具管理和操作用户和组账户。

2.1 用户与组概述

Ubuntu Linux 是一个多用户多任务的分时操作系统，任何一个用户要获得系统的使用授权，都必须要拥有一个用户账户。用户账户代表登录和使用系统的身份。用户可以是一个或多个组的成员。

2.1.1 Linux 用户账户及其类型

在操作系统中，每个用户对应一个账户。用户账户是用户的身份标识（相当于通行证），通过账户用户可登录到某台计算机上，访问已经被授权访问的资源。每个用户账户都可以有自己的主目录（Home Directory，又译为“家目录”），主目录或称主文件夹，是用户登录后首次进入的目录。Linux 系统通常将用户账户分为以下 3 种类型。

1. 超级用户（super user）

超级用户就是根账户 root，可以执行所有任务，在系统中不受限制地执行任何操作。root 账户具有最高的系统权限，它类似于 Windows 系统中的管理员账户，但是比 Windows 系统中管理员账户的权限更高，一般情况下不要直接使用 root 账户。

2. 系统用户（system user）

系统用户是系统本身或应用程序使用的专门账户。其中供服务使用的又称服务账户。它并没有特别的权限，通常又分为两种，一种是由 Linux 系统安装时自行建立的系统账户，另一种是用户自定义的系统账户。Windows 系统中用于服务的特殊内置账户 Local System（本地系统）、Local Service（本地服务）、Network Service（网络服务）等与 Linux 系统账户有些相似。

3. 普通用户（regular user）

普通用户账户又称常规用户，一般是供实际用户登录使用的账户。此类用户登录到 Linux 系统，但不执行管理任务，主要用于运行文字处理、收发邮件等日常应用。

Linux 系统使用用户 ID（简称 UID）作为用户账户的唯一标识。在 Ubuntu 中，root 账户的 UID 为 0；系统账户的 UID 的范围为 1～499，还包括 65534；普通用户的 UID 默认从 1000 开始顺序编号（多数 Linux 发行版则是从 500 开始编号）。

2.1.2 Ubuntu 的超级用户权限与管理员

1. Linux 的超级用户权限解决方案

Linux 系统中具有最高权限的 root 账户可以对系统做任何事情，这对系统安全性来说可能是一种严重威胁。多数 Linux 发行版安装完毕都会要求设置两个用户账户的密码，一个是 root 账户，另一个是用于登录系统的普通用户，并且允许 root 直接登录到系统，这样 root 的任何误操作都有可能带来灾难性后果。

然而，许多系统配置和管理操作需要 root 权限，如安装软件、添加或删除用户和组、添加或删除硬件和设备、启动或禁止网络服务、执行某些系统调用、关闭和重启系统等，为此 Linux 提供了特殊机制，让普通用户临时具备 root 权限。一种方法是用户执行 su 命令（不带任何参数）将自己提升为 root 权限（需要提供 root 密码），另一种方法是使用命令行工具 sudo 临时使用 root 身份运行程序，执行完毕后自动返回到普通用户状态。

2. Ubuntu 管理员

Ubuntu（包括其父版本 Debian）默认禁用 root 账户，在安装过程中不提供 root 账户设置，而只设置一个普通用户，并且让这个系统安装时创建的第一个用户自动成为 Ubuntu 管理员，这是 Ubuntu 的一大特色。

Ubuntu 将普通用户进一步分为两种类型：标准账户和管理员。Ubuntu 管理员是指具有管理权限的普通用户，有权删除用户，安装软件和驱动程序，修改日期和时间，或者进行一些可能导致计算机不稳定的操作。标准用户不能进行这些操作，只能够修改自己的个人设置。

Ubuntu 管理员主要用于执行系统配置管理任务，但不能等同于 Windows 系统管理员，其权限比标准用户高，比超级管理员则要低很多。工作中需要超级用户权限时，管理员可以通过 sudo 命令获得超级用户 root 的所有权限。

3. Ubuntu 的 sudo 命令

通常情况下，在 Ubuntu Linux 中用户看到的普通用户命令提示符$，当需要执行 root 权限的命令（会给出相应提示）时，需要在命令前加 sudo，根据提示输入正确的密码后，Ubuntu 系统将会执行该条命令，该用户就好像是超级用户。

sudo 命令用于切换用户身份执行，语法格式如下：

```
sudo [选项] <命令> ...
```

它允许当前用户以 root 或其他普通用户的身份来执行命令，使用选项-u 指定用户要切换的身份，默认为 root 身份。在/etc/sudoers 配置文件中指定 sudo 用户及其可执行的特权命令，默认情况下 root 可以在任何主机上以任何用户身份执行任何命令，管理员（属于 sudo 组成员）用户可以执行 sudo 命令。Ubuntu 安装创建的第一个用户会自动加入到 sudo 组。

直接执行某些命令提示需要 root 权限，例如：

```
zxp@LinuxPC1:~$  cat /etc/sudoers
cat: /etc/sudoers: 权限不够
```

通常直接使用 sudo 命令加上要执行的命令的格式，如查看/etc/sudoers 配置文件内容的就需要 root

权限，可执行以下命令，根据提示输入当前用户的登录密码即可（部分注释已译为中文）。

```
zxp@LinuxPC1:~$ sudo cat /etc/sudoers
[sudo] zxp 的密码:                #此处输入 zxp 送用户的密码
# 此文件必须以 root 身份使用 visudo 命令进行编辑
# 建议在/etc/sudoers.d/文件增加定义而不要直接修改此文件
Defaults env_reset
Defaults mail_badpass
Defaults secure_path="/usr/local/sbin:/usr/local/bin:/usr/sbin:
/usr/bin:/sbin:/bin:/snap/bin"
# 主机别名定义
# 用户别名定义
# 命令别名定义
# 用户特权定义
root ALL=(ALL:ALL) ALL
# admin 组成员可以获得 root 特权
%admin ALL=(ALL) ALL
#允许 sudo 组成员执行任何命令
%sudo    ALL=(ALL:ALL) ALL
#includedir /etc/sudoers.d
```

分析/etc/sudoers 配置文件内容，可知必须以 root 身份使用 visudo 命令来修改该文件，即执行以下命令打开该配置文件进行编辑：

```
sudo visudo
```

该文件的主要功能是定义用户特权，用户特权项定义的语法格式如下：

```
用户  登录的主机=(可以变换的身份) 可以执行的命令
```

用户为组账户时，前面加上%。命令部分可以附带一些其他选项。

普通用户要使用 sudo 命令，要么加入到 sudo 组，要么在 sudo 配置文件中加入许可。例如，用户 zhang 不是管理员，未加入 sudo 组，所以不能执行 sudo 命令：

```
zhang@LinuxPC1:~$ sudo halt
[sudo] zhang 的密码:
zhang 不在 sudoers 文件中。此事将被报告。
```

在 Ubuntu 中还可以通过执行命令 sudo -i 暂时切换到 root 身份登录，根据提示输入用户密码后变更为 root 登录，看到超级用户命令提示符#，当执行完相关的命令后，执行 exit 命令回到普通用户状态（提示符改回$）。整个过程示范如下。

```
zxp@LinuxPC1:~$ sudo -i
[sudo] zxp 的密码:
root@LinuxPC1:~#                          //此时执行需要最高权限的命令
root@LinuxPC1:~# exit
注销
zxp@LinuxPC1:~$
```

提 示 Ubuntu 默认禁用 root 账户，所有需要 root 权限的操作都可用 sudo 命令来代替。Ubuntu 的 sudo 命令的超时时间默认为 5 分钟，也就是说执行 sudo 时用户输入密码进行认证之后，5 分钟内再次执行 sudo 命令不用进行认证。如果想要改变这个超时设置，执行 sudo visudo 命令打开/etc/sudoers 配置文件，找到“Defaults env_reset”行，在该语句后面加入“,timestamp_timeout=*x*”，*x* 为超时时间的分钟数，例如 Defaults env_reset, timestamp_timeout=10 。另外也可将该值设置为-1，这样在注销或退出终端之前都会记住 sudo 密码。要强制取消免密码，可执行命令 sudo -k 结束密码的有效期限，或者执行命令 sudo -K 彻底删除相应的时间戳，这样就又要求执行 sudo 命令输入密码了。

4. Ubuntu 的 su 命令

使用 su 命令临时改变用户身份，可让一个普通用户切换为超级用户或其他用户，并可临时拥有所切换用户的权限，切换时需输入用户的密码；也可以让超级用户切换为普通用户，临时以低权限身份处理事务，切换时无需输入目标用户的密码。其用法为

```
su [选项] [用户登录名]
```

多数 Linux 版本中不带任何参数的 su 命令会将用户提升至 root 权限，前提是需要提供 root 密码。由于 Ubuntu 限制严格，默认不提供 root 密码，也就不能直接使用 su 命令升至 root 权限，而必须使用 sudo 来获得 root 权限。如果要临时变成 root 身份，可以执行 sudo su root 命令，前提是当前用户具备 sudo 命令权限（属于 sudo 组即可），此时需要输入当前用户的密码，具体过程示范如下：

```
zxp@LinuxPC1:~$ sudo su root
[sudo] zxp 的密码:
root@LinuxPC1:/home/zxp#
```

可以执行 exit 命令返回原用户身份，由于具有 root 权限，此时也可以使用 su 命令切换回原用户或其他用户身份，并且不用输入密码，示范如下：

```
root@LinuxPC1:/home/zxp# su zhang
zhang@LinuxPC1:/home/zxp$ su zxp
```

普通用户切换为其他普通用户身份，需要输入目标用户的密码，示范如下：

```
zxp@LinuxPC1:~$ su zhang
密码:
zhang@LinuxPC1:/home/zxp$
```

5. Ubuntu 管理员在图形界面中获得 root 特权

Ubuntu 安装过程中创建的第一个用户会自动作为管理员，在命令行中需要具备 root 权限时，可以使用 sudo 命令。在图形界面中执行系统管理任务时，往往也需要 root 权限，一般会弹出认证对话框，要求输入当前管理员账户的密码，认证通过后才能执行相应任务。有的图形界面软件会提供锁定功能，执行需要 root 权限的任务时先要通过用户认证来解锁。

6. Ubuntu 启用 root 登录

有的用户仍然希望像在其他 Linux 发行版中一样直接使用 root 账户登录，以便于执行系统配置管理任务，这在 Ubuntu 中也是可以实现的。首先执行命令：

```
sudo passwd root
```

根据提示为 root 设置密码，然后编辑配置文件 /usr/share/lightdm/lightdm.conf.d/50-ubuntu.conf，加入下面的行：

```
greeter-show-manual-login=true
```

保存该文件，重启系统就可以 root 账户登录了。

执行上述操作需要以管理员身份进行，该配置文件需要 root 权限才能编辑，因此使用以下命令打开后进行编辑。

```
sudo vi /usr/share/lightdm/lightdm.conf.d/50-ubuntu.conf
```

如果使用图形界面的编辑器 gedit 编辑该配置文件，也需要在终端命令行中执行以下命令，以便于保存该文件。

```
sudo gedit /usr/share/lightdm/lightdm.conf.d/50-ubuntu.conf
```

提 示　　由于以超级用户权限工作时，常常会造成不可修复的灾难，因此在 Ubuntu 中并不推荐启用 root。

2.1.3 组账户及其类型

组是一类特殊账户，是指具有相同或者相似特性的用户集合，又称用户组，也有译为“组群”或“群

组”的。将权限赋予某个组，组中的成员用户即自动获得这种权限。如果一个用户属于某个组，该用户就具有在该计算机上执行各种任务的权利和能力。可以向一组用户而不是每一个用户分配权限。

用户与组属于多对多的关系。一个组可以包含多个不同的用户。一个用户可以同时属于多个组，其中某个组为该用户的主要组（Primary Group），其他组为该用户的次要组。主要组又称初始组（Initial Group），实际上是用户的默认组，当用户登入系统之后，立刻就拥有该组的相关权限。在 Ubuntu 中创建用户账户时，会自动创建一个同名的组作为该用户的主要组（默认组）。

与用户账户类似，组账户分为超级组（Superuser Group）、系统组（System）和自定义组。Linux 系统也使用组 ID（简称 GID）作为组账户的唯一标识。超级组名为 root，GID 为 0，只是不像 root 用户一样具有超级权限。系统组由 Linux 系统本身或应用程序使用，GID 的范围为 1~499。自定义组由管理员创建，Ubuntu 中 GID 默认从 1000 开始。

2.1.4 用户与组配置文件

在 Linux 系统中，用户账户、用户密码、组信息均存放在不同的配置文件中。无论是使用图形界面工具，还是命令行工具创建和管理用户账户和组账户，都会将相应的信息保存到配置文件中，这两种工具之间没有本质的区别，主要是操作界面不同。

1. 用户配置文件

Linux 用户账户及其相关信息（除密码之外）均存放在/etc/passwd 配置文件中。由于所有用户对该文件均有读取的权限，因此密码信息并未保存在该文件中，而是保存/etc/shadow 文件中。

（1）用户账户配置文件/etc/passwd。该文件是文本文件，可以直接查看。这里从中提出部分记录进行分析。

```
root:x:0:0:root:/root:/bin/bash
daemon:x:1:1:daemon:/usr/sbin:/usr/sbin/nologin
bin:x:2:2:bin:/bin:/usr/sbin/nologin
zxp:x:1000:1000:zxp,,,:/home/zxp:/bin/bash
zhang:x:1001:1001:zhang,,,:/home/zhang:/bin/bash
```

除了使用文本编辑器查看之外，还可以使用 cat 等文本文件显示命令在控制台或终端窗口中查看。如果需要从中查找特定的信息，可结合管道操作使用 grep 命令来实现。

该文件中一行定义一个用户账户，每行均由 7 个字段构成，各字段值之间用冒号分隔，每个字段均标识该账户某方面的信息，基本格式：

```
账户名:密码:UID:GID:注释:主目录:Shell
```

各字段说明如下。

- 账户名是用户名，又称登录名。最长不超过 32 个字符，可使用下划线和连字符。
- 密码使用 x 表示，因为 passwd 文件不保存密码信息。
- UID 是用户账户的编号。
- GID 用于标识用户所属的默认组。
- 注释可以是用户全名或其他说明信息（如电话）。
- 主目录是用户登录后首次进入的目录，这里必须使用绝对路径。
- Shell 是用户登录后所使用的一个命令行界面。Ubuntu 默认使用的是/bin/bash，如果该字段的值为空，则表示使用/bin/bash。如果要禁止用户账户登录 Linux，只需将该字段设置为/shin/nologin 即可。例如，对于系统账户 ftp 来说，一般只允许它登录和访问 FTP 服务器，并不允许它登录 Linux 操作系统。

如果要临时禁用某个账户，可以在 passwd 文件中该账户记录行前加上星号（*）。

（2）用户密码配置文件/etc/shadow。为安全起见，用户真实的密码采用 MD5 加密算法加密后，保存在/etc/shadow 配置文件中，该文件需要 root 权限才能修改，shadow 组成员可以读取，其他用户被禁止访问。可以使用命令 sudo vi /etc/shadow 直接查看，这里从中挑出几行进行分析。

```
root:!:18091:0:99999:7:::
daemon:*:17937:0:99999:7:::
bin:*:17937:0:99999:7:::
zxp:$6$tAlUfAgr$C.9V11DXfLmYGn75SdXoC8jHJ.4YCLawaAN/jSG2LmQ2acnzHh/WlRZOn1sggdmC
.3yOt79EmZHJ2lzbnZerE.:18091:0:99999:7:::
zhang::0:0:99999:7:::
```

shadow 文件也是每行定义和保存一个账户的相关信息。每行均由 9 个字段构成，各字段值之间用冒号分隔，基本格式如下：

```
账户名:密码:最近一次修改:最短有效期:最长有效期:过期前警告期:过期日期:禁用:保留用于未来扩展
```

第 2 个字段存储的是加密后的用户密码。该字段值如果为空，表示没有密码；如果为!!，则表示密码已被禁用（锁定）。第 3 个字段记录最近一次修改密码的日期，这是相对日期格式，即从 1970 年 1 月 1 日到修改日期的天数。第 7 个字段记录的密码过期日期也是这种格式，如果值为空，则表示永不过期。第 4 个字段表示密码多少天内不许修改，0 值表示随时修改。第 5 个字段表示多少天后必须修改。第 6 个字段表示密码过期之前多少天开始发出警告信息。

2. 组配置文件

组账户的基本信息存放在/etc/group 文件中，而关于组管理的信息（组密码、组管理员等）则存放在/etc/gshadow 文件中。

（1）组账户配置文件/etc/group。该文件是文本文件，可以直接查看。这里从中挑出几行进行分析。

```
root:x:0:
daemon:x:1:
bin:x:2:
zxp:x:1000:
sambashare:x:126:zxp
zhang:x:1001:zhang
test:x:1002:
```

每个组账户在 group 文件中占用一行，并且用冒号分为 4 个字段，格式如下。

```
组名:组密码:GID:组成员列表
```

在该文件中，用户的主要组不会将该用户自己作为成员列出，只有用户的次要组才会将其作为成员列出。例如，zhongxp 的主要组是 zhongxp，但 zhongxp 组的成员列表中并没有该用户。

（2）组账户密码配置文件/etc/gshadow。该文件用于存放组的加密密码。每个组账户在 gshadow 文件中占用一行，并且用冒号分为 4 个字段，格式如下。

```
组名:加密后的组密码:组管理员:组成员列表
```

2.2 使用图形化工具管理用户和组

为便于直观地管理用户和组，Ubuntu 提供相应的图形化配置管理工具。

2.2.1 创建和管理用户账户

1. 使用“用户账户”管理工具

Ubuntu 内置一个名为“用户账户”的图形化工具，该工具能够创建用户、设置密码和删除用户。下面示范新建用户账户的步骤。

使用“用户账户”管理工具

（1）打开“设置”应用程序，单击“详细信息”按钮打开相应的对话框，单击“用户账户”按钮，出现图 2-1 所示的界面，列出当前已有的用户账户。

（2）由于涉及系统管理，需要超级管理员权限，默认处于锁定状态，单击“解锁”按钮，弹出图 2-2 所示的对话框，输入当前登录用户的密码，单击“认证”按钮。

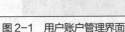

图2-1　用户账户管理界面

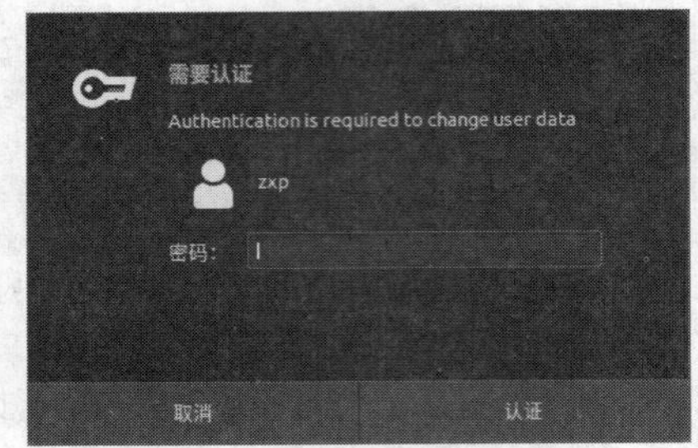

图2-2　用户认证

（3）要添加用户，单击右上角的“添加用户”按钮，弹出图2-3所示的对话框，选择账户类型，设置全名和用户名（账户名称）。

创建Ubuntu用户可以选择账户类型：标准和管理员。输入用户全名时，系统将根据全名自动选择用户名。可以保留自动生成的用户名，也可以根据需要修改用户名。

（4）完成用户设置后，单击“添加”按钮，新创建的用户账户如图2-4所示。

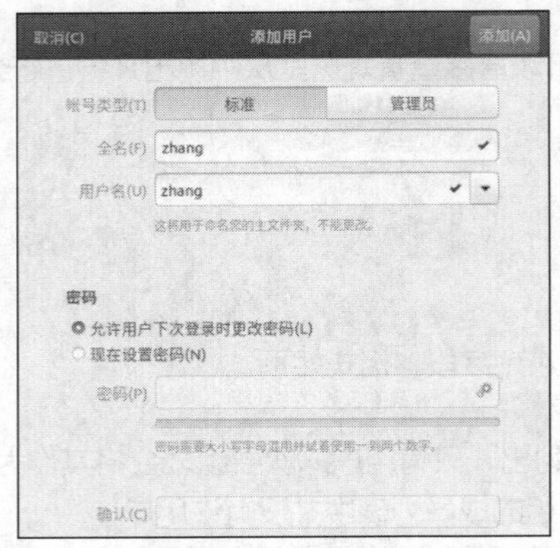

图2-3　添加账户

图2-4　新建的用户账户

（5）单击“密码”右侧的文本框，弹出图2-5所示的对话框，默认没有设置密码，需要在下次登录时设置。如果选择“现在设置密码”，则可以马上设置或修改密码。设置完毕关闭该对话框。

（6）根据需要设置用户自动登录，只需设置相应的开关即可。

对于已有的用户账户，可以查看用户的账户类型、登录历史和上次登录时间，设置登录选项（密码和自动登录）。管理员账户可以删除现有的用户账户，从账户列表中选择要删除的用户，单击左下角的“删除用户”按钮，弹出图2-6的提示窗口，可以选择是否同时删除该账户的主目录、邮件目录和临时文件。

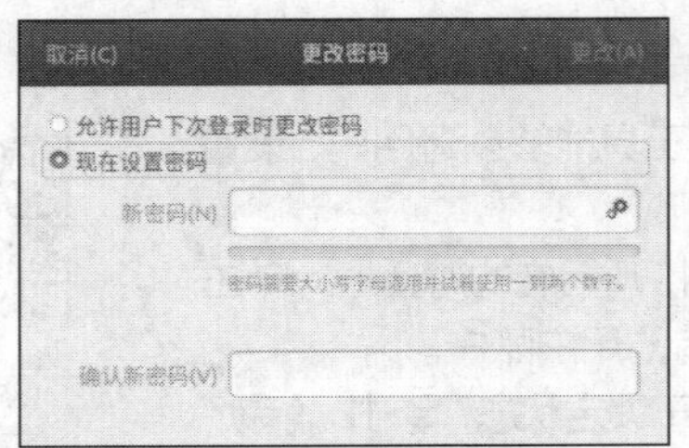

图2-5　更改账户密码

图2-6　删除用户的提示

2. 使用“用户和组”管理工具

使用“用户和组”管理工具

上述 Ubuntu 内置的“用户账户”工具仅支持创建或删除账户以及设置密码，但不支持组管理，也不支持用户权限设置。可以安装图形化系统管理工具 gnome-system-tools 来解决这个问题，具体方法是在命令行中执行以下命令：

```
sudo apt-get install gnome-system-tools
```

安装好该工具后，单击 Dash 面板底部的“网格”按钮显示应用程序概览视图，选中“用户和组”程序（或者搜索“用户和组”工具）并运行，界面如图 2-7 所示。添加或删除用户就不再重复介绍了，这里主要介绍一下用户的设置。

例如，从左侧列表中选中要设置的用户账户，右侧显示其基本信息，单击“账户类型”右侧的“更改”按钮（首次使用将先要求用户认证）打开图 2-8 所示的对话框，设置账户类型。默认类型为“自定义”，可以更改为“管理员”或“桌面用户”（相当于前面提到的标准用户）。

还可以对用户账户进行高级设置。从列表中选中要设置的用户账户，单击“高级设置”按钮打开相应的对话框，切换到“用户权限”选项卡，如图 2-9 所示，可以设置用户权限。切换到“高级”选项卡，如图 2-10 所示，可以设置用户的高级选项，包括主目录、默认使用的 Shell、所属主组（默认组或主要组）以及用户 ID，还可以禁用账户。

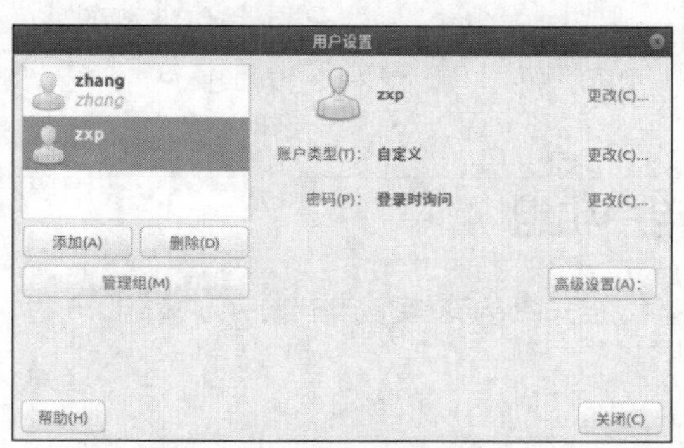

图 2-7 “用户和组”管理工具

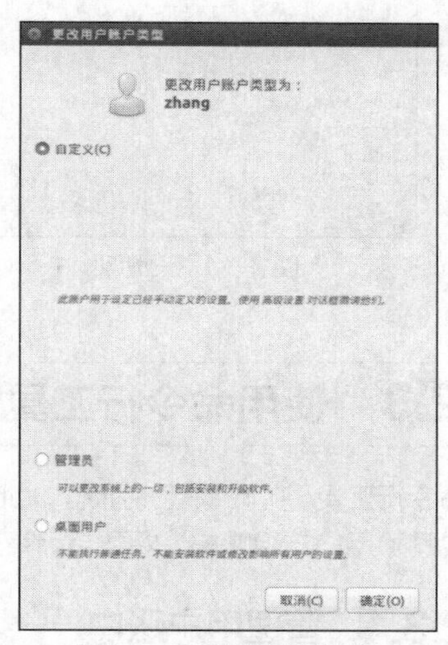

图 2-8 更改用户账户类型

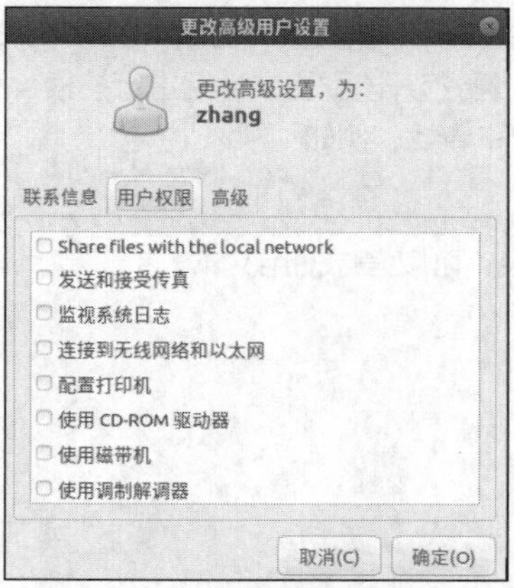

图 2-9 设置用户权限

图 2-10 设置用户高级选项

2.2.2 创建和管理组账户

Ubuntu内置的“用户账户”工具不支持组账户管理，可以考虑改用“用户和组”管理工具。打开“用户和组”工具（见图2-7），单击“管理组”按钮打开图2-11所示的对话框，显示现有的组账户（其中很多是内置的系统组），可以添加、删除组，或者设置组的属性。添加或删除组需要超级管理员权限（管理员需要经过用户认证）。

添加新的组的界面如图2-12所示，需要设置组名和组ID，根据需要选择组成员。这里是在组中添加用户作为组成员。组属性设置界面与添加组类似，用于修改组的基本设置（组名和ID），添加组成员。

Ubuntu安装过程中创建的第一个用户账户作为管理员，除了属于以它自己命名的主要组外，还属于adm、cdrom、sudo、dip、plugdev、lpadmin、sambashare等系统组。

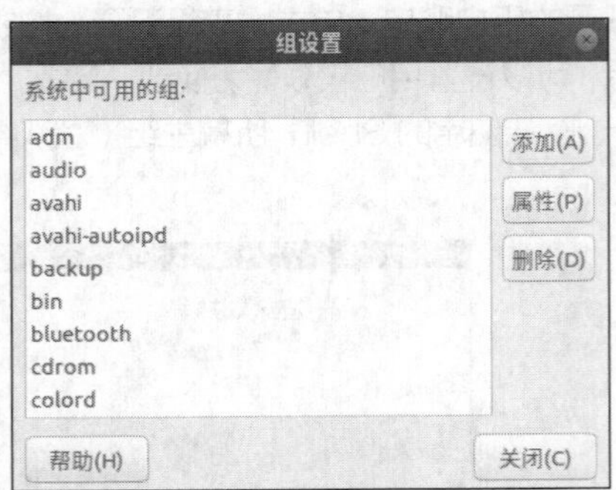

图2-11 设置组账户

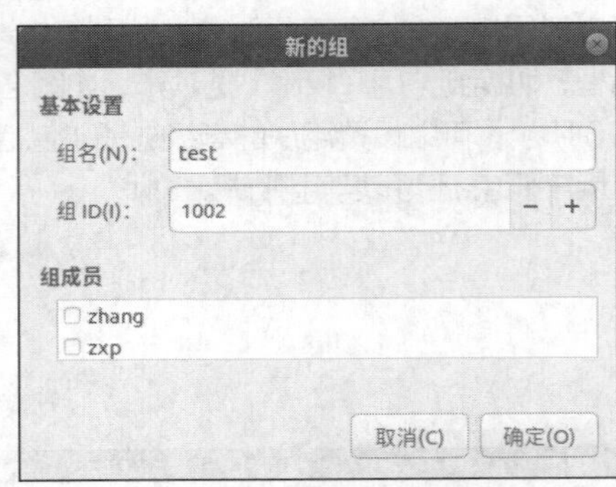

图2-12 添加组账户

2.3 使用命令行工具管理用户和组

命令行工具是Linux工业标准，Ubuntu提供了若干命令行工具，用于管理用户和组。不过，添加、修改或删除用户与组账户，需要超级管理员权限。

2.3.1 管理用户账户

1. 查看用户账户

Linux没有提供直接查看用户列表的命令，这可以通过查看用户配置文件/etc/passwd来解决。该文件包括所有的用户，如果要查看特定用户，可以用文本编辑器打开该配置文件后进行搜索；也可以在命令行中执行文件显示命令，并通过管道操作使用grep命令来查找，例如：

```
zxp@LinuxPC1:~$ cat /etc/passwd | grep zhang
zhang:x:1001:1001:zhang,,,:/home/zhang:/bin/bash
```

这将列出用户的所有信息，如果只需查看全部用户列表，可以考虑使用文本分析工具awk，例如：

```
zxp@LinuxPC1:~$ awk -F':' '{ print $1}' /etc/passwd
root
daemon
bin
sys
sync
（此处省略部分用户）
gnome-initial-setup
gdm
zxp
```

```
zhang
laozi
```

2. 添加用户账户

在 Ubuntu 中添加用户可使用 Linux 通用命令 useradd，其基本用法为

```
useradd [选项] <用户名>
```

该命令的选项较多，例如-d 用于指定用户主目录； -g 用于指定该用户所属主要组（名称或 ID 均可）；-G 用于指定用户所属其他组列表，各组之间用逗号分隔；-r 指定创建一个系统账户，建立系统账户时不会建立主目录，其 UID 也会有限制；-s 指定用户登录时所使用的 Shell，默认为/bin/bash；-u 指定新用户的 UID。

对于没有指定上述选项的情况，系统将根据 etc/default/useradd 配置文件中的定义为新建用户账户提供默认值，如是否创建用户私有目录等。Linux 还利用/etc/skel/目录为新用户初始化主目录。/etc/skel 目录一般是存放用户启动文件的目录，这个目录是由 root 权限控制，当管理员添加用户时，这个目录下的文件自动复制到新添加的用户的主目录下。/etc/skel 目录下的文件都是隐藏文件，也就是类似.file 格式的。可通过修改、添加、删除/etc/skel 目录下的文件，来为用户提供一个统一、标准的、默认的用户环境。

下面是一个创建用户账户的简单例子，在创建一个名为 wang 的用户账户的同时，创建并指定主目录 home/wang，创建私有用户组 wang，将登录 Shell 指定为/bin/bash，自动赋予一个 UID。

```
zxp@LinuxPC1:~$ sudo useradd wang
[sudo] zxp 的密码:
zxp@LinuxPC1:~$ cat /etc/passwd | grep wang
wang:x:1003:1004::/home/wang:/bin/sh
```

默认情况下，创建用户账户的同时也会建立一个与用户名同名的组账户，该组作为用户的主组（默认组）。

值得一提的是，useradd -D 用于显示或更改默认的 useradd 配置，也就是 etc/default/useradd 文件中的设置参数。下面的例子显示默认的 useradd 配置：

```
zxp@LinuxPC1:~$ useradd -D
GROUP=100                 #默认的用户组
HOME=/home                #把用户的主目录建在/home 中
INACTIVE=-1               #是否启用账户过期禁用（对应/etc/shadow 的“禁用”字段），-1 表示不启用
EXPIRE=                   #账户终止日期（对应/etc/shadow 的“过期日期”字段），不设置表示不启用
SHELL=/bin/sh             #所用 shell 的类型
SKEL=/etc/skel            #默认添加用户的目录默认文件存放位置
CREATE_MAIL_SPOOL=no      #是否创建邮箱
```

这些参数决定了添加用户时的默认设置。useradd -D 命令也可以通过指定其他选项来修改默认的 useradd 配置：

```
useradd -D [-g 默认组] [-b 默认主目录] [-f 账户过期禁用] [-e 过期日期] [-s 默认 shell]
```

Ubuntu 还特别提供一个 adduser 命令用于创建用户账户，其选项使用长格式。添加一个普通用户（非管理员）的语法格式为

```
adduser [--home 用户主文件夹] [--shell SHELL] [--no-create-home（无主文件夹）] [--uid 用户 ID] [--firstuid ID] [--lastuid ID] [--gecos GECOS] [--ingroup 用户组 | --gid 组 ID] [--disabled-password（禁用密码）] [--disabled-login（禁止登录）] [--encrypt-home] 用户名
```

该命令执行过程中可提供交互对话，便于用户按照提示设置必要的用户账户信息，这样可以不带选项就可以设置密码等。

```
zxp@LinuxPC1:~$ sudo adduser lisi
[sudo] zxp 的密码:
正在添加用户"lisi"...
```

```
正在添加新组"lisi" (1005)...
正在添加新用户"lisi" (1004) 到组"lisi"...
创建主目录"/home/lisi"...
正在从"/etc/skel"复制文件...
输入新的 UNIX 密码:
重新输入新的 UNIX 密码:
passwd: 已成功更新密码
正在改变 lisi 的用户信息
请输入新值，或直接敲回车键以使用默认值
 全名 []:
 房间号码 []:
 工作电话 []:
 家庭电话 []:
 其它 []:
这些信息是否正确? [Y/n] y
```

添加一个管理员的语法格式为

```
adduser --system [--home 用户主文件夹] [--shell SHELL] [--no-create-home （无主文件夹）] [--uid 用户 ID] [--gecos GECOS] [--group | --ingroup 用户组 | --gid 组 ID] [--disabled-password（禁用密码）] [--disabled-login （禁止登录）] 用户名
```

3. 管理用户账户密码

创建用户时如果没有设置密码，账户将处于锁定状态，此时用户账户将无法登录系统。可到/etc/shadow文件中查看，密码部分为！。

```
wang:!:18101:0:99999:7:::
```

可使用passwd命令为用户设置密码，其用法为

```
passwd [选项] [用户名]
```

普通用户只能修改自己账户的密码或查看密码状态。如果不提供用户名，则表示是当前登录的用户。只有root权限才有权管理其他用户的账户密码。

下面讲解其主要用法。

（1）设置账户密码。设置密码后，原密码将被自动被覆盖。接上例，为新建用户wang设置密码：

```
zxp@LinuxPC1:~$ sudo passwd wang
[sudo] zxp 的密码:
输入新的 UNIX 密码:
重新输入新的 UNIX 密码:
passwd: 已成功更新密码
```

用户登录密码设置后，就可使用它登录系统了。切换到虚拟控制台，尝试利用新账户登录，以检验能否登录。

（2）账户密码锁定与解锁。使用带-l选项的passwd命令可锁定账户密码，其用法为

```
passwd -l 用户名
```

密码一经锁定将导致该账户无法登录系统。使用带-u选项的passwd命令可解除锁定。

（3）查询密码状态。使用带-S选项的passwd命令可查看某账户的当前状态。

（4）删除账户密码。使用带-d 选项的 passwd 命令可删除密码。账户密码删除后，将不能登录系统，除非重新设置。

4. 修改用户账户

对于已创建的用户账户，可使用usermod命令来修改其各项属性，包括用户名、主目录、用户组、登录Shell等，用法为

```
usermod [选项] 用户名
```

大部分选项与添加用户所用的 useradd 命令相同，这里重点介绍几个不同的选项。使用-l 选项改变用户账户名：

```
usermod -l  新用户名  原用户名
```

使用-L 选项锁定账户，临时禁止该用户登录：

```
usermod -L  用户名
```

如果要解除账户锁定，使用-U 选项即可。

另外，可以使用命令 chfn 来更改用户的个人信息，如真实姓名、办公电话等。语法格式为

```
chfn [选项] [用户名]
```

选项-f 表示全名（真实姓名），-h 表示家庭电话，-o 表示办公地址。

5. 删除用户账户

要删除账户，可使用 userdel 命令来实现，其用法为

```
userdel [-r] 用户名
```

如果使用选项-r，则在删除该账户的同时，一并删除该账户对应的主目录和邮件目录。

注意 userdel 不允许删除正在使用（已经登录）的用户账户。

另一个用户删除命令 deluser 在 Ubuntu 中使用较多。其中，选项--remove-home 表示同时删除用户的主目录和邮箱；--remove-all-files 表示删除用户拥有的所有文件；--backup 表示删除前将文件备份，--backup-to <DIR>指定备份的目标目录（默认是当前目录）；--system 表示只有当该用户是系统用户时才删除。

2.3.2 管理组账户

组账户的创建和管理与用户账户类似，由于涉及的属性比较少，非常容易。Linux 也没有提供直接查看组列表的命令，这可以通过查看组配置文件/etc/group 来解决，操作方法同上述用户的查看。

1. 创建组账户

创建组账户的 Linux 通用命令是 groupadd，其用法为

```
groupadd  [选项]  组名
```

使用-g 选项可自行指定组的 GID。

使用-r 选项，则创建系统组，其 GID 值小于 500。若不带此选项，则创建普通组。

与创建用户账户一样，Ubuntu 还特别提供一个 addgroup 命令用于创建组账户，其选项使用长格式，该命令执行过程中可提供交互对话。添加一个普通用户组的语法格式为

```
addgroup [--gid ID]  组名
```

添加一个管理员用户组的语法格式为

```
addgroup --system [--gid 组 ID]  组名
```

2. 修改组账户

组账户创建后可使用 groupmod 命令对其相关属性进行修改，主要是修改组名和 GID 值。其用法为

```
groupmod  [-g GID]  [-n 新组名]  组名
```

3. 删除组账户

删除组账户使用 groupdel 命令来实现，其用法为

```
groupdel 组名
```

要删除的组不能是某个用户账户的主组，否则将无法删除；若要删除，则应先删除引用该组的成员账户，然后再删除组。

另一个组删除命令 delgroup 在 Ubuntu 中使用较多。其中选项- --system 表示只有当该用户组是系统用户组时才删除；--only-if-empty 表示只有当该用户组中无成员时才删除。

4. 管理组成员

groups 命令用于显示某用户所属的全部组，如果没有指定用户名则默认为当前登录用户，例如：

```
~$ groups
zxp adm cdrom sudo dip plugdev lpadmin sambashare
~$ groups wang
wang : wang
```

要查看某个组有哪些组成员，需要查看/etc/group 配置文件，其每一个条目的最后字段就是组成员用户列表。

可以使用 gpasswd 命令将用户添加到指定的组，使其成为该组的成员，其用法为

```
gpasswd -a 用户名 组名
```

使用以下命令可以将某用户从组中删除：

```
gpasswd -d 用户名 组名
```

使用以下命令可以将若干用户设置为组成员（添加到组中）：

```
gpasswd -M 用户名,用户名,... 组名
```

另外，还可以使用 adduser 命令将用户添加到组中，使用 deluser 命令将用户从组中删除，基本用法如下：

```
adduser 用户名 组名
deluser 用户名 组名
```

2.3.3 其他用户管理命令

1. 查看用户信息

执行 id 命令可以查看指定用户或当前用户的信息，用法为

```
id [选项] [用户名]
```

如果不提供用户名，将显示当前登录的用户的信息。如果指定用户名，将显示该账户信息。例如，查看当前登录用户信息：

```
zxp@LinuxPC1:~$ id
uid=1000(zxp) gid=1000(zxp) 组
=1000(zxp),4(adm),24(cdrom),27(sudo),30(dip),
46(plugdev),116(lpadmin),126(sambashare)
```

2. 查看登录用户

在多用户工作环境中，每个用户可能都在执行不同的任务。要查看当前系统上有哪些用户登录，可以使用 who 命令。

```
zxp@LinuxPC1:~$ who
zxp      :0          2019-07-24 11:06 (:0)
zhang    :1          2019-07-24 14:20 (:1)
```

管理员还可以使用 last 命令查看系统的历史登录情况。要查看系统整体的登录历史记录，可以直接运行 last 命令；要查看某个用户的登录历史记录，可以在 last 命令后加上用户名。

长期运行的系统上可能有很多登录历史记录，可以在 last 命令中加入选项列出指定的行数。例如要查看最近 5 次登录事件，可以运行以下命令：

```
last -5
```

who 命令只能看到系统上有哪些用户登录，而要监视用户的具体工作，可以使用 w 命令查看用户执行的进程。例如：

```
zxp@LinuxPC1:~$ w
 14:48:30 up 21 min,  2 users,  load average: 0.07, 0.05, 0.02
USER     TTY      来自            LOGIN@   IDLE   JCPU   PCPU WHAT
zxp      :0       :0              14:29   ?xdm?  24.00s  0.00s /usr/lib/gdm3/
zhang    :1       :1              14:47   ?xdm?  24.00s  0.00s /usr/lib/gdm3/
```

3. 多用户登录与用户切换

多用户登录与
用户切换

Linux 可以同时接受多个用户登录，文本模式下的多用户登录和用户切换已经在第 1 章介绍过。这里补充说明一下图形界面下的相关操作。对于多用户登录，在登录界面上会列出具有登录权限的用户列表，供登录时选择，如图 2-13 所示。登录之后，单击右上角的任一图标弹出状态菜单，再单击以图标打头的当前登录用户，展开状态菜单，如图 2-14 所示，单击“切换用户”命令会转到图 2-13 所示的界面，选择要切换的用户账户，根据提示输入登录密码即可切换到另一个用户界面。

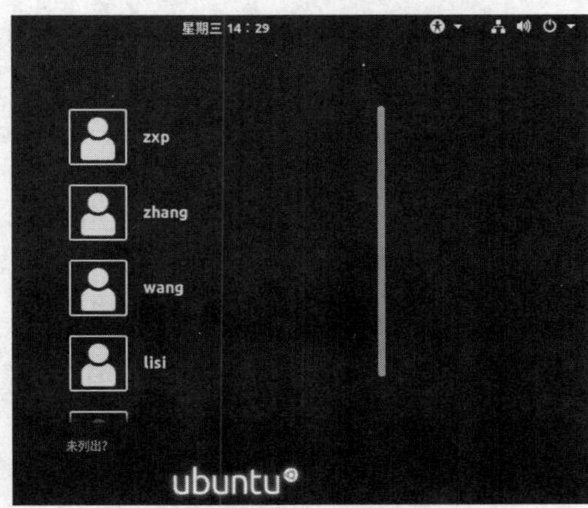

图 2-13　多用户登录

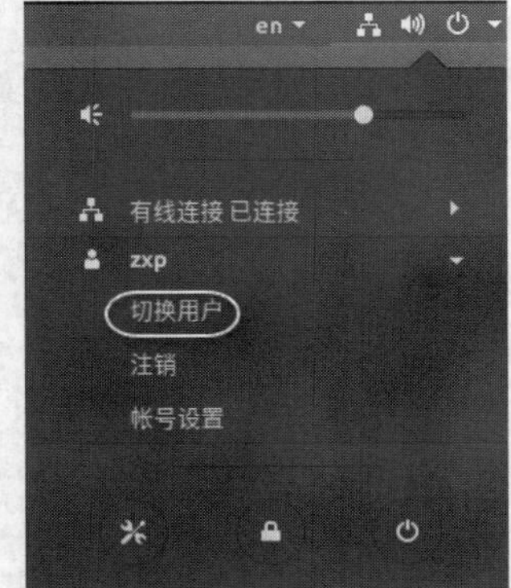

图 2-14　切换用户

2.4 习题

1. Linux 用户一般分为哪几种类型?
2. Ubuntu 管理员与普通用户相比，有什么特点?
3. Ubuntu 管理员如何获得 root 特权?
4. 如何让普通用户能够使用 sudo 命令?
5. 用户和组配置文件有哪些? 各有什么作用?
6. 安装“用户和组”管理工具，然后使用它添加一个用户和一个组。
7. 使用 Ubuntu 的 adduser 命令创建一个用户账户。
8. 使用命令行工具查看用户所属组，将用户添加到组中，再将用户从组中删除。
9. 利用配置文件来查看用户和组信息。

第 3 章 文件与目录管理

在操作系统中，文件与目录的管理是一项基本的系统管理工作。Linux 使用与 Windows 操作系统不一样的目录结构。对于多用户多任务的 Linux 操作系统来说，文件与目录的访问权限管理必不可少。本章介绍文件与目录的基础知识和管理方法，让读者掌握 Ubuntu 命令行和图形界面的文件与目录操作和管理技能。

学习目标

① 熟悉 Linux 目录结构，了解 Linux 文件类型。
② 熟练使用文件管理器和命令行进行目录操作。
③ 熟练使用文件管理器和命令行进行文件操作。
④ 理解文件和目录权限，掌握文件权限管理操作。

3.1 Linux 文件与目录概述

文件是 Linux 操作系统处理信息的基本单位，所有软件都以文件形式进行组织。目录是包含许多文件项目的一类特殊文件，每个文件都登记在一个或多个目录中。目录也可看作是文件夹，包括若干文件或子文件夹。

3.1.1 Linux 目录结构

Linux 系统的目录结构与 Windows 系统不一样，它没有盘符的概念，不存在什么 C 盘、D 盘，所有的文件和目录都“挂在一棵目录树上”，磁盘、光驱都作为特定的目录挂在目录树上，其他设备也作为特殊文件挂在目录树上，这些目录和文件都有着严格的组织结构。

1. Linux 目录树

Linux 使用树形目录结构来分级、分层组织管理文件，最上层是根目录，用“/”表示。在 Linux 中，所有的文件与目录都由根目录开始，然后再分出一个个分支，一般将这种目录配置方式称为目录树（directory tree）。目录树的主要特性如下。

- 目录树的起始点为根目录。
- 每一个目录不仅能使用本地分区的文件系统，也可以使用网络上的文件系统。
- 每一个文件在目录树中的文件名（包含完整路径）都是独一无二的。

路径指定一个文件在分层的树形结构（即文件系统）中的位置，可采用绝对路径，也可采用相对路径。绝对路径为由根目录“/”开始的文件名或目录名称，例如/home/zxp/.bashrc；相对路径为相对于当前路径的文件名写法，例如../../home/zxp/等，开头不是根目录的就属于相对路径的写法。相对路径是以当前所在路径的相对位置来表示的。

除了根目录“/”之外，还要注意几个特殊的目录。“.”表示当前目录，也可以使用“./”来表示。“..”表示上一层目录，也可以“../”来表示。“～”表示当前用户的主目录。

Windows 系统中每个磁盘分区都有一个独立的根目录，有几个分区就有几个目录树，如图 3-1 所示。它们之间的关系是并列的，各分区采用盘符（如 C、D、E）进行区分和标识，通过相应的盘符访问分区。每个分区的根目录用反斜杠（\）表示。

Linux 操作系统使用单一的目录树结构，整个系统只有一个根目录，如图 3-2 所示，各个分区挂载到被挂载到目录树的某个目录中，通过访问挂载点目录，即可实现对这些分区的访问。根目录用正斜杠（/）表示。

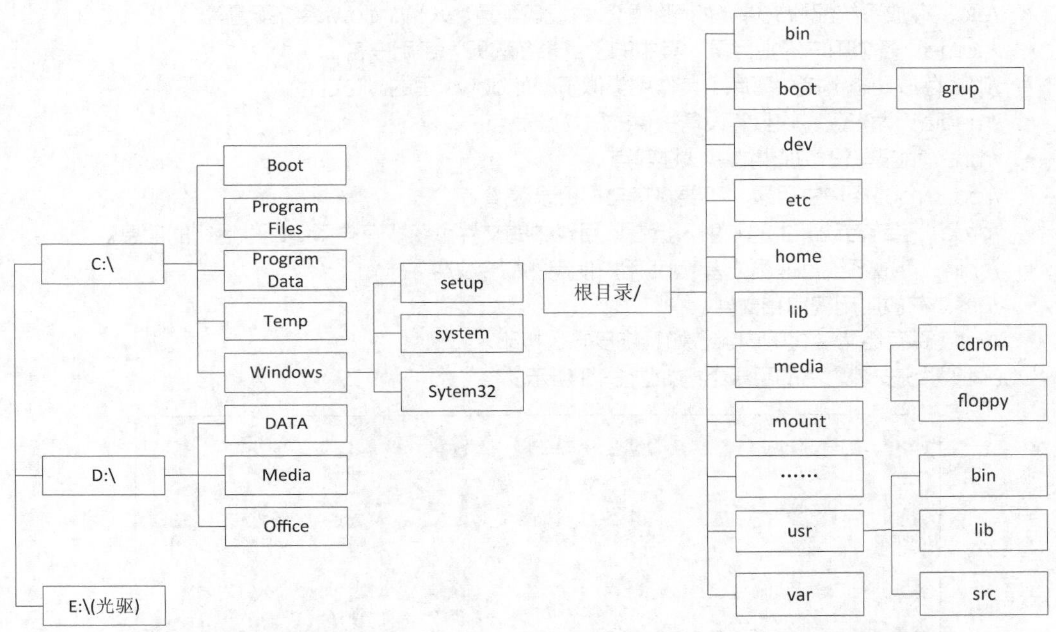

图 3-1　Windows 系统目录结构　　图 3-2　Linux 系统目录结构

2. 文件与目录的命名规范

在 Linux 中，文件和目录的命名由字母、数字和其他符号组成，应遵循以下规范。

- 目录或文件名长度可以达到 255 个字符。
- 包含完整路径名称及目录（/）的完整文件名为 4096 个字符。
- 严格区分大小写。
- 可以包含空格等特殊字符，但必须使用引号；不可以包含“/”字符。还应避免使用特殊字符：* ? > < ; & ! [ ] | \ ' " ` ( ) { }。
- 同类文件应使用同样的后缀或扩展名。

3.1.2　Linux 目录配置标准——FHS

Linux 的开发人员和用户比较多，制定一个固定的目录规划有助于对系统文件和不同的用户文件进行统一管理，为此出台了文件系统层次标准（Filesystem Hierarchy Standard），简称 FHS。

FHS 规范在根目录下面各个主要目录应该放什么样的文件。FHS 定义了两层规范。第 1 层是根目录下面的各个目录应该放什么文件，例如/etc 应该放置配置文件，/bin 与/sbin 则应该放置可执行文件等。

第 2 层则是针对/usr 及/var 这两个目录的子目录来定义，例如/var/log 放置系统登录文件、/usr/share 放置共享数据等。

FHS 仅定义出最顶层（/）及其子层（/usr、/var）的目录内容应该放置的文件，在其他子目录层级内可以自行配置。

Linux 使用规范的目录结构，系统安装时就已创建了完整而固定的目录结构，并指定了各个目录的作用和存放的文件类型。常见的系统目录简介如下。

- /bin：存放用于系统管理维护的常用实用命令文件。
- /boot：存放用于系统启动的内核文件和引导装载程序文件。
- /dev：存放设备文件。
- /etc：存放系统配置文件，如网络配置、设备配置、X Window 系统配置等。
- /home：各个用户的主目录，其中的子目录名称即为各用户名。
- /lib：存放动态链接共享库（其作用类似于 Windows 里的.dll 文件）。
- /media：为光盘、软盘等设备提供的默认挂载点。
- /mnt：为某些设备提供的默认挂载点。
- /root：root 用户主目录。不要将其与根目录混淆。
- /proc：系统自动产生的映射。查看该目录中的文件可获取有关系统硬件运行的信息。
- /sbin：存放系统管理员或者 root 用户使用的命令文件。
- /usr：存放应用程序和文件。
- /var：保存经常变化的内容，如系统日志、打印。

Ubuntu 系统安装之后的目录结构如图 3-3 所示。

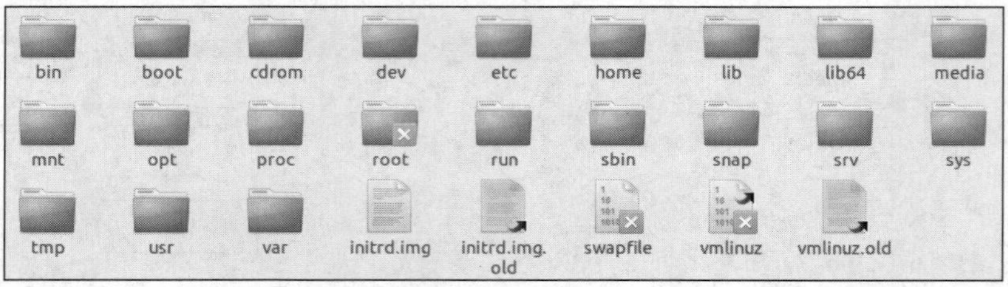

图 3-3　Ubuntu 目录结构

3.1.3　Linux 文件类型

在介绍文件类型之前，先介绍一下文件结构。Linux 文件无论是一个程序、一个文档、一个数据库，还是一个目录，操作系统都会赋予文件相同的结构，具体包括以下两部分。

- 索引节点：又称 I 节点。在文件系统结构中，包含有关相应文件信息的一个记录，这些信息包括文件权限、文件所有者、文件大小等。
- 数据：文件的实际内容，可以是空的，也可以非常大，并且有自己的结构。

可以将 Linux 文件分为以下 4 种类型。

1. 普通文件

普通文件也称为常规文件，包含各种长度的字符串。Linux 内核对这些文件没有进行结构化，只是作为有序的字符序列把它提交给应用程序，由应用程序自己组织和解释这些数据。它包括文本文件、数据文件和可执行的二进制程序等。

2. 目录文件

目录文件是一种特殊文件，利用它可以构成文件系统的分层树形结构。目录文件也包含数据，但与普通文件不同的是，内核对这些数据加以结构化，即它是由成对的“索引节点号/文件名”构成的列表。索引节点号是检索索引节点表的下标，索引节点中存有文件的状态信息。文件名是给一个文件分配的文本形式的字符串，用来标识该文件。在一个指定的目录中，任何两项都不能有同样的名字。

将文件添加到一个目录中时，该目录的大小会增大，以便容纳新文件名。当删除文件时，目录的尺寸并未减少，内核对该目录项做上特殊标记，以便下次添加一个文件时重新使用它。每个目录文件中至少包括两个条目：“..”表示上一级目录，“.”表示该目录本身。

3. 设备文件

设备文件是一种特殊文件，除了存放在文件索引节点中的信息外，它们不包含任何数据。系统利用它们来标识各个设备驱动器，内核使用它们与硬件设备通信。设备文件又可分为两种类型：字符设备文件和块设备文件。

Linux 将设备文件置于/dev 目录下，系统中的每个设备在该目录下有一个对应的设备文件，并有一些命名约定。例如，串口 COM1 的文件名为/dev/ttyS0，/dev/sda 对应第一个 SCSI 硬盘（或 SATA 硬盘），/dev/sda5 对应第一个 SCSI 硬盘（或 SATA 硬盘）第 1 个逻辑分区，光驱表示为/dev/cdrom，软驱表示为/dev/fd0。Linux 还提供伪设备（实际上不存在的）文件，如/dev/null、/dev/zero。

4. 链接文件

这是一种特殊文件，提供对其他文件的参照。它们存放的数据是文件系统中通向文件的路径。当使用链接文件时，内核自动地访问所指向的文件路径。例如，当需要在不同的目录中使用相同文件时，可以在一个目录中存放该文件，在另一个目录中创建一个指向该文件（目标）的链接，然后通过这个链接来访问该文件，这就避免了重复占用磁盘空间，而且也便于同步管理。

链接文件有两种类型，分别是符号链接（Symbolic Link）和硬链接（Hard Link）。

符号链接文件类似于 Windows 系统中的快捷方式，其内容是指向原文件的路径。原文件删除后，符号链接就失效了；删除符号链接文件并不影响原文件。

硬链接是对原文件建立的别名。建立硬链接文件后，即使删除原文件，硬链接也会保留原文件的所有信息。因为实质上原文件和硬链接是同一个文件，二者使用同一个索引节点，无法区分原文件和硬链接。与符号链接不同，硬链接和原文件必须在同一个文件系统上，而且不允许链接至目录。

提 示　**使用 ls -l 命令以长格式列出目录时，每一行第 1 个字符代表文件类型。其中-表示普通文件，d 表示目录文件，c 表示字符设备文件，b 表示块设备文件，l 表示符号链接文件。**

3.2 Ubuntu 目录操作

在 Ubuntu 系统中可以通过图形界面操作目录，有些目录操作还需要使用命令行完成，而且无论是执行效率，还是功能，命令行目录操作都更有优势。

3.2.1 使用文件管理器进行目录操作

使用文件管理器进行目录操作

Ubuntu 桌面环境使用的文件管理器是 Nautilus，这个工具与 Windows 资源管理器类似，用于管理计算机的文件和系统，也将目录称作“文件夹”。单击 Dash 面板上的按钮即可打开相应的文件管理器，执行文件和文件夹的浏览和管理任务。

要创建文件夹的用户必须对所创建的文件夹的父文件夹具有写权限。一般用户只能对自己的主目录（主文件夹）进行全权操作，如图 3-4 所示，Ubuntu 支持右键菜单操作文件夹。

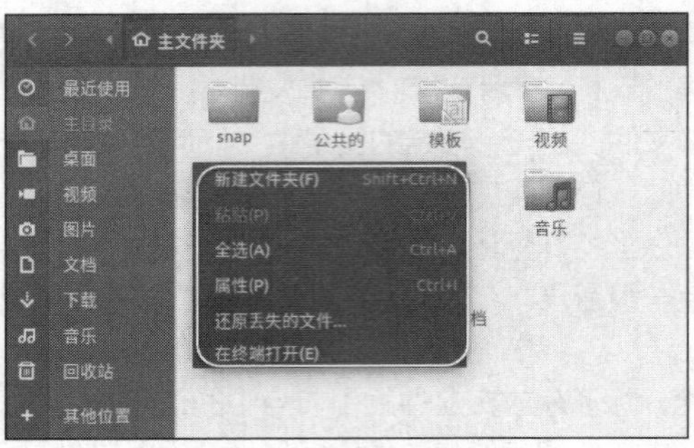

图3-4 Ubuntu文件管理器

系统根目录（“计算机”节点，相当于Windows中的“我的电脑”）下的多数文件夹的创建和修改权限属于root，在图形界面的文件管理器中无权操作，除非以root身份登录，而在命令行中则可以临时切换到root权限进行操作。

3.2.2 使用命令行进行目录操作

在命令行中操作目录非常灵活，考虑权限问题，一般创建、修改、删除目录需要使用sudo命令临时切换到root权限，否则将提示权限不够。文件和目录权限将在本章3.4节详细介绍。

1. 创建目录

mkdir命令创建由目录名命名的目录。如果在目录名前面没有加任何路径名，则在当前目录下创建；如果给出了一个存在的路径，将会在指定的路径下创建。语法格式如下：

```
mkdir [选项] 目录名
```

例如，使用以下命令在自己主目录之外的位置创建一个目录：

```
$ sudo mkdir /usr/test1
[sudo] zxp 的密码:
```

在用户自己的主目录中创建目录，则不必要用sudo命令。

另外，选项-p表示要建立的目录的父目录尚未建立，将同时创建父目录。

2. 删除目录

当目录不再被使用时或者磁盘空间已到达使用限定值时，就需要删除失去使用价值的目录。使用rmdir命令从一个目录中删除一个或多个空的子目录，语法格式如下：

```
rmdir [选项] 目录名
```

选项-p表示递归删除目录，当子目录被删除后父目录为空时，也一同被删除。如果是非空目录，则保留下来。

3. 改变工作目录

（1）cd命令。cd命令用来改变工作目录。当不带任何参数时，返回到用户的主目录。语法格式如下：

```
cd [目录名]
```

（2）pwd命令。pwd命令用于显示当前工作目录的绝对路径，没有任何选项或参数，语法格式如下：

```
pwd
```

4. 显示目录内容

ls命令列出指定目录的内容，语法格式如下：

```
ls [选项] [目录或文件]
```

默认情况下输出条目按字母顺序排列。如果没有给出参数，则显示当前目录下所有子目录和文件的信息。其选项及其含义如下。

- -a：显示所有的文件，包括以“.”开头的文件。

- -c：按文件修改时间排序。
- -i：在输出的第 1 列显示文件的索引节点号。
- -l：以长格式显示文件的详细信息。输出的信息分成多列，依次是文件类型与权限、链接数、文件所有者、所属组、文件大小、建立或最近修改的时间、文件名。
- -r：按逆序显示 ls 命令的输出结果。
- -R：递归地显示指定目录的各个子目录中的文件。

至于目录的复制、删除和移动的用法请参见后面的命令行文件操作。

3.3 Ubuntu 文件操作

与目录相比，文件操作的功能更为丰富。

3.3.1 使用文件管理器进行文件操作

在 Ubuntu 桌面环境使用文件管理器进行文件操作。打开文件管理器，执行文件浏览和管理任务。

要创建文件的用户必须对所创建的文件的文件夹具有写权限。一般用户只能在自己的主目录（主文件夹）中进行文件操作，Ubuntu 支持右键菜单操作，如图 3-5 所示。

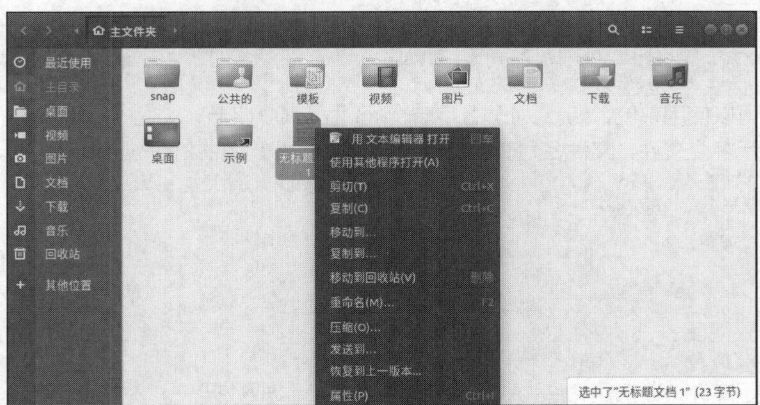

图 3-5 Ubuntu 文件操作右键菜单

除了用户主目录，其他位置普通用户无权进行文件创建、删除和修改操作，除非以 root 身份登录。而在命令行中可以临时切换到 root 权限进行操作。

如果权限允许，在文件管理器中找到相应的文本文件，可直接使用 gedit 编辑器打开来查看其内容。

3.3.2 使用命令行进行文件操作

在命令行中操作文件非常灵活，考虑权限问题，一般创建、修改、删除文件需要使用 sudo 命令临时切换到 root 权限，否则将提示权限不够。查看文件一般对权限要求较低。

1. 文件内容显示

（1）cat 命令。cat 命令用于连接文件并打印到标准输出设备上，常用来显示文件内容。语法格式如下：

```
cat [选项] [文件名1] [文件名2]
```

该命令有两项功能：一是用来显示文件的内容，它依次读取由参数文件 1 所指明的文件，将它们的内容输出到标准输出上；二是用来连接两个或多个文件，如 cat f1 f2>f3，将文件 f1 和 f2 的内容合并起来，然后通过输出重定向符>将它们的内容存入文件 f3 中。

（2）more 命令。如果文件太长，用 cat 命令只能看到文件最后一页，而用 more 命令时可以逐页显示。more 命令语法格式如下：

```
more [选项] [文件名]
```

该命令一次显示一屏文本，满屏后显示停下来，并且在每个屏幕的底部出现一个提示信息，给出已显示的该文件的百分比。

（3）less 命令。less 命令也用来分页显示文件内容，但功能比 more 更强大，其语法格式如下：

```
less [选项] [文件名]
```

less 的功能比 more 更灵活。例如，用<Pgup><Pgdn>键可以向前向后移动一页，用上下光标键可以前后移动一行。

（4）head 命令。head 命令用于在屏幕上显示文件的开头若干行或多少个字节。语法格式如下：

```
head [选项] [文件名]
```

选项-n（n 为行数值）指定从文件开头的显示行数，默认为 10 行。例如：

```
zxp@LinuxPC1:~$ head -5  /etc/passwd
root:x:0:0:root:/root:/bin/bash
daemon:x:1:1:daemon:/usr/sbin:/usr/sbin/nologin
bin:x:2:2:bin:/bin:/usr/sbin/nologin
sys:x:3:3:sys:/dev:/usr/sbin/nologin
sync:x:4:65534:sync:/bin:/bin/sync
```

选项-c 后跟参数指定从文件开头的显示字节数，例如：

```
zxp@LinuxPC1:~$ head -c 50  /etc/passwd
root:x:0:0:root:/root:/bin/bash
```

字节数表示可以使用单位，如 b 为 512 字节；kB 为 1000 字节，K 为 1024 字节。

可以同时显示多个文件，文件名列表以空格分开，显示每个文件之前先显示文件名。例如：

```
zxp@LinuxPC1:~$ head -2 /etc/group /etc/passwd
==> /etc/group <==
root:x:0:
daemon:x:1:

==> /etc/passwd <==
root:x:0:0:root:/root:/bin/bash
daemon:x:1:1:daemon:/usr/sbin:/usr/sbin/nologin
```

如果没有指定文件，或指定文件为"-"，将从标准输入读取数据。

（5）tail 命令。tail 命令用于在屏幕上显示指定文件的末尾若干行或若干字节，与 head 正好相反，语法格式如下：

```
tail [选项] [文件名]
```

选项或参数用法请参见 head 命令。

行数由参数值来确定，显示行数的默认值为 10，即显示文件的最后 10 行内容。

（6）od 命令。od 命令用于按照特殊格式查看文件内容。语法格式如下：

```
od [选项] [文件名]
```

od 将指定文件以八进制形式（默认）转储到标准输出。如果指定了多于一个的文件参数，程序会自动将输入的内容整合为列表并以同样的形式输出。如果没有指定文件，或指定文件为"-"，将从标准输入读取数据。

2. 文件内容查找

grep 命令用来在文本文件中查找指定模式的单词或短语，并在标准输出上显示包括给定字符串模式的所有行。语法格式如下：

```
grep [选项]... 模式 [文件名]...
```

grep 命令在指定文件中搜索特定模式（PATTERN）及搜索特定主题等方面用途很大。可以将要搜索的模式看作是一些关键词，查看指定的文件中是否包含这些关键词。如果没有指定文件，它们就从标准输入中读取。在正常情况下，每个匹配的行都被显示到标准输出上。如果要搜索的文件不止一个，则在每一行输出之前加上文件名。

可以使用选项对匹配方式进行控制。如选项-i 表示忽略大小写，-x 强制整行匹配，-w 强制关键字完全匹配，-e 用于定义正则表达式。下面给出一个例子。

```
zxp@LinuxPC1:~$ grep -i 'home' /etc/passwd
syslog:x:102:106::/home/syslog:/usr/sbin/nologin
cups-pk-helper:x:110:116:user for cups-pk-helper service,,,:/home/cups-pk-helper:/usr/sbin/nologin
zxp:x:1000:1000:zxp,,,:/home/zxp:/bin/bash
zhang:x:1001:1001:zhang,,,:/home/zhang:/bin/bash
laozi:x:1002:1003:laozi,,,,:/home/laozi:/bin/bash
wang:x:1003:1004::/home/wang:/bin/sh
lisi:x:1004:1005:,,,:/home/lisi:/bin/bash
lisi2:x:1005:1006:,,,:/home/lisi2:/bin/bash
```

搜索的结果中“home”会被标红显示。

还可以使用选项对查找结果输出进行控制。如选项-m 定义多少次匹配后停止搜索，-n 指定输出的同时打印行号，-H 为每一匹配项打印文件名，-r 在指定目录中进行递归查询。

3. 文件内容比较

（1）comm 命令。对两个已经排好序的文件进行逐行比较，只显示它们共有的行。语法格式如下：

```
comm [-123] 文件1 文件2
```

选项-1 表示不显示仅在文件 1 中存在的行，选项-2 表示不显示仅在文件 2 中存在的行，选项-3 表示不显示在 comm 命令输出中的第 1 列、第 2 和第 3 列。

（2）diff 命令。diff 命令逐行比较两个文件，列出它们的不同之处，并且提示为使两个文件一致需要修改哪些行。如果两个文件完全一样，则该命令不显示任何输出。语法格式如下：

```
diff [选项] 文件1 文件2
```

4. 文件内容排序

sort 命令用于对文本文件的各行进行排序。语法格式如下：

```
sort [选项] 文件名列表
```

sort 命令将逐行对指定文件中的所有行进行排序，并将结果显示在标准输出上。如果不指定文件名或者使用“-”表示文件，则排序内容来自标准输入。

5. 文件内容统计

wc 命令用于统计出指定文件的字节数、字数、行数，并输出结果。语法格式如下：

```
wc [选项] 文件名列表
```

如果没有给出文件名，则从标准输入读取数据。如果多个文件一起进行统计，则最后给出所有指定文件的总统计数。

wc 命令输出列的顺序和数目不受选项顺序和数目的影响，输出格式如下：

```
行数 字数 字节数 文件名
```

选项-c 表示统计字节数，-l 表示统计行数，-w 表示统计字数。

6. 文件查找

（1）find 命令。该命令用于在目录结构中搜索满足查询条件的文件并执行指定操作。语法格式如下：

```
find [路径…] [匹配表达式]
```

find 命令从左向右分析各个参数，然后依次搜索目录。find 将在“_”、“(”、“)”或者“!”前面的字符串视为待搜索的文件，在这些符号后面的字符串为参数选项。如果没有设置路径，那么 find 搜索当前目录；如果没有设置参数选项，那么 find 默认提供-print 选项，即将匹配的文件输出到标准输出。

find 功能非常强大，复杂的匹配表达式由下列部分组成：操作符、选项、测试表达式以及动作。

选项包括位置选项和普通选项，针对整个查找任务，而不是仅仅针对某一个文件，其结果总是返回 true（真）。例如，选项-depth 可以使 find 命令先匹配所有的文件，再在子目录中查找； -regextype 用于选择要使用的正则表达式类型；-follow 表示遇到符号链接文件就跟踪至链接所指向的文件。

测试表达式针对具体的一个文件进行匹配测试，返回 true（真）或者 false（假）。例如，选项-name 表示按照文件名查找文件，-user 表示按照文件所有者来查找文件，-type 指定查找某一类型的文件（b 指块设备文件、d 为目录、c 为字符设备文件，l 为符号链接文件，f 为普通文件）。

动作（action）则是对某一个文件进行某种动作，返回 true 或者 false。最常见的动作就是打印到屏幕（-print）。

上述 3 部分又可以通过操作符（operator）组合在一起形成更大、更复杂的表达式。操作符按优先级排序，包括：括号“( )”、“非”运算符（！或-not）、“与”运算符（-a 或-and）、“或”运算符（-o 或-or）、并列符号逗号（,）。未指定操作符时默认使用 -and。

例如，查找当前目录下（波浪号~代表了用户的主目录$HOME）文件名后缀为 txt 的文件，可执行以下命令：

```
zxp@LinuxPC1:~$ find ~ -name "*.txt" -print
/home/zxp/.thunderbird/rhzj9htm.default/AlternateServices.txt
/home/zxp/.thunderbird/rhzj9htm.default/pkcs11.txt
（此处省略）
find: '/home/zxp/.cache/dconf': 权限不够
find: '/home/zxp/.dbus': 权限不够
/home/zxp/.mozilla/firefox/skve89sr.default-release/AlternateServices.txt
（以下省略）
```

find 使用动作-exec 可以对查找到的文件调用外部命令进行处理，注意语法格式比较特殊，外部命令之后需要“{}\;”结尾，必须由一个“;”结束，通常 Shell 都会对“;”进行处理，所以用“\;”防止这种情况。注意后一个花括号“}”和“/”之间有一个空格。

```
find [路径…] [匹配表达式] -exec 外部命令 {} \;
```

在下面的例子中使用 grep 命令。find 命令首先匹配所有文件名为“ passwd*”的文件，例如 passwd、passwd.old、passwd.bak，然后执行 grep 命令看看在这些文件中是否存在一个名为“wang”的用户。

```
zxp@LinuxPC1:~$ sudo find /etc -name "passwd*" -exec grep "wang" {} \;
wang:x:1003:1004::/home/wang:/bin/sh
wang:x:1003:1004::/home/wang:/bin/sh
```

（2）locate 命令。locate 命令用于查找文件，比 find 命令的搜索速度快，但它需要一个数据库，这个数据库由每天的例行工作（crontab）程序自动建立和维护。该命令的语法格式如下：

```
locate [选项]... [模式]...
```

选项-d 指定 locate 命令所使用的数据库，以取代默认的数据库/var/lib/mlocate/mlocate.db。

选项-c 表示只列出查到的条目数量，-A 表示列出匹配的所有条目。

选项-w 表示匹配整个路径。

由于 locate 命令从数据库中查找，权限不像 find 遍历文件那样受限，不需要使用 sudo 命令。下面给出一个例子。

```
zxp@LinuxPC1:~$ locate  chgpasswd
/snap/core/6350/usr/sbin/chgpasswd
/snap/core/7270/usr/sbin/chgpasswd
......
```

7. 文件（目录）复制、删除和移动

（1）cp 命令。将源文件或目录复制到目标文件或目录中。语法格式如下：

```
cp [选项] 源文件或目录 目标文件或目录
```

如果参数中指定了两个以上的文件或目录，且最后一个是目录，则 cp 命令视最后一个为目的目录，将前面指定的文件和目录复制到该目录下；如果最后一个不是已存在的目录，则 cp 命令将给出错误信息。

（2）rm 命令。可以删除一个目录中的一个或多个文件和目录，也可以将某个目录及其下属的所有文件和子目录删除。语法格式如下：

```
rm [选项] 文件列表
```

该命令对于链接文件，只是删除整个链接文件，而原有文件保持不变。

（3）mv 命令。用来移动文件或目录，还可在移动的同时修改文件或目录名。语法格式如下：

```
mv [选项] 源文件或目录 目标文件或目录
```

选项-i 表示交互模式，当移动的目录已存在同名的目标文件时，用覆盖方式写文件，但在写入之前给出提示。选项-f 表示在目标文件已存在时，不给出任何提示。

8. 链接文件创建

链接文件命令是 ln，该命令在文件之间创建链接。建立符号链接文件的语法格式如下：

```
ln -s 目标（原文件或目录） 链接文件
```

建立硬链接文件的语法格式如下：

```
ln 目标（原文件） 链接文件
```

链接的对象可以是文件，也可以是目录。如果链接指向目录，那么用户就可以利用该链接直接进入被链接的目录，而不用给出到达该目录的一长串路径。

9. 文件压缩与解压缩

用户经常需要对计算机系统中的数据进行备份。如果直接保存数据会占用很大的空间，所以常常压缩备份文件，以便节省存储空间。另外，通过网络传输压缩文件时也可以减少传输时间。在以后需要使用存放在压缩文件中的数据时，必须先将它们解压缩。

（1）gzip 命令。gzip 命令用于对文件进行压缩和解压缩。它用 Lempel-Ziv 编码减少命名文件的大小，被压缩的文件扩展名是.gz。语法格式如下：

```
gzip [选项] 压缩文件名/解压缩文件名
```

（2）unzip 命令。unzip 命令用于对 winzip 格式的压缩文件进行解压缩。语法格式如下：

```
unzip [选项] 压缩文件名
```

（3）tar 命令。tar 命令用于对文件和目录打压缩包，或者对压缩包解压缩。语法格式如下：

```
tar [选项] 文件或目录名
```

3.4 管理文件和目录权限

对于多用户多任务的 Linux 来说，文件和目录的权限管理非常重要。考虑到目录是一种特殊文件，这里将文件和目录权限统称为文件权限。文件权限是指对文件的访问控制，决定哪些用户和哪些组对某文件（或目录）具有哪种访问权限。Linux 将文件访问者身份分为 3 个类别：所有者（owner）、所属组（group）和其他用户（others），对于每个文件，又可以为这 3 类用户指定 3 种访问权限：读（read）、写（write）和执行（execute）。对文件权限的修改包括两个方面：修改文件所有者和用户对文件的访问权限。

3.4.1 文件访问者身份与文件访问权限

1. 文件访问者身份

文件访问者身份是指文件权限设置所针对的用户和用户组，共有以下 3 种类型。

- 所有者：每个文件都有它的所有者，又称属主。默认情况下，文件的创建者即为其所有者。所有者对文件具有所有权，是一种特别权限。
- 所属组：指文件所有者所属的组（简称属组），可为该组指定访问权限。默认情况下，文件的创建者的主要组即为该文件的所属组。

- 其他用户：指文件所有者和所属组，以及 root 之外的所有用户。通常其他用户对于文件总是拥有最低的权限，甚至没有任何权限。

2. 文件访问权限

对于每个文件，针对上述 3 类身份的用户可指定以下 3 种不同级别的访问权限。

- 读：读取文件内容或者查看目录。
- 写：修改文件内容或者创建、删除文件。
- 执行：执行文件或者允许使用 cd 命令进入目录。

这样就形成了 9 种具体的访问权限。

3. 查看文件属性

文件访问者身份、访问权限都包括在文件属性中，可以通过查看文件属性来详细查看。通常使用 ls -l 命令显示文件详细信息，这里给出一个文件详细信息的示例并进行分析。

```
-rw-r--r--  1     zxp    zxp    8980   7月  14 21:11 examples.desktop
[文件权限] [链接][所有者][所属组]  [容量]  [  修改日期  ]     [ 文件名 ]
```

其中文件信息共有 7 个字段，第 1 个字段表示文件类型与权限，共有 10 个字符，格式如下：

字符 1	字符 2～4	字符 5～7	字符 8～10
文件类型	所有者权限	所属组权限	其他用户权限

其中第 1 个字符表示文件类型，d 表示目录，-表示文件，l 表示链接文件，b 表示块设备文件，c 表示则表示字符设备文件。接下来的字符以 3 个为一组，分别表示文件所有者、所属组和其他用户的权限，每一种用户的 3 种文件权限依次用 r、w 和 x 分别表示读、写和执行，这 3 种权限的位置不会改变，如果某种权限没有，则在相应权限位置用-表示。

第 2 个字段表示该文件的链接数目，1 表示只有一个硬链接。

第 3 个字段表示这个文件的所有者，第 4 个字段表示这个文件的所属组。

后面 3 个字段分别表示文件大小、修改日期和文件名称。

3.4.2 变更文件访问者身份

可以根据需要变更文件所有者和所属组。

1. 变更所有者

文件所有者可以变更，即将所有权转让给其他用户，只有 root 才有权变更所有者。root 账户拥有控制一台计算机的完整权限，具有最高权限，能够对系统进行任何配置、管理和修改，可以查看、修改和删除所有用户的文件。前面用过的 sudo 命令实际上就是一种权限管理，让管理员用户利用 root 的身份来运行各种命令，为设置管理系统提供了方便。

使用 chown 命令变更文件所有者，使其他用户对文件具有所有权，基本用法为

```
chown [选项] [新所有者] 文件列表
```

使用选项-R 进行递归变更，即目录连同其子目录下的所有文件的所有者都变更。

执行 chown 命令需要 root 权限，需要使用 sudo 命令。例如，以下命令将 news 的所有者改为 wang。

```
sudo chown wang  news
```

2. 变更所属组

使用 chgrp 命令可以变更文件的所属组，基本用法为

```
chgrp [选项] [新的所属组] 文件列表
```

使用选项-R 也可以连同子目录中的文件一起变更所属组。执行 chgrp 命令也需要 root 权限。

还可以使用 chown 命令同时变更文件所有者和所属组，基本用法为

```
chown [选项] [新所有者]:[新的所属组] 文件列表
```

3.4.3 设置文件访问权限

root 和文件所有者可以修改文件访问权限，也就是为不同用户或组指定相应的访问权限。使用 chmod 命令来修改文件权限，基本用法为

```
chmod [选项]... 模式[,模式]... 文件名...
```

使用选项-R 表示递归设置指定目录下所有文件的权限。模式是文件权限的表达式，有字符和数字两种表示方法，相应的使用方法也不尽相同。

对于不是文件所有者的用户来说，需要 root 权限才能执行 chomd 命令修改权限，因此也需要使用 sudo 命令。

1. 文件权限用字符表示

这时需要具体操作符号来修改权限，+表示增加某种权限，−表示撤销某种权限，=表示指定某种权限（同时会取消其他权限）。对于用户类型，所有者、所属组和其他用户分别用字符 u、g、o 表示，全部用户（包括 3 种用户）则用 a 表示。权限类型用 r（读）、w（写）和 x（执行）表示。下面给出几个例子。

```
chmod g+w,o+r /home/wang/myfile          #给所属组用户增加写权限，给其他用户增加读权限
chmod go-r /home/wang/myfile             #同时撤销所属组和其他用户对该文件的读权限
chmod a=rx /home/wang/myfile             #对所有用户赋予读和执行权限
```

2. 文件权限用数字表示

将权限读（r）、写（w）和执行（x）分别用数字 4、2 和 1 表示，没有任何权限则表示为 0。每一类用户的权限用其各项权限的和表示（结果为 0~7 之间的数字），依次为所有者（u）、所属组（g）和其他用户（o）的权限。这样以上所有 9 种权限就可用 3 个数字来统一表示。例如，754 表示所有者、所属组和其他用户的权限依次为：[4+2+1]、[4+0+1]、[4+0+0]，转化为字符表示就是：rwxr-xr--。

要使文件 file 的所有者拥有读写权限，所属组用户和其他用户只能读取，命令如下：

```
chmod 644 file
```

这也等同于：

```
chmod u=rw-,go=r-- file
```

3.4.4 设置默认的文件访问权限

默认情况下，管理员新创建的普通文件的权限被设置为：rw-r--r--，用数字表示为 644，所有者有读写权限，所属组用户和其他用户都仅有读权限；新创建的目录权限为：rwxr-xr-x，用数字表示为 755，所有者拥有读写和执行权限，所属组用户和其他用户都仅有读和执行权限。默认权限是通过 umask（掩码）来实现的，该掩码用数字表示，实际上是文件权限码的“补码”。创建目录的最大权限为 777，减去 umask 值（如 022），就得到目录创建默认权限（如 777−022=755）。由于文件创建时不能具有执行权限，因而创建文件的最大权限为 666，减去 umask 值（如 022），就得到文件创建默认权限（如 666−022=644）。

可使用 umask 命令来查看和修改 umask 值。例如，不带参数显示当前用户的 umask 值：

```
zxp@LinuxPC1:~$ umask
0022                                                    // 最前面的 0 可忽略
```

可以使用参数来指定要修改的 umask 值，如执行命令 umask 002。

3.4.5 设置特殊权限

上述 0022 是用 4 个数字表示的权限，其中第 1 位表示的是特殊权限。特殊权限共有 3 种：suid、

sgid和sticky。

Linux的suid（setuid）和sgid（setgid）与用户进程的权限有关。Linux为每个用户进程分配一个用户ID和一个组ID，进程需要访问文件的时候，就按照这个用户ID和组ID来使用权限。正常情况下，这个用户ID和组ID将会被分配为执行对应命令的用户的UID和GID，从而维持权限体系的正常运转。但是有些命令必须要绕过正常权限体系才能执行，最典型的是passwd命令要让用户修改自己的密码，但是用户密码以加密形式存放在/etc/shadow文件，该文件只允许root读写，为此Linux使用了suid机制让普通用户执行passwd命令时自动拥有root的UID身份。所谓suid机制就是在权限组中增加suid/sgid位，设置有suid位的文件被执行时自动获得文件所有者的UID，同样设置有sgid位的文件被执行时自动获得文件所属组的GID。不过实际上sgid很少使用，主要还是使用suid。这两种权限容易带来安全性问题，为此Linux规定它们仅对二进制可执行文件有效，不适用于内核脚本文件。

相对于r、w、x权限来说，suid和sgid如果用字符表示，分别为s和g。要在文件属性中表示这些特殊权限，将在执行权x标志位置上显示。例如/usr/bin/passwd的权限如下：

```
-rwsr-xr-x 1 root root 59640 1月  25  2018 /usr/bin/passwd
```

suid和sgid权限也可以使用八进制数字分别表示为4和2。可以在表示普通权限的八进制数字前增加一位数字表示特殊权限。这样就包含4个数字，从左至右分别代表特殊权限、用户权限、组权限和其他权限。例如6644表示特殊权限为suid和sgid（4+2），所有者权限为读写（4+2），所属组权限为只读，其他用户权限为只读。与普通权限一样，可以使用chmod命令设置特殊权限。例如要设置某个文件的suid权限，可以使用命令：

```
chmod u+ s file
```

如果使用数字权限，命令可以为

```
chmod 4644
```

为防止用户任意删除或修改别人的文件，可以设置sticky权限，这样只有文件的所有者才可以删除、移动和修改文件。sticky权限只对目录有效，对文件没有效果。在设置有sticky权限的目录下，用户若在该目录下具有w、x权限，则当用户在该目录下建立文件或目录时，只有文件所有者与root才有权删除。sticky权限用字符表示t，用八进制数字表示为1。要设置sticky权限，可以使用下面的命令：

```
chmod +t 目录名
```

3.4.6 在图形界面中管理文件和文件夹访问权限

在图形界面中管理文件和文件夹访问权限

在图形界面中可通过查看或修改文件或文件夹的属性来管理访问权限，可以为所有者、所属组和其他用户设置访问权限。

以主文件夹（主目录）中的一个文件夹的权限设置为例，打开文件管理器，右键单击要设置权限的文件夹，选择“属性”命令打开相应对话框，显示该文件夹的基本信息，切换到图3-6所示的“权限”选项卡，分别列出所有者、所属组和其他用户的当前访问权限。要修改访问权限，可以打开“访问”下拉列表，从中选择所需的权限。Ubuntu Linux对文件夹可以设置以下4种权限。

- 无：没有任何访问权限（不能对所有者设置此权限）。
- 只能列出文件：可列出文件清单。
- 访问文件：可以查看文件，但是不能做任何更改。
- 创建和删除文件：这是最高权限。

文件夹下的文件或子文件夹默认继承上级文件夹的访问权限，还可以个别定制其访问权限。单击“更改包含文件的权限”按钮弹出图3-7所示的对话框，查看或设置所包含的文件和文件夹的访问权限。

与文件夹相比，Ubuntu Linu文件的访问权限表示略有差别，如图3-8所示，包括以下4种访问权限。

- 无：没有任何访问权限（不能对所有者设置此权限）。
- 只读：可打开文件查看内容，但是不能做任何更改。
- 读写：打开和保存文件。
- 执行：允许作为程序执行文件。

再次强调一下，只有文件所有者或 root 账户才有权修改文件权限。Ubuntu 默认禁用 root 账户，在命令行中可使用 sudo 命令获取 root 权限，而在图形界面中的文件管理器不支持 root 授权，这给文件权限的管理带来了不便。例如，管理员可以查看自己主目录之外的文件或目录的权限，但不能修改，否则将给出提示，如图 3-9 所示。当然如果以 root 身份登录系统，使用文件管理器操作文件和文件夹，基本上不受任何限制。

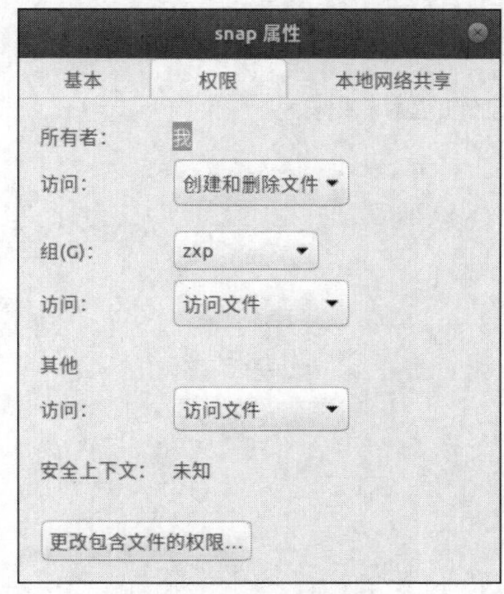

图 3-6　文件夹权限设置

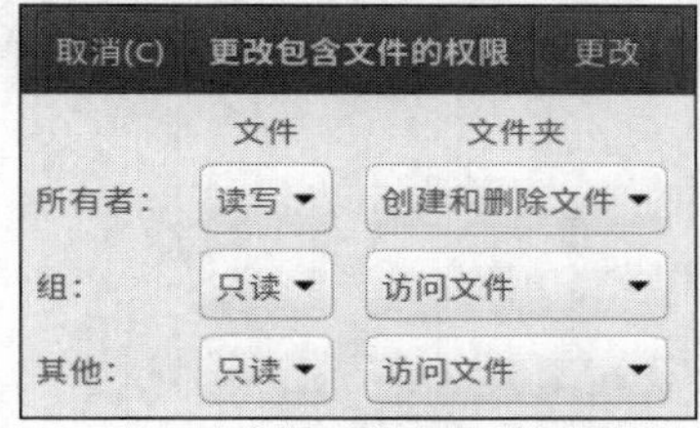

图 3-7　更改包含文件的权限

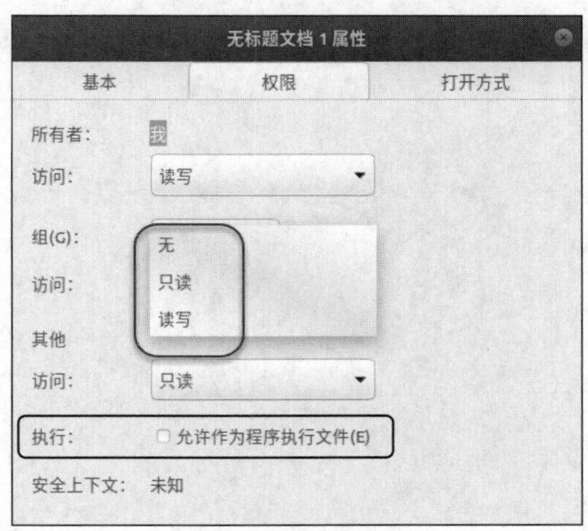

图 3-8　文件访问权限

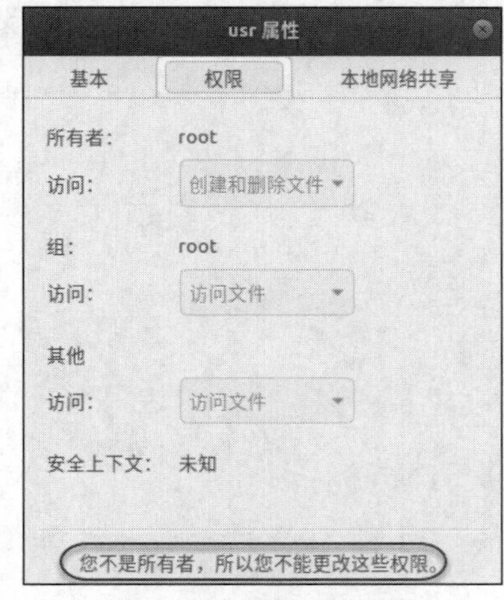

图 3-9　无权更改访问权限

3.5 习题

1. Linux 目录结构与 Windows 有何不同？
2. Linux 目录配置标准有何规定？

3. Linux 文件有哪些类型?
4. 关于文件显示的命令主要有哪些?
5. 文件的特殊权限有哪几种?
6. 使用文件管理器浏览、查找和操作文件和文件夹。
7. 在命令行中创建一个目录，然后删除。
8. 使用 grep 命令查找文件内容。
9. 使用 find 命令查找文件。
10. 使用 ls -l 命令查看文件属性，并进行分析。
11. 使用 chown 命令更改文件所有者。
12. 使用字符形式修改文件权限。
13. 使用数字形式修改文件权限。
14. 将 umask 值改为 002，请计算出目录和文件创建的默认权限。

第 4 章 磁盘存储管理

04

文件与目录都需要存储到各类存储设备中，磁盘是最主要的存储设备。操作系统必须以特定的方式对磁盘进行操作。用户通过磁盘管理建立起原始的数据存储，然后借助于文件系统将原始数据存储转换为能够存储和检索数据的可用格式。本章在介绍 Linux 磁盘存储基础知识的基础上，重点介绍了 Ubuntu 磁盘与文件系统的操作，包括磁盘分区、建立文件系统挂载和使用文件系统以及外部存储设备，最后介绍了文件系统备份。

学习目标

① 了解 Linux 磁盘分区和文件系统的概念，掌握磁盘和分区命名方法。

② 熟练使用命令行工具管理磁盘分区，创建、挂载和维护文件系统。

③ 学会使用图形界面工具管理磁盘分区和文件系统。

④ 熟悉外部存储设备文件的挂载和使用，掌握文件系统备份方法。

4.1 Linux 磁盘存储概述

磁盘用来存储需要永久保存的数据，常见的磁盘包括硬盘、光盘、闪存（Flash Memory，如 U 盘、CF 存储卡、SD 存储卡）等。这里的磁盘主要是指硬盘。磁盘在系统中使用都必须先进行分区，然后对分区进行格式化，这样才能用来保存文件和数据。

4.1.1 磁盘数据组织

一块硬盘（机械硬盘）由若干张盘片构成，每张盘片的表面都会涂上一层薄薄的磁粉。硬盘提供一个或多个读写头，由读写磁头来改变磁盘上磁性物质的方向，由此存储计算机中的 0 或 1 的数据。一块硬盘包括盘面、磁道、扇区、柱面等逻辑组件。目前几乎所有的硬盘都支持逻辑块地址（Logic Block Address，LBA）寻址方式，将所有的物理扇区都统一编号，按照从 0 到某个最大值排列，这样只用一个序数就确定了一个唯一的物理扇区。

1. 低级格式化

所谓低级格式化，就是将空白磁盘划分出柱面和磁道，再将磁道划分为若干个扇区，每个扇区又划分出标识区、间隔区（GAP）和数据区等。目前所有硬盘厂商在产品出厂前，已经对硬盘进行了低级格式化处理。低级格式化是物理级的，对硬盘有损伤，影响磁盘寿命。如果硬盘已有物理坏道，则低级格式化会使损伤更严重，加快报废。

2. 磁盘分区

磁盘在系统中使用都必须先进行分区，然后建立文件系统，才可以存储数据。分区也有助于更有效地使用磁盘空间。每一个分区在逻辑上都可以视为一个磁盘，如图4-1所示。

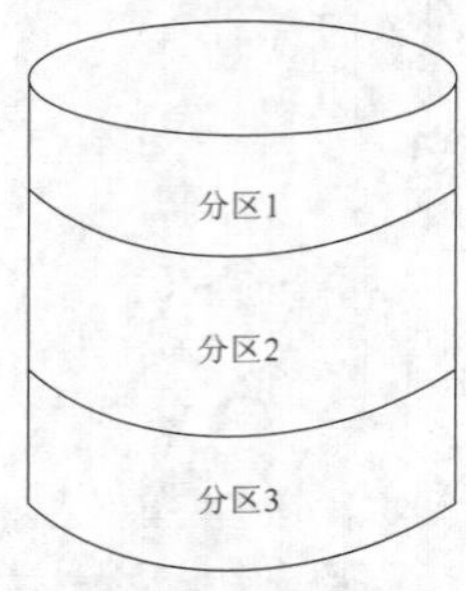

图4-1 磁盘分区

每一个磁盘都可以划分若干分区，每一个分区有一个起始扇区和终止扇区，中间的扇区数量决定了分区的容量。分区表用来存储这些磁盘分区的相关数据，如每个磁盘分区的起始地址、结束地址、是否为活动磁盘分区等。

3. 高级格式化

磁盘分区在作为文件系统使用之前还需要进行初始化，并将记录数据结构写到磁盘上，这个过程就是高级格式化，实际上就是在磁盘分区上建立相应的文件系统，对磁盘的各个分区进行磁道的格式化，在逻辑上划分磁道。平常所说的格式化就是指高级格式化。高级格式化与操作系统有关，不同的操作系统有不同的格式化程序、不同的格式化结果、不同的磁道划分方法。当一个磁盘分区被格式化之后，就可以被称为卷（Volume）。

提 示  **术语“分区”和“卷”通常可互换使用。就文件系统的抽象层来说，卷和分区的含义是相同的。分区是硬盘上由连续扇区组成的一个区域，需要进行格式化才能存储数据。硬盘上的“卷”是经过格式化的分区或逻辑驱动器。另外还可将一个物理磁盘看作是一个物理卷。**

4.1.2 Linux 磁盘设备命名

在Linux中，设备文件名用字母表示不同的设备接口，例如a表示第1个接口，字母b表示第2个接口，磁盘设备也不例外。

IDE硬盘（包括光驱设备）由内部连接来区分，最多可以接4个设备。/dev/hda表示第1个IDE通道（IDE1）的主设备（master），/dev/hdb表示第1个IDE通道的从设备（slave）。按照这个原则，/dev/hdc和/dev/hdd为第2个IDE通道（IDE2）的主设备和从设备。

原则上SCSI、SAS、SATA、USB接口硬盘（包括固态硬盘）的设备文件名均以/dev/sd开头。这些设备命名依赖于设备的ID号码，不考虑遗漏的ID号码。例如，3个SCSI设备的ID号码分别是0、2、5，设备名分别是/dev/sda、/dev/sdb和/dev/sdc；如果再添加一个ID号码为3的设备，则这个设备将被以/dev/sdc来命名，ID号码为5的设备将改称为/dev/sdd。一般情况SATA硬盘类似SCSI，在Linux中用类似/dev/sda这样的设备名表示。

4.1.3 Linux 磁盘分区

与Windows操作系统一样，磁盘在Linux系统中使用也必须先进行分区，然后建立文件系统，才可以存储数据。

1. 分区样式：MBR 与 GPT

磁盘分区可以采用不同类型的分区表，分区表类型决定了分区样式。目前 Linux 主要使用 MBR 和 GPT 两种分区样式。MBR 磁盘分区如图 4-2 所示，最多可支持 4 个磁盘分区，可通过扩展分区来支持更多的逻辑分区，在 Linux 中将该分区样式又称为 MSDOS。一个 GPT 磁盘内最多可以创建 128 个主分区，不必创建扩展分区或逻辑分区。MBR 分区的容量限制是 2TB，GPT 分区可以突破 MBR 的 2TB 容量限制，特别适合大于 2TB 的硬盘分区。

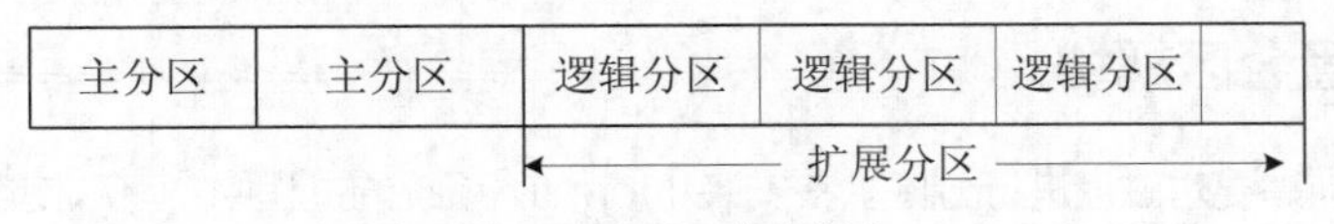

图 4-2 MBR 磁盘分区

目前还是采用传统的 MBR 分区的居多，这样一个磁盘最多有 4 个主分区，或者 3 个主分区加一个扩展分区。对于每一个磁盘设备，Linux 分配了一个 1 到 16 的编号，这就代表了这块磁盘上面的分区号码，也意味着每一个磁盘最多有 16 个分区，主分区（或扩展分区）占用前 4 个编号（1～4），而逻辑分区占用了 5～16 共 12 个编号。

2. 磁盘分区命名

在 Linux 中，磁盘分区的文件名需要在磁盘设备文件名的基础上加上分区编号。这样，IDE 硬盘分区采用/dev/hd*xy* 这样的形式命名，SCSI、SAS、SATA、USB 硬盘分区采用/dev/sd*xy* 这样的形式命名，其中 *x* 表示设备编号（从 a 开始），*y* 是分区编号（从 1 开始）。例如，第一块 SCSI 硬盘的主分区为 sda1，扩展分区为 sda2，扩展分区下的一个逻辑分区为 sda5（从 5 开始才用来为逻辑分区命名）。

4.1.4 Linux 文件系统

目录结构是操作系统中管理文件的逻辑方式，对用户来说是可见的。而文件系统是磁盘或分区上文件的物理存放方法，对用户来说是不可见的。文件系统是操作系统在磁盘上组织文件的方法，也就是保存文件信息的方法和数据结构。

不同的操作系统使用的文件系统格式不同。Linux 文件系统格式主要有 ext2、ext3、ext4 等。Linux 还支持 xfs、hpfs、iso9660、minix、nfs、vfat（FAT16、FAT32）等文件系统。现在的 Ubuntu 版本使用 ext4 作为其默认文件系统。

ext 是 Extented File System（扩展文件系统）的简称，一直是 Linux 首选的文件系统格式。在过去较长一段时间里，ext3 是 Linux 操作系统的主流文件系统格式，Linux 内核自 2.6.28 版开始正式支持新的文件系统 ext4。

作为 ext3 的改进版，ext4 修改了 ext3 中部分重要的数据结构，提供更佳的性能和可靠性，以及更为丰富的功能。ext4 全称 Fourth extended filesystem，即第 4 代扩展文件系统，其主要特点说明如下。

- 属于大型文件系统，支持最高 1EB（1048576TB）的分区，最大 16TB 的单个文件。
- 向下兼容于 ext3 与 ext2，可将 ext3 和 ext2 的文件系统挂载为 ext4 分区。
- 引入现代文件系统中流行的 Extent 文件存储方式，以取代 ext2/3 使用的块映射（Block Mapping）方式。Extent 为一组连续的数据块，可以增加大型文件的效率。ext4 支持单一 Extent，在单一块大小为 4KB 的系统中最高可达 128MB。
- 支持持久预分配，在文件系统层面实现了持久预分配并提供相应的 API，比应用软件自己实现更有效率。
- 能够尽可能地延迟分配磁盘空间，使用一种称为 allocate-on-flush 的方式，直到文件在缓存中写完才开始分配数据块并写入磁盘，这样就能优化整个文件的数据块分配。

- 支持无限数量的子目录。
- 使用日志校验来提高文件系统可靠性。
- 支持在线磁盘碎片整理。

就企业级应用来说，性能最为重要，特别是面临高并发大量、小型文件这种情况。Ubuntu 服务器可以考虑改用 xfs 文件系统来满足这类需求。xfs 是专为超大分区及大文件设计的，它支持最高容量 18EB（1EB=1048576TB）的分区、最大尺寸 9EB 的单个文件。

4.1.5 磁盘分区规划

磁盘在使用之前需要对磁盘进行分区。在安装 Ubuntu 系统的过程中，可以使用内置的可视化工具进行分区。系统安装完成后，可能需要添加新的磁盘并创建新的分区，或者调整现有磁盘的分区，这都需要使用磁盘分区工具。磁盘分区需要根据应用需求、磁盘容量来确定分区规划方案。

1. 分区类型：Linux Native 与 Linux Swap

Linux 分区涉及分区类型，分区的类型规定了分区上面的文件系统格式。Linux 支持多种文件系统格式，包括 FAT32、FAT16、NTFS、HP-UX 等，其中 Linux Native 和 Linux Swap 是 Linux 特有的分区类型。Ubuntu Linux 至少需要一个 Linux Native 分区和一个 Linux Swap 分区，而且不能将 Linux 安装在 Dos/Windows 分区中。可以将 Linux 安装在一个或多个类型为 Linux Native 的硬盘分区中。

（1）Linux Native 分区。Linux Native 分区是存放系统文件的地方，是最基本的 Linux 分区，用于承载 Linux 文件系统。根分区是其中一个非常特殊的分区，它是整个操作系统的根目录，在安装操作系统时创建。与 Windows 不同，Linux 操作系统可以安装到多个数据分区中，然后通过挂载（mount）的方式把它们挂载到不同的文件系统中进行使用。如果安装过程中只指定了根分区，而没有其他数据分区，那么操作系统中的所有文件都将全部安装到根分区下。

（2）Linux Swap 分区。Swap 分区是 Linux 暂时存储数据的交换分区，它主要用于保存物理内存上暂时不用的数据，在需要的时候再调进内存。可以将其理解为与 Windows 的虚拟内存一样的技术，区别是在 Windows 下只需要在分区内划出一块固定大小的磁盘空间作为虚拟内存，而在 Linux 中则可以专门划出一个分区来存放内存数据。一般情况下，Swap 分区应该大于或等于物理内存的大小。

2. 规划磁盘分区

理论上在硬盘空间足够时可以建立任意数量的分区（挂载点），但在实际应用中很少需要大量分区。

以主流的 MBR 分区为例，一个硬盘可以划分 4 个区，可以是 3 个主要分区和一个扩展分区，而扩展分区里可以划分若干个逻辑分区，扩展分区本身不能储存任何东西，也不能格式化成文件系统，只能用于划分逻辑分区。

规划磁盘分区，需要考虑磁盘的容量、系统的规模与用途、备份空间等。

Linux 系统磁盘最基本的分区只需两个，一个根分区和一个 Swap 分区。Swap 分区大小一般为物理内存的两倍。

为提高可靠性，系统磁盘可以考虑增加一个引导分区（/boot）。引导分区只是安装启动器（引导文件）的一个分区，而真正的引导文件是在根目录下。/boot 分区大概 100M，位于磁盘的最前面，目的是防止因主板太旧、硬盘太大等问题而导致的无法开机。引导分区不是必需的，如果没有创建引导分区，引导文件就安装在根分区中。

如果磁盘空间很大，可以按用途划分多个分区，如/home 分区主用于存放个人数据，/tmp 分区用于存放临时文件。分区数量多，就要考虑建立扩展分区，在扩展分区划分逻辑分区。如果安装有多个硬盘，可根据需要划分独立的分区。

分区无论是系统磁盘上，还是非系统磁盘上，最好都要挂载到根目录下才能使用。

3. 磁盘分区工具

在 Ubuntu 中有多种磁盘分区工具可供选择。

命令行工具可以使用 fdisk 和 parted。fdisk 是各种 Linux 发行版本中最常用的分区工具，使用灵活，简单易用。parted 功能更强大，支持的分区类型非常多，而且可以调整原有分区大小，只是操作复杂一些。

Ubuntu 提供一个基于文本窗口界面的分区工具 cfdisk，它比 fdisk 的操作界面更为直观，但与真正的图形界面相比还是要逊色一些。在命令行中执行 sudo cfdisk 命令可以打开其主界面，如图 4-3 所示。默认对第一个磁盘进行分区，如果要对其他磁盘进行分区，执行命令时需要加上该磁盘设备名作为操作参数。

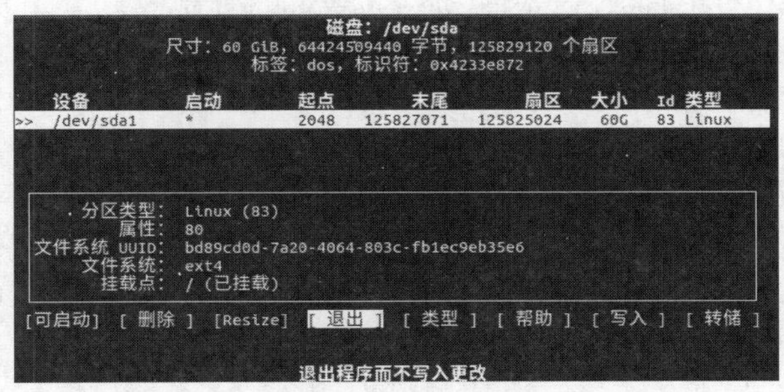

图 4-3　cfdisk 界面

Ubuntu 内置一个图形界面的磁盘管理器，可以管理磁盘和其他外部存储设备，功能非常强大，与 Windows 系统的磁盘管理工具类似，磁盘分区只是其中一项功能。另外可以安装专门的图形界面分区工具 gparted。

4. 磁盘分区准备

磁盘分区操作容易导致数据丢失，建议对重要数据进行备份之后再进行分区操作。

在实际使用过程中，可能需要添加或者更换新磁盘。要安装新的磁盘（热插拔硬盘除外），首先要关闭计算机，按要求把磁盘安装到计算机中，重启计算机，进入 Linux 操作系统后可执行 dmesg 命令查看新添加的磁盘是否已被识别，然后再进行分区操作。

4.2 使用命令行工具管理磁盘分区和文件系统

在 Linux 安装过程中，会自动创建磁盘分区和文件系统，但在系统的使用和管理中，往往还需要在磁盘中建立和使用文件系统，主要包括以下 3 个步骤。

（1）对磁盘进行分区。

（2）在磁盘分区上建立相应的文件系统。这个过程称为建立文件系统或者格式化。

（3）建立挂载点目录，将分区挂载到系统相应目录下，就可访问该文件系统。

接下来介绍使用命令行工具来完成这些任务。

4.2.1 使用 fdisk 进行分区管理

使用 fdisk 进行分区管理

要更系统地掌握 Linux 磁盘分区，最好熟悉一下磁盘分区命令行工具的使用。这里选择最常用的 fdisk，Ubuntu 新版本提供的 fdisk 命令已经可以支持 GPT 分区表。

1. fdisk 简介

fdisk 可以在两种模式下运行：交互式和非交互式。其语法格式如下：

```
fdisk [选项] <磁盘设备名>
fdisk [选项] -l [<磁盘设备名>]
fdisk -s <分区设备名>
```

这3种格式分别用于更改分区表，列出分区表和分区大小（块数）。主要选项如下。

-l：显示指定磁盘设备的分区表信息，如果没有指定磁盘设备，则显示/proc/partitions 文件中的信息。

-u：在显示分区表时以扇区（512字节）代替柱面作为显示单位。

-s：在标准输出中以块为单位显示分区的大小。至于设备的名称，对于 IDE 磁盘设备，设备名为/dev/hd[a-h]；对于 SCSI 或 SATA 磁盘设备，设备名为/dev/sd[a-p]。

-C <数量>：定义磁盘的柱面数，一般情况下不需要对此进行定义。

-H <数量>：定义分区表所使用的磁盘磁头数，一般为255或者16。

-S <数量>：定义每个磁盘的扇区数。

Ubuntu 管理员需要使用 sudo 命令切换到 root 身份执行 fdisk 命令。

不带任何选项，以磁盘设备名为参数运行 fdisk 就可以进入交互模式，此时可以通过输入 fdisk 程序所提供的子命令完成相应的操作。执行 m 指令即可获得交互命令的帮助信息，交互命令的具体介绍见表4-1。

表4-1 fdisk 交互命令

命令	说明	命令	说明
a	更改可引导标志	o	创建一个新的空 DOS 分区表
b	编辑嵌套 BSD 磁盘标签	p	显示硬盘的分区表
c	标识为 DOS 兼容分区	q	退出 fdisk，但是不保存
d	删除一个分区	s	创建一个新的空的 SUN 磁盘标签
g	创建一个新的空 GPT 分区表	t	改变分区的类型号码
G	创建一个新的空 SGI（IRIX）分区表	u	改变分区显示或记录单位
l	显示 Linux 所支持的分区类型	v	校验该硬盘的分区表
m	显示帮助菜单	w	保存修改结果并退出 fdisk
n	创建一个新的分区	x	进入专家模式执行特殊功能

通过 fdisk 交互模式中的各种命令可以对磁盘的分区进行有效的管理。为便于实验，请加挂一块未使用的硬盘，例中为 VMware 虚拟机添加一块容量为 20GB 的虚拟磁盘。

2. 查看现有分区

通常先要查看现有的磁盘分区信息。执行命令 fdisk -1 可列出系统所连接的所有磁盘的基本信息，也可获知未分区磁盘的信息。下面的例子显示磁盘分区查看结果，这里使用符号“#”加注有中文解释（以下相同）。

```
zxp@LinuxPC1:~$ sudo fdisk -l
[sudo] zxp 的密码:
Disk /dev/loop0: 88.5 MiB，92778496 字节，181208 个扇区
单元: 扇区 / 1 * 512 = 512 字节
扇区大小(逻辑/物理): 512 字节 / 512 字节
I/O 大小(最小/最佳): 512 字节 / 512 字节
#此处省略
Disk /dev/loop7: 42.8 MiB，44879872 字节，87656 个扇区
#此处省略
#以下为第一个磁盘的基本信息
```

```
Disk /dev/sda: 60 GiB, 64424509440 字节, 125829120 个扇区
单元: 扇区 / 1 * 512 = 512 字节
扇区大小(逻辑/物理): 512 字节 / 512 字节
I/O 大小(最小/最佳): 512 字节 / 512 字节
磁盘标签类型: dos
磁盘标识符: 0x4233e872
#以下为该磁盘的分区信息
设备        启动    起点      末尾      扇区      大小  Id  类型
/dev/sda1   *      2048 125827071 125825024  60G   83  Linux
#以下为第二个磁盘的基本信息(此时未分区)
Disk /dev/sdb: 20 GiB, 21474836480 字节, 41943040 个扇区
单元: 扇区 / 1 * 512 = 512 字节
扇区大小(逻辑/物理): 512 字节 / 512 字节
I/O 大小(最小/最佳): 512 字节 / 512 字节

Disk /dev/loop8: 1008 KiB, 1032192 字节, 2016 个扇区
#此处省略
Disk /dev/loop16: 149.9 MiB, 157184000 字节, 307000 个扇区
#此处省略
```

磁盘的分区信息中，"设备"（Device）表示磁盘设备名称，"启动"（Boot）表示是否启动分区，"起点"（Start）表示起始柱面数，"末尾"（End）表示结束柱面数，"扇区"（Sectors）表示扇区数，"大小"（Size）表示磁盘容量，"Id"表示分区类型代码，"类型"（Type）表示操作系统。

提 示　**上述磁盘分区信息中包括若干名为 dev/loop*x* 的设备（*x* 为从 0 开始的序号）。在类 UNIX 系统中，loop 设备是一种伪设备（仿真设备），使得文件如同块设备一般被访问。此类设备节点通常命名为/dev/loop0、/dev/loop1 等。一个 loop 设备必须要和一个文件进行连接之后才能使用。如果文件包含有一个完整的文件系统，那么这个文件就可以像一个磁盘设备一样被挂载使用。上述 dev/loop*x* 设备是由 Snap 包安装产生的。**

要查看某一磁盘的分区信息，在命令 fdisk -l 后面加上磁盘名称。当然，进入 fdisk 程序的交互模式，执行 p 指令也可查看磁盘分区表。

3. 创建分区

通常使用 fdisk 的交互模式来对磁盘进行分区操作。执行带磁盘设备名参数的 fdisk 命令，进入交互操作界面，一般先执行命令 p 来显示硬盘分区表的信息，然后再根据分区信息确定新的分区规划，再执行命令 n 创建新的分区。下面示范分区创建过程。

```
zxp@LinuxPC1:~$ sudo fdisk /dev/sdb
#此处省略部分提示信息
设备不包含可识别的分区表。
创建了一个磁盘标识符为 0x7ea5ed6d 的新 DOS 磁盘标签。
命令(输入 m 获取帮助): n                        #创建新的 DOS 分区(即 MBR 分区)
分区类型                                        #选择要创建的分区类型
   p   主分区 (0 个主分区, 0 个扩展分区, 4 空闲)
   e   扩展分区 (逻辑分区容器)
选择 (默认 p): p
分区号 (1-4, 默认 1): 1
第一个扇区 (2048-41943039, 默认 2048):                                    #起始扇区
```

```
#“上个扇区”英文原文为 Last sector,译为“结束扇区”更合适。此处也可输入扇区大小
上个扇区，+sectors 或 +size{K,M,G,T,P} (2048-41943039, 默认 41943039): +5G  #结束扇区
创建了一个新分区 1，类型为“Linux”，大小为 5 GiB。
命令(输入 m 获取帮助): p                                              #查看分区信息
Disk /dev/sdb: 20 GiB, 21474836480 字节, 41943040 个扇区              #整个磁盘大小
单元: 扇区 / 1 * 512 = 512 字节
扇区大小(逻辑/物理): 512 字节 / 512 字节
I/O 大小(最小/最佳): 512 字节 / 512 字节
磁盘标签类型: dos
磁盘标识符: 0x7ea5ed6d

设备         启动  起点    末尾     扇区      大小  Id  类型
/dev/sdb1          2048 10487807 10485760   5G   83  Linux

命令(输入 m 获取帮助): w                                        #保存分区信息并退出
分区表已调整。
将调用 ioctl() 来重新读分区表。
正在同步磁盘。
```

需要注意的是，如果硬盘上有一个扩展分区，就可以在其中增加逻辑分区，但不能再增加扩展分区。在主分区和扩展分区创建完成前是无法创建逻辑分区的。

4. 修改分区类型

新增分区时，系统默认的分区类型为 Linux Native，对应的代码为 83。如果要把其中的某些分区改为其他类型，如 Linux Swap 或 FAT32 等，则可以在 fdisk 命令的交互模式下通过命令 t 来完成。执行 t 命令改变分区类型时，系统会提示用户要改变哪个分区，改变为什么类型（输入分区类型号码）。可执行 l 命令查询 Linux 所支持的分区类型号码及其对应的分区类型。改变分区类型结束后，执行 w 命令保存并且退出。

5. 删除分区

要删除分区，可以在 fdisk 的交互模式下执行 d 命令，指定要删除的分区编号，最后执行 w 命令使之生效。如果删除扩展分区，则扩展分区上的所有逻辑分区都会被自动删除。

注意不要删除 Linux 系统的启动分区或根分区。删除分区之后，余下的分区的编号会自动调整，如果被删除的分区在 Linux 启动分区或根分区之前，可能导致系统无法启动，这些需要修改 GRUB 配置文件。

6. 保存分区修改结果

要使磁盘分区的任何修改（如创建新分区、删除已有分区、更改分区类型）生效，必须执行 w 命令保存修改结果，这样在 fdisk 中所做的所有操作都会生效，且不可回退。如果分区表正忙，还需要重启计算机后才能使新的分区表生效。只要执行 q 命令退出 fdisk，当前所有操作就不会生效。

对于正处于使用状态（被挂载）的磁盘分区，不能删除，也不能修改分区信息。建议对在用的分区进行修改之前，首先备份该分区上的数据。

建立文件系统——格式化磁盘分区

4.2.2 建立文件系统——格式化磁盘分区

使用磁盘分区工具新建立的分区上是没有文件系统的。要想在分区上存储数据，首先需要建立文件系统，即格式化磁盘分区。对于存储有数据的分区，建立文件系统会将分区上的数据全部删除，应慎重。

1. 查看文件系统类型

file 命令用于查看文件类型，磁盘分区可以视作设备文件，使用选项-s 可以查看块设备或字符设备的类型，这里可用来查看文件系统格式。下面看一个例子。

```
zxp@LinuxPC1:~$ sudo file -s /dev/sda1
/dev/sda1:        Linux       rev      1.0      ext4       filesystem       data,
UUID=bd89cd0d-7a20-4064-803c-fb1ec9eb35e6 (needs journal recovery) (extents) (64bit)
(large files) (huge files)
```

以上显示该分区采用 ext4 文件系统。再来检查新创建的分区/dev/sdb1，可以发现没有进行格式化。

```
zxp@LinuxPC1:~$ sudo file -s /dev/sdb1
/dev/sdb1: data
```

2. 使用 mkfs 创建文件系统

建立文件系统通常使用 mkfs 工具，其语法格式为

```
mkfs [选项] [-t 文件系统类型] [文件系统选项] 磁盘设备名 [大小]
```

常用的文件系统类型有 ext3、ext4 和 msdos（FAT），如果没有指定创建的文件系统类型，默认为 ext2。文件系统选项用于提供针对不同的文件系统的不同参数，这些参数将被传到实际的文件系统创建工具。例如-c 表示在创建之前检查是否有损坏的块，“-l 文件名”表示读取指定文件中的坏块列表，-v 表示提供版本信息。

设备名是分区的文件名（如分区/dev/sda1、/dev/sdb2），大小是指块数量（blocks），即指在文件系统中所使用的块的数量。

下例显示分区/dev/sdb1 上建立 ext4 文件系统的实际过程。

```
zxp@LinuxPC1:~$ sudo mkfs -t ext4 /dev/sdb1
mke2fs 1.44.1 (24-Mar-2018)
创建含有 1310720 个块（每块 4k）和 327680 个 inode 的文件系统
文件系统 UUID: 233df93d-ea42-42a9-9753-56fcfa84f0fa
超级块的备份存储于下列块:
 32768, 98304, 163840, 229376, 294912, 819200, 884736

正在分配组表: 完成
正在写入 inode 表: 完成
创建日志（16384 个块） 完成
写入超级块和文件系统账户统计信息: 已完成
```

建立文件系统（格式化分区）完成之后，可以使用 file 命令去检查：

```
zxp@LinuxPC1:~$ sudo file -s /dev/sdb1
/dev/sdb1: Linux rev 1.0 ext4 filesystem data, UUID=233df93d-ea42-42a9-9753-
56fcfa84f0fa (extents) (64bit) (large files) (huge files)
```

mkfs 会调用 mke2fs 来建立文件系统，如果需要详细定制文件系统，可以直接使用 mke2fs 命令，它的功能更为强大，支持许多选项和参数。

mkfs 只是不同文件系统创建工具（如 mkfs.ext2、mkfs.ext3、mkfs.ext4、mkfs.msdos）的一个前端，mkfs 本身并不执行建立文件系统的工作，而是去调用不同的工具。

对于新建立的文件系统，可以使用选项-f 强制检查。例如：

```
zxp@LinuxPC1:~$ sudo fsck -f /dev/sdb1
fsck，来自 util-linux 2.31.1
e2fsck 1.44.1 (24-Mar-2018)
第 1 步: 检查 inode、块和大小
第 2 步: 检查目录结构
第 3 步: 检查目录连接性
第 4 步: 检查引用计数
第 5 步: 检查簇概要信息
/dev/sdb1: 11/327680 文件（0.0% 为非连续的）， 42078/1310720 块
```

3. 使用卷标和 UUID 表示文件系统

有些场合可以使用卷标（Label）或 UUID 来代替设备名表示某一文件系统（分区）。由于卷标、UUID 与专用设备绑定在一起，系统总是能够找到对应的文件系统。

（1）创建和使用卷标。卷标可用于在挂载文件系统时代替设备名，指定外部日志时也可用卷标，形式为 LABEL=卷标。使用 mke2fs、mkfs.ext3、mkfs.ext4 命令创建一个新的文件系统时，可使用-L 选项为分区指定一个卷标（不超过 16 个字符）。执行以下命令将为分区/dev/sda2 赋予一个卷标 DATA：

```
mkfs.ext4 -L DATA /dev/sda2
```

要为一个现有 ext2/3/4 文件系统显示或设置卷标，可使用 e2label 命令，基本用法为：

```
e2label 设备名 [新卷标]
```

如果不提供卷标参数，将显示分区卷标；如果指定卷标参数，将改变其卷标。

另外使用以下命令也可设置卷标。

```
tune2fs -L 卷标  设备名
```

（2）创建和使用 UUID。UUID 全称 Universally Unique Identifier，可译为全局惟一标识符，其目的是支持分布式系统。UUID 是一个 128 位标识符，通常显示为 32 位 16 进制数字，用 4 个“-”符号连接。与卷标相比，UUID 更具唯一性，这对 USB 驱动器这样的热插拔设备尤其有用。代替文件系统设备名称时采用的形式为 UUID=UUID 号。

Linux 系统在创建 ext2/3/4 文件系统时会自动生成一个 UUID。可以使用 blkid 命令来查询文件系统的 UUID，该命令还可显示文件系统的类型和卷标。不带任何参数直接执行 blkid 命令将列出当前系统中所有已挂载文件系统的 UUID、卷标和文件系统类型。例如：

```
zxp@LinuxPC1:~$ sudo blkid
/dev/loop0: TYPE="squashfs"
#此处省略
/dev/loop7: TYPE="squashfs"
/dev/sda1:  UUID="bd89cd0d-7a20-4064-803c-fb1ec9eb35e6"  TYPE="ext4"  PARTUUID="4233e872-01"
/dev/sdb1:  UUID="233df93d-ea42-42a9-9753-56fcfa84f0fa"  TYPE="ext4"  PARTUUID="7ea5ed6d-01"
#此处省略
/dev/loop16: TYPE="squashfs"
```

提 示　**squashfs 是一套基于 Linux 内核使用的只读文件系统，它可以将整个文件系统压缩在一起，存放在某个设备、某个分区或者普通的文件中。可以将其直接挂载（mount）起来使用，如果它仅仅是个文件，则可以将其当为一个 loop 设备使用。例中此类文件系统是由 Snap 包安装产生的。**

可以使用 tune2fs 来设置和清除文件系统的 UUID。基本用法为：

```
tune2fs  -U  UUID 号  设备名
```

当然指定的 UUID 要符合规则。

将选项-U 的参数设置为 random 可直接产生一个随机的新 UUID：

```
tune2fs -U random /dev/sdb2
```

如果要清除某文件系统的 UUID，只需将选项-U 的参数设置为 clear 即可：

```
tune2fs -U clear /dev/sdb2
```

挂载文件系统

4.2.3 挂载文件系统

建立了文件系统之后，还需要将文件系统连接到 Linux 目录树的某个位置上才能使用，这称为“挂载”（mount）。文件系统所挂载到的目录称为挂载点，该目录为进入该文件系统的入口。除了磁盘分区之外，其他各种存储设备也需要进行挂载才能使用。

1. 挂载文件系统

在进行挂载之前，应明确以下 3 点。

- 一个文件系统不应该被重复挂载在不同的挂载点（目录）中。
- 一个目录不应该重复挂载多个文件系统。
- 作为挂载点的目录通常应是空目录，因为挂载文件系统后该目录下的内容暂时消失。

Ubuntu 系统提供了专门的挂载点/mnt、/media 和/cdrom，其中/media 用于外部存储设备，/cdrom 直接用于挂载光盘，建议用户使用这些默认的目录作为挂载点。文件系统可以在系统引导过程中自动挂载，也可以使用命令手动挂载。

2. 手动挂载文件系统

使用 mount 命令进行手动挂载，基本用法为：

```
mount [-t 文件系统类型] [-L 卷标] [-o 挂载选项]  设备名  挂载点目录
```

其中-t 选项可以指定要挂载的文件系统类型。Ubuntu Linux 支持绝大多数现有的文件系统格式，如 ext、ext2、ext3、ext4、xfs、hpfs、vfat（FAT/FAT32 文件系统）、reiserfs、iso9660（光盘格式）、nfs、cifs、smbfs。值得一提的是，它支持 ntfs（NTFS 文件系统）。如果不指定文件系统类型，mount 命令会自动检测磁盘设备商的文件系统，并以响应的类型进行挂载，因此在多数情况下-t 选项并不是必需的。

选项-o 指定挂载选项，多个选项之间用逗号分隔，这些选项决定文件系统的功能，常用的挂载选项见表 4-2。有些文件系统类型还有专门的挂载选项。

表 4-2 常用的文件系统挂载选项

选项	说明
async	I/O 操作是否使用异步方式，这种方式比同步效率高
auto/noauto	使用选项-a 挂载时是否需要自动挂载
exec/noexec	是否允许执行文件系统上的执行文件
dev/nodev	是否启用文件系统上的设备文件
suid/nosuid	是否启用文件系统上的特殊权限功能
user/nouser	是否允许普通用户执行 mount 命令挂载文件系统
ro/rw	文件系统是只读的，还是可读写的
remount	重新挂载已挂载的文件系统
defaults	相当于 rw、suid、dev、exec、auto、nouse、async 的组合；没有明确指定选项使用它，也代表相关选项默认设置

也可使用命令 mount -a 挂载/etc/fstab 文件（后面专门介绍）中具备 auto 或 defauts 挂载选项的文件系统。

执行不带任何选项和参数的 mount 命令，将显示当前所挂载的文件系统信息，例如：

```
zxp@LinuxPC1:~$ mount
sysfs on /sys type sysfs (rw,nosuid,nodev,noexec,relatime)
proc on /proc type proc (rw,nosuid,nodev,noexec,relatime)
udev on /dev type devtmpfs (rw,nosuid,relatime,size=1975416k, nr_inodes=493854,mode=755)
devpts on /dev/pts type devpts (rw,nosuid,noexec,relatime, gid=5,mode=620,ptmxmode=000)
tmpfs on /run type tmpfs (rw,nosuid,noexec,relatime,size=401548k,mode=755)
/dev/sda1 on / type ext4 (rw,relatime,errors=remount-ro)
securityfs on /sys/kernel/security type securityfs (rw,nosuid,nodev,noexec,relatime)
tmpfs on /dev/shm type tmpfs (rw,nosuid,nodev)
#以下省略
```

mount 命令不会创建挂载点目录，如果挂载点目录不存在就要先创建。下面的例子显示挂载操作的完整过程。

```
zxp@LinuxPC1:~$ sudo mkdir /usr/mydoc                    #创建一个挂载点目录
zxp@LinuxPC1:~$ sudo mount /dev/sdb1 /usr/mydoc          #将/dev/sdb1挂载到/usr/mydoc
zxp@LinuxPC1:~$ mount                                    #显示当前已经挂载的文件系统
#此处省略
/dev/sda1 on / type ext4 (rw,relatime,errors=remount-ro)
#此处省略
/dev/sdb1 on /usr/mydoc type ext4 (rw,relatime)          #表明该文件系统挂载成功
```

提 示 Linux 内核从 2.6.29 版本开始默认集成了一个名为 relatime（实时）的文件系统属性。理解该属性的前提是了解 Linux 文件的 3 个时间属性，分别是 atime（Access time），即文件最后一次被读取的时间；ctime（Change time），即文件状态（索引节点）最后一次被改变的时间；mtime（Modified），即文件内容最后一次被修改的时间。使用 relatim 选项挂载文件系统后，只有当 mtime 比 atime 更新的时候才会更新 atime。例如，在文件读操作频繁的系统中，atime 更新所带来的开销大，挂载文件系统时使用 noatime 选项来停止更新 atime。但是有些程序需要根据 atime 进行一些判断和操作，此时就需要 relatime 属性了。

手动挂载的设备在系统重启后需要重新挂载，对于硬盘等长期要使用的设备，最好在系统启动时能自动进行挂载。

3．自动挂载文件系统

Ubuntu 使用配置文件/etc/fstab 来定义文件系统的配置，系统启动过程中会自动读取该文件中的内容，并挂载相应的文件系统，因此，只需将要自动挂载的设备和挂载点信息加入到 fstab 配置文件中即可实现自动挂载。该文件还可设置文件系统的备份频率，以及开机时执行文件系统检查（使用 fsck 工具）的顺序。

可使用文本编辑器来查看和编辑 fstab 配置文件中的内容。这里给出如下一个例子：

```
# <file system> <mount point>   <type>      <options>       <dump>    <pass>
# 文件系统                          挂载点    文件系统类型   选项          备份  检查
# / was on /dev/sda1 during installation
UUID=bd89cd0d-7a20-4064-803c-fb1ec9eb35e6 /       ext4   errors=remount-ro   0     1
/swapfile                                none     swap       sw              0     0
```

每一行定义一个系统启动时自动挂载的文件系统，共有 6 个字段，从左至右依次为设备名、挂载点、文件系统类型、挂载选项（参见表 4-2）、是否需要备份（0 表示不备份，1 表示备份）、是否检查文件系统及其检查次序（0 表示不检查，非 0 表示检查及其顺序）。

可将要挂载的文件系统按照此格式添加到该文件中，下例用于自动挂载某硬盘分区。

```
/dev/sdb1          /usr/mydoc            ext4  default   0    0
```

4．/etc/mtab 配置文件

除/etc/fstab 文件之外，还有一个/etc/mtab 文件用于记录当前已挂载的文件系统信息。默认情况下，执行挂载操作时系统将挂载信息实时写入/etc/mtab 文件中，只有执行使用选项-n 的 mount 命令时，才不会写入该文件。执行文件系统卸载也会动态更新/etc/mtab 文件。fdisk 等工具必须要读取/etc/mtab 文件，才能获得当前系统中的分区挂载情况。

5．卸载文件系统

文件系统使用完毕，需要进行卸载，这就要执行 umount 命令，基本用法为

```
umount  [-dflnrv] [-t <文件系统类型>] 挂载点目录|设备名
```

选项-n 表示卸载时不要将信息存入/etc/mtab 文件中；选项-r 表示如果无法成功卸除，则尝试以只读方式重新挂载；选项-f 表示强制卸载，对于一些网络共享目录很有用。

执行命令 umount -a 将卸载/etc/ftab 中记录的所有文件系统。

正在使用的文件系统不能卸载。如果正在访问的某个文件或者当前目录位于要卸载的文件系统上，应该关闭文件或者退出当前目录，然后再执行卸载操作。

4.2.4 检查维护文件系统

为了保证文件系统的完整性和可靠性，在挂载文件系统之前，Linux 默认会例行检查文件系统状态，因而很少需要用户来执行维护文件系统的工作。

1. 使用 fsck 检验并修复文件系统

硬件问题造成的宕机可能会带来文件系统的错乱，可以使用磁盘检验工具来维护。Windows 提供了检查磁盘工具，Ubuntu 也提供类似的命令行 fsck 用于检测指定分区中的 ext 文件系统，并进行错误修复。其用法为

```
fsck [选项] 设备名
```

fsck 命令不能用于检测系统中已经挂载的文件系统，否则将造成文件系统的损坏。如果要检查根文件系统，应该从软盘或光盘引导系统，然后对根文件系统所在的设备进行检查。如果文件系统不完整，可以使用 fsck 进行修复。修复完成后需要重新启动系统，以读取正确的文件系统信息。

2. 使用 df 检查文件系统的磁盘空间占用情况

可以利用 df 命令来获取硬盘被占用多少空间，目前还剩多少空间。选项-a 表示显示所有文件系统的磁盘使用情况，包括 0 块，如/proc 文件系统；选项-h 表示以最适合的单位显示；选项-i 表示显示索引节点信息，而不是块；选项-l 表示显示本地分区的磁盘空间使用情况。这里给出一个例子：

```
zxp@LinuxPC1:~$ df -lh
文件系统           容量    已用    可用    已用%   挂载点
udev               1.9G    0       1.9G    0%      /dev
tmpfs              393M    2.1M    391M    1%      /run
/dev/sda1          59G     7.9G    48G     15%     /
tmpfs              2.0G    0       2.0G    0%      /dev/shm
tmpfs              5.0M    4.0K    5.0M    1%      /run/lock
tmpfs              2.0G    0       2.0G    0%      /sys/fs/cgroup
/dev/loop0         89M     89M     0       100%    /snap/core/7270
#此处省略
/dev/loop16        150M    150M    0       100%    /snap/gnome-3-28-1804/67
tmpfs              393M    16K     393M    1%      /run/user/121
tmpfs              393M    24K     393M    1%      /run/user/1000
/dev/sdb1          4.9G    20M     4.6G    1%      /usr/mydoc
```

3. 使用 du 查看文件和目录的磁盘使用情况

du 命令用于显示指定的文件或目录的有关信息，语法格式如下：

```
du [选项] [目录或文件]
```

如果指定目录名，那么 du 会递归地计算指定目录中的每个文件和子目录的大小。选项-c 表示最后再加上总计（这是默认设置），选项-s 表示显示各目录的汇总，选项-x 表示只计算同属同一个文件系统的文件。还可以使用与 df 相同的选项（如-h、）控制输出格式。

4. 将 ext3 文件系统转换为 ext4 文件系统

可以使用以下命令将原有的 ext2 文件系统转换成 ext3 文件系统。

```
tune2fs  -j  分区设备名
```

对于已经挂载使用的文件系统，不需要卸载就可执行转换。转换完成后，不要忘记将/etc/fstab 文件中所对应分区的文件系统由原来的 ext2 更改为 ext3。

如果要将 ext3 文件系统转换为 ext4 文件系统，首先使用 umount 命令将该分区卸载，然后再执行 tune2fs 命令进行转换，格式如下：

```
tune2fs -O extents,uninit_bg,dir_index 分区设备名
```

完成转换之后最好使用 fsck 命令进行扫描，格式如下：

```
fsck -pf  分区设备名
```

最后使用 mount 命令挂载转换之后的 ext4 文件系统。

4.3 使用图形界面工具管理磁盘分区和文件系统

Ubuntu 内置有磁盘管理器软件，还可以下载安装专门的图形界面分区工具 Gparted，这样就能更直观地管理磁盘分区和文件系统。

4.3.1 使用内置的磁盘管理器 GNOME Disks

使用内置的磁盘管理器 GNOME Disks

GNOME Disks 是 Ubuntu 默认的磁盘和媒体管理器软件，用于对磁盘进行管理操作，如格式化、状态显示、磁盘分区等，其界面简洁友好，易于操作，与 Windows 系统内置的磁盘管理器类似。

从应用程序列表中打开“工具”文件夹，找到“磁盘”程序，或者搜索“磁盘”或“gnome disks”，然后打开该工具，界面如图 4-4 所示。左侧列表显示已安装到系统的磁盘驱动器，包括硬盘、光盘，以及闪存设备等。从左侧列表中选择要查看或操作的设备，右侧窗格中显示该设备的详细信息，并提供相应的操作按钮。界面中还提供磁盘操作菜单。

1. 磁盘管理

右侧窗格上部显示磁盘设备的总体信息，如型号、大小（容量）、分区（这里指分区样式，“主引导记录”指 MBR 分区）。单击右上角的☰按钮弹出相应的磁盘操作菜单，可以选择相应的命令对整个磁盘进行操作，如创建磁盘映像（镜像文件），从磁盘映像中恢复、磁盘性能测试等。例如选择“格式化磁盘”命令，将弹出图 4-5 所示的对话框，注意这里的格式化不同于分区格式化（建立文件系统），而是类似于 Windows 系统的初始化磁盘，可用于设置和更改分区样式（MRB 还是 GPT），还可选择是否擦除磁盘上已有的数据。

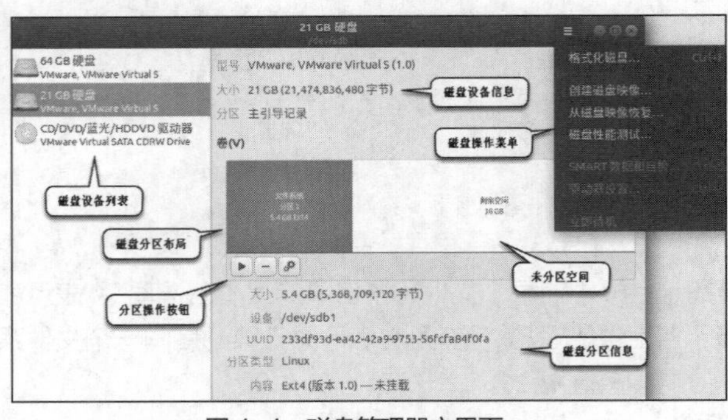

图 4-4 磁盘管理器主界面

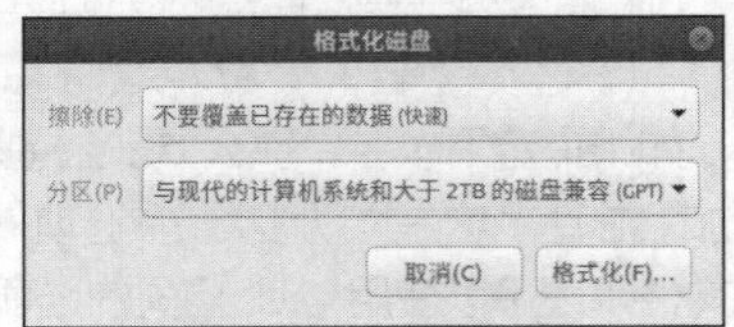

图 4-5 格式化磁盘

2. 分区管理

右侧窗格中部显示磁盘设备的分区布局，显示各分区（文件系统）的编号与容量大小。橙色高亮显示的是当前选中的分区或待分区的磁盘剩余空间。下部则显示该分区的总体信息，如大小（已经格式化的还标有空闲空间）、设备（分区名称）、分区类型、内容（文件系统格式以及挂载信息）。

中间一组按钮用于分区操作。■ 和 ▶ 分别用于卸载和挂载文件系统；＋ 和－ 分别用于创建新分区和删除已有分区；⚙用于更多的分区操作。

选中未分区空间，单击 + 按钮弹出图 4-6 所示的对话框，创建新的分区。默认分区大小包括所剩全部空间，可以根据需要调整分区大小或剩余自由（空闲）空间，最简单的方法是直接拖动顶部的滑块。单击“下一个”按钮，设置卷名和分区类型，以及是否擦除已有内容，如图 4-7 所示。这里的类型是指要建立的文件系统格式，默认的是 ext4 格式。名称是指文件系统的卷标。单击“创建”按钮开始创建新分区，由于需要 root 权限，会弹出“认证”对话框，输入管理员账户的密码即可。

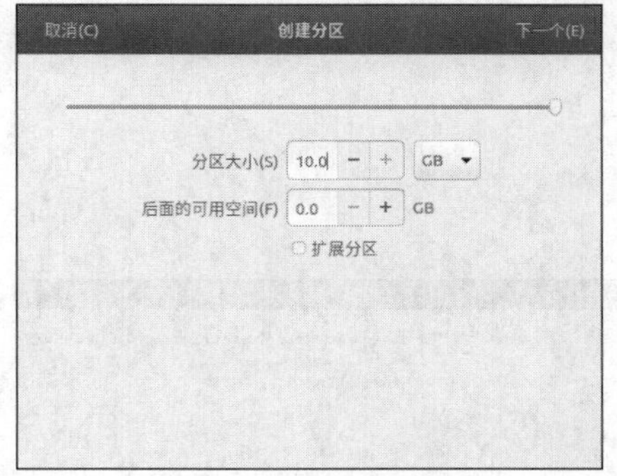

图 4-6　创建分区

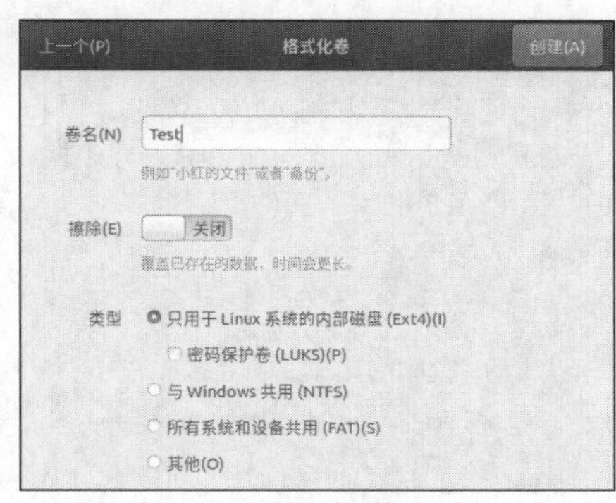

图 4-7　格式化卷

如图 4-8 所示，刚创建的分区已经格式化（创建有文件系统），但是没有挂载。单击 ▶ 将其挂载，如图 4-9 所示，已挂载的分区将显示三角图标。此处统一挂载到/media 目录下的当前用户名目录下，如果有卷标，挂载点目录用卷标表示，否则使用 UUID。

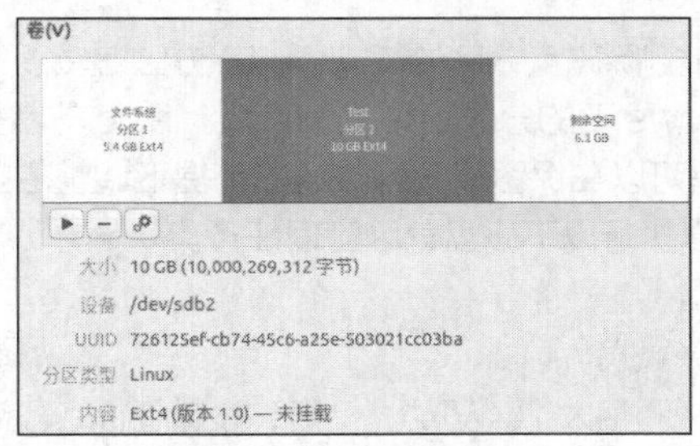

图 4-8　已创建的分区

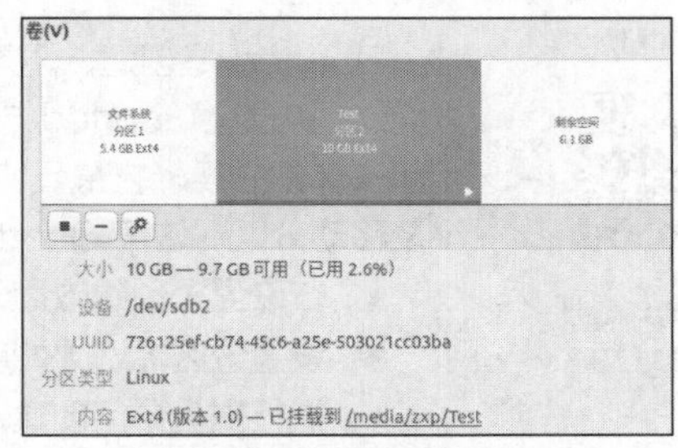

图 4-9　已挂载的分区

对于已经创建的分区可以进一步操作。选中一个分区，单击⚙按钮将弹出相应的操作菜单，如图 4-10 所示。

格式化分区命令用于创建文件系统，可以更改文件系统格式。

编辑分区命令用于修改分区类型，设置可启动选项，如图 4-11 所示。

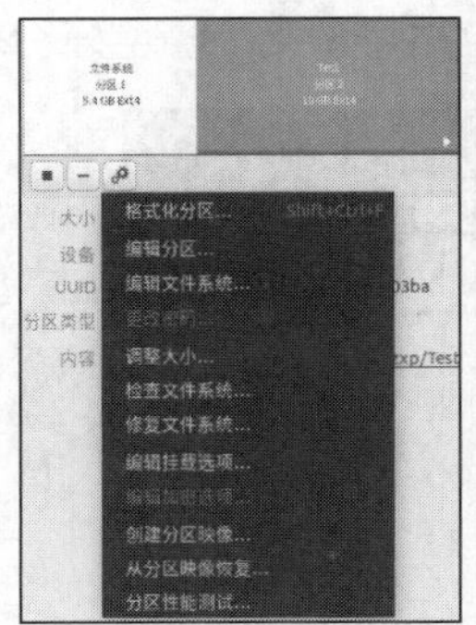

图 4-10　分区操作菜单

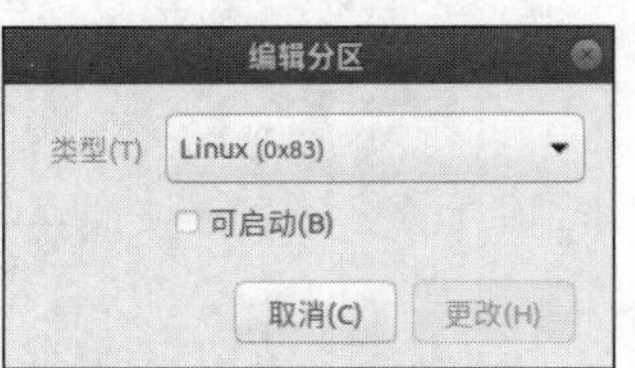

图 4-11　编辑分区

编辑文件系统命令用于修改分区卷标。

编辑挂载选项命令用于设置自动挂载选项，默认关闭自动挂载。只有开启“用户会话默认值”选项后，才能设置自动挂载的相关选项，如图 4-12 所示。

还可以执行分区映像的创建与恢复操作。例如打开“创建磁盘映像”对话框，如图 4-13 所示，设置映像文件名称以及保存位置后，即可对该分区创建一个映像。

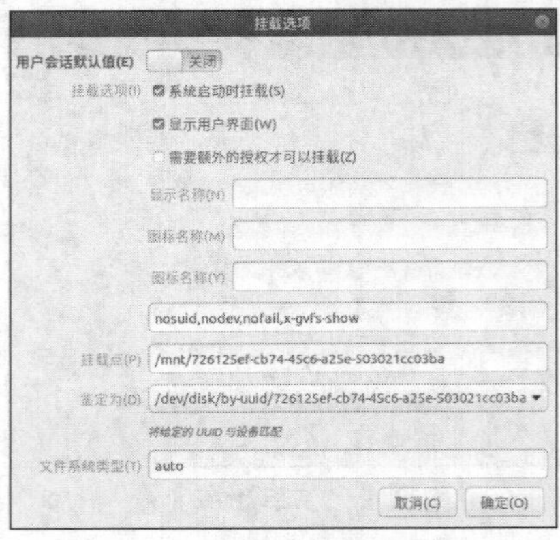

图 4-12　编辑自动挂载选项

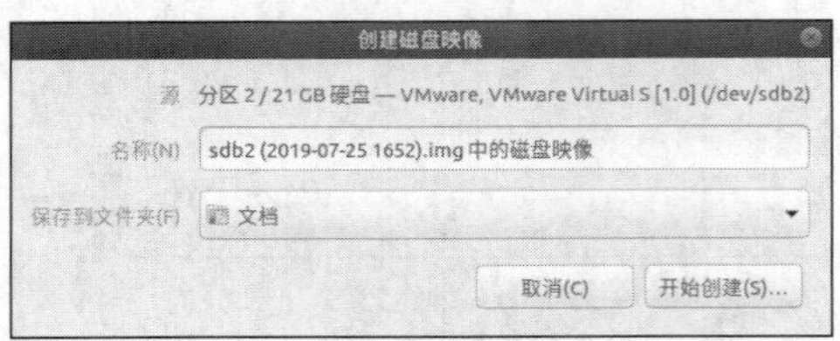

图 4-13　创建磁盘映像

4.3.2　使用 Gparted 分区工具

Gparted 是创建、调整修改和删除磁盘分区的 GNOME 分区编辑器。无论是界面还是功能，Gparted 与 Windows 下的分区工具 Partition Magic 非常类似，使用起来非常方便。它最具特色的是可以在保留原分区数据的前提下调整磁盘分区大小及移动分区。使用 Gparted 可以执行以下磁盘分区管理任务。

- 在磁盘上创建磁盘分区表。
- 设置分区标识（如启动或隐藏）。
- 执行磁盘分区创建、删除、调整大小、移动、检查、设置卷标、复制与粘贴等操作。
- 编辑有潜在问题的分区，以降低数据损失的风险。

Ubuntu Linux 没有预装 GParted，可以在命令行中执行以下命令进行安装：

```
sudo apt-get install gparted
```

安装好该工具后，切换到活动窗口，搜索“GParted”，然后打开该工具。运行之前需要通过用户认证获得 root 特权，完成授权之后打开的主界面如图 4-14 所示。从设备列表中选择要管理的磁盘设备，将以列表的方式显示该磁盘的分区布局和分区信息。在分区布局图中，浅黄色部分表示已经占用的空间。

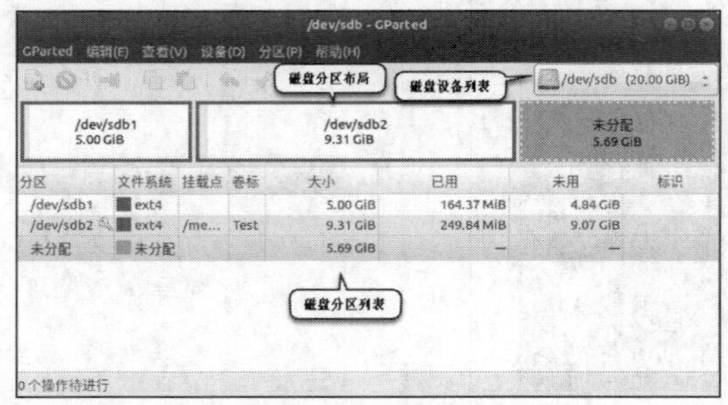

图 4-14　GParted 主界面

1. 创建分区

选中未分区空间，从“分区”菜单中选择“新建”命令（也可以使用相应的右键快捷菜单），弹出“创建新分区”对话框，如图 4-15 所示。除了设置分区大小外，还可以选择分区类型（主分区、扩展分区或逻辑分区）、选择文件系统格式，未分区设置卷标。单击“添加”按钮开始创建新分区。GParted 对操作并未立即执行，而是将其加入待执行操作队列，如图 4-16 所示。要执行操作，使更改生效，单击工具栏中的 ✔ 按钮或从“编辑”菜单中选择“应用全部操作”命令，会弹出“是否确认要应用待执行操作”提示，再单击“应用”按钮即可。

图 4-15　创建新分区

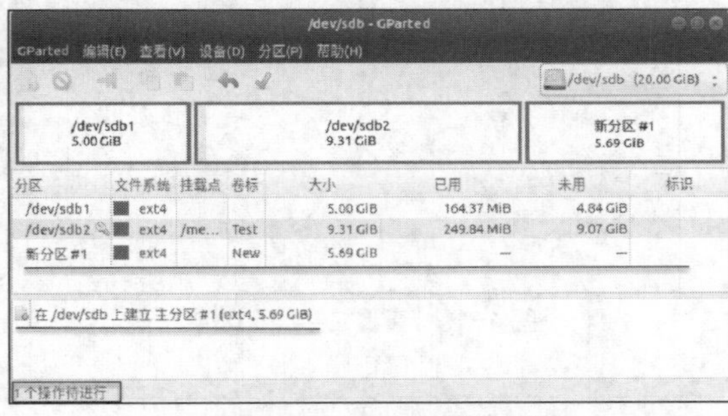

图 4-16　待执行操作队列

2. 查看和管理分区

对于已经创建的分区可以查看其信息，执行管理操作。选中一个分区，从“分区”菜单中选择相应的命令（也可以右键单击某分区，弹出快捷菜单），如图 4-17 所示。可以执行删除分区、更改分区大小、移动分区、整个分区复制与粘贴、格式化（选择文件系统格式）、挂载与卸载、设置卷标、设置 UUID 等分区操作。

这里值得一提的是管理分区标识（flags）。执行该命令将打开图 4-18 所示的对话框，从列表中选择一种标识。对于 MBR 分区表来说，主要标识包括 boot（启动分区）、diag（用于诊断或恢复）、hidden（隐藏分区）、lba（逻辑块寻址而非柱面磁头扇区寻址）、lvm（逻辑卷管理）、raid（磁盘阵列）。

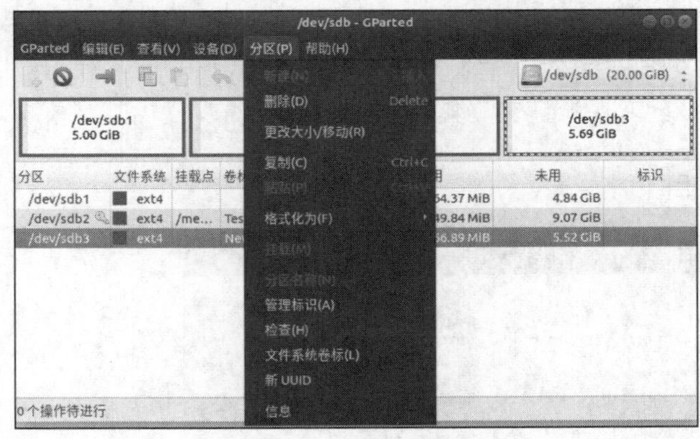

图 4-17　分区操作菜单

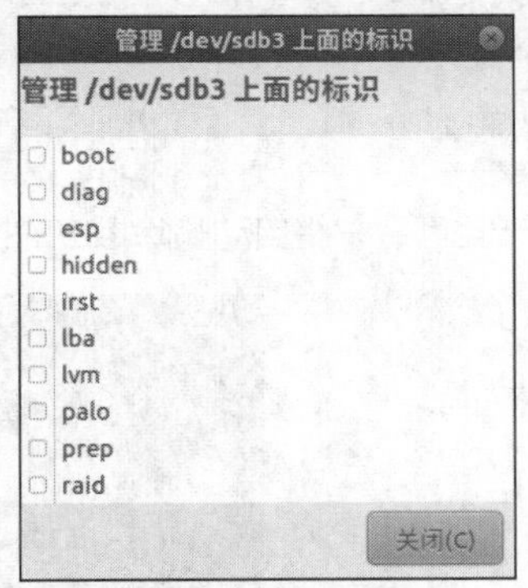

图 4-18　管理分区标识

3. 查看文件系统支持

从“查看”菜单中选择“文件系统支持”命令可以打开相应的对话框，查看不同文件系统格式所支持的操作，如图 4-19 所示。

4. 创建分区表

这相当于磁盘初始化，也就是选择分区样式。选择要管理的磁盘设备（没有创建分区），从“设备”

菜单中选择“创建分区表”命令，打开图 4-20 所示的对话框，选择所需的磁盘分区表类型，不到 2TB 的磁盘默认类型是 msdos（MBR），2TB 及更大容量的磁盘的默认类型是 gpt。在特殊场合中，还可以选择其他分区表类型。

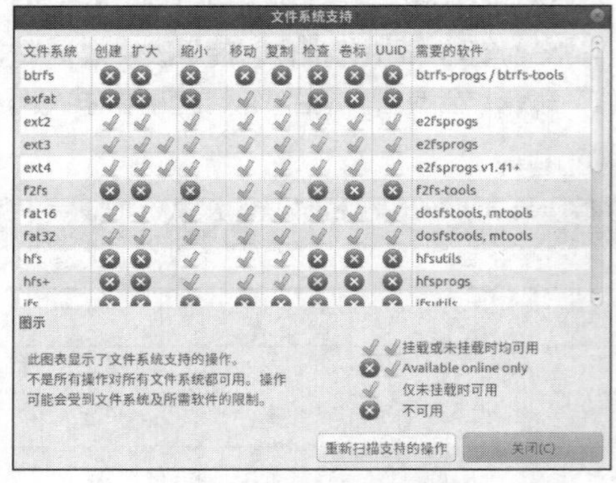

图 4-19　查看文件系统支持

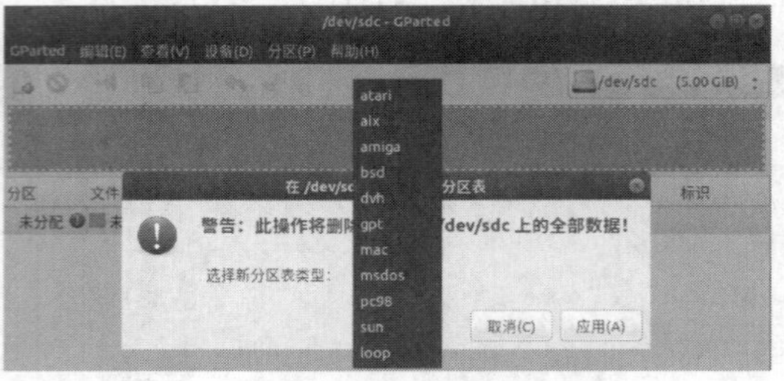

图 4-20　创建分区表

4.4 挂载和使用外部存储设备

各种外部存储设备，如光盘、U 盘、USB 移动硬盘等，都需要进行挂载才能使用，好在 Linux 内核对这些新设备都能提供很好的支持。在 Ubuntu 图形界面中，这些设备一般都可自动挂载，并可直接使用。

4.4.1 挂载和使用光盘

1. 图形界面使用光盘

挂载和使用光盘

在图形界面中，插入光盘后，打开光盘即可自动挂载；一旦弹出光盘，将自动卸载。可以在桌面上看到光盘图标，或者打开文件管理器来访问光盘，如图 4-21 所示。光盘图标右侧提供弹出按钮。此时在命令行运行 mount 命令可以查看自动加载的光盘，自动生成如下的挂载点目录：

```
    /dev/sr0 on /media/zxp/Ubuntu 18.04.2 LTS amd64 type iso9660
(ro,nosuid,nodev, relatime,nojoliet,check=s,map=n,blocksize=2048,uid=
1000,gid=1000,dmode=500,fmode=400,uhelper=udisks2)
```

一旦卸载，将自动删除相应的挂载点目录。

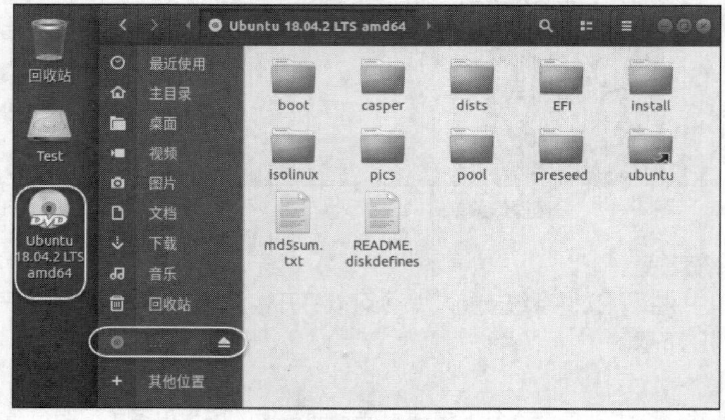

图 4-21　浏览光盘

2. 命令行中手动挂载和使用光盘

对于学习 Linux 的读者来说，还有必要掌握手动挂载光盘，直接使用挂载卷命令来访问光盘内容。

在 Ubuntu 中，SCSI/ATA/SATA 接口的光驱设备使用设备名/dev/sr0 表示。另外，Linux 系统通过链接文件为光驱赋予多个文件名称，常用的有/dev/cdrom、/dev/dvd。这些名称都指向光驱设备文件，具体可在/dev 目录下查看。使用 mount 命令挂载光盘的基本用法为

```
mount /dev/cdrom 挂载点目录
```

下面给出一个例子。

```
zxp@LinuxPC1:~$ sudo mkdir /media/mycd                #创建一个挂载点目录
zxp@LinuxPC1:~$ sudo mount /dev/cdrom /media/mycd     #将光盘挂载到该目录
mount: /media/mycd: WARNING: device write-protected, mounted read-only.
```

以上说明设备/dev/cdrom 写保护，以只读方式挂载。也可加上选项，例如：

```
mount -t iso9660 /dev/sr0 /media/mycd
```

进入该挂载点目录，就可访问光盘中的内容了。用 mount 命令装入的是光盘，而不是光驱。当要换一张光盘时，一定要先卸载，再重新装载新盘。

对于光盘，如果不进行卸载则无法从光驱中取出光盘。在卸载光盘之前，直接按光驱面板上的弹出键是不会起作用的。卸载命令的用法为

```
umount 光驱设备名或挂载点目录
```

4.4.2 制作和使用光盘映像

通过虚拟光驱使用光盘映像（镜像）文件非常普遍。使用映像文件可减少光盘的读取，提高访问速度。Ubuntu 系统下制作和使用光盘映像比在 Windows 系统下更方便，不必借用任何第三方软件包。光盘的文件系统为 ISO 9660，光盘镜像文件的扩展名通常命名为.iso。

制作和使用光盘映像

1. 图形界面中制作和使用光盘映像

使用 Ubuntu 内置的磁盘管理器创建磁盘映像，可以将整张光盘制作成一个映像文件（.iso），此时将光盘视作一个磁盘。打开磁盘管理器，从“设备”列表中选择制作映像的光盘驱动器，单击右上角的☰按钮弹出菜单，从中选择“创建磁盘映像”命令打开相应的对话框，设置文件名和保存路径（文件夹），然后单击“开始创建”按钮，开始光盘映像制作过程，如图 4-22 所示。

图 4-22 光盘映像制作

2. 使用命令行制作和使用光盘映像

从光盘制作映像文件可使用 cp 命令，基本用法为

```
cp /dev/cdrom 映像文件名
```

除了可将整张光盘制作成一个镜像文件外，Linux 还支持将指定目录及其文件制作生成一个 ISO 映像文件。对目录制作映像文件，使用 mkisofs 命令来实现，其用法为

```
mkisofs -r -o 映像文件名 目录路径
```

ISO 映像文件可以像光盘一样直接挂载使用（相当于虚拟光驱），光盘映像文件的挂载命令为

```
mount -o loop ISO映像文件名 挂载点目录
```

挂载和使用 USB 设备

4.4.3 挂载和使用 USB 设备

与光盘一样，在 Ubuntu 中 U 盘或 USB 移动硬盘等 USB 插入之后即可自动挂载。可以在桌面上看到相应的 USB 图标，单击它即可打开 USB 存储设备进行浏览，也可直接打开文件管理器来访问 USB 存储设备，如图 4-23 所示。USB 设备图标右侧提供弹出按钮。此时在命令行运行 mount 命令可以查看自动加载 USB 设备，自动生成挂载点目录如下：

```
/dev/sdd on /media/zxp/8D77-EFA4 type vfat (rw,nosuid,nodev,relatime,uid=1000,gid=1000,fmask=0022,dmask=0022,codepage=437,iocharset=iso8859-1,shortname=mixed,showexec,utf8,flush,errors=remount-ro,uhelper=udisks2)
```

图 4-23 浏览 U 盘

一旦弹出 USB 设备，将自动卸载。

也可以使用 Ubuntu 的磁盘管理器对 USB 设备进行分区、映像等管理操作，这与硬盘操作一样。

由于某些原因，系统可能没有识别到 USB 设备，这时需要手动挂载。USB 存储设备主要包括 U 盘和 USB 移动硬盘两种类型。

USB 存储设备通常会被 Linux 系统识别为 SCSI 存储设备，使用相应的 SCSI 设备文件名来标识。

4.5 文件系统的备份

备份就是保留一套后备系统，做到有备无患，是系统管理员最重要的日常管理工作之一。恢复就是将数据恢复到事故之前的状态。为保证数据的完整性，需要对系统进行备份。Ubuntu 可以使用多种工具和存储介质进行备份。

4.5.1 数据备份概述

1．备份内容

在 Linux 操作系统中，按照要备份的内容，备份分为系统备份和用户备份。系统备份就是对操作系统和应用程序的备份，便于在系统崩溃以后能快速、简单、完全地恢复系统的运行。最有效的方法是仅仅备份那些对于系统崩溃后恢复所必需的数据。用户备份不同于系统备份，原因是用户的数据变动更加

频繁一些。当备份用户数据时，只是为用户提供一个虚拟的安全网络空间，合理地放置最近用户数据文件的备份，当出现任何问题时，如误删除某些文件或者硬盘发生故障时，用户可以恢复自己的数据。用户备份应该比系统备份更加频繁，可采用自动定期运行某个程序的方法来备份数据。

2. 备份策略

在进行备份之前，首先要选择合适的备份策略，决定何时需要备份，以及出现故障时进行恢复的方式。通常使用的备份方式有以下 3 种。

- 完全备份（Full Backup）：对系统进行一次全面的备份，在备份间隔期间一旦出现数据丢失等问题，可以使用上一次的备份数据恢复到备份之前的数据状况。这种方式所需时间最长，但恢复时间最短，操作最方便，当系统中数据量不大时，采用完全备份最可靠。
- 增量备份（Incremental Backup）：只对上一次备份后增加的和修改过的数据进行备份。这种方式可缩短备份时间，快速完成备份，但是可靠性较差，备份数据的份数太多，这种方式很少采用。
- 差异备份（Differential Backup）：对上一次完全备份（而不是上次备份）之后新增加或修改过的数据进行备份。这种方式兼具完全备份和增量备份的优点，所需时间短，并节省空间，恢复方便，系统管理员只需两份数据，就可以将系统完全恢复。这种方式适用于各种备份场合。

3. 备份规划

专业的备份工作需要规划，兼顾安全与效率，而不是简单执行备份程序。实际备份工作中主要采用以下两种方案。

- 单纯的完全备份：定时为系统进行完全备份，需要恢复时以最近一次的完全备份数据来还原。这是最简单的备份方案，但由于每次备份时，都会将全部的文件备份下来，每次备份所需时间较长，适合数据量不大或者数据变动频率很高的情况。
- 完全备份结合差异备份：以较长周期定时进行完全备份，其间则进行较短周期的差异备份。例如每周六晚上做一次标准备份，每天晚上做一次差异备份。需要恢复时，先还原最近一次完全备份的数据，接着再还原该完全备份后最近一次的增量备份，如果周三出现事故，则可将数据恢复到周二晚上的状态，先还原上周六的完全备份，再还原本周二的差异备份即可。

4.5.2 使用存档工具进行简单备份

与多数 Linux 版本一样，Ubuntu 主要提供两个存档工具 tar 和 dd，其中 tar 使用更广泛一些。这些存档工具可以用于简单的数据备份。

1. 使用 tar 命令进行存档

直接保存数据会占用很大的空间，所以常常压缩备份文件，以便节省存储空间。tar 是用于文件打包的命令行工具，可以将一系列文件归档到一个大文件中，也可以将档案文件解开以恢复数据。作为常用的备份工具，tar 的语法格式为

```
tar [选项] 档案文件 文件或目录列表
```

例如，要备份用户 zxp 主目录中的文件，可以执行以下命令：

```
tar -czvf zxpbak.tar /home/zxp
```

上述命令将/home/zxp 目录中的所有文件归档（打包）到 zxpbak.tar 文件（扩展名一般为.tar），归档的同时对数据进行压缩（使用选项-z）。

要恢复使用 tar 命令备份过的文件（解开档案文件），可使用选项-x。例如：

```
tar -xzvf zxpbak.tar
```

默认情况下 tar 将文件恢复到当前工作目录，也可以使用选项-C 指定要恢复到的目录。

2. 使用 dd 命令进行存档

dd 是一种文件转移命令，用于复制文件，并在复制的同时进行指定的转换和格式处理，如何转换取决于选项和参数。它使用 if 选项指定输入端，of 选项指定输出端。

dd 常用来制作光盘映像（光盘必须是 iso9660 格式），例如使用以下命令：

```
dd if=/dev/cdrom of=cdrom.iso
```

由于 dump 和 restore 命令的出现，dd 用得比较少了。

4.5.3 使用 dump 和 restore 实现备份和恢复

dump 是一个较为专业的备份工具，能备份任何类型的文件，甚至是设备，支持完全备份、增量备份和差异备份，支持跨多卷磁带备份，保留所备份文件的所有权属性和权限设置，能够正确处理从未包含任何数据的文件块（空洞文件）。restore 是对应的恢复工具。UBuntu 默认没有安装 dump 和 restore 这两个工具，可分别执行 sudo apt-get install dump 命令和 sudo apt-get install restore 命令安装。

1. 使用 dump 命令备份

在用 dump 做备份时，需要指定一个备份级别，它是 0~9 的一个整数。级别为 *N* 的转储会对从上次进行的级别小于 *N* 的转储操作以来修改过的所有文件进行备份，而级别 0 就是完全备份。通过这种方式，可以很轻松地实现增量备份、差异备份，甚至每日备份。

例如以下命令统计完全备份/dev/sda1 所需的空间，以防磁带或磁盘空间不足。级别 0 表示完全备份，选项-s 表示统计备份所需空间。

```
dump  -0s /dev/sda1
```

选项-f 指定备份文件的路径和名称，-u 表示更新数据库文件/etc/dumpdates（将文件的日期、存储级别、文件系统等信息都记录下来）。

```
dump -0u -f /tmp/boot.dump /boot
```

如果不使用-u，所有存储都会变为级别 0，因为没有先前备份过当前文件系统的记录。

使用级别 1 只会备份完全备份后有变化的文件。

要实现增量备份，第 1 次备份时可选择级别 0，以后每次做增量备份时就可以依次使用级别 1、级别 2、级别 3 等。

```
dump -0u -f /tmp/boot0.dump /boot
dump -1u -f /tmp/boot1.dump /boot
dump -2u -f /tmp/boot2.dump /boot
dump -3u -f /tmp/boot3.dump /boot
```

要实现差异备份，可先选择级别 0 做完整备份，然后每次都使用大于 0 的同一级别，如每次都用级别 1。

```
dump -0u -f /tmp/boot0.dump /boot
dump -1u -f /tmp/boot1.dump /boot
dump -1u -f /tmp/boot2.dump /boot
dump -1u -f /tmp/boot3.dump /boot
```

dump 可以将备份存储在磁带上。Linux 通常用/dev/st0 代表倒带设备，而用/dev/nst0 代表非倒带设备，例如：

```
dump 0f /dev/nst0 /boot
```

使用倒带设备存储时，当磁带用完它会自动倒带并接着存储，会覆盖以前的数据，这样就存在丢失已有数据的风险。

2. 使用 restore 命令恢复

使用 restore 命令从 dump 备份中恢复数据可以使用两种方式：交互式和直接恢复，管理员也可以决定恢复整个备份，或者只恢复需要的文件。

恢复数据之前，要浏览备份文件中的数据，可以使用如下命令（-t 选项表示查看）：

```
restore- tf /tmp/boot.dump
```

要恢复一个备份，可以使用如下命令（-r 选项表示重建）：

```
restore -rf /tmp/boot.dump
```

使用以下命令进入交互式恢复模式：

```
restore -if /tmp/boot.dump
```

4.5.4 光盘备份

Ubuntu 预装有 cdrecord 软件包，可以用来创建和管理光盘介质。使用光盘进行数据备份，需要首先建立一个光盘映像文件，然后将该映像文件写入光盘中。

例如要将/home 目录的数据备份到光盘映像文件中，可以使用如下命令：

```
mkisofs -r -o /tmp/home.iso /home
```

上述命令会在/tmp 目录中建立一个名为 home.iso 的映像文件，该文件包含/home 目录的所有内容。其中-r 选项表示支持长文件名，-o 表示输出。默认情况下，mkisofs 命令也会保留所备份文件的所有权属性和权限设置。

除了使用 mkisofs 命令，还可以使用 dd 命令建立光盘映像，例如：

```
dd if=/dev/cdrom of=/tmp/home.iso
```

在 dd 命令中，if 参数指定输入文件，of 参数指定输出文件。dd 命令的 if 参数必须是文件，而不能是一个目录，这里进行/home 目录的备份时，实际使用的参数是设备文件/dev/cdrom。

刻录机在 Linux 中被识别为 SCSI 设备，即使该设备实际上是 IDE 设备。在实际刻录光盘之前，可以使用以下命令对刻录设备进行检测，获取光盘刻录机的 SCSI 设备识别号以便在刻录光盘的工具中使用。

```
cdrecord -scanbus
```

使用 cdrecord 命令将 ISO 文件刻录为光盘的语法格式为

```
cdrecord -v -eject <speed=刻录速度> <dev=刻录机设备> <ISO 文件名>
```

-eject 表示刻录完毕弹出光盘。例如将映像文件刻录到空白光盘中的命令如下：

```
cdrecord -v dev=/dev/cdrom /tmp/home.iso
```

4.6 习题

1. 低级格式化与高级格式化有何不同？
2. 简述 Linux 磁盘设备命名方法与磁盘分区命名方法。
3. 简述分区样式 MBR 与 GPT。
4. 简述 Linux 分区类型 Linux Native 与 Linux Swap。
5. 简述 Linux 建立和使用文件系统的步骤。
6. Ubuntu 主要提供哪些磁盘分区工具？
7. 如何自动挂载文件系统？
8. 简述 Linux 使用的卷标和 UUID。
9. 简述数据备份策略。
10. 使用命令行工具创建一个磁盘分区，建立文件系统，并将它挂载到某目录中。
11. 使用 Ubuntu 内置的磁盘管理器创建磁盘分区。

第 5 章 软件包管理

05

在系统的使用和维护过程中，安装和卸载软件是必须掌握的技能。Linux 虽然没有像 Windows 那样的注册表，但是需要考虑软件的依赖性问题。目前在 Linux 系统上安装软件已经变得与 Windows 系统上一样便捷。可供 Linux 安装的开源软件非常丰富，Linux 提供了多种软件安装方式，从最原始的源代码编译安装到最高级的在线自动安装和更新。本章在简单介绍 Linux 软件包管理知识的基础上，重点讲解 Ubuntu 系统的软件安装方式和方法，除了传统的 Deb 软件包安装，本章还涉及新推出的 Snap 软件包安装，这种方式提供了更好的隔离性和安全性，也是 Canonical 公司力荐的。

学习目标

1. 了解 Linux 软件包管理的发展过程，明确未来软件包安装的发展方向。
2. 了解 Deb 软件包的特点，学会使用 dpkg 工具安装和管理 Deb 软件包。
3. 熟练掌握 APT 工具的使用，了解新立得软件包管理器和 PPA 安装方法。
4. 了解 Snap 软件包的特点，学会使用 Snap 包安装软件。
5. 熟悉源代码安装的基本步骤，学会使用源代码安装软件。

5.1 Linux 软件包管理的发展过程

Linux 软件开发完成之后，如果仅限于小范围使用，可以直接使用二进制文件分发。如果要对外发布，兼顾到用户不同的软硬件环境，这就需要制作成软件包分发给用户。使用软件包管理器可以方便地安装、卸载和升级软件包。Linux 软件安装从最初的源代码编译安装发展到了现在的高级软件包管理。

5.1.1 从源代码安装软件

早期的 Linux 系统中主要使用源代码包发布软件，用户往往要直接将源代码编译成二进制文件，并对系统进行相关配置，有时甚至还要修改源代码。这种方式有较大自由度，用户可以自行设置编译选项，选择所需的功能或组件，或者针对硬件平台进行优化。但是源代码编译安装比较耗时，对普通用户来说难度太大，为此推出了软件包管理的概念。

5.1.2 使用软件包安装软件

软件包将应用程序的二进制文件、配置文档和帮助文档等合并打包在一个文件中，用户只需使用相应的软件包管理器来执行软件的安装、卸载、升级和查询等操作。软件包中的可执行文件是由软件发布者进行编译的，这种预编译的软件包重在考虑适用性，通常不会针对某种硬件平台优化，它所包含的功能和组件也是通用的。目前主流的软件包格式有两种：RPM 和 Deb。一般 Linux 发行版都支持特定格式的软件包，Ubuntu 使用的软件包的格式是 Deb。

RPM 是 RedHat Package Manager（软件包管理器）的缩写，是由 Red Hat 公司提出的一种软件包管理标准，文件后缀名为.rpm。这种文件格式名称虽然有 RedHat 的标志，但是其设计理念是开放式的，加之功能十分强大，现在已成为目前 Linux 各发行版本中应用最广泛的软件包格式之一。可以使用 rpm 工具来管理 RPM 软件包。

Deb 是 Debian Packager 的缩写，是 Debian 和 Ubuntu 系列发行版本上使用的软件包格式（文件后缀名为.deb），需要使用 dpkg 工具进行管理。dpkg 是 Debian Packager 的简写，用于安装、更新、卸载 Deb 软件包，以及提供 Deb 软件包相关的信息。

当然，使用 RPM 或 Deb 软件包安装也需要考虑依赖性问题，只有应用程序所依赖的库和支持文件都正确安装之后，才能完成软件的安装。现在的软件依赖性越来越强，单纯使用这种软件包安装效率很低，难度也不小，为此推出了高级软件包管理工具。

注意 Ubuntu 的软件包格式是 Deb，不应当直接安装 RPM 包。如果要安装 RPM 包，则要先用 alien 工具将 RPM 格式转换成 Deb 格式。

5.1.3 高级软件包管理工具

高级软件包管理工具能够通过 Internet 主动获取软件包，自动检查和修复软件包之间的依赖关系，实现软件的自动安装和更新升级，大大简化了 Linux 系统上安装、管理软件的过程。这种工具需要通过 Internet 从后端的软件库下载软件，适合在线使用。目前主要的高级软件包管理工具有 Yum 和 APT 两种，还有一些商业版工具由 Linux 发行商提供。

Yum（Yellow dog Updater，Modified）是一个基于 RPM 包的软件包管理器，能够从指定的服务器自动下载 RPM 包并且完成安装，可以处理依赖性关系，并且一次安装所有依赖的软件包，无须用户烦琐地一次次下载、安装。Red Hat Enterprise Linux、CentOS、Fedora 等 Linux 发行版采用 Yum。

APT（Advanced Packaging Tools）可译为高级软件包工具，是 Debian 及其派生发行版（如 Ubuntu）的软件包管理器。APT 可以自动下载、配置、安装二进制或者源代码格式的软件包，甚至只需一条命令就能更新整个系统的所有软件。

APT 最早被设计成 dpkg 工具的前端，用来处理 Deb 格式的软件包。现在经过 APT-RPM 组织修改，RPM 版本的 APT 已经可以安装在使用 RPM 的 Linux 发行版上。

另外，Snap 是一种全新的软件包安装管理方式，可以不依赖于第三方系统功能库独立包装，让开发者将软件更新包随时发布给用户，还可以同时安装多个版本的软件，代表未来软件包安装的发展方向。

Ubuntu 支持多种软件安装方式。接下来讲解 Ubuntu 主要的软件安装方式。

5.2 Deb 软件包管理

Deb 软件包采用.deb 文件格式，与 Windows 下的.exe 文件很相似，很多软件开发商都会提供.deb 格式的安装包。获得 Deb 安装包后，可以直接使用 dpkg 工具进行离线安装，无须联网。这是 Ubuntu 传统的软件安装方式，也是一种安装软件的简易方式，不足之处是要自行处理软件依赖性问题。Deb 软件包需要使用 dpkg 工具进行管理，该工具功能非常丰富，这里介绍最基本的用法。

Deb 软件包管理

5.2.1 查看 Deb 软件包

使用选项-l 列出软件包的简要信息，包括状态、名称、版本、架构和简要描述。命令格式如下：

```
dpkg -l 软件包名
```

如果不加软件包名参数，将显示所有已经安装的 Deb 包，包括显示版本以及简要说明。结合管道操作再使用 grep 命令可以查询某些软件包是否安装，例如：

```
zxp@LinuxPC1:~$ dpkg -l | grep  pinyin
ii  ibus-libpinyin      1.9.2-2         amd64      Intelligent Pinyin engine based on
libpinyin for IBus
ii  libpinyin-data:amd64  2.1.91-1   amd64   Data for PinYin / zhuyin input method
library
ii  libpinyin13:amd64      2.1.91-1     amd64      library to deal with PinYin
```

每条记录对应一个软件包，第 1 列是软件包的状态标识，由 3 个字符组成。第 1 个字符表示期望的状态（其中 u 表示状态未知，i 表示用户请求安装软件包，r 表示用户请求卸载软件包，p 表示用户请求清除软件包，h 表示用户请求保持软件包版本锁定）。第 2 个字符表示当前状态（其中 n 表示软件包未安装；i 表示软件包安装并完成配置；c 表示软件包以前安装过，现在删除了，但是配置文件仍留在系统中；u 表示软件包被解包，但未配置；f 表示试图配置软件包但失败；h 表示软件包安装但没有成功）。第 3 个字符表示错误状态（其中 h 表示软件包被强制保持，无法升级；r 表示软件包被破坏，需要重新安装才能正常使用；x 表示软件包被破坏，并且被强制保持）。例中只有两个字符“ii”，表明软件包是由用户申请安装，并且已安装并完成配置，没有出现错误。

可以使用选项-s 来查看软件包状态的详细信息，例如查看软件包 zip 的状态：

```
zxp@LinuxPC1:~$ dpkg -s zip
Package: zip
Status: install ok installed
Priority: optional
Section: utils
Installed-Size: 623
Maintainer: Ubuntu Developers <ubuntu-devel-discuss@lists.ubuntu.com>
Architecture: amd64
Multi-Arch: foreign
Version: 3.0-11build1
Depends: libbz2-1.0, libc6 (>= 2.14)
Recommends: unzip
Description: Archiver for .zip files
......
Original-Maintainer: Santiago Vila <sanvila@debian.org>
Homepage: http://www.info-zip.org/Zip.html
```

如果要知道已安装的软件包拥有哪些文件，可以使用选项-S，命令格式如下：

```
dpkg -S 软件包名
```

5.2.2 安装 Deb 软件包

首先要获取 Deb 软件包文件，然后使用选项-i 安装 Deb 软件包，命令格式如下：

```
dpkg -i 软件包文件名
```

软件包文件是 Deb 格式的，扩展名通常为.deb。安装软件需要 root 权限，所以管理员用户需要执行 sudo 命令。

如果以前安装过相同的软件包，执行此命令时会先将原有的旧版本删除。

所有的软件包安装之前必须保证所依赖的库和软件已经安装到系统上，一定要清楚依赖关系，这对普通用户来说有一定难度，可考虑使用 apt 命令自动解决软件依赖性问题。

例如，安装搜狗输入法的过程中会提示相关的依赖：

```
zxp@LinuxPC1:~$ sudo dpkg -i sogoupinyin_2.2.0.0108_amd64.deb
[sudo] zxp 的密码:
正在选中未选择的软件包 sogoupinyin。
(正在读取数据库 ... 系统当前共安装有 163025 个文件和目录。)
正准备解包 sogoupinyin_2.2.0.0108_amd64.deb  ...
正在解包 sogoupinyin (2.2.0.0108) ...
dpkg: 依赖关系问题使得 sogoupinyin 的配置工作不能继续:
 sogoupinyin 依赖于 fcitx (>= 1:4.2.8.3-3~); 然而:
  未安装软件包 fcitx。
 sogoupinyin 依赖于 fcitx-frontend-gtk2; 然而:
  未安装软件包 fcitx-frontend-gtk2。
(此处省略)
在处理时有错误发生:
 Sogoupinyin
```

此时安装不成功。如果手工逐一安装依赖关系，非常烦琐，可以执行以下命令借助 apt 命令自动完成依赖关系的处理：

```
sudo apt --fix-broken install
```

然后安装该 Deb 包：

```
zxp@LinuxPC1:~$ sudo dpkg -i sogoupinyin_2.2.0.0108_amd64.deb
[sudo] zxp 的密码:
(正在读取数据库 ... 系统当前共安装有 169526 个文件和目录。)
正准备解包 sogoupinyin_2.2.0.0108_amd64.deb  ...
(此处省略)
正在处理用于 hicolor-icon-theme (0.17-2) 的触发器 ...
```

5.2.3 卸载 Deb 软件包

卸载软件包可以使用选项-r，命令格式如下：

```
dpkg -r 软件包名
```

选项-r 删除软件包的同时会保留该软件的配置信息，如果要将配置信息一并删除，应使用选项-P，格式如下：

```
dpkg -P 软件包名
```

卸载操作需要 root 权限。使用 dpkg 工具卸载软件包不会自动解决依赖性问题，所卸载的软件包可能含有其他软件所依赖的库和数据文件，这种依赖关系需要妥善解决。

5.3 APT 工具

Ubuntu 软件安装首选 APT 工具，可以是命令行工具，也可以是图形界面的新立得，必要时还要考虑使用 PPA 非正式软件源。

5.3.1 理解 APT

dpkg 本身是一个底层的工具，而 APT 则是位于其上层的工具，用于从远程获取软件包以及处理复杂的软件包关系。使用 APT 工具安装、卸载、更新升级软件，实际上是通过调用底层的 dpkg 来完成的。

1. 基本功能

作为高级软件包工具，APT 主要具备以下 3 项功能。

- 从 Internet 上的软件源下载最新的软件包元数据、二进制包或源代码包。软件包元数据就是软件包的索引和摘要信息文件。

- 利用下载到本地的软件包元数据，完成软件包的搜索和系统的更新。
- 安装和卸载软件包时自动寻找最新版本，并自动解决软件的依赖关系。

2. 软件源

APT 的软件源在 Ubuntu 安装时已经初始设置，提供了 Ubuntu 官方的网络安装来源。用户也可以使用系统安装光盘作为安装源，或从非官方的软件源中下载非官方的软件。除了直接下载二进制格式的 Deb 包外，也支持下载源代码软件，自行编译、安装。

Ubuntu 的/var/lib/apt/lists 目录存放的是已经下载的各软件源的元数据（metadata），这些数据是系统更新和软件包查找工具的基础。Ubuntu 软件中心、APT（包括新立得软件包管理器）和软件更新器（Update Manager）等工具就是利用这些信息来更新和安装软件的。Ubuntu 软件中心和 APT 安装和卸载软件的信息来源是/var/lib/dpkg/states，查询软件的信息来源是/var/lib/apt/lists。软件更新器将系统已经安装的软件版本信息（存放在/var/lib/dpkg/states 目录）与/var/lib/apt/lists/目录中同名的软件版本进行比较，以判断是否更新，然后将所有需要更新的软件在窗口中列出。

3. 解决依赖关系

APT 会从每一个软件源（软件仓库）下载一个软件包的列表到本地，列表中提供有软件源所包含的可用软件包的信息。多数情况下，APT 会安装最新的软件包，被安装的软件包所依赖的其他软件包也会安装，建议安装的软件包则会给出提示信息但不会安装。

也有 APT 因依赖关系不能安装软件包的情况。例如，某软件包和系统中的其他软件包冲突，或者该软件包依赖的软件包在任何软件源中均不存在或没有符合要求的版本。遇到这种情况，APT 会返回错误信息并且中止，用户需要自行解决软件依赖问题。

4. 软件包更新

APT 可以智能地从软件源下载最新版本的软件并安装，无须在安装后重新启动系统，除非更新 Linux 内核。所有的配置都可以得到保留，升级软件非常便捷。

APT 还支持 Ubuntu（或 Debian）从一个发布版本升级到新的发布版本，可以升级绝大部分满足依赖关系的软件，但是也可能要卸载或添加新的软件以满足依赖关系，这都可以自动完成。

5.3.2 APT 命令行工具的使用

APT 命令行工具的使用

常用的 APT 命令行工具都被分散在 apt-get、apt-cache 和 apt-config 这 3 个命令当中。apt-get 用于执行与软件包安装有关的所有操作，apt-cache 用于查询软件包的相关信息，apt-config 用于配置 APT。Ubuntu 16.04 开始引入 apt 命令，该命令相当于上述 3 个命令最常用子命令和选项的集合，以解决命令过于分散的问题。这 3 个命令虽然没有被弃用，但是作为普通用户，还是应该首先使用 apt 命令。

1. 了解 apt 命令

apt 命令同样支持子命令、选项和参数。但是它并不能完全向下兼容 apt-get、apt-cache 等命令，可以用 apt 替换它们的部分子命令，但不是全部。apt 还有一些自己的命令。apt 常用的命令见表 5-1。

表 5-1　apt 常用命令

apt 命令	被替代的命令	功能说明
apt update	apt-get update	获取最新的软件包列表，同步/etc/apt/sources.list 和/etc/apt/sources.list.d 中列出的源的索引，以确保用户能够获取最新的软件包
apt upgrade	apt-get upgrade	更新当前系统中所有已安装的软件包，同时更新软件包相关的所依赖的软件包

续表

apt 命令	被替代的命令	功能说明
apt install	apt-get install	下载、安装软件包并自动解决依赖关系
apt remove	apt-get remove	卸载指定的软件包
apt autoremove	apt-get autoremove	自动卸载所有未使用的软件包
apt purge	apt-get purge	卸载指定的软件包及其配置文件
apt full-upgrade	apt-get dist-upgrade	在升级软件包时自动处理依赖关系
apt source	apt-get source	下载软件包的源代码
apt clean	apt-get clean	清理已下载的软件包，实际上是清除/var/cache/apt/archives 目录中的软件包，不会影响软件的正常使用
apt autoclean	apt-get autoclean	删除已卸载的软件的软件包备份
apt list	无	列出包含条件的软件包（已安装、可升级等）
apt search	apt-cache search	搜索应用程序
apt show	apt-cache show	显示软件包详细信息
apt edit-sources	无	编辑软件源列表

2. 查询软件包

使用 APT 工具安装和卸载软件包时必须准确地提供软件包的名字。可以使用 apt 命令在 APT 的软件包缓存中搜索软件，收集软件包信息，获知哪些软件可以在 Ubuntu 或 Debian 上安装。由于支持模糊查询，查询非常方便。这里介绍基本用法。

执行 list 子命令列出软件包：

```
apt list [软件包名]
```

如果不指定软件包名，将列出所有可用的软件包。

使用子命令 search 查找使用参数定义的软件包并列出该软件包的相关信息，参数可以使用正则表达式，最简单的是直接使用软件部分名字，将列出包含该名字的所有软件。例如：

```
apt search zip
```

使用子命令 show 可以查看指定名称的软件包的详细信息：

```
apt show 软件包名
```

使用子命令 depends 可以查看软件包所依赖的软件包：

```
apt depends 软件包名
```

使用子命令 rdepends 可以查看软件包被哪些软件包所依赖：

```
apt rdepends 软件包名
```

使用 policy 子命令显示软件包的安装状态和版本信息：

```
apt policy 软件包名
```

3. 安装软件包

建议用户在每次安装和更新软件包之前，先执行 apt update 命令更新系统中 apt 缓存中的软件包信息：

```
zxp@LinuxPC1:~$ sudo apt update
命中:1 http://cn.archive.ubuntu.com/ubuntu bionic InRelease
获取:2 http://security.ubuntu.com/ubuntu bionic-security InRelease [88.7 kB]
......
```

只有执行该命令，才能保证获取到最新的软件包。接下来示范安装软件，这里以安装经典的编辑器 Emacs 为例：

```
zxp@LinuxPC1:~$ sudo apt install emacs
正在读取软件包列表... 完成
```

```
正在分析软件包的依赖关系树
正在读取状态信息... 完成
将会同时安装下列软件:
  emacs25 emacs25-bin-common emacs25-common emacs25-el libgif7 liblockfile-bin liblockfile1 libm17n-0 libotf0 m17n-db
建议安装:
  emacs25-common-non-dfsg ncurses-term m17n-docs gawk
下列【新】软件包将被安装:
  emacs emacs25 emacs25-bin-common emacs25-common emacs25-el libgif7 liblockfile-bin liblockfile1 libm17n-0 libotf0 m17n-db
升级了 0 个软件包,新安装了 11 个软件包,要卸载 0 个软件包,有 258 个软件包未被升级。
需要下载 33.9 MB 的归档。
解压缩后会消耗 112 MB 的额外空间。
您希望继续执行吗? [Y/n] y
获取:1 http://cn.archive.ubuntu.com/ubuntu bionic/main amd64 emacs25-common all 25.2+1-6 [13.1 MB]
(此处省略)
已下载 33.9 MB,耗时 2分 29秒 (227 kB/s)
正在选中未选择的软件包 emacs25-common。
(正在读取数据库 ... 系统当前共安装有 164836 个文件和目录。)
正准备解包 .../00-emacs25-common_25.2+1-6_all.deb ...
正在设置 liblockfile-bin (1.14-1.1) ...
正在处理用于 mime-support (3.60ubuntu1) 的触发器 ...
(此处省略)
正在设置 emacs25-bin-common (25.2+1-6) ...
update-alternatives: 使用 /usr/bin/ctags.emacs25 来在自动模式中提供 /usr/bin/ctags (ctags)
(此处省略)
正在设置 emacs (47.0) ...
正在处理用于 libc-bin (2.27-3ubuntu1) 的触发器 ...
```

在安装过程中,APT 为用户提供了大量信息,自动分析并解决了软件包依赖问题。

提 示　执行安装时可能会提示无法获得锁(资源暂时不可用),遇到这种问题,应当根据提示删除相应的锁文件,如 sudo rm /var/lib/dpkg/lock-frontend、sudo rm /var/cache/apt/archives/lock 等。如果遇到进程被占用的问题,可以直接杀死占用进程来解决。

4. 卸载软件包

执行 apt remove 命令可卸载一个已安装的软件包,但会保留该软件包的配置文档。例如:

```
sudo apt remove emacs
```

如果要同时删除配置文件,则要执行 apt purge 命令。

如果需要更彻底的删除,可执行以下命令:

```
sudo apt autoremove 软件包名
```

这将删除与该软件包及其所依赖的、不再使用的软件包。

APT 会将下载的 Deb 包缓存在硬盘上的目录/var/cache/apt/archives 中,已安装或已卸载的软件包的 Deb 文件都备份在该目录下。为释放被占用的空间,可以执行命令 apt clean 来删除已安装的软件包的备份,这样并不会影响软件的使用。如果要删除已经卸载的软件包的备份,可以执行命令 apt autoclean。

5. 升级软件包

执行 apt upgrade 命令会升级本地已安装的所有软件包。如果已经安装的软件有最新版本了，则会进行升级，升级不会卸载已安装的软件，也不会安装额外的软件包。升级的最新版本来源于/etc/apt/sources.list 列表中给出的安装源，因此在执行此命令之前一定要执行 apt update 以确保软件包信息是最新的。APT 会下载每个软件包的最新更新版本，然后以合理的次序安装它们。

如果软件包的新版本的依赖关系发生变化，引入了新的依赖软件包，则当前系统不能满足新版本的依赖关系，该软件包就会保留下来，而不会被升级。

执行命令 apt dist-upgrade 可以识别出依赖关系改变的情形并作出相应处理，会尝试升级最重要的包。如果新版本需要新的依赖包，为解决依赖关系，将试图安装引入的依赖包。

执行 apt upgrade 命令时加上-u 选项很有必要，这可以让 APT 显示完整的可更新软件包列表。可以先使用选项-s 来模拟升级软件包，这样便于查看哪些软件会被更新，确认没有问题后，再实际执行升级。

如果只想对某一具体的软件包进行升级，可以在执行安装软件包命令时加上--reinstall 选项：

```
sudo  apt --reinstall install 软件包名
```

5.3.3 配置 APT 源

配置 APT 源

Ubuntu 使用文本文件/etc/apt/sources.list 来保存软件包的安装和更新源的地址。另外与该文件功能相同的是/etc/apt/sources.list.d/目录下的.list 文件，为在单独文件中写入安装源的地址提供了一种方式，通常用来安装第三方软件。执行 apt update 就是同步（更新）/etc/apt/sources.list 和/etc/apt/sources.list.d 目录下的.list 文件的软件源的索引，以获取最新的软件包。/etc/apt/sources.list 是一个可编辑的普通文本文件。这里给出部分内容：

```
#deb cdrom:[Ubuntu 18.04.2 LTS _Bionic Beaver_ - Release amd64 (20190210)]/ bionic main restricted

# See http://help.ubuntu.com/community/UpgradeNotes for how to upgrade to
# newer versions of the distribution.
deb http://cn.archive.ubuntu.com/ubuntu/ bionic main restricted
......
deb http://security.ubuntu.com/ubuntu bionic-security main restricted
# deb-src http://security.ubuntu.com/ubuntu bionic-security main restricted
deb http://security.ubuntu.com/ubuntu bionic-security universe
# deb-src http://security.ubuntu.com/ubuntu bionic-security universe
deb http://security.ubuntu.com/ubuntu bionic-security multiverse
# deb-src http://security.ubuntu.com/ubuntu bionic-security multiverse
```

除了以符号#开头的注释行外，其他每行就是一条关于软件源的记录，共有 4 个部分，各部分之间用空格分隔，用于帮助 APT 命令遍历软件库。

第 1 部分位于行首，用于指示软件包的类型。Debian 类型的软件包使用 deb 或者 deb-src，分别表示直接通过.deb 文件进行安装或者通过源文件的方式进行安装。

第 2 部分定义 URL，表示提供软件源的 CD-ROM、HTTP 或 FTP 服务器的 URL 地址，通常是软件包服务器地址。

第 3 部分定义软件包的发行版本，使用 Ubuntu 不同版本的代号（Codename）。例如，Ubuntu 18.04 代号为 bionic，Ubuntu 16.04 代号为 xenial，Ubuntu 15.10 代号为 wily，Ubuntu 14.04 代号为 trusty。每个 Ubuntu 版本提供以下名称的 5 个特定版本。

- 代号：表示该发行版的默认版本，如 bionic。
- 代号-security：表示该发行版重要的安全更新，仅修复漏洞。

- 代号-updates：表示该发行版推荐的一般更新，修复严重但不影响安全运行的漏洞。
- 代号-backports：表示该发行版无支持的更新，通常还存在一些 bug。
- 代号-proposed：表示该发行版预览版的更新，相当于 updates 版本的测试部分。

在浏览器中访问第 2 部分所定义的 URL 并进入 dists 目录，可以发现与这些版本对应的 5 个目录，如 bionic、bionic-security、bionic-updates、bionic-backports 和 bionic-proposed。dists 目录包含了当前库的所有软件包的索引，这些索引通过版本分类存储在不同的文件夹。

提 示　**重要的服务器或需要较新软件包才能运行的服务器，建议仅使用发行版的默认版本和 security 版本（如 bionic、bionic-security）；Ubuntu 桌面版可使用除 proposed 版本之外的所有版本；需要使用最新软件包，或进行测试，可以使用全部版本。**

第 4 部分定义软件包的具体分类。若干分类用空格隔开，它们是并列关系，每个分类字符串分别对应相应的目录结构（位于上述发行版本目录下）。例如 main restricted 表示 main 和 restricted 两个并列的分类。常用的分类列举如下。

- main：Canonical 支持的开源软件，大部分都是从这个分支获取的。
- universe：社区维护的开源软件。
- restricted：由设备生产商专有的设备驱动软件。
- multiverse：受版权或者法律保护的相关软件。

用户可以通过修改该文件来更改 APT 源。以前是直接使用文本编辑器打开/etc/apt/sources.list 文件进行编辑，现在可使用 apt 提供的 edit-sources 命令。例如：

```
zxp@LinuxPC1:~$ sudo apt edit-sources
[sudo] zxp 的密码:
Select an editor.  To change later, run 'select-editor'.
  1. /bin/nano        <---- easiest
  2. /usr/bin/vim.tiny
  3. /usr/bin/emacs25
  4. /bin/ed
Choose 1-4 [1]: 1
```

可以从列表中选择编辑器来修改软件源配置文件，建议初学者选择第 1 种/bin/nano。

在国内安装 Ubuntu 时，默认的 APT 源就是 Ubuntu 官方中国（目前由阿里云提供）。当然，也可以改为其他源，例如改为阿里云（北京万网/浙江杭州阿里云服务器双线接入）的软件源：

```
deb http://mirrors.aliyun.com/ubuntu/ bionic main restricted universe multiverse
deb http://mirrors.aliyun.com/ubuntu/ bionic-security main restricted universe multiverse
deb http://mirrors.aliyun.com/ubuntu/ bionic-updates main restricted universe multiverse
deb http://mirrors.aliyun.com/ubuntu/ bionic-proposed main restricted universe multiverse
deb http://mirrors.aliyun.com/ubuntu/ bionic-backports main restricted universe multiverse
deb-src http://mirrors.aliyun.com/ubuntu/ bionic main restricted universe multiverse
deb-src http://mirrors.aliyun.com/ubuntu/ bionic-security main restricted universe multiverse
deb-src http://mirrors.aliyun.com/ubuntu/ bionic-updates main restricted universe multiverse
deb-src http://mirrors.aliyun.com/ubuntu/ bionic-proposed main restricted universe multiverse
deb-src http://mirrors.aliyun.com/ubuntu/ bionic-backports main restricted universe multiverse
```

将文件的内容替换为阿里云的 APT 源之后保存/etc/apt/sources.list 并退出编辑器，然后依次执行以下命令来完成软件源的更新：

```
sudo apt update
sudo apt upgrade
```

当然也可以通过图形界面的“软件和更新”程序或接下来要介绍的新立得来配置软件和更新的源。

5.3.4 使用新立得软件包管理器

新立得软件包管理器（Synaptic Package Manager）是 APT 管理工具的图形化前端，在图形界面中通过鼠标操作就能安装、删除、配置、升级软件包，对软件包列表进行浏览、排序、搜索以及管理软件仓库，甚至升级整个系统。它相当于终端中运行的 apt 命令。使用新立得包管理器的同时不能使用终端 apt，因为它们实质上是一样的。Ubuntu 18.04 LTS 版本中没有预装该工具，可以通过以下命令进行安装：

使用新立得软件包管理器

```
sudo apt-get install synaptic
```

接下来介绍该工具的基本使用。

1. 新立得界面

打开应用程序列表，找到新立得软件包管理器（可以通过中文名称“新立得”或英文名称 synaptic 的部分字符进行搜索）并运行它，由于需要 root 权限，会要求用户进行认证，输入系统管理员密码，单击“认证”按钮即可进入主界面，如图 5-1 所示。

图 5-1 新立得软件包管理器主界面

如图 5-1 所示，整个界面分成三大部分，最上面是标题栏和菜单栏，中间部分是主窗口，底部状态栏显示系统当前的总体状态。主窗口又分为 3 个部分，左边是一个软件包浏览器，右上部窗格给出软件包列表，右下部窗格显示软件包详细信息。

软件包浏览器用于对可下载安装的软件包进行分类浏览，可以按照组别、状态（是否安装等）、源自（来源）、自定义过滤器、搜索结果、Architecture（体系结构）来浏览软件包列表。默认按照来源给出软件包列表。

单击工具栏上的“搜索”（Search）按钮，可以通过软件名称或者描述信息来搜索所需的软件包，从软件包列表中选中软件包，可以在右下部窗格中查看关于所选软件包的详细信息，例如大小、依赖关系、推荐或建议的额外软件包，以及软件包简介。

2. 安装软件包

如果要安装软件包，可以执行以下步骤。

（1）在软件包列表中右键单击需要安装的软件包，从弹出的菜单中选择“标记以便安装”命令（或者双击要安装的软件包），如图 5-2 所示，会弹出一个对话框，根据依赖关系指示要安装和升级的软件包，单击“标记”按钮关闭该对话框，将要安装的软件包会在软件包列表中进行标记（勾选）。

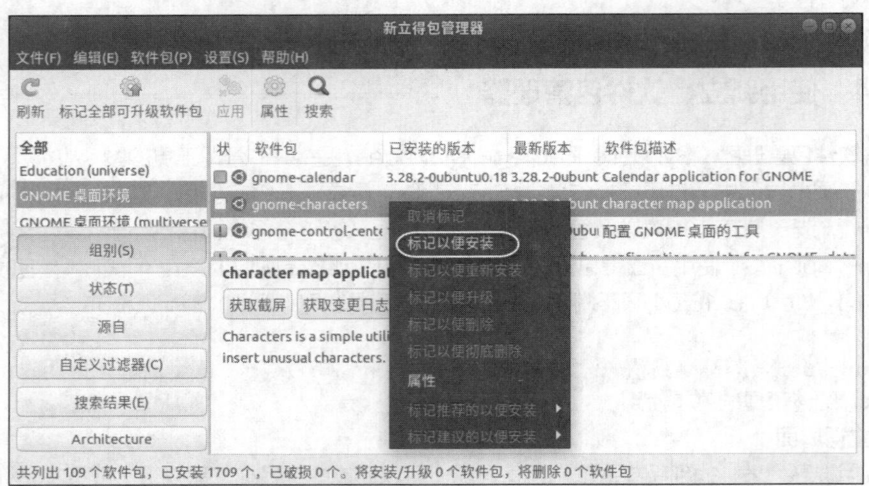

图 5-2　标记要安装的软件包

如果所选择的软件包与系统中已经安装了的软件包有冲突，新立得会给予警告。

（2）单击工具栏中的“应用”按钮弹出“摘要”对话框，要求用户确认是否要应用变更（安装），可以查看相关细节，或者勾选“仅下载软件包”复选框而不进行安装。

（3）单击“Apply”按钮，将显示软件包下载过程。

（4）下载完毕将自动安装和配置软件包，并显示软件安装过程，完成之后将提示“变更已应用”，单击“关闭”按钮即可。

3. 其他操作

对于已经安装的软件包，可以进一步管理。展开软件包列表，右键单击已安装的软件包，从快捷菜单中选择相应的命令，可以进行重新安装、升级、删除等操作。删除只是删除软件包，与 apt-get remove 命令相当，而彻底删除将同时删除软件包及所有与软件包相关的配置文件，与 apt-get purge 命令相当。

4. 新立得配置

可以对新立得软件包管理器进行配置。从“设置”菜单中选择“Preferences”命令打开图 5-3 所示的对话框，可以设置基本选项。

从“系统升级”下拉列表中选择系统升级方式。新立得提供两种方式来更新整个系统。一种是智能升级（Smart Upgrade），试图解决软件包之间冲突的问题，这包括在需要时安装额外的依赖关系（所需的软件包），或者选择具有较高优先级的软件包。智能升级是新立得默认的升级方式，与命令 apt dist-upgrade 具有同样的效果。另一种是默认升级（Default Upgrade），仅仅标记所有已安装软件包的升级，如果新版本的软件包依赖于尚未安装的软件包或者与已安装的软件包冲突，升级将不会继续。

新立得与软件更新器紧密合作来提示系统上安装的软件包的升级。如果有软件或者安全更新，更新管理器会给出通知。从“设置”菜单中选择“软件库”命令打开相应的对话框，切换到“更新”选项卡可以设置自动检查更新的频率，如图 5-4 所示。

作为 apt 的前端，新立得使用系统的软件仓库配置文件/etc/apt/sources.list。它通过检查软件仓库来更新数据库，这样就可以提示新的软件包或者已有软件包的升级。新立得在启动时会检查新的软件包，运行时有时需要更新数据库。特别是当用户改变了软件仓库列表或者更改了新立得的设置时，需要立即更新数据库，单击工具栏上的“刷新”按钮使新立得获得最新的软件包信息，这相当于执行 apt update 命令。

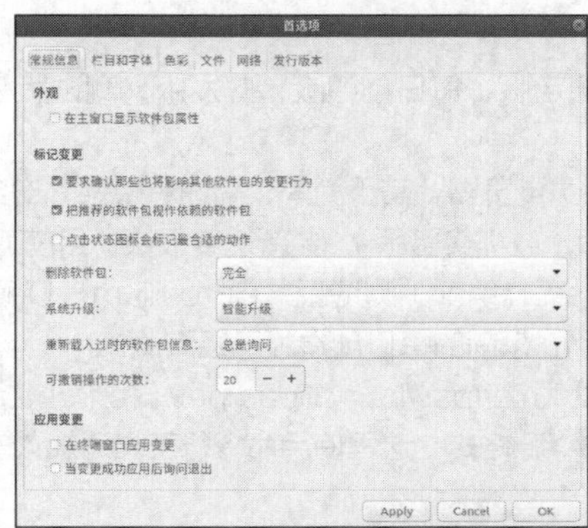

图 5-3　设置首选项

图 5-4　设置软件更新

5.3.5 PPA 安装

APT 和 Ubuntu 软件中心都可以添加 PPA 安装源。所有的 PPA 都寄存在 launchpad.net 网站上，供 Ubuntu 用户使用。该网站由 Canonical 公司所架设，是一个提供维护、支援或联络 Ubuntu 开发者的平台。使用 PPA 的好处是 Ubuntu 系统中使用 PPA 源的软件可以在第一时间体验到最新的版本。

1. 管理 PPA 源

PPA 源的语法格式为

```
ppa:user/ppa-name
```

具体软件包的表示可到 launchpad.net 网站查看。

添加 PPA 源的命令为

```
sudo add-apt-repository ppa:user/ppa-name
```

删除 PPA 源的命令为

```
sudo add-apt-repository -r ppa:user/ppa-name
```

也可以通过图形界面的软件源设置来添加或删除 PPA 源。打开“系统设置”界面，单击“系统”区域的“软件和更新”按钮打开相应的界面，切换到“其他软件”选项卡，可以查看和管理其他软件安装源列表。如图 5-5 所示，单击“添加”按钮，在弹出窗口的“APT 行”文本框中输入 ppa:user/ppa-name 格式的 PPA 源，例中添加一个名为 eugenesan 的用户到 java 源中。对于已经添加到“其他软件”列表中的源，可以进行编辑修改或者删除。

完成添加或删除 PPA 源的操作之后，还应当更新系统软件源。不过，对于 Ubuntu 18.04 或更高版本，这一步就没有必要了。

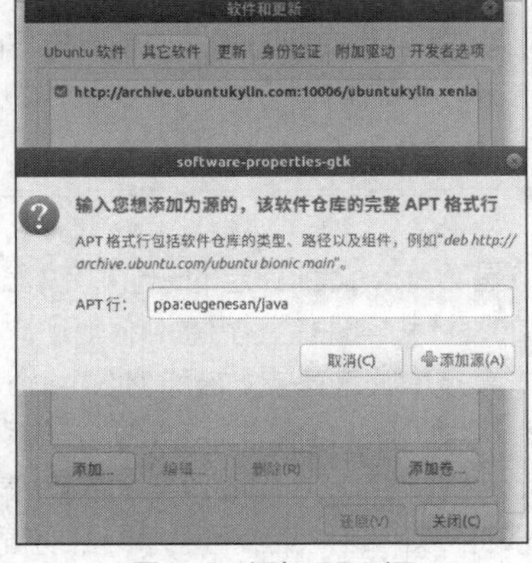

图 5-5　添加 PPA 源

2. 通过 PPA 源安装软件

有很多 PPA 软件源提供多个版本，包括正式稳定版、每日创建版，开发版、测试版等。这里以 Chromium 为例介绍通过 PPA 安装软件的过程。

Chromium 是一个由 Google 主导开发的通用网页浏览器，基于简单、高速、稳定、安全等理念设计，并开放源代码。该软件相当于 Chrome 的工程版（或称实验版），更新速度很快。目前 Chromium 有 3 个版本，分别由 3 个频道发布：Chromium - Beta Channel（测试版）、Chromium - Dev Channel（开发版）和 Chromium - Stable Channel（稳定版），以前的每日创建版已经淘汰。

以稳定版为例，Chromium 稳定版安装源地址为 https://launchpad.net/～chromium-daily/+archive/ubuntu/stable，可以访问该网址来查看 PPA 源格式。这里使用命令行工具添加该安装源，需要执行以下命令：

```
sudo add-apt-repository ppa:chromium-daily/stable
```

对于 Ubuntu 18.04 之前的版本，添加 PPA 安装源之后，还需执行 sudo apt-get update 更新系统软件源。然后安装软件：

```
sudo apt install chromium
```

如果不再需要 PPA 软件源，可以执行以下步骤进行删除。

首先执行以下命令删除 PPA 源（以上述稳定版为例）：

```
sudo add-apt-repository -r ppa:chromium-daily/stable
```

然后进入/etc/apt/sources.list.d 目录，将相应的 PPA 源保存文件（例中为 chromium-daily-ubuntu-stable-bionic.list.save）删除。对于 Ubuntu 18.04 之前的版本，同样要执行命令 sudo apt-get update 更新软件源。

提示　**因为 PPA 相对开放，几乎任何人都可以上传软件包，所以应该尽量避免使用 PPA。如果必须使用，则应选用可以信任的、有固定团队维护的 PPA。另外，PPA 源还可能存在稳定性的问题，有些 PPA 源会失效，变得不可用。**

5.4 Snap 包安装和管理

APT 解决了软件安装的依赖问题，方便软件升级，但还存在一些不足，一是系统升级后，官方软件仓库基本冻结（安全补丁除外），二是为维护包和库的依赖关系无法安装最新版本的软件。而 Canonical 公司推出的新一代软件包管理技术 Snappy 支持主流 Linux 发行版，通过 Linux 内核安全机制保证用户数据安全，彻底解决包依赖关系相关问题，并大大简化应用软件的打包过程。Canonical 公司于 2016 年 4 月发布 Ubuntu 16.04 时引入这种软件包安装方式。目前支持 Snap 安装的应用软件不算多，但作为 APT 软件安装来源的补充，读者有必要掌握其用法。

5.4.1 Snap 包概述

Snap（也可直接用小写 snap）是 Canonical 提出的一个打包概念，是针对 Linux 和物联网设计的，与 Deb 包有着本质的区别。Snap 的设计和实现借鉴了像 Android 这样的移动平台和物联网设备上的软件分发技术。Snap 的实现靠的是一套技术，这套技术被称为 Snappy。

Snap 的安装包扩展名是.snap，类似于一个容器，完全独立于系统。它包含一个应用程序需要用到的所有文件和库（包含一个私有的 root 文件系统，里面包含了依赖的软件包，比如 Java、Python 运行时环境），这就解决了应用程序之间的依赖问题，使应用程序更容易管理。

Snap 软件包一般安装在/snap 目录下。一旦安装，它会创建一个该应用程序特有的可写区域，任何其他应用程序都不可以访问这个区域。每个 Snap 包都运行在一个由 AppArmor 和 Seccomp 策略构建的沙箱环境中，实现了各个应用程序之间的相互隔离。当然，应用程序也可以通过安全策略定制与其他应用程序之间的交互。

单个 Snap 包可以内嵌多个不同来源的软件，从而提供一个能够快速启动和运行的解决方案。而 Deb 包需要下载所有的依赖然后分别进行安装。

Snap 包能自动地进行事务化更新，确保应用程序总是能保持最新的状态并且永远不会被破坏。每个 Snap 包会安装到一个新的只读 squashfs 文件系统中，当有新版本可用时，Snap 包将自动更新。如果升级失败，它将回滚到旧版本，而不影响系统的其他部分的正常运行。

Snap 还可以同时安装多个版本的软件，比如在一个系统上同时安装 Python 2.7 和 Python 3.3。

Snap 内建与 Linux 发行版不兼容的库，致力于将所有 Linux 发行版上的包格式统一，做到“一次打包，到处使用”。

使用 Snap 包带来的问题是会占用更多的磁盘空间，通常 Snap 的包比正常应用的包要大，因为它包含了所有它需要运行的环境。另外，目前 Snap 只有一个官方仓库，支持 Snap 安装的应用软件不算多，而且国内还没有相应的 Snap 镜像源。

Ubuntu 18.04 LTS 预装了一些默认采用 Snap 包的应用软件，可执行以下命令进行验证：

```
zxp@LinuxPC1:~$ snap list
Name                    Version                         Rev   Tracking  Publisher   Notes
core                    16-2.40                         7396  stable    canonical✓  core
core18                  20190723                        1074  stable    canonical✓  base
gnome-3-26-1604         3.26.0.20190705                 90    stable/…  canonical✓  -
gnome-3-28-1804         3.28.0-10-gaa70833.aa70833      71    stable    canonical✓  -
gnome-calculator        3.32.1                          406   stable/…  canonical✓  -
gnome-characters        v3.32.1+git2.3367201            317   stable/…  canonical✓  -
gnome-logs              3.32.0-4-ge8f3f37ca8            61    stable/…  canonical✓  -
gnome-system-monitor    3.32.1-3-g0ea89b4922            100   stable/…  canonical✓  -
gtk-common-themes       0.1-22-gab0a26b                 1313  stable/…  canonical✓  -
```

在 Ubuntu 18.04 LTS 中运行某些未安装的软件时，如果有 Snap 安装包，也会提示采用这种方式安装。例如：

```
zxp@LinuxPC1:~$ kate
Command 'kate' not found, but can be installed with:
sudo snap install kate  # version 19.04.0, or
sudo apt  install kate
See 'snap info kate' for additional versions.
```

由此可见 Canonical 正在不遗余力地推广 Snappy 技术，Snap 安装方式代表未来的方向。

5.4.2 使用 Snap 包安装软件

Snap 是跨多种 Linux 发行版的应用程序及其依赖项的一个捆绑包，可以通过官方的 Snap Store（商店）获取和安装。要安装和使用 Snap 包，本地系统上需要相应的 Snap 环境，包括用于管理 Snap 包的后台服务（守护进程）snapd 和安装管理 Snap 包的命令行工具 snap。Ubuntu 18.04 LTS 预装有 snapd，例中检测结果如下：

使用 Snap 包安装软件

```
zxp@LinuxPC1:~$ snap version
snap    2.39.3
snapd   2.39.3
series  16
ubuntu  18.04
kernel  4.18.0-25-generic
```

如果没有安装snapd，可以通过以下命令安装：

```
sudo apt-get install snapd
```

安装snapd的同时会安装用户与snapd交互的snap工具。只要本地系统上安装有snapd，就可以从Snap Store上发现、搜索和安装Snap包。下面介绍使用Snap包安装及管理方法。

1. 搜索要安装的Snap包

相应的命令为

```
snap find <要搜索的文本>
```

例如，执行以下命令搜索媒体播放器：

```
zxp@LinuxPC1:~$ snap find "media player"
Name  Version  Publisher  Notes     Summary
......
vlc   3.0.7    videolan✓  -      The ultimate media player.
mpv   0.26.0   casept      -  a free, open source, and cross-platform media player.
......
```

列表中5列分别表示包名、版本、发布者、注释和摘要。发布者标注✓符号的表明Snap发布者是经过认证的。

2. 查看Snap包的详细信息

相应的命令为

```
snap info Snap包名
```

例如，以下命令查看vlc包的详细信息：

```
zxp@LinuxPC1:~$ snap info vlc
name:      vlc
summary:   The ultimate media player
publisher: VideoLAN✓
contact:   https://www.videolan.org/support/
license:   GPL-2.0+
description: |
......
snap-id: RT9mcUhVsRYrDLG8qnvGiy26NKvv6Qkd     #snap包ID
channels:                                     #频道
  stable:    3.0.7                      2019-06-07 (1049) 212MB -
  candidate: 3.0.7                      2019-06-07 (1049) 212MB -
  beta:      3.0.7.1-1-54-g72ab735      2019-07-25 (1127) 212MB -
  edge:      4.0.0-dev-8849-g3ec50ce826 2019-07-25 (1126) 328MB -
```

显示的详细信息包括Snap包的功能、发布者、详细说明，以及可以安装的频道版本。

频道（Channel）是一个重要的Snap概念，用于区分版本，定义安装哪个版本的Snap包并跟踪更新。发布者可以将Snap包发布到不同的频道来表明它的稳定性，或者是否可以用于生产环境中。Snap频道名称一共有4个，分别是stable（稳定）、candidate（候选）、beta（测试）和edge（边缘），它们的稳定性依次递减。对于开发人员，在edge频道中发布最新的改变，可以让那些愿意接受还不太稳定产品的用户提前体验一些新功能，并提交使用过程中可能遇到的问题。当edge频道中的新功能完善之后，就可将更新后的Snap包发布到beta和candidate频道，版本最终确定之后再发布到stable频道。

3. 安装Snap包

安装Snap包非常简单，命令为

```
snap install Snap包名
```

执行安装命令时需要root权限，使用sudo命令，例如执行以下命令安装vlc播放器：

```
zxp@LinuxPC1:~$ sudo snap install vlc
[sudo] zxp 的密码:
Connect vlc:opengl to core:opengl                                    CConnect
vlc:opengl to core:opengl                              vlc 3.0.7 from VideoLAN
✓ installed
```

成功安装之后，会创建一个只读 squashfs 文件系统，执行 mount 命令可以发现已挂载一个新增的文件系统：

```
/var/lib/snapd/snaps/vlc_1049.snap    on    /snap/vlc/1049    type    squashfs
(ro,nodev,relatime,x-gdu.hide)
```

执行 sudo fdisk -l 会发现，也增加了一个新的 loop 设备：

```
Disk /dev/loop17: 202.9 MiB, 212713472 字节, 415456 个扇区
```

默认安装的是 stable 频道，如果要安装其他频道，需要指定--channel 参数：

```
sudo snap install --channel=edge vlc
```

安装之后，还可以更改正在被跟踪的频道，例如：

```
sudo snap switch --channel=stable vlc
```

4. 运行通过 Snap 安装的应用程序

通过 Snap 安装的应用程序会出现在/snap/bin 目录中，通常被添加到$PATH 变量中。这使得可以从命令行直接执行通过 Snap 安装的应用程序的命令。例如，通过 VLC 包安装的命令是 vlc，执行 vlc 命令将运行相应的应用程序。

如果执行的命令不工作，则改用完整的路径，如/snap/bin/vlc。

5. 列出已经安装的 Snap 包

执行以下命令列出当前系统已安装的所有 Snap 包：

```
zxp@LinuxPC1:~$ snap list
Name                  Version                      Rev   Tracking  Publisher   Notes
core                  16-2.39.3                    7270  stable    canonical✓  core
core18                20190709                     1066  stable    canonical✓  base
gnome-3-26-1604       3.26.0.20190705              90    stable/…  canonical✓  -
gnome-3-28-1804       3.28.0-10-gaa70833.aa70833   67    stable    canonical✓  -
gnome-calculator      3.32.1                       406   stable/…  canonical✓  -
gnome-characters      v3.32.1+git2.3367201         296   stable/…  canonical✓  -
gnome-logs            3.32.0-4-ge8f3f37ca8         61    stable/…  canonical✓  -
gnome-system-monitor  3.32.1-3-g0ea89b4922         100   stable/…  canonical✓  -
gtk-common-themes     0.1-22-gab0a26b              1313  stable/…  canonical✓  -
vlc                   3.0.7                        1049  stable    videolan✓
```

列出的信息包括包名（Name）、版本（Version）、修订版本（Rev）、跟踪频道（Tracking）、发布者（Publisher）和注释（Notes）。其中有些 Snap 包（如以上列出的 core）是由 snapd 自动安装的，以满足其他 Snap 包的要求。

6. 更新已安装的 Snap 包

Snap 包会自动更新，如果要手动更新，则执行以下命令：

```
snap refresh Snap 包名
```

此命令将检查由 Snap 跟踪的频道，如果有新的版本发布，则将下载并安装它。更新操作需要 root 权限。也可以加上--channel 参数改变跟踪和要更新的频道，例如：

```
sudo snap refresh --channel=beta vlc
```

更新将在修订版本被推送到跟踪频道后 6 小时内自动安装，以使大多数系统保持最新状态。该周期可通过配置选项来调整。如果该命令不包含参数，则会更新所有的 Snap 包。

提 示　版本（Version）和修订版本（Revision）都用来表示一个特定版本的不同细节，但要注意两者之间的区别。版本是被打包的软件版本由开发人员分配的字符串名称，修订版本是指 Snap 文件上传之后由商店自动编排的序列号。版本和修订版本并非按发布顺序安装或更新，本地系统只是简单地依据跟踪的频道安装由发布者推荐的 Snap 包。

7. 还原已安装的 Snap 包

可以把一个 Snap 包还原到以前安装的版本，基本用法如下：

```
snap revert Snap包名
```

执行此操作也需要 root 权限，例如：

```
$ sudo snap revert vlc
vlc reverted to 3.0.5-1
```

此操作会还原 Snap 修订版本和该软件关联的数据。如果之前的版本来自不同的频道，snap 包将被安装，但是被跟踪频道的不会改变。

8. 列出所有可用的版本

以下命令列出每个已安装的 Snap 包的版本，在“Notes”列中显示哪些被禁用（disabled）的版本：

```
zxp@LinuxPC1:~$ snap list --all
Name            Version        Rev   Tracking  Publisher    Notes
core            16-2.39.3      7270  stable    canonical✓   core
core            16-2.37.1      6350  stable    canonical✓   core,disabled
......
vlc              3.0.7         1049  stable    videolan✓     -
```

被还原的以前使用的 Snap 包，也会在输出的“Notes”列中显示“disabled”。手动跟踪哪个是 Snap 修订版本通常是不必要的。一个修订版本只会被使用一次，snapd 会自动删除旧的修订版本。

9. 启用或禁用 Snap 包

一个 Snap 包暂时不用了，可以禁用它，之后再启用，这可以避免卸载和重装。

```
$ sudo snap disable vlc                          #禁用
vlc disabled
$ sudo snap enable vlc                           #启用
vlc enabled
```

10. 卸载 Snap 包

要从系统中卸载一个 Snap 包及其内部用户、系统和配置数据，可以使用 remove 命令：

```
snap remove snap包名
```

执行此操作也需要 root 权限。默认该 Snap 包所有的修订版本也会被删除。要删除特定的修订版本，加上以下参数即可：

```
--revision=<revision-number>
```

提 示 **Snap 包制作比较简单，通常使用 snapcraft 工具来构建和发布 Snap 软件包。snapcraft 工具可以为每个 Linux 桌面、服务器、云端或设备打包任何应用程序，并且直接交付更新。**

5.5 使用源代码安装

如果 APT 工具、Deb 包、Snap 包不能提供所需的软件，就要考虑源代码安装，获取源代码包，进行编译安装。一些软件的最新版本需要通过源代码安装。另外，源代码包可以根据用户的需要对软件加以定制，有的还允许二次开发。

5.5.1 源代码安装的基本步骤

1. 下载和解压软件包

Linux、UNIX 最新的软件通常以源代码打包形式发布，最常见的是.tar.bz2 和.tar.gz 这两种压缩包格式。这两种格式的区别在于，前者比后者压缩率更高，后者比前者压缩和解压花费更少的时间。同一个文件，压缩后.bz2 文件比.gz 文件更小，但要以花费更多的时间为代价。两者都使用 tar 工具打包和解压缩，解压缩命令有所不同：

```
tar -jxvf file.tar.bz2
```

选项-j 指示具有 bzip2 的属性，即需要用 bzip2 格式压缩或解压缩。

选项-z 指示具有 gzip 的属性，即需要用 gzip 格式压缩或解压缩。

选项-x 用于解开一个压缩文件。

选项-v 表示在压缩过程中显示文件。

选项-f 表示使用压缩包文件名，注意在 f 之后要跟文件名，不要再加其他选项或参数。

通常将以 tar 这个命令来压缩打包的文件称为 Tarball，这是 UNIX 和 Linux 中广泛使用的压缩包格式。

下载源代码包文件后，首先需要解压缩。Linux 中一般将源代码包复制到/usr/local/src 目录下再解压缩。Ubuntu 默认禁用 root 账户，为方便起见，可以将源代码包复制到主目录再解压缩，这样访问权限不会受太多限制。

完成解压缩后，进入解压后的目录下，查阅 INSTALL 与 README 等相关帮助文档，了解该软件的安装要求、软件的工作项目、安装参数配置及技巧等，这一步很重要。安装帮助文档也会说明要安装的依赖性软件。依赖性软件的安装很必要，是成功安装源代码包的前提。

2. 执行 configure 生成编译配置文件 Makefile

源代码需要编译成二进制代码再进行安装。自动编译需要 Makefile 文件，在源代码包中使用 configure 命令生成。多数源代码包都提供一个名为 configure 的文件，它实际上是一个使用 Bash 脚本编写的程序。

该脚本将扫描系统，以确保程序所需的所有库文件业已存在，并做好文件路径及其他所需的设置工作，还会创建 Makefile 这个文件。

为方便根据用户的实际情况生成 Makefile 文件以指示 make 命令正确编译源代码，configure 通常会提供若干选项供用户选择。每个源代码包中 configure 命令选项不完全相同，实际应用中可以执行命令./configure --help 来查看。不过有些选项比较通用，具体见表 5-2。其中比较重要的就是--prefix 选项，它后面给出的路径就是软件要安装到的那个目录，如果不用该选项，默认将安装到/usr/local 目录。

表 5-2　configure 命令常用选项

选项	说明
--help	提供帮助信息
--prefix=PREFIX	指定软件安装位置，默认为/usr/local
--exec-prefix=PREFIX	指定可执行文件安装路径
--libcdir=DIR	指定库文件安装路径
--sysconfidr=DIR	指定配置文件安装路径
---includedir=DIR	指定头文件安装路径
--disable-FEATURE	关闭某属性
--enable-FEATURE	开启某属性

3. 执行 make 命令编译源代码

make 会依据 Makefile 文件中的设置对源代码进行编译并生成可执行的二进制文件。编译工作主要是运行 gcc 将源代码编译成为可以执行的目标文件，但是这些目标文件通常还需要连接一些函数库才能产生一个完整的可执行文件。使用 make 就是要将源代码编译成为可执行文件，放置在目前所在的目录之下，此时还没有安装到指定目录中。

4. 执行 make install 安装软件

make 只是生成可执行文件，要将可执行文件安装到系统中，还需执行 make install 命令。通常这是最后的安装步骤了，make 根据 Makefile 文件中关于 install 目标的设置，将上一步骤所编译完成的二进制文件、库和配置文件等安装到预定的目录中。

源代码包安装的 3 个步骤 configure、make 和 make install 依次执行，其中只要一个步骤无法成功，后续的步骤就无法进行。

另外，执行 make install 安装的软件通常可以执行 make clean 命令卸载。

5.5.2 源代码安装示例——Apache 服务器

源代码安装示例——Apache 服务器-1

源代码安装示例——Apache 服务器-2

这里以 Linux 系统中常用的 Web 服务器 Apache 的安装为例示范源代码包安装步骤。之所以要以 Apache 为例，是因为 Apache 源码安装比较具有示范意义，需要多个依赖文件，安装过程中要排除一些问题，整个步骤略显复杂。新版本的 Apache 是以源代码形式发布的，首先到 Apache 官网上下载 Linux 版本相应的源代码包，有 tar.bz2 和 tar.gz 两种格式，这里下载 tar.bz2 格式的源代码包，文件以 httpd-version.tar.bz2 命名，version 代表 Apache 的版本号，例中版本为 2.4.38。在 Ubuntu 中执行以下安装步骤并进行测试。

确认源代码编译环境需安装支持 C/C++程序语言的编译器，考虑到 Ubuntu 18.04 LTS 没有预装 C 编译器和 C++编译器，首先应当安装它们：

```
sudo apt install gcc g++
```

1. 安装 Apache

（1）将源代码包文件复制到用户主目录中，执行以下命令对其解压缩。

```
tar -jxvf httpd-2.4.38.tar.bz2
```

注意对于 tar.bz2 压缩包要使用-jxvf 选项解压缩，而对于 tar.gz 压缩包则使用-zxvf 选项。

完成解压缩后在当前目录下自动生成一个目录（根据压缩包文件命名，例中为 httpd-2.4.38），并将所有文件释放到该目录中。

（2）阅读其中的 INSTALL 和 README 文件，了解安装注意事项。这里给出 INSTALL 文档的部分内容。

```
APACHE INSTALLATION OVERVIEW
  Quick Start - Unix
  ------------------
  For complete installation documentation, see [ht]docs/manual/install.html or
  http://httpd.apache.org/docs/2.4/install.html

     $ ./configure --prefix=PREFIX
     $ make
     $ make install
     $ PREFIX/bin/apachectl start
```

README 文档中提到要安装 apr-util。

这一步非常关键，涉及安装环境和注意事项，但往往被用户所忽略。

（3）切换到 httpd-2.4.38 目录，执行 configure 脚本。

```
zxp@LinuxPC1:~/httpd-2.4.38$ ./configure
checking for chosen layout... Apache
checking for working mkdir -p... yes
......
```

```
checking for APR... no
configure: error: APR not found.  Please read the documentation.
```

可以发现，configure 脚本运行不成功，提示没有 APR。经查阅资料，APR 是 Apache Portable Runtime 的缩写，可到 Apache 官网上下载相应的源代码包。

（4）下载 APR 源代码包（例中为 apr-1.6.5.tar.bz2）并进行安装。

将其复制到用户主目录，切换到主目录，执行以下命令进行解压缩：

```
tar -jxvf apr-1.6.5.tar.bz2
```

然后切换到 apr-1.6.5 目录，依次执行以下命令完成 ARP 安装。

```
./configure
make
sudo make install
```

（5）切换到 httpd-2.4.38 目录，再次执行 configure 脚本，依然不成功，提示错误“configure: error: APR-util not found”。

（6）到 Apache 官网上下载 APR-util 的源代码包。因为使用了 apr-1.6.5 版本的依赖，所以 apr-util 版本也不能低于 1.6.0，例中下载的是 apr-util-1.6.1.tar.bz2。

参照步骤（4）安装 APR-util。首先执行 configure 脚本：

```
./configure  --with-apr=/usr/local/apr
```

这里应当指定--with-apr 参数，否则会提示错误“configure: error: APR could not be located. Please use the --with-apr option”。然后执行 make 命令，例中显示以下致命错误信息：

```
xml/apr_xml.c:35:10: fatal error: expat.h: 没有那个文件或目录
 #include <expat.h>
          ^~~~~~~~~
compilation terminated.
```

经查阅资料，得知 APR-util 从 1.6.0 版本开始不再捆绑安装 expat（用来解析 XML 文档的开发库），但又需要 expat 的支持，所以得先安装 expat，不然编译时会报错。在 Ubuntu 系统上执行以下命令安装 expat 库：

```
sudo apt install libexpat1-dev
```

再次执行 make 命令和 sudo make install 命令，完成 APR-util 的编译和安装。

（7）再次切换到 httpd-2.4.38 目录执行 configure 脚本，依然不成功，提示错误“configure: error: pcre-config for libpcre not found. PCRE is required and available from http://pcre.org/”。

（8）经查 PCRE 为 Perl Compatible Regular Expressions 的缩写。到其官网上下载 PCRE 的源代码包（例中为 pcre-8.42.tar.bz2），参照步骤（4）进行安装。

笔者曾经尝试下载 PCRE 的第 2 版（如 pcre2-10.00.tar.gz）进行安装，然后在 httpd-2.4.38 目录下执行 configure 脚本依然不成功。

（9）切换到 httpd-2.4.38 目录执行 configure 脚本，成功生成 Makefile，继续执行 make 命令编译原代码，没有成功，而是显示以下错误信息：

```
/usr/local/apr/lib/libaprutil-1.so: undefined reference to 'XML_GetErrorCode'
（此处省略）
/usr/local/apr/lib/libaprutil-1.so: undefined reference to 'XML_SetElementHandler'
collect2: error: ld returned 1 exit status
Makefile:48: recipe for target 'htpasswd' failed
make[2]: *** [htpasswd] Error 1
make[2]: 离开目录"/home/zxp/httpd-2.4.38/support"
/home/zxp/httpd-2.4.38/build/rules.mk:75: recipe for target 'install-recursive' 
failed
make[1]: *** [install-recursive] Error 1
make[1]: 离开目录"/home/zxp/httpd-2.4.38/support"
/home/zxp/httpd-2.4.38/build/rules.mk:75: recipe for target 'install-recursive' 
failed
```

```
make: *** [install-recursive] Error 1
```

这个问题是 APR 和 APR-util 版本引起的。一种解决方案是删除当前版本（1.6.0 及以上）的 APR 和 APR-util，重新安装 1.5.x 版本（比如 apr-1.5.2 和 apr-util-1.5.2）。

这里采用另一种解决方案，即重新编译并安装 APR-util。根据错误提示得知缺少了 XML 相关的库，需要安装 libxml2-dev 包。首先安装 libxml2-dev 包：

```
sudo apt install libxml2-dev
```

然后删除已安装的 APR-util：

```
sudo rm -rf /usr/local/apr-util
```

接着执行 make clean 命令清除之前的 APR-util 配置缓存（这一步很重要）：

```
zxp@LinuxPC1:~/apr-util-1.6.1$ make clean
```

依次执行以下命令完成 APR-util 的重新编译和安装：

```
zxp@LinuxPC1:~/apr-util-1.6.1$ ./configure  --with-apr=/usr/local/apr
zxp@LinuxPC1:~/apr-util-1.6.1$ make
zxp@LinuxPC1:~/apr-util-1.6.1$ make install
```

最后执行 configure 脚本重新配置 Apache，同样先要清理之前的配置缓存：

```
zxp@LinuxPC1:~/httpd-2.4.38$ make clean
zxp@LinuxPC1:~/httpd-2.4.38$ ./configure
```

此时就不会报错了，成功生成 Makefile。

（10）继续运行 make 命令，完成源代码编译。这一步花费的时间略长。

（11）继续运行 sudo make install 命令，完成安装。

2. 测试 Apache

接下来进行测试。默认将 Apache 安装到/usr/local 目录，经查询，已经安装到该目下的 apache2 子目录，服务执行文件又位于该子目录中的 bin 子目录。切换到 bin 目录下，尝试启动 Apache（这里需要加上 sudo 命令），结果提示如下：

```
    zxp@LinuxPC1:/usr/local/apache2/bin$ sudo ./apachectl start
    AH00558: httpd: Could not reliably determine the server's fully qualified domain name,
using 127.0.1.1. Set the 'ServerName' directive globally to suppress this message
```

这表明未成功启动 httpd 服务，要求设置 ServerName（服务器名称）。执行以下命令打开 Apache 配置文件：

```
sudo  nano /usr/local/apache2/conf/httpd.conf
```

可以发现 ServerName 选项已被注释掉，在该行下面添加相应的设置：

```
#ServerName www.example.com:80
ServerName localhost:80
```

保存配置文件并退出编辑。重新运行上述 Apache 启动命令：

```
zxp@LinuxPC1:/usr/local/apache2/bin$ sudo ./apachectl start
httpd (pid 59803) already running
```

发现 httpd 已经启动运行。可以使用浏览器访问进行实测，结果正常，如图 5-6 所示。

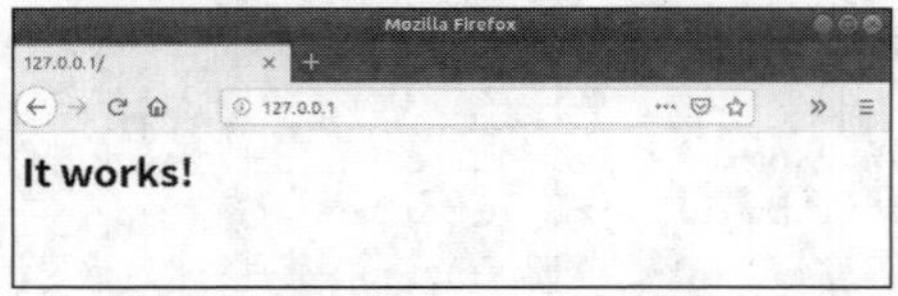

图 5-6　浏览器访问 Apache 服务器

从上述操作过程看，源代码安装具有一定的难度，安装过程中需要解决的问题往往比较多。

5.6 其他安装方式

除了上述安装方式之外，Ubuntu 还可以通过其他安装方式来安装软件，简单列举如下。

- Ubuntu 软件中心。这实际上是软件源安装的一种方式，也是 Ubuntu 桌面版中最简单、最容易的安装方式，非常适合初学者使用。本书第 1 章已经介绍过。
- bin 和 run 二进制包安装。此类软件包可以在命令行运行安装文件，或者在图形界面文件管理器中双击该软件包执行，前提是为该软件包文件赋予可执行权限。要卸载使用此类安装包安装的软件，需要到安装目录中查看帮助文档，通常该目录中会提供反安装脚本 uninstall，可以切换到安装目录执行此脚本。
- AppImage 包安装。AppImage 是一种软件磁盘镜像格式，目标是让 Linux 应用随处运行，可用于分发 Linux 桌面应用程序，让所有常见 Linux 发行版的用户运行它。其优点是简单方便，下载单独一个文件，双击打开使用即可，卸载也方便，该格式覆盖所有主流桌面系统。不足之处是即使直接从开发者的网站获得软件，仍然不知道应用程序是否已被篡改，另外软件更新需要重新下载最新的文件。
- Flatpak 包安装。这是 RedHat 公司推出一种将依赖和软件一起打包的技术（与 Snap 类似），其前身是 xdg-app。它主要针对的是 Linux 桌面，提供隔离的运行时环境，通过在沙箱中隔离应用程序来提高 Linux 桌面的安全性，允许应用程序安装在任何 Linux 发行版上。Ubuntu 本身不包含 Flatpak 环境，可通过 PPA 软件源（ppa:alexlarsson/flatpak）来安装。
- pip 安装。这是 Python 包管理工具，用于安装基于 Python 语言的应用程序。pip 工具提供了对 Python 包的查找、下载、安装、卸载的功能。

Ubuntu 主要使用 Deb 软件包，除了首选 APT 工具之外，也可以考虑使用 Snap。Snap 能够提高软件安全性、稳定性和可移植性，Snap 软件包不仅可以在 Ubuntu 的多个版本中安装，而且也可以在 Debian、Fedora 和 Arch 等发行版中安装。

5.7 习题

1. 简述 Linux 软件包管理的发展过程。
2. 简述 Deb 软件包安装的特点。
3. 简述 APT 的基本功能。
4. 什么是 PPA？如何表示 PPA 源？
5. 在 Ubuntu 中内能够直接安装 RPM 包吗？
6. 简述 Snap 安装方式的特点。
7. 简述源代码安装步骤。
8. 使用 apt 命令安装编辑器 Emacs，然后卸载。
9. 使用新立得软件包管理器安装编辑器 Emacs，然后卸载。
10. 在新立得软件包管理器中查看和修改软件源。
11. 使用 Snap 安装即时聊天软件 Telegram。
12. 使用源代码安装 Apache 服务器并进行测试。

第 6 章 系统高级管理

06

前面章节介绍了用户管理、磁盘管理、文件目录管理等，操作系统还涉及一些更高级、更深入的管理操作，比如进程管理、系统和服务管理、任务调度管理以及系统日志管理。Ubuntu 管理员、程序开发人员等需要掌握这些系统高级管理的知识和技能，本章将围绕这些内容进行讲解。读者应重点掌握如何使用 systemd 管控系统和服务。

学习目标

① 了解什么是 Linux 进程，学会查看和管理 Linux 进程。
② 理解 systemd 的概念和体系，掌握使用 systemd 管控系统和服务的用法。
③ 了解进程的调度启动方法，学会使用 Ubuntu 自动化任务工具。
④ 熟悉 Linux 系统日志和 systemd 日志的配置和使用。

6.1 Linux 进程管理

Linux 系统上所有运行的任务都可以称之为一个进程，每个用户任务、每个应用程序或服务也都可以称之为进程，Ubuntu 也不例外。就管理员来说，没有必要关心进程的内部机制，而是要关心进程的控制管理。管理员应经常查看系统运行的进程服务，对于异常的和不需要的进程，应及时将其结束，让系统更加稳定地运行。

6.1.1 Linux 进程概述

程序本身是一种包含可执行代码的静态文件。进程由程序产生，是动态的，是一个运行着的、要占用系统运行资源的程序。多个进程可以并发调用同一个程序，一个程序可以启动多个进程。每一个进程还可以有许多子进程。为了区分不同的进程，系统给每一个进程都分配了一个唯一的进程标识符（进程号，简称 PID）。Linux 是一个多进程的操作系统，每一个进程都是独立的，都有自己的权限及任务。

Linux 系统刚启动时运行于内核方式，此时只有一个初始化进程（init）在运行，该进程首先完成系统初始化，然后执行初始化程序。初始化进程是系统的第一个进程，以后的所有进程都是初始化进程的子进程。进程 init 在系统运行期间始终存续，系统调用 fork()函数来创建一个新的进程，并且作为 init 的子进程，从而最终形成系统中运行的所有其他进程。子进程是由另外一个进程所产生的进程，产生这个子进程的进程就是父进程；子进程继承父进程的某些环境，但同时也拥有自己的独立运行环境；用 fork()函数创建一个新进程时会复制父进程的上下文环境。

Linux 的进程大体可分为以下 3 种类型。

- 交互进程：在 Shell 下通过执行程序所产生的进程，可在前台或后台运行。
- 批处理进程：一个进程序列。
- 守护进程：英文名称 Daemon，又称监控进程，是指那些在后台运行，等待用户或其他应用程序调用，并且没有控制终端的进程，通常可以随着操作系统的启动而运行，也可将其称为服务（Service）。守护进程是服务的具体实现，例如 httpd 是 Apache 服务器的守护进程。

提 示　**按照 Linux 惯例，服务名称的首字母要大写，如 Cron 服务；而守护进程的名称全小写，而且一般会加上字符 d 作为后缀，如 crond。**

Linux 守护进程按照功能可以区分为系统守护进程与网络守护进程。前者又称系统服务，是指那些为系统本身或者系统用户提供的一类服务，主要用于当前系统，如提供作业调度服务的 Cron 服务。后者又称网络服务，是指供客户端调用的一类服务，主要用于实现远程网络访问，如 Web 服务、文件服务等。

Ubuntu 系统启动时会自动启动很多守护进程（系统服务），向本地用户或网络用户提供系统功能接口，直接面向应用程序和用户。但是开启不必要的，或者本身有漏洞的服务，会给操系统本身带安全隐患。

6.1.2　查看进程

Ubuntu 使用进程控制块（Process Control Block，PCB）来标识和管理进程。一个进程主要有以下参数。

- PID：进程号（Process ID），用于唯一标识进程。
- PPID：父进程号（Parent PID），创建某进程的上一个进程的进程号。
- USER：启动某个进程的用户 ID 和该用户所属组的 ID。
- STAT：进程状态，进程可能处于多种状态，如运行、等待、停止、睡眠、僵死等。
- PRIORITY：进程的优先级。
- 资源占用：包括 CPU、内存等资源的占用信息。

每个正在运行的程序都是系统中的一个进程，要对进程进行调配和管理，就需要知道现在的进程情况，这可以通过查看进程来实现。

1. ps 命令

ps 命令是最基本的进程查看命令，可确定有哪些进程正在运行、进程的状态、进程是否结束、进程是否僵死、哪些进程占用了过多的资源等等。ps 命令最常用的还是监控后台进程的工作情况，因为后台进程是不与屏幕键盘这些标准输入进行通信的。其基本用法为

```
ps [选项]
```

常用的选项有：a 表示显示系统中所有用户的进程；x 表示显示没有控制终端的进程及后台进程；-e 表示显示所有进程；r 表示只显示正在运行的进程；u 表示显示进程所有者的信息；-f 按全格式显示（列出进程间父子关系）；-l 按长格式显示。注意有些选项之前没有连字符（-）。如果不带任何选项，则仅显示当前控制台的进程。

最常用的是使用 aux 选项组合。例如：

```
zxp@LinuxPC1:~$ ps aux
USER      PID  %CPU  %MEM   VSZ     RSS  TTY   STAT START  TIME   COMMAND
root        1   2.7   0.2  159964   9244  ?     Ss   08:25  0:02  /sbin/init spl
root        2   0.0   0.0       0      0  ?     S    08:25  0:00  [kthreadd]
root        3   0.0   0.0       0      0  ?     I<   08:25  0:00  [rcu_gp]
root        4   0.0   0.0       0      0  ?     I<   08:25  0:00  [rcu_par_gp]
......
```

其中，USER 表示进程的所有者；PID 是进程号；%CPU 表示占用 CPU 的百分比；%MEM 表示占用内存的百分比；VSZ 表示占用虚拟内存的数量；RSS 表示驻留内存的数量；TTY 表示进程的控制终端（值“?”说明该进程与控制终端没有关联）；STAT 表示进程的运行状态（R 代表准备就绪状态，S 是可中断的休眠状态，D 是不可中断的休眠状态，T 是暂停执行，Z 表示不存在但暂时无法消除，W 表示无足够内存页面可分配，<表示高优先级，N 表示低优先级，L 表示内存页面被锁定，s 表示创建会话的进程，l 表示多线程进程，+表示是一个前台进程组）；START 是进程开始的时间；TIME 是进程已经执行的时间；COMMAND 是进程对应的程序名称和运行参数。

通常情况下系统中运行的进程很多，可使用管道操作符和 less（或 more）命令来查看：

```
ps aux | less
```

还可使用 grep 命令查找特定进程。若要查看各进程的继承关系，使用 pstree 命令。

2. top 命令

ps 命令仅能静态地输出进程信息，而 top 命令用于动态显示系统进程信息，可以每隔一短时间刷新当前状态，还提供一组交互式命令用于进程的监控。基本用法为

```
top [选项]
```

选项-d 指定每两次屏幕信息刷新之间的时间间隔，默认为 5s；-s 表示 top 命令在安全模式中运行，不能使用交互命令；-c 表示显示整个命令行而不只是显示命令名。如果在前台执行该命令，它将独占前台，直到用户终止该程序为止。

在 top 命令执行过程中可以使用一些交互命令。例如：按空格将立即刷新显示；按<Ctrl>+<L>键擦除并且重写。

这里给出一个简单的例子：

```
zxp@LinuxPC1:~$ top
top - 08:33:12 up 7 min,  1 user,  load average: 0.08, 0.46, 0.33
任务: 351 total,   1 running, 258 sleeping,   0 stopped,   0 zombie
%Cpu(s):  1.7 us,  2.6 sy,  0.0 ni, 95.5 id,  0.0 wa,  0.0 hi,  0.2 si,  0.0 st
KiB Mem :  4012816 total,  1130368 free,  1492108 used,  1390340 buff/cache
KiB Swap:  2097148 total,  2097148 free,        0 used.  2224912 avail Mem

进程  USER   PR  NI    VIRT     RES     SHR    S  %CPU  %MEM   TIME+    COMMAND
2598  zxp    20   0  3900092  204340  98420   S   7.9   5.1   0:09.30 gnome-shell
2480  zxp    20   0   500028   92236  42892   S   5.3   2.3   0:04.88 Xorg
2999  zxp    20   0   824676   45648  33372   S   3.0   1.1   0:01.61 gnome-terminal-
5948  zxp    20   0    51472    4396   3516   R   1.3   0.1   0:00.31 top
1392  gdm    20   0  3502204  155228  92652   S   0.7   3.9   0:03.29 gnome-shell
  10  root   20   0        0       0      0   I   0.3   0.0   0:00.79 rcu_sched
......
```

首先显示的是当前进程的统计信息，包括用户（进程所有者）数、负载平均值、任务数、CPU 占用、内存和交换空间的已用和空闲情况。然后逐条显示各个进程的信息，其中进程指的是 PID；USER 表示进程的所有者；PR 表示优先级；NI 表示 nice 值（负值表示高优先级，正值表示低优先级）；VIRT 表示进程使用的虚拟内存总量（单位 kb）；RES 表示进程使用的、未被换出的物理内存大小（单位 kb）；SHR 表示共享内存大小；S 表示进程状态（参见 ps 命令显示的 STAT）；%CPU 和%MEM 分别表示 CPU 和内存占用的百分比；TIME+表示进程使用的 CPU 时间总计（单位 1/100 秒）；COMMAND 是进程对应的程序名称和运行参数。

6.1.3 Linux 进程管理

1. 启动进程

启动进程需要运行程序。启动进程有两个主要途径，即手动启动和调度启动。

由用户在 Shell 命令行下输入要执行的程序来启动一个进程，即为手动启动进程。其启动方式又分为

前台启动和后台启动，默认为前台启动。若在要执行的命令后面跟随一个符号“&”，则为后台启动，此时进程在后台运行，Shell 可继续运行和处理其他程序。在 Shell 下启动的进程就是 Shell 进程的子进程，一般情况下，只有子进程结束后，才能继续父进程，如果是从后台启动的进程，则不用等待子进程结束。

调度启动是事先设置好程序要运行的时间，当到了预设的时间后，系统自动启动程序。后面将专门介绍调度启动的方法。

2. 进程的挂起及恢复

通常将正在执行的一个或多个相关进程称为一个作业（job）。一个作业可以包含一个或多个进程。作业控制指的是控制正在运行的进程的行为，可以将进程挂起并可以在需要时恢复进程的运行，被挂起的作业恢复后将从中止处开始继续运行。

在运行进程的过程中使用<Ctrl>+<Z>组合键可挂起当前的前台作业，将进程转到后台，此时进程默认是停止运行的。如果要恢复进程执行，有两种选择，一种是用 fg 命令将挂起的作业放回到前台执行；另一种是用 bg 命令将挂起的作业放到后台执行。

3. 结束进程的运行

当需要中断一个前台进程的时候，通常是使用组合键<Ctrl>+<C>；但是对于一个后台进程，就必须求助于 kill 命令。该命令可以结束后台进程。遇到进程占用的 CPU 时间过多，或者进程已经挂死的情形，就需要结束进程的运行。当发现一些不安全的异常进程时，也需要强行终止该进程的运行。

kill 命令是通过向进程发送指定的信号来结束进程的，基本用法为

```
kill [-s,--信号|-p] [-a] 进程号...
```

选项-s 指定需要送出的信号，既可以是信号名也可以是对应数字。默认为 TERM 信号（值 15）。选项-p 指定 kill 命令只是显示进程的 pid，并不真正送出结束信号。

可以使用 ps 命令获得进程的进程号。为了查看指定进程的进程号，可使用管道操作和 grep 命令相结合的方式来实现，比如，若要查看 xinetd 进程对应的进程号，则实现命令为

```
ps -e | grep xinetd
```

信号 SIGKILL（值为 9）用于强行结束指定进程的运行，适合于结束已经挂死而没有能力自动结束的进程，这属于非正常结束进程。

假设某进程（PID 为 3456）占用过多 CPU 资源，使用命令 kill 3456 并没有结束该进程，这就需要执行命令 kill -9 3456 强行将其终止。

Linux 下还提供一个 killall 命令，能直接使用进程的名字而不是进程号作为参数，例如：

```
killall xinetd
```

如果系统存在同名的多个进程，则这些进程将全部结束运行。

4. 管理进程的优先级

每个进程都有一个优先级参数用于表示 CPU 占用的等级，优先级高的进程更容易获取 CPU 的控制权，更早地执行。进程优先级可以用 nice 值表示，范围一般为-20～19，-20 为最高优先级，19 为最低优先级，系统进程默认的优先级值为 0。

命令 nice 可用于设置进程的优先级，用法如下：

```
nice  [-n] [命令 [参数] ... ]
```

n 表示优先级值，默认值为 10；命令表示进程名，参数是该命令所带的参数。

命令 renice 则用于调整进程的优先级，范围也是-20～19，不过只有 root 权限才能使用，基本用法如下：

```
renice  [优先级]  [PID] [进程组] [用户名称或 ID]
```

可以修改某进程号的进程的优先级，或者修改某进程组下所有进程的优先级，还可以按照用户名或 ID 修改该用户的所有进程的优先级。

6.2 使用 systemd 管控系统和服务

systemd 是为改进传统系统启动方式而推出的 Linux 系统管理工具，现已成为大多数 Linux 发行版的标准配置。它的功能非常强大，除了系统启动管理和服务管理之外，还可用于其他系统管理任务。了解 systemd，要从系统初始化着手。

6.2.1 systemd 与系统初始化

Linux 系统启动过程中，当内核启动完成并装载根文件系统后，就开始用户空间的系统初始化工作。Linux 有 3 种系统初始化方式，分别是 System V initialization（简称 sysVinit 或 SysV）、UpStart 方式和 systemd 方式。systemd 旨在克服 sysVinit 固有的缺点，提高系统的启动速度，并逐步取代 UpStart。根据 Linux 惯例，字母 d 是守护进程，systemd 是一个用于管理系统的守护进程，因而不能写作 system D、System D 或 SystemD。

1. SysVinit 初始化方式

这种方式来源于 Unix，基于运行级别（Runlevel）来启动系统。运行级别就是操作系统当前正在运行的功能级别，用来设置不同环境下所运行的程序和服务。使用运行级别和对应的链接文件（位于/etc/rc*n*.d 目录中，*n* 为运行级别，分别链接到/etc/init.d 中的 init 脚本）来启动和关闭系统服务。

/etc/inittab 是相当重要的配置文件，init 进程启动后第一时间找到它，根据它的配置初始化系统，设置系统运行级别及进入各运行级别对应的要执行的命令。假设当前 inittab 中设置的默认运行级别是 5，则 init 进程会运行/etc/init.d/rc5 命令，该命令会依据系统服务的依赖关系遍历执行/etc/rc5.d 中的脚本或程序。/etc/rc5.d 目录中的文件实际都是指向/etc/init.d/下对应的脚本或程序的软链接，以 S 开头的表示启动，以 K 开头的表示停止，并且 S 或 K 后面的两位数数字代表了服务的启动顺序，具体由服务依赖关系决定。

SysVinit 启动是线性、顺序的。一个 S18 的服务必须要等待 S17 启动完成才能启动，如果一个启动花费时间长，后面的服务即使完全无关，也必须要等候。

管理员可以定制/etc/inittab 配置文件来建立所需的系统运行环境。

2. Upstart 初始化方式

Upstart 是基于事件机制的启动系统，使用事件来启动和关闭系统服务。SysVinit 以运行级别为核心，依据服务间依赖关系进行初始化。而 Upstart 旨在取代这种方式，运行级别会影响服务的启动，但不是关键，事件驱动是关键。系统服务的启动、停止等均是由事件触发的，它们同时又可作为事件源触发其他服务。事件可以由系统内部产生，也可以由用户提供。例如，当 Upstart 从 udev 接收到运行时文件系统加载、打印机安装或其他类似的设备添加或删除的信息，就采取相应的行动。运行级别的改变也可以看作是事件。Upstart 更加灵活，不仅能在运行级别改变的时候启动或停止服务，也能在接收到系统发生其他改变的信息的时候启动或停止服务。

Upstart 使用/etc/init/目录中的系统服务配置文件决定系统服务何时启动，何时停止。Upstart 的 init 进程读取/etc/init/目录下的作业配置文件，并使用 inotify 监控它们的改变。配置文件名必须以.conf 结尾，可放在/etc/init/下的子目录中。每个文件定义一个服务或作业，其名称采用路径名。例如，定义在/etc/init/cron.conf 中的作业就称为 cron.conf，而定义在/etc/init/net/apache.conf 的作业称为 net/apache。这些文件必须是纯文本且不可执行的。

系统的所有服务和任务都是由事件驱动的，Upstart 是并行的，只要事件发生，服务就可以并发启动。这种方式更优越，可以充分利用计算机多核的特点，大大减少启动所需的时间，提高系统启动速度。

Ubuntu 从 6.10 版开始支持 Upstart 方式，同时也使用 SysVinit。UpStart 主要实现了服务的即插即用。针对服务顺序启动慢的问题，UpStart 将相关的服务分组，让组内的服务顺序启动，组之间的服务并行启动。

3. systemd 初始化方式

前两种系统初始化方式都需要由 init 进程（一个由内核启动的用户级进程）来启动其他用户级进程或服务，最终完成系统启动的全部过程。init 始终是第一个进程，其 PID 始终为 1，它是系统所有进程的父进程。systemd 系统初始化使用 systemd 取代 init，作为系统第一个进程。systemd 不通过 init 脚本来启动服务，而是采用一种并行启动服务的机制。

systemd 使用单元文件替换之前的初始化脚本。Linux 以前的服务管理是分布式的，由 SysVinit 或 UpStart 通过/etc/rc.d/init.d/目录下的脚本进行管理，允许管理员控制服务的状态。采用 systemd，这些脚本就被服务单元文件所替代。单元有多种类型，不限于服务，还包括挂载点、文件路径等。在 Ubuntu 系统中，systemd 的单元文件主要存放在/lib/systemd/system/和/etc/systemd/system/目录中。

systemd 使用启动目标（Target）替代运行级别。前两种系统初始化方式使用运行级别代表特定的操作模式，每个级别可以启动特定的一些服务。启动目标类似于运行级别，又比运行级别更为灵活，它本身也是一个目标类型的单元，可以更为灵活地为特定的启动目标组织要启动的单元，如启动服务、装载挂载点等。

systemd 是 Linux 系统中最新的系统初始化方式，主要的设计目标是克服 sysVinit 固有的缺点，尽可能地快速启动服务，减少系统资源占用，为此实现了并行启动的模式。并行启动最大的难点是要解决服务之间的依赖性，systemd 使用类似缓冲池的办法加以解决。

与 UpStart 相比，systemd 进一步提高了并行启动能力，极大地缩短了系统启动时间。UpStart 采用事件驱动机制，服务可以暂不启动，当需要的时候才通过事件触发其启动，以尽可能启动更少的进程；另外，不相干的服务也可以并行启动，但是有依赖关系的服务还是必须按顺序先后启动，这还是一种串行执行模式。systemd 能够进一步提高并发性，即便对于那些 UpStart 认为存在相互依赖而必须串行的服务，也可以并发启动。

systemd 与 sysVinit 兼容，支持并行化任务，按需启动守护进程，基于事务性依赖关系精密控制各种服务，非常有助于标准化 Linux 的管理。systemd 提供超时机制，所有的服务有 5 分钟的超时限制，以防系统被卡。

Ubuntu 从 15.04 版开始支持 systemd。

6.2.2 systemd 的主要概念和术语

1. 核心概念：单元（unit）

系统初始化需要启动后台服务，需要完成一系列配置工作（如挂载文件系统），其中每一步骤或每一项任务都被 systemd 抽象为一个单元（unit），一个服务、一个挂载点、一个文件路径都可以被视为单元。也就是说，systemd 将各种系统启动和运行相关的对象标为各种不同类型的单元。大部分单元由相应的配置文件进行识别和配置，一个单元需要一个对应的单元文件。单元的名称由单元文件的名称决定，某些特定的单元名称具有特殊的含义。常见的单元类型见表 6-1。

表 6-1　systemd 单元类型

单元类型	配置文件扩展名	说明
service（服务）	.service	定义系统服务。这是最常用的一类，与早期 Linux 版本/etc/init.d/目录下的服务脚本的作用相同
device（设备）	.device	定义内核识别的设备。每一个使用 udev 规则标记的设备都会在 systemd 中作为一个设备单元出现
mount（挂载）	.mount	定义文件系统挂载点
automount（自动挂载）	.automount	用于文件系统自动挂载设备
socket（套接字）	.socket	定义系统和互联网中的一个套接字，标识进程间通信用到的 socket 文件

续表

单元类型	配置文件扩展名	说明
swap（交换空间）	.swap	标识管理用于交换空间的设备
path（路径）	.path	定义文件系统中的文件或目录
swap（交换空间）	.swap	标识管理用于交换空间的设备
timer（定时器）	.timer	用来定时触发用户定义的操作，以取代 atd、crond 等传统的定时服务
target（目标）	.target	用于对其他单元进行逻辑分组，主要用于模拟实现运行级别的概念
snapshot（快照）	.snapshot	快照是一组配置单元，保存了系统当前的运行状态

还有少部分单元是动态自动生成的，其中一部分来自于其他传统的配置文件（主要是为了兼容性），而另一部分则来自于系统状态或可编程的运行时状态。

2．依赖关系

systemd 提供了处理不同单元之间依赖关系的能力。虽然 systemd 能够最大限度地并发执行很多有依赖关系的工作，但是一些任务存在先后依赖关系，无法并发执行。为解决这类依赖问题，systemd 的单元之间可以彼此定义依赖关系。在单元文件中使用关键字来描述单元之间的依赖关系。如单元 A 依赖单元 B，可以在单元 B 的定义中用 require A 来表示。这样 systemd 就会保证先启动 A 再启动 B。

3．systemd 事务

systemd 能保证事务完整性。此事务概念与数据库中的有所不同，旨在保证多个依赖的单元之间没有循环引用。比如单元 A、B、C 之间存在循环依赖，systemd 将无法启动任意一个服务。为此 systemd 将单元之间的依赖关系分为两种：required（强依赖）和 wants（弱依赖），systemd 将去除 wants 关键字指定的弱依赖以打破循环。若无法修复，则 systemd 会报错。systemd 能够自动检测和修复这类配置错误，极大地减轻管理员的排错负担。

4．启动目标（Target）和运行级别（Runlevel）

systemd 可以创建不同的状态，状态提供了灵活的机制来设置启动配置项。这些状态是由多个单元文件组成的，systemd 将这些状态称为启动目标（target，或译为目标）。

运行级别就是操作系统当前正在运行的功能级别。Linux 使用运行级别来设置不同环境下所运行的程序和服务。Linux 标准的运行级别从 0 到 6。Ubuntu 是基于 Debian 的，Debian 系列的 Linux 版本的运行级别定义也与 RedHat 系列有着显著区别。

现在 Ubuntu 使用 systemd 代替 init 程序来开始系统初始化过程，使用启动目标的概念来代替运行级别。传统的运行级别之间是相互排斥的，不可能多个运行级别同时启动，但是多个启动目标可以同时启动。启动目标提供了更大的灵活性，可以继承一个已有的目标，并添加其他服务来创建自己的目标。

systemd 启动系统时需要启动大量的单元。每一次启动都要指定本次启动需要哪些单元，显然非常不方便，于是使用启动目标来解决这个问题。启动目标就是一个单元组，包含许多相关的单元。启动某个目标时，systemd 就会启动其中所有的单元。从这个角度看，启动目标这个概念类似于一种状态，启动某个目标就好比启动到某种状态。

Ubuntu 预定义了一些启动目标，与之前版本的运行级别有所不同。为了向后兼容，systemd 也让一些启动目标映射为 sysVinit 的运行级别，具体的对应关系见表 6-2。

表 6-2　Ubuntu 运行级别和 systemd 目标的对应关系

传统运行级别	systemd 目标	说明
0	runlevel0.target，poweroff.target	关闭系统。不要将默认目标设置为此目标
1, s, single	runlevel1.target，rescue.target	单用户（Single）模式。以 root 身份开启一个虚拟控制台，主要用于管理员维护系统
2, 3, 4	runlevel2.target，runlevel3.target，runlevel4.target，multi-user.target	多用户模式，非图形化。用户可以通过多个控制台或网络登录

续表

传统运行级别	systemd 目标	说明
5	runlevel5.target， graphical.target	多用户模式，图形化界面
6	runlevel6.target， reboot.target	重启系统。不要将默认目标设置为此目标
Emergency	emergency.target	紧急 Shell

可见，启用 systemd 之后，Ubuntu 与 RedHat 启动管理存在趋同的趋势。

6.2.3 systemd 单元文件

systemd 对服务、设备、套接字和挂载点等进行控制管理，都是由单元文件实现的。例如，一个新的服务程序要在系统中使用，就需要为其编写一个单元文件以便 systemd 能够管理它，在配置文件中定义该服务启动的命令行语法，以及与其他服务的依赖关系等。

systemd 单元文件

这些配置文件主要保存在以下目录中（按优先级由低到高顺序列出）。

- /lib/systemd/system：每个服务最主要的启动脚本，类似于之前的/etc/init.d/。
- /run/systemd/system：系统执行过程中所产生的服务脚本。
- /etc/systemd/system：由管理员建立的脚本，类似于之前/etc/rc.d/rcN.d/Sxx 类的功能。

1. 单元文件格式

配置文件就是普通的文本文件，可以用文本编辑器打开。先来查看一个配置文件（cups.service）的内容：

```
zxp@LinuxPC1:~$ cat /lib/systemd/system/cups.service
[Unit]
Description=CUPS Scheduler
Documentation=man:cupsd(8)

[Service]
ExecStart=/usr/sbin/cupsd -l
Type=simple
Restart=always

[Install]
Also=cups.socket cups.path
WantedBy=printer.target
```

单元文件主要包含单元的指令和行为信息。整个文件分为若干节（Section，也可译为区段）。每节的第一行是用方括号表示的节名，比如[Unit]。每节内部是一些定义语句，每个语句实际上是由等号连接的键值对（指令=值）。注意等号两侧不能有空格，节名和指令名都是大小写敏感的。

[Unit]节通常是配置文件的第一节，用来定义单元的通用选项，配置与其他单元的关系。常用的字段（指令）如下。

- Description：提供简短描述信息。
- Requires：指定当前单元所依赖的其他单元。这是强依赖，被依赖的单元无法启动时，当前单元也无法启动。
- Wants：指定与当前单元配合的其他单元。这是弱依赖，被依赖的单元无法启动时，当前单元可以被激活。
- Before 和 After：指定当前单元启动的前后单元。
- Conflicts：定义单元之间的冲突关系。列入此字段中的单元如果正在运行，此单元就不能运行，反之亦然。

[Install]节通常是配置文件的最后一个节，用来定义如何启动，以及是否开机启动。常用的字段（指令）如下。

- Alias：当前单元的别名。
- Also：与当前单元一起安装或者被协助的单元。
- RequiredBy：指定被哪些单元所依赖，这是强依赖。
- WantedBy：指定被哪些单元所依赖，这是弱依赖。

其他节往往与单元类型有关。例如，[Mount]节用于挂载点类单元的配置，[Service]节用于服务类单元的配置。关于单元文件的完整字段清单请参考官方文档。

2. 编辑单元文件

系统管理员必须掌握单元文件的编辑。有时候需要修改已有的单元文件，遇到以下情形还需要创建自定义的单元文件。

- 需要自己创建守护进程。
- 为现有的服务另外创建一个实例。
- 引入 sysVinit 脚本。

上一章通过源代码安装了 Apache 服务，下面以为该服务创建单元文件 apache.service 为例，示范创建单元文件的步骤。

（1）在/etc/systemd/system/目录创建单元文件。

```
sudo touch /etc/systemd/system/apache.service
```

（2）修改该文件权限，确保只能被 root 用户编辑。

```
sudo chmod 664 /etc/systemd/system/apache.service
```

（3）在该文件中添加以下配置信息。

```
[Unit]
Description=The Apache HTTP Server
After=network.target remote-fs.target nss-lookup.target
[Service]
Type=forking
Environment=APACHE_STARTED_BY_SYSTEMD=true
ExecStart=/usr/local/apache2/bin/apachectl start
ExecStop=/usr/local/apache2/bin/apachectl stop
ExecReload=/usr/local/apache2/bin/apachectl graceful
PrivateTmp=true
Restart=on-abort
[Install]
WantedBy=multi-user.target
```

（4）通知 systemd 该单元已添加，并开启该服务。

```
sudo systemctl daemon-reload
sudo systemctl start apache.service
```

对于新创建的或修改过的单元文件，必须要让 systemd 重新识别此配置文件，通常执行 systemctl daemon-reload 命令重载配置。

建议将手动创建的单元文件存放在/etc/systemd/system/目录下。单元文件也可以作为附加的文件放置到一个目录下面，例如创建 sshd.service.d/custom.conf 文件定制 sshd.service 服务，在其中加上自定义的配置。还可以创建 sshd.service.wants/和 sshd.service.requires/子目录，用于包含 sshd 关联服务的软链接。在系统安装时自动创建此类软链接，也可以手工创建软链接。

3. 单元文件与启动目标

在讲解单元文件与启动目标的对应关系之前，有必要简介一下传统的服务启动脚本是如何对应运行级别的。传统的方案要求开机启动的服务启动脚本对应不同的运行级别。因为需要管理的服务数量较多，所以 Linux 使用 rc 脚本统一管理每个服务的脚本程序，将所有相关的脚本文件存放在/etc/rc.d/目录下。系统的各运行级别在/etc/rc.d/目录中都有一个对应的下级目录。这些运行级别的下级子目录的命名方法是 rc*n*.d，*n* 表示运行级别的数字。Linux 启动或进入某运行级别时，对应脚本目录中用于启动服务的脚本将自动运行；离开该级别时，用于停止服务的脚本也将自动运行，以结束在该级别中运行的服务。当然，也可在系统运行过程中手动执行服务启动脚本来管理服务，如启动、停止或重启服务等。

systemd 使用启动目标的概念来代替运行级别。它将基本的单元文件存放在/lib/systemd/system/目录下，不同的启动目标（相当于以前的运行级别）要装载的单元的配置文件则以软链接方式映射到/etc/systemd/system/目录下对应的启动目标子目录下，如 multi-user.target 装载的单元的配置文件链接到/etc/systemd/system/multi-user.target.wants/目录下。下面列出该目录下的部分文件。

```
zxp@LinuxPC1:~$ ls -l /etc/systemd/system/multi-user.target.wants/
总用量 8
lrwxrwxrwx 1 root root 35 7 月  14 21:03  anacron.service -> /lib/systemd/system/anacron.service
lrwxrwxrwx 1 root root 40 7 月  14 21:03  avahi-daemon.service -> /lib/systemd/system/avahi-daemon.service
#以下省略
```

以上输出明确显示了这种映射关系。原本在/etc/init.d/目录下的启动文件，被/lib/systemd/system/下相应的单元文件所取代。例如其中的/lib/systemd/system/ anacron.service 用于定义 anacron 的启动等相关的配置。

使用 systemctl disable 命令来禁止某服务开机自动启动，例如：

```
zxp@LinuxPC1:~$ sudo systemctl disable cups.service
[sudo] zxp 的密码:
Synchronizing state of cups.service with SysV service script with /lib/systemd/systemd-sysv-install.
Executing: /lib/systemd/systemd-sysv-install disable cups
Removed /etc/systemd/system/sockets.target.wants/cups.socket.
Removed /etc/systemd/system/multi-user.target.wants/cups.path.
```

这表明禁止开机自动启动就是删除/etc/systemd/system/下相应的链接文件。

可以使用 systemctl enable 命令来启用某服务开机自动启动，例如：

```
zxp@LinuxPC1:~$ sudo systemctl enable cups.service
Synchronizing state of cups.service with SysV service script with /lib/systemd/systemd-sysv-install.
Executing: /lib/systemd/systemd-sysv-install enable cups
Created symlink /etc/systemd/system/sockets.target.wants/cups.socket → /lib/systemd/system/cups.socket.
Created symlink /etc/systemd/system/multi-user.target.wants/cups.path → /lib/systemd/system/cups.path.
```

这表明启用开机自动启动就是在当前启动目标的配置文件目录（/etc/systemd/system/multi-user.target.wants/）中建立 lib/systemd/system/目录中对应单元文件的软链接文件。

cups 要在/etc/systemd/system/multi-user.target.wants/目录下创建链接文件是由 cups 单元文件 cups.service 中[Install]节中的 WantedBy 字段定义所决定的：

```
Also=cups.socket cups.path
WantedBy=printer.target
```

在/etc/systemd/system 目录下有多个*.wants 子目录，放在该子目录下的单元文件等同于在[Unit]节中的 Wants 字段，即该单元启动时还需启动这些单元。例如，可简单地将自己写的 foo.service 文件放入 multi-user.target.wants/子目录下，这样每次都会被系统默认启动。

4．理解 target 单元文件

启动目标使用 target 单元文件描述，target 单位文件扩展名是.target，target 单元文件的唯一目的是将其他 systemd 单元文件通过一连串的依赖关系组织在一起。

这里以 graphical.target 单元文件为例进行分析。graphical.target 单元用于启动一个图形会话，systemd 会启动像 GNOME 显示管理（gdm.service）、账户服务（accounts-daemon）这样的服务，并且会激活 multi-user.target 单元。而 multi-user.target 单元又会启动必不可少的 NetworkManager.service、dbus.service 服务，并激活 basic.target 单元，从而最终完成带有图形界面的系统启动。

先来看一下/etc/systemd/system/graphical.target.wants/下的文件列表。

```
zxp@LinuxPC1:~$ ls -l /etc/systemd/system/graphical.target.wants/
总用量 0
lrwxrwxrwx 1 root root 43 7 月  14 21:03 accounts-daemon.service -> /lib/systemd/system/accounts-daemon.service
lrwxrwxrwx 1 root root 35 7 月  14 21:03 udisks2.service -> /lib/systemd/system/udisks2.service
```

这表明 graphical.target 单元启动时，会自动启动 accounts-daemon.service 和 udisk2.service 单元。

执行命令 sudo cat 查看/lib/systemd/system/graphical.target 单元文件的内容，这里列出相关的部分：

```
[Unit]
Description=Graphical Interface
Documentation=man:systemd.special(7)
Requires=multi-user.target
Wants=display-manager.service
Conflicts=rescue.service rescue.target
After=multi-user.target rescue.service rescue.target display-manager.service
AllowIsolate=yes
```

通过其中的定义可知，graphical.target 对 multi-user.target 强依赖；对 display-manager.service（显示管理服务）弱依赖；在 multi-user.target、rescue.service 、rescue.target 和 display-manager.service 启动之后才启动；与 rescue.service 或 rescue.target 之间存在冲突，如果 rescue.service 或 rescue.target 正在运行，graphical.target 就不能运行，反之亦然；允许使用 systemctl isolate 命令切换到启动目标 graphical.target。

再继续查看/lib/systemd/system/multi-user.target 文件的相关内容：

```
[Unit]
Description=Multi-User System
Documentation=man:systemd.special(7)
Requires=basic.target
Conflicts=rescue.service rescue.target
After=basic.target rescue.service rescue.target
AllowIsolate=yes
```

从中发现 multi-user.target 对 basic.target 强依赖；在 basic.target、rescue.service 和 rescue.target 启动之后才启动；与 rescue.service 或 rescue.target 之间存在冲突；允许使用 systemctl isolate 命令切换到此启动目标。

最后查看/lib/systemd/system/basic.target 的相关内容：

```
[Unit]
Description=Basic System
Documentation=man:systemd.special(7)
Requires=sysinit.target
Wants=sockets.target timers.target paths.target slices.target
After=sysinit.target sockets.target paths.target slices.target tmp.mount
```

发现 basic.target 对 sysinit.target 强依赖并在 sysinit.target 启动之后才启动。

这样，graphical.targe 会激活 multi-user.target，而 multi-user.target 又会激活 basic.target，basic.target 又会激活 sysinit.target，从而嵌套组合了多个目标，完成复杂的启动管理。

6.2.4 systemctl 命令

systemd 最重要的命令行工具是 systemctl，主要负责控制 systemd 系统和服务管理器。其基本语法：

```
systemctl [选项…] 命令 [单元文件名…]
```

不带任何选项和参数运行 systemctl 命令将列出系统已启动（装载）的所有单元，包括服务、设备、套接字、目标等。

执行不带参数的 systemctl status 命令将显示系统当前状态。

systemctl 命令的部分选项提供有长格式和短格式，如--all 和-a。列出单元时，--all（-a）表示列出所有装载的单元（包括未运行的）。显示单元属性时，该选项会显示所有的属性（包括未设置的）。

除了查询操作，其他大多需要 root 权限，执行 systemctl 命令时可以加上 sudo 命令。

systemd 还可以控制远程系统，管理远程系统主要是通过 SSH 协议，只有确认可以连接远程系统的 SSH，在 systemctl 命令后面添加-H 或者--host 选项，再加上远程系统的 ip 或者主机名作为参数。例如，下面的命令将显示指定远程主机的 httpd 服务的状态：

```
systemctl -H root@srvb.abc.com status httpd.service
```

6.2.5 systemd 单元管理

单元管理是 systemd 最基本、最通用的功能。单元管理的对象可以是所有单元、某种类型的单元、符合条件的部分单元或某一具体单元。单元文件管理也是单元管理的一部分，要注意区分两者之间的不同。

systemd 单元管理

1. 单元的活动状态

在执行单元管理操作之前，有必要了解单元的活动状态。活动状态用于指明单元是否正在运行。systemd 对此有两类表示形式，一类是高级表示形式，共有以下 3 个状态。

- active（活动的）：表示正在运行。
- inactive（不活动的）：表示没有运行。
- failed（失败的）：表示运行不成功。

另一类是低级表示形式，其值依赖于单元类型。常用的状态列举如下。

- running：表示一次或多次持续地运行。
- exited：表示成功完成一次性配置，仅运行一次就正常结束，目前已没有该进程运行。
- waiting：表示正在运行中，不过还需再等待其他事件才能继续处理。
- dead：表示没有运行。
- failed：表示运行失败。
- mounted：表示成功挂载（文件系统）。
- plugged：表示已接入（设备）。

高级表示形式是对低级表示形式的归纳，前者是主活动状态，后者是子活动状态。

2. 查看单元

（1）使用 systemctl list-units 命令列出所有已装载（Loaded）的单元，下面列出部分结果：

```
UNIT                           LOAD    ACTIVE  SUB       DESCRIPTION
fwupd.service                  loaded  active  running   Firmware update daemon
gdm.service                    loaded  active  running   GNOME Display Manager
grub-common.service            loaded  active  exited    LSB: Record successful boo
```

这个命令的功能与不带任何选项参数的 systemctl 相同，只显示已装载的单元。显示结果指示单元的状态，共有 5 栏，各栏含义如下。

- UNIT：单元名称。
- LOAD：指示单元是否正确装载，即是否加入到 systemctl 可管理的列表中。值 loaded 表示已装载，not-found 表示未发现。
- ACTIVE：单元激活状态的高级表示形式，来自 SUB 的归纳。

- SUB：单元激活状态的低级表示形式，其值依赖于单元类型。
- DESCRIPTION：单元的描述或说明信息。

（2）列出所有单元，包括没有找到配置文件的或者运行失败的。

```
systemctl list-units --all
```

（3）加上选项--failed 列出所有运行失败的单元。

（4）加上选项--state 列出特定状态的单元。

该选项的值来源于上述 LOAD、SUB 或 ACTIVE 栏所显示的装载状态或活动状态。--state=给出状态值，后面不能有空格。例如，以下命令列出没有找到配置文件的所有单元：

```
zxp@LinuxPC1:~$ systemctl list-units --all --state=not-found
  UNIT                         LOAD       ACTIVE   SUB  DESCRIPTION
● tmp.mount                    not-found  inactive dead tmp.mount
● auditd.service               not-found  inactive dead auditd.service
● cloud-init-local.service     not-found  inactive dead cloud-init-local.service
```

又比如，执行以下命令列出正在运行的单元：

```
systemctl list-units --state=active
```

执行以下命令列出没有运行的单元：

```
systemctl list-units --all --state=dead
```

请注意，涉及没有找到配置文件的或者运行失败的单元时一定要使用--all 选项。

（5）加上选项--type 列出特定类型的单元。例如，列出已装载的设备类单元：

```
systemctl list-units --type=device
```

选项--type 的短格式为-t，空格之后加参数，不用等号，例如列出服务类单元：

```
systemctl list-units  -t service
```

（6）显示某单元的所有底层参数。例如：

```
systemctl show httpd.service
```

3. 查看单元的状态

systemctl 提供 status 命令用于查看特定单元的状态。例如：

```
zxp@LinuxPC1:~$ systemctl status gdm
● gdm.service - GNOME Display Manager
   Loaded: loaded (/lib/systemd/system/gdm.service; static; vendor preset: enabled)
   Active: active (running) since Thu 2019-08-01 17:43:01 CST; 2h 55min ago
  Process: 883 ExecStartPre=/usr/share/gdm/generate-config (code=exited, status=
0/SUCCESS)
 Main PID: 906 (gdm3)
    Tasks: 3 (limit: 4629)
   CGroup: /system.slice/gdm.service
           └─906 /usr/sbin/gdm3

8月 01 17:43:01 LinuxPC1 systemd[1]: Starting GNOME Display Manager...
8月 01 17:43:01 LinuxPC1 systemd[1]: Started GNOME Display Manager.
8 月 01 17:43:02 LinuxPC1 gdm-launch-environment][911]: pam_unix(gdm-launch-
environment:session): session opened for user gdm by (uid=0)
8 月 01 17:43:13 LinuxPC1 gdm-password][1408]: pam_unix(gdm-password:session):
session opened for user zxp by (uid=0)
```

查看单元是否正在运行，处于活动状态：

```
systemctl is-active 参数
```

查看单元运行是否失败：

```
systemctl is-failed 参数
```

上述3个命令的参数可以是单元名列表（空格分隔），也可以是表达式，使用通配符。

4. 单元状态转换操作

systemctl 提供多种命令用于转换特定单元的状态。

- start：启动单元使之运行。

- stop：停止单元运行。
- restart：重新启动单元使之运行。
- reload：重载单元的配置文件而不重启单元。
- try-restart：如果单元正在运行就重启单元。
- reload-or-restart：如有可能重载单元的配置文件，不然，重启单元。
- reload-or-try-restart：如有可能重载单元的配置文件，不然，若正在运行则重启单元。
- kill：杀死单元，以结束单元的运行进程。

这些命令后面可以跟一个或多个单元名作为参数，多个参数用空格分隔，单元名的扩展名可以不写。例如，以下命令重启 cups.path 和 atd.service：

```
systemctl restart cups atd
```

使用 systemctl 的 start、restart、stop 和 reload 命令时，不会输出任何内容。

5. 管理单元依赖关系

单元之间存在依赖关系，如 A 依赖于 B，就意味着 systemd 在启动 A 的时候，同时会去启动 B。使用 systemctl list-dependencies 命令列出指定单元的所有依赖，例如：

```
zxp@LinuxPC1:~$ systemctl list-dependencies cups
cups.service
● ├─cups.path
● ├─cups.socket
● ├─system.slice
● └─sysinit.target
●   ├─apparmor.service
●   ├─dev-hugepages.mount
●   ├─dev-mqueue.mount
●   ├─keyboard-setup.service
```

上面命令的输出结果之中，有些依赖是 target（启动目标）类型，默认不会展开显示。如果要展开 target 类单元，就需要使用--all 选项。

6. 单元文件的状态

单元文件状态决定单元能否启动运行，而单元状态是指当前的运行状态（是否正在运行）。从单元文件的状态是无法得知该单元状态的。这里使用命令 systemctl list-unit-files 列出所有安装的单元文件，下面给出部分列表：

```
UNIT FILE                                          STATE
proc-sys-fs-binfmt_misc.automount                  static
-.mount                                            generated
dev-hugepages.mount                                static
dev-mqueue.mount                                   static
```

该列表显示每个单元文件的状态，主要状态值列举如下。

- enabled：已建立启动连接，将随系统启动而启动，即开机时自动启动。
- disabled：没建立启动连接，即开机时不会自动启动。
- static：该单元文件没有[Install]部分（无法执行），只能作为其他单元文件的依赖。
- masked：该单元文件被禁止建立启动连接，无论如何都不能启动。因为它已经被强制屏蔽（不是删除），这比 disabled 更严格。
- generated：该单元文件是由单元生成器动态生成的。生成的单元文件可能并未被直接启用，而是被单元生成器隐含地启用了。

7. 列出单元文件（可用单元）

列出系统中所有已安装的单元文件，也就是列出所有可用的单元。

```
systemctl list-unit-files
```

该命令无需选项--all。加上选项--state 列出指定状态的单元文件，该选项的值来源于上述 STATE 栏所显示的状态值。例如，执行以下命令列出开机时不会自动启动的可用单元：

```
systemctl list-unit-files --state=disabled
```

加上选项--type 或-t 列出特定类型的可用单元。例如，以下命令列出可用的服务单元：

```
systemctl  list-unit-files --type=service
```

8. 查看单元文件状态

systemctl 提供的 status 命令在显示特定单元的状态时，也会显示对应的单元文件的状态。还有一个命令 is-enabled 专门用于检查指定的单元文件是否允许开机自动启动。

9. 单元文件状态转换操作

systemctl 提供几个命令用于转换特定单元文件的状态。enable 为单元文件建立启动连接，设置单元开机自动启动；disable 删除单元文件的启动连接，设置单元开机不自动启动；mask 将单元文件连接到/dev/null，禁止设置单元开机自动启动；unmask 允许设置单元开机自动启动。

10. 编辑单元文件

除了直接使用文本编辑器编辑单元文件外，systemctl 还提供专门的命令 edit 来打开文本编辑器编辑指定的单元文件。不带选项将编辑一个临时片段，完成之后退出编辑器会自动写到实际位置。要直接编辑整个单元文件，应使用选项--full，例如：

```
systemctl edit sshd --full
```

一旦修改配置文件，要让 systemd 重新装载配置文件，可执行以下命令：

```
systemctl daemon-reload
```

然后执行以下命令重新启动，使修改生效。

```
systemctl restart 单元文件
```

6.2.6 使用 systemd 管理 Linux 服务

现在的 Ubuntu 版本使用 systemctl 命令管理和控制服务，Linux 服务作为一种特定类型的单元，配置管理操作被大大简化。传统的 service 命令依然可以使用，这主要是出于兼容的目的，因此应尽量避免使用。

1. Linux 服务状态管理

传统的 Linux 服务状态管理方法有两种。一种是使用 Linux 服务启动脚本来实现启动服务、重启服务、停止服务和查询服务等功能。基本用法为

```
/etc/init.d/服务启动脚本名 {start|stop|status|restart|reload|force-reload}
```

另一种方法是使用 service 命令简化服务管理，功能和参数与使用服务启动脚本相同，其用法为

```
service 服务启动脚本名 {start|stop|status|restart|reload|force-reload}
```

Ubuntu 新版本考虑到兼容性，在命令行中仍然可以使用这两种用法，只不过是自动重定向到相应的 systemctl 命令，例如：

```
zxp@LinuxPC1:~$ /etc/init.d/cron status
● cron.service - Regular background program processing daemon
   Loaded:  loaded  (/lib/systemd/system/cron.service;  enabled;  vendor  preset:
enabled)
   Active: active (running) since Sun 2019-08-04 17:44:30 CST; 2h 25min ago
     Docs: man:cron(8)
 Main PID: 762 (cron)
    Tasks: 1 (limit: 4629)
   CGroup: /system.slice/cron.service
           └─762 /usr/sbin/cron -f
......
```

以上命令等同于以下命令：

```
service  cron  status
```

并且自动定向到以下命令：

```
systemctl status cron.service
```

systemctl 主要依靠 service 类型的单元文件实现服务管控。用户在任何路径下均可通过该命令实现服务状态的转换，如启动、停止服务。systemctl 用于服务管理的基本用法为：

```
systemctl [选项…] 命令 [服务名.service…]
```

使用 systemctl 命令时服务名的扩展名可以写全，也可以忽略。单元管理操作已经详细讲过了，这里不再赘述。表 6-3 给出 systemctl 和传统的服务管理命令的对应关系。

表 6-3　服务管理：service 命令与 systemctl 命令

功能	传统 service 命令	systemd 命令
启动服务	service　服务名　start	systemctl　start　服务名.service
停止服务	service　服务名　stop	systemctl　stop　服务名.service
重启服务	service　服务名　restart	systemctl　restart　服务名.service
查看服务运行状态	service　服务名　status	systemctl　status　服务名.service
重载服务的配置文件而不重启服务	service　服务名　reload	systemctl　reload　服务名.service
条件式重启服务	service　服务名　condrestart	systemctl　tryrestart　服务名.service
重载或重启服务		systemctl　reload-or-restart 服务名.service
重载或条件式重启		systemctl　reload-or-try-restart 服务名.service
查看服务是否激活（正在　运行）		systemctl is-active 服务名.service
查看服务启动是否失败		systemctl is- failed 服务名.service
杀死服务		systemctl kill 服务名.service

2. 配置服务启动状态（服务开机自动启动）

在 Linux 旧版本中，经常需要设置或调整某些服务在特定运行级别是否启动，这可以通过配置服务的启动状态来实现。其他 Linux 发行版通常用 chkconfig 工具来配置服务启动状态，Ubuntu 没有这个工具，但可以使用 sysv-rc-conf 工具（默认没有安装）来实现该功能，在 Ubuntu 新版本中这些命令仍然可用，不过只能管理传统的 sysVinit 服务，例如，执行以下命令显示所有服务各个运行级别（1-6）的启动状态。

```
zxp@LinuxPC1:~$ sysv-rc-conf --list
acpid       2:on  3:on 4:on 5:on
alsa-utils   0:off1:off    6:off    S:on
anacron      2:on  3:on 4:on 5:on
apparmor     S:on
apport       2:on  3:on 4:on 5:on
avahi-daemon 0:off    1:off    2:on 3:on 4:on 5:on 6:off
bluetooth    0:off1:off    2:on 3:on 4:on 5:on 6:off
cron        2:on  3:on 4:on 5:on
cups        1:off 2:on 3:on 4:on 5:on
cups-browsed 0:off    1:off    2:on 3:on 4:on 5:on 6:off
......
```

使用该工具启动或关闭某项指定服务的用法如下：

```
sudo sysv-rc-conf  服务名 <on|off>
```

还可以设置指定运行级别中服务的启动状态，具体用法为

```
sudo sysv-rc-conf --level  <运行级别列表> 服务名 <on|off>
```

与 sysv-rc-conf 工具一样，update-rc.d 命令也能用于配置服务启动状态，用法如下：

```
update-rc.d [-f] <服务名> remove              #从所有运行级别中删除该服务，也就是完全禁用
update-rc.d [-f] <服务名> defaults             #在默认运行级别中添加服务并让它开机自动执行
update-rc.d [-f] <服务名> defaults-disabled       #
update-rc.d <服务名> disable|enable [S|2|3|4|5]   #在指定运行级别中启动或关闭某项服务
```

update-rc.d 命令用来更新系统启动项的脚本。这些脚本的链接位于/etc/rcN.d/目录，对应脚本位于/etc/init.d/目录。现在/etc/init.d 已被 systemd 所取代，应避免使用以上用法，而改用以下用法。

（1）查看所有可用的服务：

```
systemctl list-unit-files --type=service
```

（2）查看某服务是否能够开机自启动：

```
systemctl is-enabled 服务名.service
```

（3）设置服务开机自动启动：

```
systemctl enable 服务名.service
```

（4）禁止服务开机自动启动：

```
systemctl disable 服务名.service
```

（5）禁止某服务设定为开机自启：

```
systemctl mask 服务名.service
```

（6）取消禁止某服务设定为开机自启：

```
systemctl unmask 服务名.service
```

（7）加入自定义服务：

先创建相应的单元文件，再执行 systemctl daemon-reload。

（8）删除某服务：

```
systemctl  stop  服务名.service
```

然后删除相应的单元文件。

3. 创建自定义服务

在以前的 Linux 版本中，如果想要建立系统服务，就要在/etc/init.d/目录下创建相应的 bash 脚本。现在有了 systemd，要添加自定义服务，就要在/lib/systemd/system/或/etc/systemd/system 目录中编写服务单元文件，单元文件的编写前面介绍过。服务单元文件的重点是[Service]节，该节常用的字段（指令）如下。

- Type：配置单元进程启动时的类型，影响执行和关联选项的功能，可选的关键字包括 simple（默认值，表示进程和服务的主进程一起启动）、forking（进程作为服务主进程的一个子进程启动，父进程在完全启动之后退出）、oneshot（同 simple 相似，只是进程在启动单元之后随之退出）、dbus（同 simple 相似，但随着单元启动后只有主进程得到 D-BUS 名字）、notify（同 simple 相似，但随着单元启动之后，一个主要信息被 sd_notify()函数送出）、idle（同 simple 相似，实际执行进程的二进制程序会被延缓直到所有的单元的任务完成，主要是避免服务状态和 shell 混合输出）。
- ExecStart：指定启动单元的命令或者脚本，ExecStartPre 和 ExecStartPost 字段指定在 ExecStart 之前或者之后用户自定义执行的脚本。Type=oneshot 允许指定多个希望顺序执行的用户自定义命令。
- ExecStop：指定单元停止时执行的命令或者脚本。
- ExecReload：指定单元重新装载时执行的命令或者脚本。
- Restart：如果设置为 always，服务重启时进程会退出，会通过 systemctl 命令执行清除并重启的操作。
- RemainAfterExit：如果设置为 true，服务会被认为是在活动状态。默认值为 false，这个字段只有设置有 Type=oneshot 时才需要配置。

管理系统启动过程

6.2.7 管理系统启动过程

了解 Linux 系统启动过程有助于进行相关设置，诊断和排除故障。systemd 是一种系统初始化方式，也是 Linux 系统的第一个用户进程（进程号为 1）。内核准备就绪后运行 systemd，systemd 的任务是运行其他用户进程、挂载文件系统、配置网络、启动守护进程等。

1. Linux 启动过程

Linux 系统从启动到提供服务的基本过程为：首先机器加电，然后通过 MBR 或者 UEFI 装载 GRUB，再启动内核，由内核启动服务，最后开始对外服务。Ubuntu 系统启动过程包括以下 4 个主要阶段。

（1）BIOS 启动。BIOS 完成加电自检（POST）之后，按照 CMOS 设置搜索处于活动状态并且可以引导的设备。引导设备可以是软盘、CD-ROM、硬盘、U 盘等。Linux 通常从硬盘上引导。

（2）启动引导加载程序。选择引导设备之后，就读取该设备的 MBR（主引导记录）引导扇区。MBR 位于磁盘第一个扇区（0 柱面 0 磁头 1 扇区）中。如果 MBR 中没有存储操作系统，就需要读取启动分区的第一个扇区（引导扇区）。当 MBR 加载到内存之后，BIOS 将控制权交给 MBR。

接着 MBR 启动引导加载程序（Boot Loader），由引导加载程序引导操作系统，Ubuntu 使用 GRUB 作为默认引导加载程序。

（3）装载内核。GRUB 载入 Linux 系统内核（Kernel）并运行，初始化设备驱动程序，以只读方式来挂载根文件系统（Root File System）。

（4）系统初始化。内核在完成核内引导以后，新版本的 Ubuntu 使用 systemd 代替之前版本的 init 程序来开始系统初始化过程，验证如下：

```
zxp@LinuxPC1:~$ ls /sbin/init -l
lrwxrwxrwx 1 root root 20 3月  30 00:40 /sbin/init -> /lib/systemd/systemd
```

在启动过程中 systemd 最主要的功能就是准备 Linux 系统运行环境，包括系统的主机名称、网络设置定、语言处理、文件系统格式及其他系统服务和应用服务的启动等。所有的这些任务都会通过 systemd 的默认启动目标（/etc/systemd/system/default.target）来配置。

systemd 依次执行相应的各项任务来完成系统的最终启动。例如，systemd 首先执行 initrd.target 所有单元，包括挂载/etc/fstab，最后执行 graphical 所需的服务以启动图形界面来让用户以图形界面登录。如果系统的 default.target 指向 multi-user.target，那么此步骤就不会执行。

2. 检测和分析 systemd 启动过程

systemd 专门提供了一个工具 systemd-analyze 用来检测和分析启动的过程，可以找出在启动过程中出错的单元，然后跟踪并改正引导组件的问题。下面列出一些常用的 systemd-analyze 命令。

执行以下命令查看启动耗时，即内核空间和用户空间启动时所花的时间。

```
systemd-analyze time
```

执行以下命令查看正在运行的每个单元的启动耗时，并按照时长排序。

```
systemd-analyze blame
```

执行以下命令检查指定的单元文件以及被指定的单元文件引用的其他单元文件的语法错误。

```
systemd-analyze verify 单元文件
```

执行 systemd-analyze critical-chain 命令分析启动时的关键链，查看严重消耗时间的单元列表。结果如下：

```
The time after the unit is active or started is printed after the "@" character.
The time the unit takes to start is printed after the "+" character.

graphical.target @12.451s
└─multi-user.target @12.451s
  └─kerneloops.service @7.046s +77ms
    └─network-online.target @7.042s
      └─NetworkManager-wait-online.service @5.541s +1.500s
        └─NetworkManager.service @4.444s +1.096s
          └─dbus.service @4.057s
            └─basic.target @4.056s
              └─sockets.target @4.056s
                └─snapd.socket @4.053s +2ms
```

```
              └─sysinit.target @4.050s
                └─systemd-timesyncd.service @3.798s +251ms
                  └─systemd-tmpfiles-setup.service @3.567s +211ms
                    └─systemd-journal-flush.service @804ms +2.762s
                      └─systemd-journald.service @645ms +157ms
                        └─systemd-journald-dev-log.socket @639ms
                          └─system.slice @627ms
                            └─-.slice @624ms
```

不带参数将显示当前启动目标的关键链。结果按照启动耗时进行排序，“@”之后是单元启动的时间（从系统引导到单元启动的时间），“+”之后是单元启动消耗的时间。

可以指定参数来显示指定单元的关键链：

```
systemd-analyze critical-chain cups.service
```

命令 systemd-analyze plot 可以将整个启动过程写入一个 SVG 格式文件，便于以后查看和分析。例如：

```
systemd-analyze plot > boot.svg
```

3. 管理启动目标

早期版本的 Ubuntu 系统的运行级别 2～5 都是多用户图形模式，这几个运行模式没有区别，默认开机的运行级别是 2。systemd 改用启动目标来代替运行级别，与运行级别 2～4 对应的是 multi-user.target（多用户目标），与运行级别 5 对应的是 graphical.target（图形目标），这也是目前 Ubuntu 桌面版默认的启动目标。

（1）查看当前的启动目标。以前执行 runlevel 命令，可以显示当前系统处于哪个运行级别。现在使用 systemctl 查看当前启动运行了哪些目标：

```
zxp@LinuxPC1:~$ systemctl list-units --type=target
UNIT                    LOAD   ACTIVE SUB    DESCRIPTION
basic.target             loaded active active Basic System
cryptsetup.target        loaded active active Local Encrypted Volumes
getty.target             loaded active active Login Prompts
graphical.target         loaded active active Graphical Interface
......
```

（2）切换到不同的目标。以前 Ubuntu 使用 init 命令加上级别代码参数切换到不同的运行级别。Ubuntu 18.04 使用 systemctl 工具在不重启的情况下切换到不同的目标，基本用法为

```
systemctl isolate 目标名.target
```

（3）管理默认启动目标。采用 systemd 之后，默认启动目标为 graphical.target，这个目标对应的运行级别是 5：

```
zxp@LinuxPC1:~$ systemctl get-default
graphical.target
zxp@LinuxPC1:~$ runlevel
N 5
```

通过 systemctl set-default 命令可以更改默认启动目标。例如：

```
zxp@LinuxPC1:~$ sudo systemctl set-default runlevel2.target
Removed /etc/systemd/system/default.target.
Created symlink /etc/systemd/system/default.target → /lib/systemd/system/multi-user.target.
```

该命令将/etc/systemd/system/default.target 重新链接到/lib/systemd/system/ multi-user.target。无论是设置默认启动目标为 runlevel2.target、runlevel3.target、runlevel4.target，还是 multi-user.target，都会指向 multi-user.target。设置完毕，重新启动系统会进入文本模式，并且运行级别为 3。Ubuntu 18.04 与 CentOS 7 一样，将类似于运行级别 3 的 multi-user.target（多用户目标）和对应运行级别 5 的 graphical.target（图形目标）作为最常用的两个目标。

（4）进入系统救援模式和紧急模式。执行以下命令进入系统救援模式（单用户模式）：

```
sudo systemctl rescue
```

这将进入最小的系统环境，以便于修复系统。根目录以只读方式挂载，不激活网络，只启动很少的服务，进入这种模式需要 root 密码。

如果连救援模式都进入不了，可以执行以下命令进入系统紧急模式：

```
sudo systemctl emergency
```

这种模式也需要 root 密码登录，不会执行系统初始化，完成 GRUB 启动，以只读方式挂载根目录，不装载/etc/fstab，非常适合文件系统故障处理。

6.3 进程的调度启动——自动化任务配置

Linux 可以将任务配置为在指定的时间、时间区间，或者系统负载低于特定水平时自动运行，这实际上就是一种进程的调度启动。这种自动化任务又称计划任务管理，作为一种例行性安排通常用于执行定期备份、监控系统、运行指定脚本等工作。与多数 Linux 版本一样，Ubuntu 提供 Cron、at 和 batch 等自动化任务工具。

6.3.1 使用 Cron 服务安排周期性任务

Cron 用来管理周期性重复执行的作业任务调度，非常适合日常系统维护工作。

1. 使用配置文件/etc/crontab 定义系统级周期性任务

Cron 主要使用配置文件/etc/crontab 来管理系统级任务调度。下面是该配置文件的一个实例（中文注释为笔者所加）：

```
# /etc/crontab: system-wide crontab
# Unlike any other crontab you don't have to run the `crontab'
# command to install the new version when you edit this file
# and files in /etc/cron.d. These files also have username fields,
# that none of the other crontabs do.
## 默认 Shell 环境
SHELL=/bin/sh
## 运行命令的默认路径
PATH=/usr/local/sbin:/usr/local/bin:/sbin:/bin:/usr/sbin:/usr/bin
##  以下部分定义任务调度
# m h dom mon dow user    command
17 * * * *    root    cd / && run-parts --report /etc/cron.hourly
25 6 * * *    root test -x /usr/sbin/anacron || ( cd / && run-parts --report /etc/cron.daily )
47 6 * * 7    root test -x /usr/sbin/anacron || ( cd / && run-parts --report /etc/cron.weekly )
52 6 1 * *    root test -x /usr/sbin/anacron || ( cd / && run-parts --report /etc/cron.monthly )
```

共有 4 行任务定义，每行格式为

```
分钟（m） 小时（h） 日期（dom） 月份（mon） 星期（dow） 用户身份（user） 要执行的命令（command）
```

前 5 个字段用于表示计划时间，数字取值范围：分钟（0~59）、小时（0~23）、日期（1~31）、月份（1~12）、星期（0~7，0 或 7 代表星期日）。尤其要注意以下几个特殊符号的用途：星号“*”为通配符，表示取值范围中的任意值；连字符“-”表示数值区间；逗号“,”用于多个数值列表；正斜线“/”用来指定间隔频率。在某范围后面加上“/整数值”表示在该范围内每跳过该整数值执行一次任务。例如“*/3”或者“1-12/3”用在“月份”字段表示每 3 个月，“*/5”或者“0-59/5”用在“分钟”字段表示每 5 分钟。

第 6 个字段表示执行任务命令的使用者身份，例如 root。

最后一个字段就是要执行的命令。Cron 调用 run-parts 命令，定时运行相应目录下的所有脚本。在

Ubuntu 中，该命令对应的文件为/bin/run-parts，用于一次运行整个目录的可执行程序。这里将本例中 4 项任务调度的作用说明如下。

第 1 项任务每小时执行一次，在每小时的 17 分时运行/etc/cron.hourly 下的脚本。

第 2 项任务每天执行一次，在每天 6 点 25 分执行。

第 3 项任务每周执行一次，在每周第 7 天的 6 点 47 分执行。

第 4 项任务每月执行一次，在每月 1 号的 6 点 52 分执行。

以上执行时间可自行修改。后面 3 项比较特殊，会先检测/usr/sbin/anacron 文件是否可执行，如果不能执行，则调用 run-parts 命令运行相应目录中的所有脚本。实际上，Ubuntu 系统中/usr/sbin/anacron 是可运行的，这就不会调用后面的 run-parts 命令，但是 anacron 可运行/etc/cron.daily、/etc/cron.weekly 和/etc/cron.monthly 目录中的脚本，这将在后面讲解。

例如，要建立一个每小时执行一次检查的任务，可以为这个任务建立一个脚本文件 check.sh，然后将该脚本放到/etc/cron.hourly 目录中即可。

由于 Ubuntu 系统中预设有大量的例行任务，Cron 服务默认开机自动启动。通常 Cron 的监测周期是 1 分钟，也就是说它每分钟会读取配置文件/etc/crontab 的内容，根据其具体配置执行任务。

2. 在 etc/cron.d 目录中定义个别的周期性任务

/etc/crontab 配置文件适合全局性的计划任务，每小时、每天、每周和每月执行要执行的任务的时间点分别只能有一个，例如每小时执行一次的任务在第 17 分钟执行。如果要为计划任务指定其他时间点，则可以考虑在/etc/cron.d/目录中添加自己的配置文件，格式同/etc/crontab，文件名可以自定义。例如添加一个文件 backup 用于执行备份任务，内容如下：

```
## 每月第1天4:10AM执行自定义脚本
10  4  1 * * *  /root/scripts/backup.sh
```

Cron 执行时，就会自动扫描该目录下的所有文件，按照文件中的时间设定执行其中的命令。注意脚本文件名部分不能包含“.”符号。

3. 使用 crontab 命令为普通用户定制任务调度

上述配置是系统级的，只有 root 用户能够通过/etc/crontab 文件和/etc/cron.d/目录来定制 Cron 任务调度。而普通用户只能使用 crontab 命令创建和维护自己的 Cron 配置文件。该命令的基本用法为

```
crontab [-u 用户名] [ -e | -l | -r ]
```

选项-u 指定要定义任务调度的用户名，没有此选项则为当前用户；-e 用于编辑用户的 Cron 调度文件；-l 用于显示 Cron 调度文件的内容；-e 用于删除用户的 Cron 调度文件。

crontab 命令生成的 Cron 调度文件位于/var/spool/cron/crontabs 目录，以用户账户名命令，语法格式基本同/etc/crontab 文件，只是少了一个使用者身份字段。例如，执行以下命令，将打开文本编辑器，参照/etc/crontab 格式定义任务调度，任务调度文件保存为/var/spool/cron/crontabs/zxp。

```
crontab -u zxp -e
```

本例自动调用 nano 编辑器，输入以下语句：

```
*  *  *  *  *  echo '测试cron作业每分钟执行一次' >/home/zxp/test-cron.txt
```

保存之后，1 分钟之后查看/home/zxp/test-cron.txt 的内容：

```
zxp@LinuxPC1:~$ cat /home/zxp/test-cron.txt
测试cron作业每分钟执行一次
```

Cron 每分钟都检查/etc/crontab 文件、etc/cron.d/目录和/var/spool/cron 目录中的变化。如果发现改变，就将其载入内存。这样更改 cron 调度配置后，不必重新启动 Cron 服务。

6.3.2 使用 anacron 唤醒停机期间的调度任务

Cron 用于自动执行常规系统维护，可以很好地服务于全天候运行的 Linux 系统。但是，遇到停机等

问题，因为不能定期运行 Cron 调度任务，可能会耽误本应执行的系统维护任务。例如，使用/etc/crontab 配置文件来启用每周要定期启动的调度任务，默认设置为每周日 6 时 47 分运行/etc/cron.weekly 目录下的任务脚本，假如每周需要执行一项备份任务，一旦到周日 6 时 47 分因某种原因（如停机）未执行，过期就不会重新执行。使用 anacron 就可以解决这个问题。

使用 anacron 唤醒停机期间的调度任务

anacron 并非要取代 Cron，而是要扫除 Cron 存在的盲区。anacron 只是一个程序而非守护进程，可以在启动计算机时运行 anacron，也可以通过 systemd 定时器或 Cron 服务运行该程序。默认 anacron 也是每个小时由 systemd 定时器执行一次，anacron 检测相关的调度任务有没有被执行，如果有超期未执行，就直接执行，执行完毕或没有需执行的调度任务时，anacron 就停止运行，直到下一时刻被执行。

1. 配置 anacron

anacron 使用多种方式运行，不同的运行方式都有相应的配置。anacron 除了在系统启动时运行外，还可以由 systemd 定时器或 Cron 服务调度运行，它还有自己的配置文件。

（1）使用 systemd 定时器安排 anacron 运行。如果系统正在运行 systemd，它使用 systemd 定时器来安排 anacron 的定期运行。这可以通过/lib/systemd/system/anacron.timer 文件来进行配置，默认配置如下：

```
[Unit]
Description=Trigger anacron every hour
[Timer]
OnCalendar=hourly
RandomizedDelaySec=5m
Persistent=true
[Install]
WantedBy=timers.target
```

上述配置表示 anacron 每小时整点运行一次，随机延迟的时间在 5 分钟之内。

这是一个 systemd 定时器单元文件，OnCalendar 字段设置要运行任务的实际时间；RandomizedDelaySec 设置将此单元的定时器随机延迟一小段时间，这一小段时间介于 0 和该指令设置的时间长度之间（目的是让任务执行时间分散，防止服务器过载）；Persistent 设置为 true 表示将匹配单元的上次触发时间永久保存，当定时器单元再次被启动时，如果匹配单元本应该在定时器单元停止期间至少被启动一次，那么将立即启动匹配单元，这样就不会因为关机而错过必须执行的任务，这对 anacron 是必需的。

该定时器配套的服务单元文件是/lib/systemd/system/anacron.service，默认配置如下。

```
[Unit]
Description=Run anacron jobs
After=time-sync.target
ConditionACPower=true
Documentation=man:anacron man:anacrontab

[Service]
ExecStart=/usr/sbin/anacron -dsq
IgnoreSIGPIPE=false

[Install]
WantedBy=multi-user.target
```

其中 anacron 命令的-s 选项表示在前一个任务完成之前，anacron 不会开始新的任务。

（2）使用 Cron 服务安排 anacron 运行。如果系统未运行 systemd 时，则使用系统的 Cron 服务安排 anacron 运行，相应的配置文件为/etc/cron.d/anacron，默认设置如下：

```
SHELL=/bin/sh
PATH=/usr/local/sbin:/usr/local/bin:/sbin:/bin:/usr/sbin:/usr/bin
```

```
    30 7    * * *   root    [ -x /etc/init.d/anacron ] && if [ ! -d /run/systemd/system ];
then /usr/sbin/invoke-rc.d anacron start >/dev/null; fi
```

这表示每天7时30分检查systemd是否运行，如没有就启动anacron。

（3）anacron根据/etc/anacrontab配置文件执行每天、每周和每月的调度任务。当该配置文件发生改变时，下一次anacron运行时会检查到配置文件的变化。该文件的修改需要root权限，默认配置如下。

```
SHELL=/bin/sh
PATH=/usr/local/sbin:/usr/local/bin:/sbin:/bin:/usr/sbin:/usr/bin
HOME=/root
LOGNAME=root
# These replace cron's entries（以下设置替换cron配置中的条目）
1    5    cron.daily   run-parts --report /etc/cron.daily
7    10   cron.weekly  run-parts --report /etc/cron.weekly
@monthly 15   cron.monthly run-parts --report /etc/cron.monthly
```

前3行设置anacron运行的默认环境，后3行设置3个anacron任务，分别是每天执行、每周执行和每月执行的。每个任务定义包括4个字段，格式如下。

```
周期（天）  延迟时间（分钟）  任务标识        要执行的命令
```

第1个任务标识为cron.daily，每1天执行一次；第2个任务标识为cron.weekly，每7天（1周）执行一次；第3个任务标识为cron.monthly，每月执行一次，@monthly表示每月。任务的延迟时间以分钟为单位，比如第1个任务当anacron启动后，等待5分钟才会执行。设置延迟时间是为了当anacron启动时不会因为执行很多anacron任务而导致过载。

（4）每天、每周和每月定时更新时间戳。默认情况下，Ubuntu的/etc/cron.daily、/etc/cron.weekly和/etc/cron.monthly目录中都会有一个名为0anacron的脚本文件会被首先运行。例如，/etc/cron.daily/0anacron文件的主要内容如下：

```
test -x /usr/sbin/anacron || exit 0
anacron -u cron.daily
```

按照Ubuntu默认设置，anacron开机时运行一次，每小时整点会运行一次（默认随机延迟时间在5分钟之内），每次运行时会读取/etc/anacrontab配置并检查相应的时间戳来决来是否执行相应任务。以每天调度任务为例，anacron从配置文件读取到标识为cron.daily的任务，判断其周期为1天，接着从/var/spool/anacron/cron.daily中取出最近一次执行anacron的时间戳，两相比较若差异天数为1天以上（含1天），就准备执行每天调度任务。默认这个任务延迟时间为5分钟，实际就会再等5分钟执行命令run-parts /etc/cron.daily。此时先运行/etc/cron.daily目录下的0anacron脚本，更改时间戳，再运行该目录下的其他脚本，执行完毕后，anacron关闭。读者可据此分析cron.weekly、cron.monthly的脚本调度过程。

提 示

anacron不可以定义频率在1天以下的调度任务。不应该将每小时执行一次的Cron任务转换为anacron形式。

2. anacron与Cron结合

Ubuntu通过anacron来解决每天、每周和每月要定期启动的调度任务，执行的是某个周期的任务调度。默认情况下systemd定时器安排anacron每小时运行一次。anacron根据/etc/anacrontab的配置执行/etc/cron.daily、/etc/cron.weekly和/etc/cron.monthly目录中的调度任务脚本。管理员可以根据需要将每天、每周和每月要执行任务的脚本放在上述目录中。

Cron服务每分钟会读取/etc/crontab文件、etc/cron.d/目录和/var/spool/cron目录中的配置信息，执行的是精确定时任务调度。管理员可以根据需要将每小时要执行任务的脚本放入/etc/cron.hourly目录中。

这里再次以一个例子强调anacron的作用。如果将每个周日的需要执行备份任务在/etc/crontab中配置，一旦周日因某种原因未执行，过期就不会重新执行。但如果将备份任务脚本置于/etc/cron.weekly/

目录下，那么该任务就会定期执行，几乎一定会在一周内执行一次。

6.3.3 使用 at 和 batch 工具安排一次性任务

Cron 根据时间、日期、星期、月份的组合来调度对重复作业任务的周期性执行，有时也需要安排一次性任务，在 Linux 系统中通常使用 at 工具在指定时间内调度一次性任务，另外 batch 工具用于在系统平均载量降到 0.8 以下时执行一次性的任务，这两个工具都由 at 软件包提供，由 at 服务（守护进程名为 atd）支持。

Ubuntu 默认没有安装 at 软件包，可以使用以下命令安装。

```
sudo apt install at
```

安装完成后，at 服务已经启动。

接下来讲解配置 at 作业，在某一指定时间内调度一项一次性作业任务的步骤。

（1）在命令行中执行 at 命令进入作业设置状态。at 后面跟时间参数，即要执行任务的时间，可以是下面格式中任何一种。

- HH:MM：某一时刻，如 05:00 代表 5:00AM。如果时间已过，就会在第 2 天的这一时间执行。
- MMDDYY、MM/DD/YY 或 MM.DD.YY：日期格式，表示某年某月某天的当前时刻。
- 月日年英文格式：如 January 15 2019，年份可选。
- 特定时间：midnight 代表 12:00 AM，noon 代表 12:00 PM，teatime 代表 4:00 PM。
- now +：从现在开始多少时间以后执行，单位是 minutes、hours、days 或 weeks。如 now +3 days 代表命令应该在 3 天之后的当前时刻执行。

（2）出现 at>提示符，进入命令编辑状态，设置要执行的命令或脚本。可指定多条命令，每输入一条命令，按<Enter>键。

（3）需要结束时按<Ctrl>+<D>组合键退出。

（4）可根据需要执行命令 atq 查看等待运行（未执行）的作业。

（5）如果 at 作业需要取消，可以在 atrm 命令后跟 atq 命令输出的作业号来删除该 at 作业。

下面给出一个简单的 at 配置实例。

```
zxp@LinuxPC1:~$ at now + 10minutes
warning: commands will be executed using /bin/sh
## 指定作业任务
at> ps
at> ls
at> <EOT>                    ##此时按<Ctrl>+<D>组合键退出
job 1 at Fri Aug 30 10:15:00 2019
## 查询未执行 at 作业
zxp@LinuxPC1:~$ atq
1    Fri Aug 30 10:15:00 2019 a zxp
## 删除 at 作业
zxp@LinuxPC1:~$ atrm 1
```

batch 与 at 一样使用 atd 守护进程，主要执行一些不太重要以及消耗资源比较多的维护任务。配置和管理 batch 作业的过程与 at 作业类似。执行 batch 命令后，at>提示符就会出现，编辑要执行的命令。

6.4 系统日志管理

日志是一个必不可少的安全手段和维护系统的有力工具。日志文件可用于实现系统审计、监测追踪、事件分析，有助于故障排除。新版本的 Ubuntu 系统既支持传统的系统日志服务，又支持新型的 systemd 日志，这是一种改进的日志管理服务。

6.4.1 配置和使用系统日志

配置和使用系统日志

Linux 最常用的一个日志记录工具是 syslog，其日志不仅可以保存在本地，还可以通过网络发送到另一台计算机上。rsyslog 是 syslog 的多线程增强版，也是 Ubuntu 默认的日志系统。rsyslog 负责写入日志，logrotate 负责备份和删除旧日志，以及更新日志文件。

1. 配置系统日志

Ubuntu 的系统日志配置文件为/etc/rsyslog.conf。可以打开该配置文件查看，这里给出部分内容：

```
# /etc/rsyslog.conf  Configuration file for rsyslog.
#
#            For more information see
#            /usr/share/doc/rsyslog-doc/html/rsyslog_conf.html
#
# Default logging rules can be found in /etc/rsyslog.d/50-default.conf
……（此处省略）
# Where to place spool and state files
#
$WorkDirectory /var/spool/rsyslog
# Include all config files in /etc/rsyslog.d/（在/etc/rsyslog.d中包含所有配置文件）
#
$IncludeConfig /etc/rsyslog.d/*.conf
```

Ubuntu 将主要配置文件放置在/etc/rsyslog.d 目录中，其中的默认的配置文件/etc/rsyslog.d/50-default.conf 可以用来进行系统日志的主要配置，如记录日志的信息来源、信息类型以及保存位置。下面是该文件默认的主要内容（中文部分为注释）。

```
# 首先是一些标准的日志文件，按设备记录
auth,authpriv.*              /var/log/auth.log          #记录所有授权信息
*.*;auth,authpriv.none      -/var/log/syslog
#cron.*                 /var/log/cron.log
#daemon.*          -/var/log/daemon.log
kern.*                  -/var/log/kern.log
#lpr.*                  -/var/log/lpr.log
mail.*                  -/var/log/mail.log          #记录所有邮件信息
#user.*                 -/var/log/user.log
# 记录邮件系统日志，分别记录便于编写脚本分析日志文件
#mail.info              -/var/log/mail.info
#mail.warn              -/var/log/mail.warn
mail.err           /var/log/mail.err
# 一些"catch-all"日志文件
#*.=debug;\
#    auth,authpriv.none;\
#    news.none;mail.none   -/var/log/debug
#*.=info;*.=notice;*.=warn;\
#    auth,authpriv.none;\
#    cron,daemon.none;\
#    mail,news.none        -/var/log/messages
# 紧急情况日志#
*.emerg                 :omusrmsg:*
# 让虚拟控制台显示一些消息#
#daemon,mail.*;\
#    news.=crit;news.=err;news.=notice;\
#    *.=debug;*.=info;\
```

```
#     *.=notice;*.=warn /dev/tty8
```

配置文件中每一行都代表一条设置值，语法如下。

```
信息来源.优先级        处理方式
```

同一行中允许出现多个“信息来源.优先级”，但必须要使用分号进行分隔。接下来讲解这 3 部分的定义规则。

（1）信息来源。

信息来源定义日志记录来自哪个子系统。表 6-4 列出了日志中的所有信息来源。

表 6-4 日志信息来源

信息来源	说明	信息来源	说明
authpriv	安全/授权	mail	电子邮件系统
cron	at 或 cron 定时执行任务	news	网络新闻系统
daemon	守护进程	syslog	syslogd 内部
ftp	ftp 守护进程	user	一般用户级别
kern	内核	uucp	UUCP 系统
lpr	打印系统	local/V	保留

如果使用用多个信息来源，可以使用逗号分隔，还可以使用通配符“*”表示所有信息来源。

（2）优先级。

优先级代表信息的紧急程度，表 6-5 按由轻微到严重的顺序列出了 syslog 所有级别。

表 6-5 日志信息优先级

优先级	说明	优先级	说明
debug	调试排错信息，仅对程序开发人员有用	err	一般的错误信息
info	一般信息，可以忽略	crit	关键状态信息
notice	正常提示信息	alert	需特别注意的警报信息，一般要迅速更正
warn	可能是有问题的警告信息	emerg	最严重，紧急状况，一般是系统不可用

优先级向上匹配，每一个低级别都包括更高级别。级别越低，信息的数量就越多。直接使用优先级，将记录等于或高于该优先级的信息，例如 err 相当于 err + crit +alert + emerg。要避免这种情况，可考虑使用运算符，例如“=优先级”表示等于该优先级；“!优先级”表示除了该优先级之外的所有级别。

还可以使用通配符“*”表示所有信息，“none”表示忽略所有信息。

（3）处理方式。

syslog 的处理动作用来定义如何处理接收到的信息，通常是将信息发往何处。主要有以下几种处理方式。

- 将信息存储到指定文件：用文件名表示，必须使用绝对路径，如/var/log/messages。路径名前加符号“-”表示忽略同步文件，不将日志信息同步刷新到磁盘上（使用写入缓存），这样可以提高日志写入性能，但是增加了系统崩溃后丢失日志的风险。
- 将信息发送到指定设备：用设备名表示，例如指定到/dev/lpl，就是将信息发送到打印机进行打印；指定到/dev/console，就是将信息发送到本地主机的终端。
- 将信息发给某个用户：用用户名表示，将信息发送到指定用户的终端上，多个用户需要使用逗号隔开，而通配符“*”表示所有用户。
- 将信息发送到命名管道：用“| 程序”形式表示，将信息重定向到指定程序。
- 将信息发送到远程主机：远程主机的名称前必须加“@”。

可以根据实际需要来定制系统日志配置文件，一般编辑/etc/rsyslog.d/50-default.conf 文件即可，保存该配置文件重启日志服务即可生效。下面给出一个简单的示例。

在该文件中添加一行日志定义，将所有 info 优先级的日志记录记录到/var/log/log_test.log。

```
*.info                    /var/log/log_test.log
```

保存该文件，然后执行以下命令重启 rsyslog 服务使修改后的配置立即生效。

```
systemctl restart rsyslog.service
```

可以使用 logger 工具进行测试。logger 是一个 Shell 命令接口，可以模拟产生各类 rsyslog 信息。例如，这里要模拟 kern.info 信息，可以使用如下命令：

```
logger kern.info "test info"
```

然后查看/var/log/log_test.log 日志文件内容看是否“test info”日志记录，确认日志设置修改是否成功。

2．查看和管理系统日志内容

Ubuntu Linux 的各种日志对系统的活动进行了详细的记录，这些记录有助于用户分析系统的运行状况，并且可以对系统的安全状况进行评估，一般来说，日志包括的内容有用户、时间、位置、操作内容等。有时需要多个日志对比查看，这样可以获得更多、更准确的信息。

大部分的日志文件集中存储在/var/log 目录，在这些日志中，有些是自动启动运行的，有些是需要手动启动的，有些是系统的日志，有些是特定应用程序的日志。例如/var/log/boot.log 用来存储服务启动与停止的信息；/var/log/dmesg 存储在系统启动时显示在屏幕上的内核信息，包含了系统中硬件状态的检测信息。

系统日志服务产生的记录文件，当中的每一行就是一条信息，每一行包含的字段主要有：信息发生的日期、时间、主机、产生信息的软件、软件或者软件组件的名称（可以省略）、PID（进程标识符，可以省略）、信息内容。这里给出/var/log/auth.log 部分信息：

```
Aug 30 10:52:01 LinuxPC1 CRON[6182]: pam_unix(cron:session): session opened for user zxp by (uid=0)
Aug 30 10:52:01 LinuxPC1 CRON[6182]: pam_unix(cron:session): session closed for user zxp
```

随着系统运行时间越来越长，日志文件的大小也会随之变得越来越大。如果长期让这些历史日志保存在系统中，将会占用大量的磁盘空间。用户可以直接把这些日志文件删除，但删除日志文件可能会造成一些意想不到的后果。为了能释放磁盘空间的同时又不影响系统的运行，可以使用 echo 命令清空日志文件的内容，命令格式如下所示。

```
echo > 日志文件
```

6.4.2 配置和使用 systemd 日志

配置和使用 systemd 日志

systemd 日志由 systemd-journald 守护进程实现。该守护进程可以收集来自内核、启动过程早期阶段的日志，系统守护进程在启动和运行中的标准输出和错误信息，以及 syslog 的日志。它将这些消息写到一个结构化的事件日志中，便于集中查看和管理。有些 rsyslog 无法收集的日志，systemd-journald 能够记录下来。

1．配置 systemd 日志服务

systemd 日志的配置文件是/etc/systemd/journald.conf，可以通过更改其中的选项来控制 systemd-journald 的行为，以满足用户的需求。要使更改生效，需要使用以下命令重启动日志服务：

```
systemctl restart systemd-journald
```

下面举例介绍几个选项。

Storage 用于控制何处存储日志数据。值“volatile”表示仅在内存中存储，即位于/run/log/journal（如有需要会创建）目录下；“persistent”表示持久存储，优先存储在磁盘上，也就是位于/var/log/journal 目录（如有需要会创建）下，在刚开始启动或者磁盘不可写时则改到/run/log/journal 目录下临时保存；“auto”是默认设置，类似于“persistent”，除了不会创建/var/log/journal 目录，所以它的存在控制着日志数据的去向；“none”关闭所有存储，所有收集到的日志数据会被丢弃，但日志转发（如转发到控制台、内核日志缓存或 syslog socket）不受影响。

SystemMaxUse 用于更改日志大小限制。持久存储日志数据时，这些数据最多会占用 /var/log/journal 所在文件系统空间的 10%。要更改此限制，则明确设置 SystemMaxUse 选项。

以 ForwardTo 打头的几个选项用于设置日志转发。例如以下两项设置将日志转发到终端设备 /dev/tty12 上：

```
ForwardToConsole=yes
TTYPath=/dev/tty12
```

以下设置表示将日志转发到传统的 syslog 或 rsyslog 系统日志服务：

```
ForwardToSyslog=yes
```

另外，执行 systemctl status systemd-journald 可查看 systemd 日志服务的当前状态，并且显示运行时日志（Runtime journal）和系统日志（System journal）的存储位置和磁盘空间，例如：

```
8月 30 16:24:14 LinuxPC1 systemd-journald[454]: Runtime journal (/run/log/journal/9c21dd087de144dabdca3c82ec6ff741) is 4.9M, max 39.1M, 34.2M free
8月 30 16:24:15 LinuxPC1 systemd-journald[454]: Time spent on flushing to /var is 6.731957s for 1624 entries.
8月 30 16:24:15 LinuxPC1 systemd-journald[454]: System journal (/var/log/journal/9c21dd087de144dabdca3c82ec6ff741) is 336.0M, max 4.0G, 3.6G free.
```

2. 查看 systemd 日志条目

systemd 将日志数据存储在带有索引的结构化二进制文件中。此数据包含与日志事件相关的额外信息，如原始消息的设备和优先级。日志是经历过压缩和格式化的二进制数据，所以查看和定位的速度很快。使用 journalctl 命令查看所有日志（内核日志和应用日志）。

journalctl 命令按照从旧到新的时间顺序显示完整的系统日志条目。它以加粗文本突出显示级别为 notice 或 warning 的信息，以红色文本突出显示级别为 error 或更高级的消息。

要利用日志进行故障排除和审核，就要加上特定的选项和参数，按特定条件和要求来搜索并显示 systemd 日志条目。下面分类介绍常用的日志查看操作。

（1）按条目数查看日志。

执行以下命令显示最新的 10 个日志条目：

```
journalctl -n
```

加上参数指定显示最新条目的个数。若要显示最新 15 个日志条目，可执行：

```
journalctl -n 20
```

执行以下命令实时滚动显示最新日志（最新的 10 条）：

```
journalctl -f
```

（2）按类别查看日志。

使用选项-p 指定日志过滤级别，以下命令显示指定级别 err 和比它更高级别的条目。

```
journalctl -p err
```

只查看内核日志（不显示应用日志）：

```
journalctl -k
```

查看指定服务的日志：

```
journalctl /lib/systemd/systemd
```

（3）按时间范围查看日志。

查找具体时间的日志时，可以使用两个选项--since（自某时间节点开始）和--until（到某时间节点为止）将输出限制为特定的时间范围，两个选项都接受格式为 YYYY-MM-DD hh:mm:ss 的时间参数。如果省略日期，则命令会假定日志为当天；如果省略时间部分，则默认为自 00:00:00 起的一整天，除了日期和时间字段外，这两个选项还接受 yesterday、today 和 tomorrow 作为有效日期的参数。例如，以下命令输出当天记录的所有日志条目。

```
journalctl --since today
```

查看 2019 年 8 月 20 日 20:30:00 到 2019 年 8 月 30 日 12:00:00 的日志条目：

```
journalctl --since "2019-08-20 20:30:00" --until "2019-08-30 12:00:00"
```

（4）指定日志显示格式。

还可以定制要显示的日志输出模式，这要使用选项-o 加上适当的参数来实现。例如，以 JSON 格式（单行）输出：

```
journalctl -o json
```

改用以 JSON 格式（多行）输出，可读性更好：

```
journalctl -o json-pretty
```

显示最详细的日志信息：

```
journalctl -o verbose
```

日志默认分页输出，使用--no-pager 选项改为正常的标准输出：

```
journalctl --no-pager
```

（5）查询某单元（服务）日志。

某单元（服务）启动或运行异常，可以查看其日志来分析排错。

```
journalctl -u 单元（服务）名
```

（6）组合查询日志。

可以组合成多个选项进行查询。例如，查询今天与 systemd 单元文件 atd.service 启动相关的所有日志条目。

```
journalctl _SYSTEMD_UNIT=atd.service --since today
```

3. 管理维护 systemd 日志

可以使用以下命令查看 systemd 日志当前的磁盘使用情况：

```
journalctl --disk-usage
```

使用 journalctl 命令可以清理日志归档文件以释放磁盘空间。方法是使用--vacuum-size 选项限制归档文件的最大磁盘使用量，使用--vacuum-time 选项清除指定时间之前的归档，使用--vacuum-files 选项限制日志归档文件的最大数量。这 3 个选项可以同时使用，以同时从 3 个维度去限制归档文件。若将某选项设为 0，则表示取消该选项的限制。

6.5 习题

1. Linux 进程有哪几种类型？什么是守护进程？
2. 简述进程的手动启动和调度启动。
3. Linux 系统初始化有哪几种方式？每种方式有什么特点？
4. 什么是 systemd 单元？
5. systemd 单元文件有何作用？
6. 简述单元文件与启动目标的关系。
7. target 单元文件是如何实现复杂的启动管理的？
8. 是否需要区分单元管理与单元文件管理？
9. Ubuntu 系统启动经过哪 4 个阶段？
10. 通过 Cron 服务安排每周一至周五凌晨 3 点执行某项任务，调度时间如何表示？
11. anacron 有什么作用？与 Cron 任务调度有什么不同？
12. 系统日志配置文件采用什么格式？
13. systemd 日志主要收集哪些信息？
14. 执行 ps 命令查看当前进程。
15. 熟悉单元管理与单元文件管理的 systemctl 命令操作。
16. 请查阅资料，整理出与传统电源管理命令对应的 systemctl 电源管理命令。
17. 熟悉 systemd 日志条目查看命令。

第 7 章 Ubuntu桌面应用

07

Ubuntu 是目前 Linux 桌面操作系统的典型代表，所提供的桌面应用很有特色，颇受广大用户青睐。访问 Internet 是现代操作系统的基本要求，Ubuntu 提供了较为完善的 Internet 应用。随着音频、视频的流行，多媒体已成为一类非常活跃的计算机应用，Ubuntu 桌面版对多媒体的播放和编辑提供了有力的支持。对桌面操作系统来说，办公软件非常重要，Ubuntu 预装有与 Windows 桌面办公软件 Microsoft Office 类似，功能相当的 LibreOffice 套件。本章简单介绍相关桌面应用软件的功能特性和基本使用。

学习目标

① 了解和使用 Ubuntu 常用的 Internet 应用软件。
② 了解图形图像、音频、视频的查看、播放和编辑工具。
③ 了解 LibreOffice 办公套件的组成，熟悉该套件的使用。

7.1 Internet 应用

Ubuntu 预装常用的 Internet 应用软件，还可以方便地安装第三方软件。这里主要介绍 Web 浏览、文件下载、邮件收发等常见的 Internet 应用软件。

7.1.1 Web 浏览器

Web 浏览器是最基本的上网工具，Windows 操作系统内置 IE 浏览器，而 Ubuntu 自带有 FireFox 浏览器。

1. FireFox 简介

该浏览器全称 Mozilla Firefox，中文俗称"火狐"，是由 Mozilla 基金会与开源团体共同开发的开放源代码网页浏览器，可以免费使用。Firefox 的开发目标是尽情地上网浏览，为多数人提供最好的上网体验。

作为一款跨平台的浏览器，Firefox 支持多种操作系统，如 Windows、Mac OS X、GNU/Linux 以及 Android。其代码是独立于操作系统的，可以在许多操作系统上编译，如 AIX、FreeBSD 等。

Firefox 支持多种网络标准，如 HTML、XML、XHTML、SVG 1.1（部分）、CSS（除了标准之外，还有扩充的支持）、ECMAScript（JavaScript）、DOM、MathML、DTD、XSLT、XPath 和 PNG 图像文件（包含透明度支持）。

Firefox 支持标签页浏览、拼写检查、即时书签、自定义搜索等功能。标签页浏览使得用户不再需要打开新的窗口浏览网页，而只需要在现有的窗口中开一个新的标签页即可，从而达到了节约任务栏的空间和加快浏览速度的效果。

Firefox 重视个性化支持。用户可以通过安装附加组件（扩展）来新增或修改 Firefox 的功能。附加组件的种类包罗万象，如鼠标手势、广告窗口拦截、加强的标签页浏览等。可以从 Mozilla 官方维护的附加组件官方网站下载，或是从其他的第三方开发者取得。智能地址栏（Awesomebar）具有自动学习的特性，在地址栏中输入一些词语，自动补全的功能会马上开启，并提供一系列从用户的浏览历史中提取出来的匹配的站点，同样也包括用户曾经加入书签和使用标记的站点。

Firefox 重视安全性和用户隐私保护。它使用 SSL/TLS 加密方式保证用户与网站之间数据传输的安全性，通过沙盒安全模型（Sandbox security model）来限制网页脚本对用户数据的访问，Firefox 内置基于 Google Safe Browsing 的安全浏览系统，能帮助用户远离恶意网站和钓鱼网站的威胁。此外，它还支持实时站点 ID 检查、插件检查、隐私浏览等。

2. 在 Ubuntu 上使用 FireFox

在确认 Internet 连接的前提下，在 Ubuntu 上运行 Firefox 网络浏览器，基本界面如图 7-1 所示。Firefox 的操作与其他浏览器差不多，在地址栏中输入正确的网址即可访问相关网站。

可以根据需要设置首选项。单击工具栏右侧的≡按钮即可弹出图 7-2 所示的菜单，从中选择所需的功能项即可进行相应的配置操作。

图 7-1 Firefox 网络浏览器界面

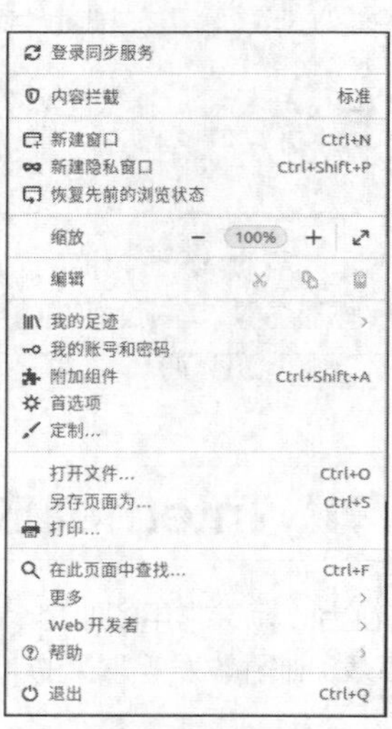

图 7-2 弹出的菜单

单击其中的“首选项”项打开首选项设置窗口，如图 7-3 所示，默认显示“常规”选项卡，可以进行一些基本设置。可根据需要切换到其他选项卡进行设置。

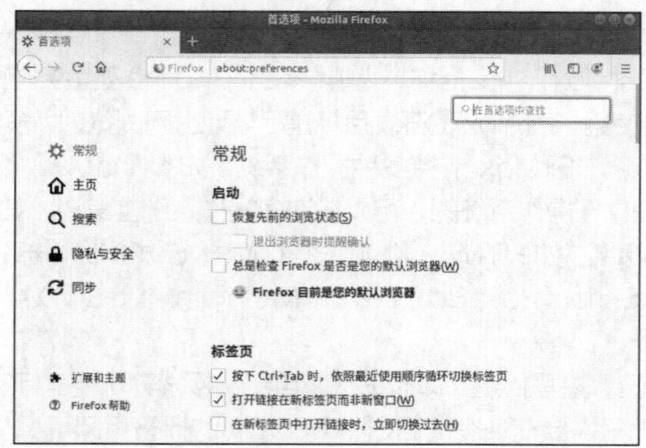

图 7-3 Firefox 首选项设置

所谓标签页浏览，就是在同一个窗口内打开多个页面进行浏览，FireFox 默认设置已支持此功能。单击标签页顶端右侧的加号按钮即可打开一个新的标签页，如图 7-4 所示，可以在不同的标签页输入网址浏览，并可方便地切换。

图 7-4　Firefox 多标签浏览

附加组件主要用于解决 Firefox 的扩展性问题，便于用户根据需要定制浏览器。单击工具栏右侧的≡按钮即可弹出菜单，单击其中的“附加组件”项，打开附加组件管理界面，如图 7-5 所示。例如单击“扩展”按钮，可以查看当前已安装的扩展，还可以添加、删除或禁用扩展。其他的主题、插件、语言等附加组件的操作相同。

图 7-5　Firefox 附加组件管理界面

除了推荐的附加组件之外，还可以在搜索框中通过关键词查找附件组件进行下载安装。切换到“推荐”选项卡，单击“寻找更多组件”按钮可访问“Firefox Add-ons”站点，浏览查找所需的组件进行下载安装。至于其他一些功能或用法，这里不再一一介绍。

7.1.2　下载工具

与 Windows 系统一样，Ubuntu 桌面版也支持多种多样的下载工具。除了传统的 FTP 和 HTTP 下载工具外，还有支持多点下载的 P2P 下载软件。内置的 FireFox 浏览器本身就支持 FTP 和 HTTP 下载。另一款内置的命令行工具 wget 支持通过 HTTP、HTTPS、FTP 三个最常见的 TCP/IP 协议下载，并可以使用 HTTP 代理。Ubuntu 默认安装有 Transmission 这样的 BitTorrent 客户端。另外，APT 软件下载工具也是 Ubuntu 的特色之一。还可以根据需要安装第三方下载工具，FileZilla 就是高效易用的 FTP 客户端。这里主要介绍 Transmission 和 FileZilla 这两款下载软件。

1. BitTorrent 客户端 Transmission

BitTorrent 简称 BT，可译为“比特流”或“比特风暴”。BT 下载属于 P2P 应用，是一类能提供多点下载的 P2P 软件，特别适于下载电影、软件等较大的文件。

BT 本质上是一种在线发布工具，下载过程中要用到种子，BT 种子就是专门提供给 BT 软件下载的链接，类似网页上的普通下载点。种子文件扩展名为.torrent，包含了一些 BT 下载所必需的信息。BT 下载用户主要从种子中读取数据，寻找文件下载点。BT 用户下载时，每台机器都提供种子，下载的人越多，种子也就越多，速度也就越快。BT 下载使用 Tracker 协议，在 BT 系统中，服务器主要用来跟踪查找用户，又称 Tracker 服务器。

与传统的 HTTP 下载或 FTP 下载相比，BT 下载不需要占用服务器的带宽，能够利用客户端闲置的资源，BT 下载用户越多速度越快，BT 下载文件越大速度越快。

Ubuntu 内置的 Transmission 是一种 BT 客户端，硬件资源消耗极少，界面极度精简，如图 7-6 所示。使用 Transmission 一类的 BT 客户端下载，首先要获取种子文件（.torrent），用户可以通过浏览器搜索下载，或者使用其他下载工具下载。

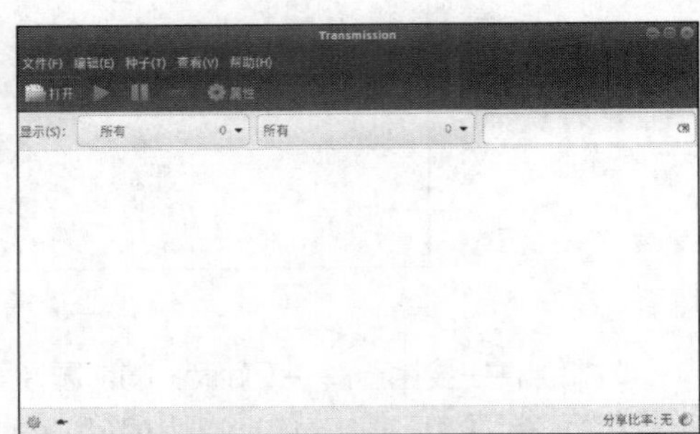

图 7-6　Transmission 主界面

Transmission 软件提示它是一款文件分享软件，运行一个种子文件，其中的数据会上传并分享给他人，分享的内容及其相关责任由用户自己负责。

2. FTP 客户端 FileZilla

FTP 文件传输是最基本的网络服务之一，最适合在不同类型的计算机之间传输文件，主要用于提供高速下载站点。这些站点通常使用 FTP 客户端工具访问和下载。在 Linux 系统中，FileZilla 是一个免费开源的 FTP 软件，具备所有的 FTP 软件功能。它具有可控性和非常有条理的界面，以及管理多站点的简便方式。在 Ubuntu 上可以执行以下命令安装它：

```
sudo apt-get install filezilla
```

也可以改用 PPA 来安装 FileZilla，首先需要执行以下命令添加相关的 PPA 源：

```
sudo apt-add-repository ppa:n-muench/programs-ppa
```

安装完毕，运行该程序打开图 7-7 所示的主界面，下载之前首先要设置访问的站点。

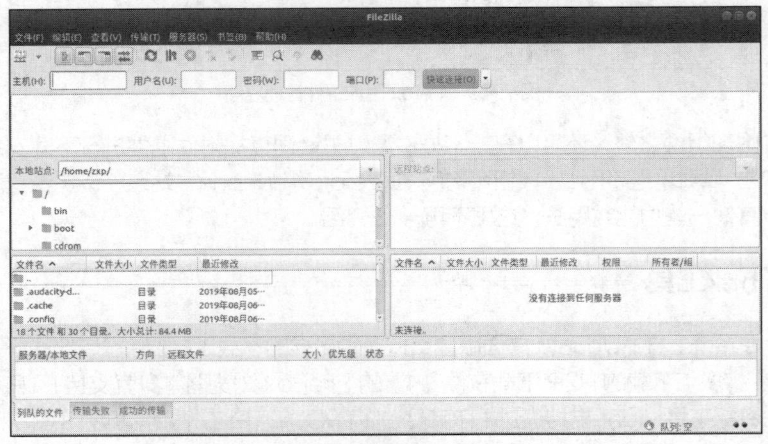

图 7-7　FileZilla 主界面

7.1.3 邮件收发工具

几乎所有的电子邮件服务商都支持用户通过 Web 浏览器在线收发邮件，但是邮件较多的用户通常会选用专门的邮件客户端工具来收发和处理邮件。Ubuntu 早期版本中，大都使用 Evolution 客户端，其用户接口和功能与 Windows 中的 Outlook 相似，它是 Linux 平台上使用最为广泛的协作软件。目前 Ubuntu 预装的邮件客户端是 Thunderbird，这是由 Mozilla 浏览器的邮件功能部件所改造的邮件工具。

Thunderbird 简单易用，功能强大，支持个性化配置，支持 IMAP、POP 邮件协议以及 HTML 邮件格式。

Thunderbird 安全性好，不仅支持垃圾邮件过滤和反“钓鱼”欺诈，而且提供适合企业应用的安全策略，包括 S/MIME、数字签名、信息加密，以及对各种安全设备的支持。

下面简单示范一下 Thunderbird 的使用。首次启动该软件后，会弹出对话框要求设置邮件账户，这里设置现有的电子邮件账户，输入已有的电子邮件账户及其密码，单击“继续”按钮，Thunderbird 自动从 Mozilla ISP 数据库中查找提取该邮件账户的配置信息，如图 7-8 所示，单击“完成”按钮完成账户设置。

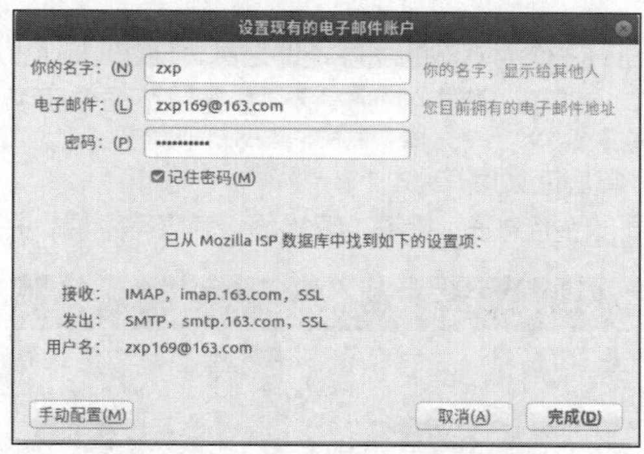

图 7-8 邮件账户设置

完成邮件账户设置之后，即可进行邮件收发，如图 7-9 所示。如果需要更多的功能，可以充分利用 Thunderbird 的菜单来实现，如图 7-10 所示。

图 7-9 Thunderbird 收件箱

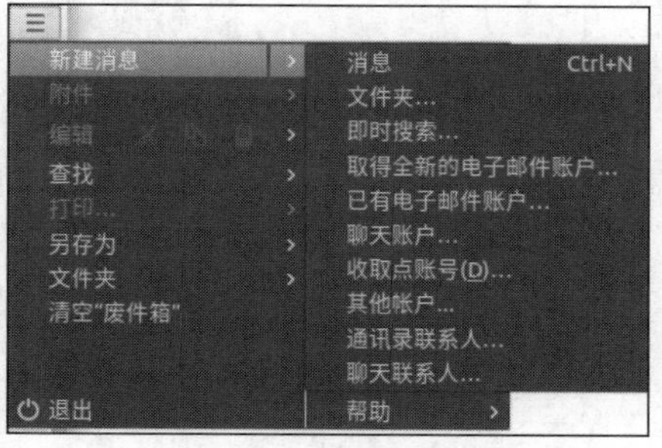

图 7-10 Thunderbird 菜单

7.2 多媒体应用

对于桌面操作系统来说，多媒体应用是必不可少的。本节主要介绍图形图像、音频、视频等多媒体内容的查看、播放和编辑工具。

7.2.1 图形图像工具

Ubuntu 预装有图像查看器，可用来浏览和查看常见格式的图像，使用非常简单，就不作介绍了。这里重点介绍图形图像编辑处理工具。Ubuntu 主要使用的三大图形图像工具是 GIMP、Inkscape 和 Dia，其功能相当于 Photoshop、CorelDraw 和 Microsoft Visio，分别用于图像处理、矢量图编辑和图表编辑。

1. 图像编辑器 GIMP

GIMP 是 GNU 图像处理程序（GNU Image Manipulation Program）的英文缩写。它几乎包括所有图像处理所需的功能，通常被视作是 Photoshop 的替代者。

GIMP 作为 Linux 源生软件，在推出时就受到许多绘图爱好者的喜爱，其接口相当轻巧，但其功能却不输于专业的绘图软件。它使用 GFig 插件支持矢量图层的基本功能。GFig 插件支持一些矢量图形特性，如渐变填充、Bezier 曲线和曲线勾画。

GIMP 提供了各种图像处理工具和滤镜，还有许多的组件模块。通过工具，可以使用绝大部分的 Photoshop 插件。

Ubuntu 早期版本预装 GIMP 作为默认的图像处理工具，现在 Ubuntu 已经不预装该软件。可以通过 Ubuntu 软件中心搜索安装，也可以通过 APT 安装，执行以下命令即可：

```
sudo apt-get install gimp
```

安装完毕，启动该软件，其界面如图 7-11 所示。

GIMP 有各式各样的工具，包括刷子、铅笔、喷雾器、克隆等工具，并可对刷子、模式等进行定制。

图 7-11 GIMP 界面

2. 矢量图形编辑器 inkscape

与用点阵（屏幕上的点）表示的栅格图（位图）不同，在矢量图中图像的内容以简单的几何元素（如直线、圆和多边形）进行存储和显示。矢量图像易于存储，在显示时也方便对图像进行拉伸。

与 PhotoShop 一样，GIMP 更擅长于位图处理。要创建和处理矢量图，建议在 Ubuntu 中使用

Inkscape。Inkscape 功能与 Illustrator、Freehand、CorelDraw 等软件相似，号称 Linux 下的 CorelDraw。

Inkscape 是一套开源的矢量图形编辑器，完全遵循与支持 XML、SVG 及 CSS 等开放性的标准格式。SVG（Scalable Vector Graphics）是指可伸缩矢量图形，是基于可扩展标记语言（标准通用标记语言的子集）用于描述二维矢量图形的一种图形格式。它由 W3C（万维网联盟）制定，是一个开放标准。

Inkscape 用于创建并编辑 SVG 图像，支持包括形状、路径、文本、标记、克隆、Alpha 混合、变换、渐变、图案、组合等 SVG 特性。它也支持创作共用的元数据、节点编辑、图层、复杂的路径运算、位图描摹、文本路径、流动文本、直接编辑 XML 等。它还可以导入 JPEG、PNG、TIFF 等位图格式，并可以输出为 PNG 多种位图格式。

可以通过 Ubuntu 软件中心搜索安装，也可以通过 APT 安装，执行以下命令即可：

```
sudo apt-get install inkscape
```

安装完毕，启动该软件，其界面如图 7-12 所示。

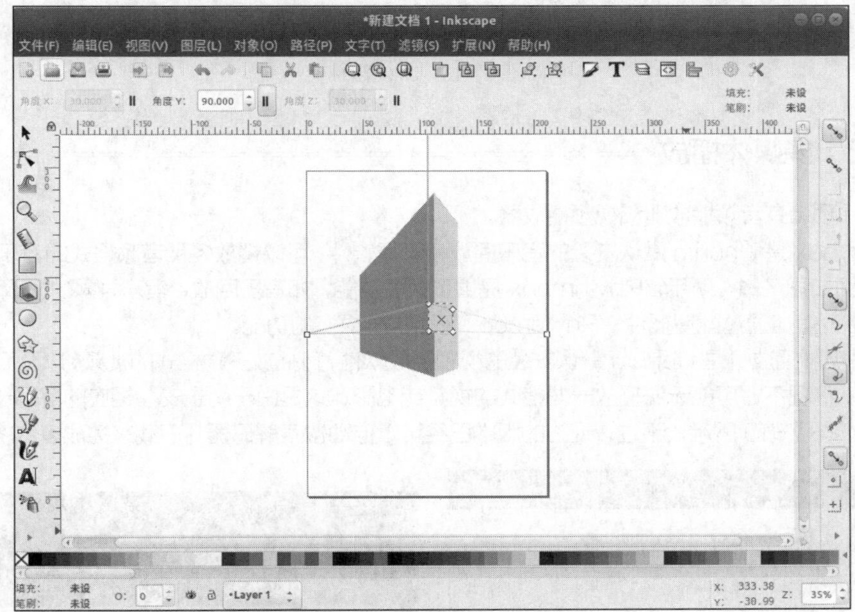

图 7-12　Inkscape 界面

3. 图表编辑器 Dia

与 CorelDraw 等专业矢量绘图工具不同，Microsoft Visio 是一类专门的矢量绘图工具，主要用于流程图、电路图等图表的绘制。在 Ubuntu 中也可以使用类似的软件 Dia。

Dia 是开放源码的图表绘制软件，将多种需求以模组化来设计，如流程图、网络图、UML 图、实体关系图、电路图等。各模组之间的符号仍是可以通用的，并没有限制。Dia 可以制作多种示意图，并且借由 XML 可以新增多种图形。Dia 使用 dia（自有格式）或 XML 格式（默认以 gzip 压缩节省空间）作为文件格式。Dia 能够导入 EPS、SVG、XFIG、WMF、PNG 等各种格式，图表可以导出为 postscript 和其他格式。

可通过 Ubuntu 软件中心搜索安装，也可通过 APT 命令行安装，执行以下命令即可：

```
sudo apt-get install dia
```

安装完毕，在终端命令行中执行 dia 命令启动该软件，其界面如图 7-13 所示。

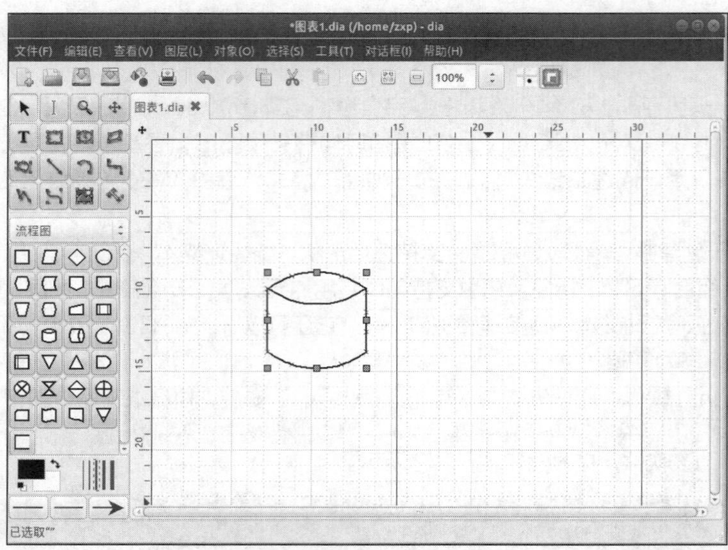

图 7-13　Dia 界面

7.2.2　多媒体播放

Ubuntu 预装有音频播放器和视频播放器。

Rhythmbox 是 Ubuntu 默认安装的音乐播放和管理软件，可以播放各种音频格式的音乐，管理收藏的音乐，界面如图 7-14 所示。Rhythmbox 提供了很多功能，如音乐回放、音乐导入、抓取和刻录音频 CD、显示歌词等。通过配置插件，Rhythmbox 还可扩展更多的功能。

Totem 电影播放机是 Ubuntu 默认安装的视频播放软件，可播放多种格式的视频，以及 DVD、VCD 与 CD。默认情况下，可能无法播放一些格式的视频或电影，这是由于尚未安装相应的解码器（codec）所致，界面如图 7-15 所示。不过，现在的版本已经可以自动搜索解码器并下载来播放多数格式的视频。

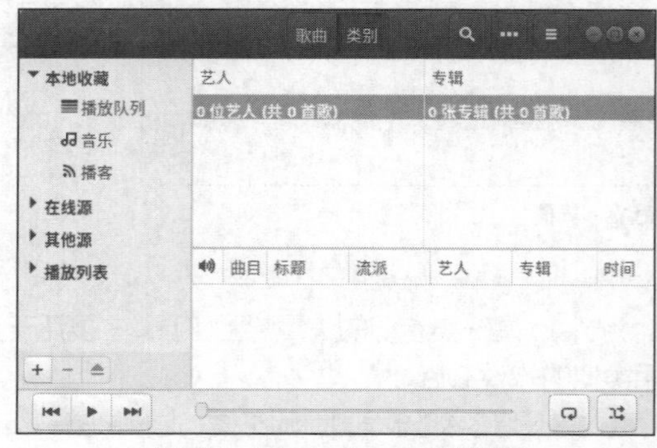

图 7-14　Rhythmbox 音乐播放器

图 7-15　Totem 电影播放机

另外，VLC 是 Linux 比较受欢迎的媒体播放器，能播放来自各种网络资源的 MPEG、MPEG2、MPEG4、DivX、MOV、WMV、QuickTime、mp3、Ogg/Vorbis 文件、DVD、VCD，以及多种格式的流媒体等，当然也能播放本地的媒体文件。本书第 5 章在讲解 Snap 包安装方式时，就是以安装 VLC 为例的。当然，还可以通过 Ubuntu 软件中心搜索安装，或者通过 APT 命令行安装，执行以下命令即可：

```
sudo apt-get install vlc
```

安装完毕启动该软件，其界面如图 7-16 所示。

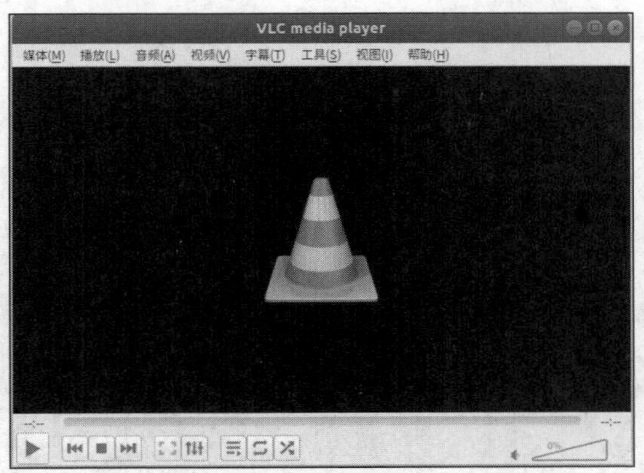

图 7-16　VLC 媒体播放器

7.2.3　音频编辑

Ubuntu 没有预装音频编辑软件，可以考虑安装 Audacity 工具。作为一款多音轨音频编辑器软件，它可用于录制、播放和编辑数字音频。Audacity 带有数码特效和频谱分析工具，操作便捷并支持无限次撤消和重做。它支持的文件格式包括 Ogg、Vorbis、MP2、MP3、WAV、AIFF 和 AU 等。可以通过 Ubuntu 软件中心搜索安装，也可以通过 APT 命令行安装，执行以下命令即可：

```
sudo apt-get install audacity
```

安装完毕启动该软件，其界面如图 7-17 所示。

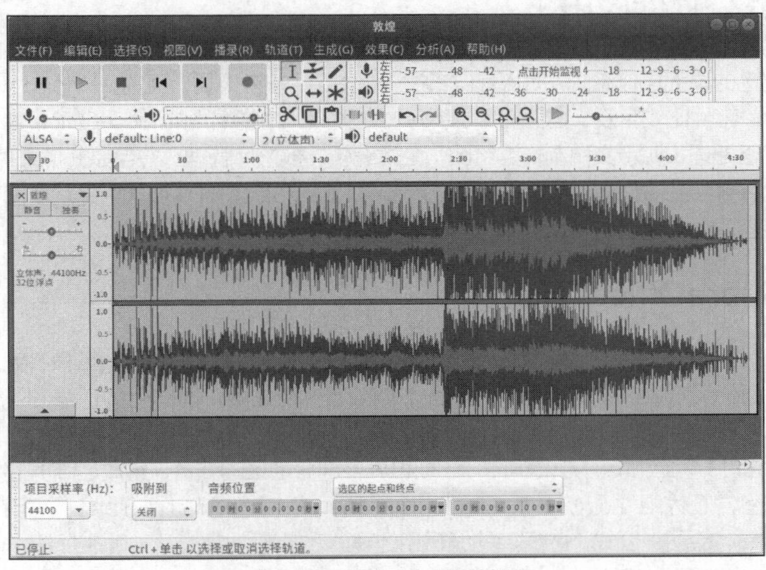

图 7-17　Audacity 音频编辑器

7.2.4　视频编辑

Ubuntu 没有预装视频编辑软件，可以考虑安装 Openshot 软件。作为一款免费、开源、非线性的视频编辑器，它能使用许多流行的视频、音频和图像格式来创建、编辑视频、影片等。它支持许多视频处理功能，如重划大小、修剪剪切视频、实时预览、图片覆盖、标题模板、视频解码、数码变焦、音频混合和编辑、数字视频效果等。可以通过 Ubuntu 软件中心搜索安装，也可以通过 APT 命令行安装，执行以下命令即可：

```
sudo apt-get install openshot
```

安装完毕启动该软件，其界面如图 7-18 所示。

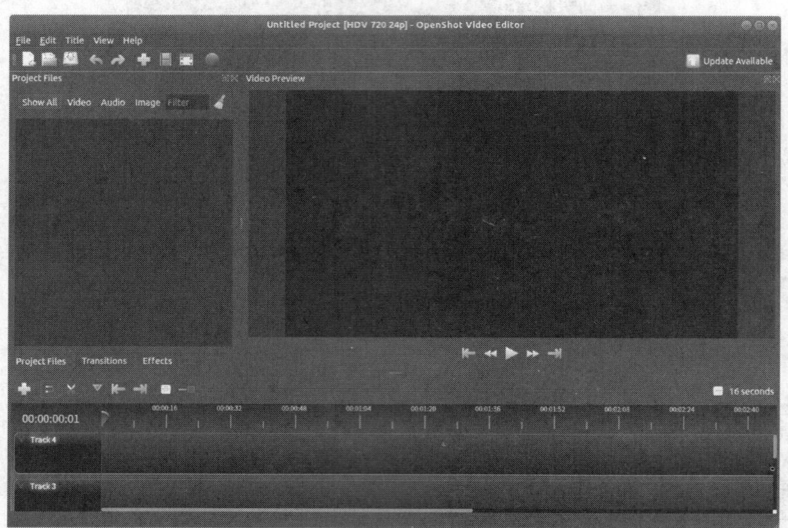

图 7-18　Openshot 视频编辑器

7.3 办公软件应用

对于表现出色的桌面操作系统 Ubuntu 来说，办公软件非常重要。目前，Windows 桌面办公软件 Microsoft Office 套件比较普及，Ubuntu 预装有与之类似、功能相当的 LibreOffice 套件，能够胜任文本处理、电子表格处理、演示文稿制作、绘图、公式编辑、数据库管理，并且是开源和免费的。Ubuntu 18.04 LTS 桌面版预装的是 6.0 版本的 LibreOffice。LibreOffice 6.0 被认为是从桌面到云端的强大、简化、安全、兼容的办公套件。

7.3.1 LibreOffice 概述

早期的 Ubuntu 版本预装 OpenOffice.org 办公套件，从 Ubuntu 11.04 版开始将 Libreoffice 作为默认办公软件。LibreOffice 是 OpenOffice.org 办公套件衍生版，同样免费开源，以 Mozilla Public License V2.0 许可证分发源代码，但相比 OpenOffice 增加了很多特色功能。

LibreOffice 是一个全功能的办公套件，已被世界上部分地区的教育、行政、商务部门以及个人用户接受并使用。它包含 6 大组件：Writer、Cacl、Impress、Draw、Math、Base，可用于文本文档、电子表格、演示文稿、绘图、公式、数据库的编辑和处理。

LibreOffice 的界面没有 Microsoft Office 那么华丽，但非常简单实用，对系统配置要求较低，占用资源很少。与 Microsoft Office 由多个分立程序组合在一起不同，LibreOffice 只有一个主程序，其他程序都是基于这个主程序对象派生的，可以在任何一个程序中创建所有类型的文档。操作也很简单，只需在主菜单中选择“文件” > “新建”（或者单击工具栏上新建按钮右侧的 按钮），选择所需要的文档类型，就可以打开相应的程序和工具。

例如，如果运行了 LibreOffice Cacl，出现的是 Cacl 的界面、菜单和工具栏，但实际上已经打开了所有的 LibreOffice 程序（如 Writer、Impress 等）。这样在任意一个已打开的 LibreOffice 窗口中都可以直接新建 LibreOffice 的其他文件，使用起来非常便捷。如图 7-19 所示，在 Cacl 界面中可以通过下拉菜单直接创建其他类型文档。

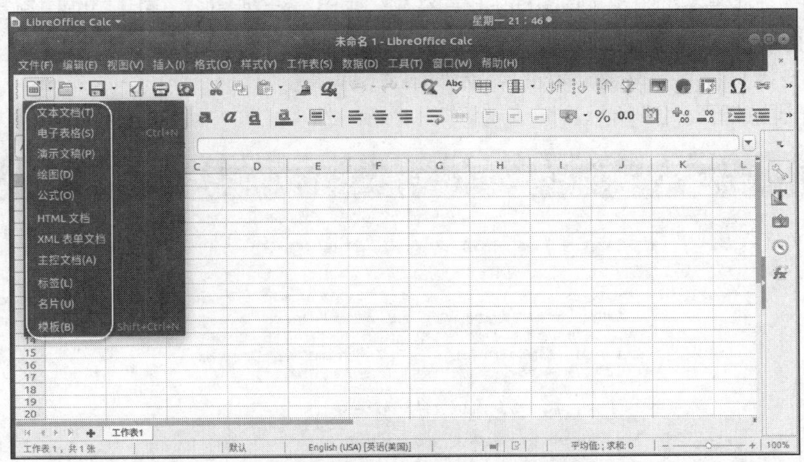

图 7-19　直接新建 LibreOffice 的其他文件

LibreOffice 能够与 Microsoft Office 系列以及其他开源办公软件深度兼容，且支持的文档格式相当全面。LibreOffice 拥有强大的数据导入和导出功能，能直接导入 PDF 文档、微软 Works、LotusWord，支持主要的 OpenXML 格式。

LibreOffice 自身的文档格式为 ODF（OpenDocument Format），可译为开放文档格式。ODF 是一种规范，基于 XML 的文件格式，已正式成为国际标准。作为纯文本文档，ODF 与传统的二进制格式不同，它最大的优势在于其开放性和可继承性，具有跨平台性和跨时间性，基于 ODF 格式的文档在若干年以后仍然可以为最新版的任意平台任意一款办公软件打开使用，而传统的基于二进制的封闭格式的文档在多年以后可能面临不兼容等问题。ODF 向所有用户免费开放，可以让不同程序、平台之间都自由地交换文件。

ODF 格式的文本文档的扩展名一般为 odt。一个 ODT 文档实质上是一个打包的文件，并且通常都经过了 zip 格式的压缩。LibreOffice 各组件使用的默认文档格式如下。

- 文本文档：*.odt。
- 电子表格：*.ods。
- 演示文稿：*.odp。
- 绘图：*.odg。
- 公式：*.odf。
- 数据库文档：*. odb。

7.3.2　LibreOffice Writer（文字处理）

LibreOffice Writer 是 LibreOffice 的文字处理程序，类似于 Microsoft Office 的 Word，同时也是使用频率很高的办公软件。

Writer 具有丰富的文字处理功能。可以用来创建文本文档、手册、信函等，提供适用于各种用途的模板，用户还可以创建自己的文件模板。Writer 还支持标签、名片、信纸等特殊文档的制作。

Writer 的文档排版功能非常实用。使用“格式”菜单可以对段落、文字格式、边框等进行设计和修改；使用简繁体转换功能可以方便简体文字和繁体文字之间的互换；用户可以在文件中创建表格、索引、目录，还可以根据需要定义文档的结构、外观。它还提供灵活多样的样式，不仅可以对标题、正文等设置基本样式，而且可以使用编号样式、页面样式等。

强大的绘图功能和专业的表格计算功能也是 Writer 的一大特色。它提供了直线、矩形、椭圆、自由形曲线、符号、箭头等多种绘图工具，便于用户在文档中自行绘制图形。使用它的表格计算功能，可以方便地在所创建的表格中执行计算，显示结果。

Writer 还支持 HTML 编辑器、XML 编辑器和公式编辑器。

Writer 的界面如图 7-20 所示。

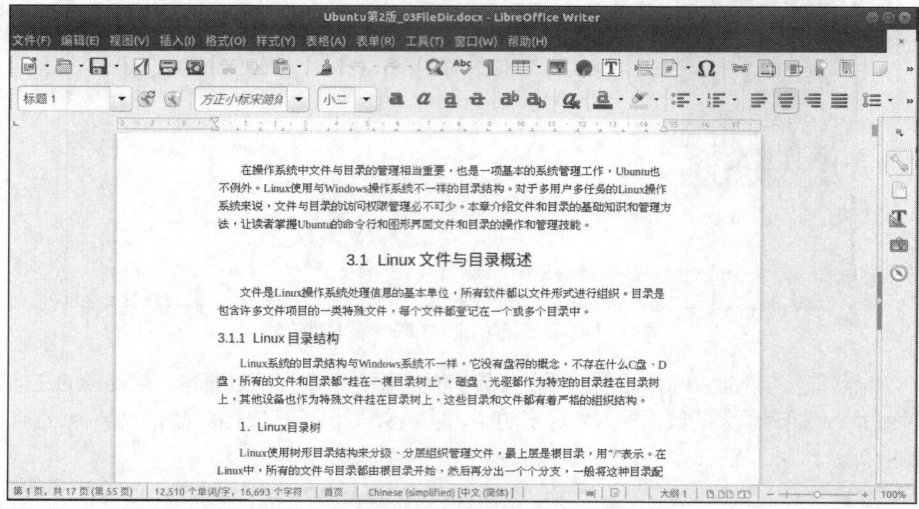

图 7-20　LibreOffice Writer 界面

注意 LibreOffice 没有大纲视图这个概念，但是提供了比大纲视图功能更多的"导航"工具。从视图菜单选择"导航"即可，或者按<F5>键，将弹出"导航"窗口，可以根据文档中的要素，如标题、图像等进行导航。如果开启了侧边栏视图，则可以单击侧边栏 按钮，从弹出的菜单中选择"导航"来打开导航视图，如图 7-21 所示。

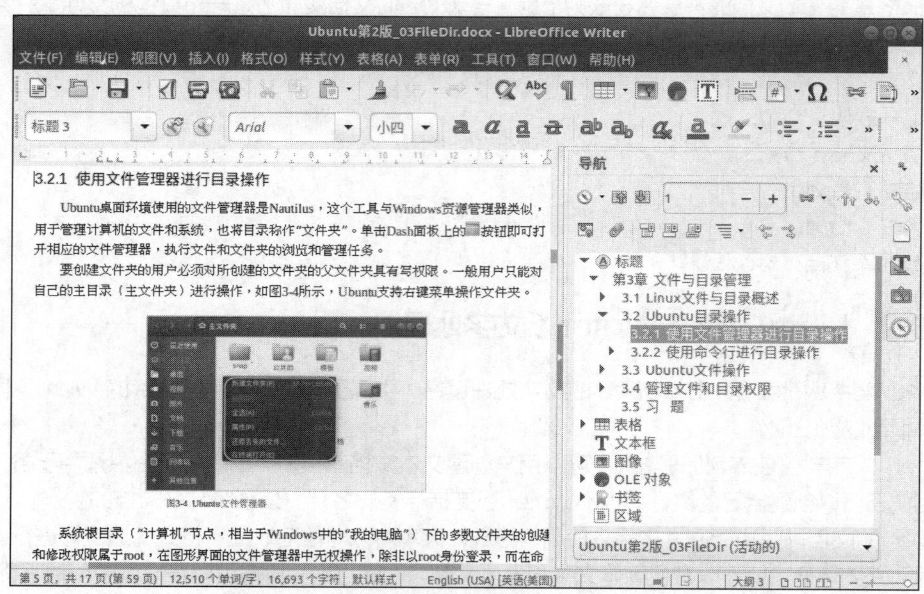

图 7-21　Writer 导航视图

Writer 默认文档类型是 ODT，它也支持 Microsoftd 的 Word 文档格式，还可以直接将文档保存为 PDF 格式。

主控文档（*.odm）可用于管理大型文档，例如具有许多章节的书籍。可将主控文档视为单个 LibreOffice Writer 文件的容器，这些单个文件称为子文档。主控文档具有如下特点。

- 打印主控文档时，会打印所有子文档的内容、索引以及所有文本内容。
- 可以在主控文档中为所有子文档创建目录和索引目录。
- 子文档中使用的样式，例如新的段落样式，会自动导入主控文档中。
- 查看主控文档时，主控文档中已存在的样式优先于从子文档导入的具有相同名称的样式。
- 对主控文档的更改永远不会使子文档发生更改。

在主控文档中添加文档或创建新的子文档时，主控文档中会创建一个链接。不能在主控文档中直接编辑子文档的内容，但可以通过“导航”窗口打开任何子文档进行编辑。

7.3.3 LibreOffice Calc（电子表格）

LibreOffice Calc 是一个类似于 Microsoft Excel 的电子表格程序，可以用来创建电子表格并加以处理，能够完成从数据录入、统计计算到打印输出等一系列电子表格处理功能。

Cacl 的数据计算出色，可以对表内及表与表之间的数据进行计算，而且支持一些专业的函数计算。可以快速实现对数据的分类汇总、筛选、排序等操作。

Cacl 具有专业的数据统计功能，可以对数据进行统计，通过已有的条件计算其他变量。它还能将表中的数据以一种非常直观的方式表示出来，通过双击图表进行编辑。

LibreOffice Calc 的基本界面如图 7-22 所示。与 Excel 一样，Clac 包含电子表格的基本元素——单元格、行、列，默认也是有 3 个工作表，这些工作表标签页可以根据实际需要添加和重命名。

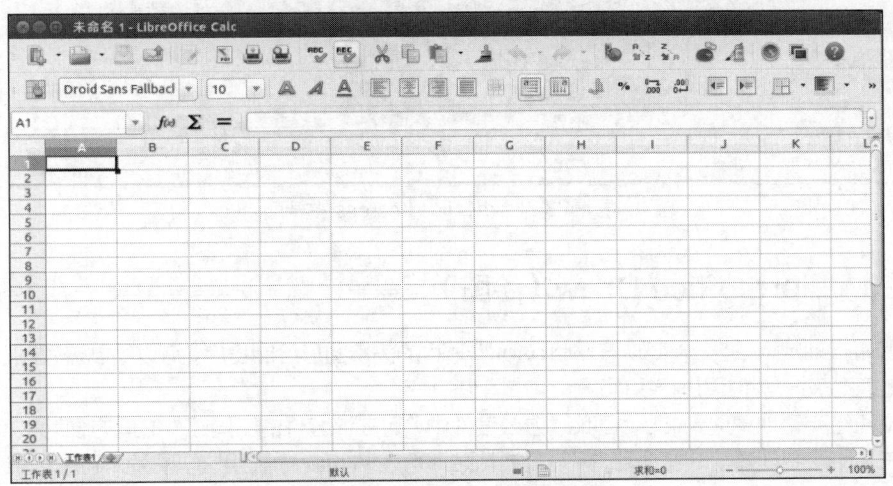

图 7-22　LibreOffice Calc 界面

Cacl 的默认文件格式是 ODS，它也支持 Microsoftd 的 Excel 格式，并且总体上兼容 Excel。需要注意的是，由于 Excel 和 Calc 这两种电子表格程序在许多函数上定义略有不同，Calc 对于许多应用函数的 Excel 文档的兼容性还不是很好。

7.3.4 LibreOffice Impress（演示文稿）

LibreOffice Impress 是一个类似于 Microsoft PowerPoint 的演示文稿（幻灯片）软件，可以用来

制作精美而富有个性的演示文稿，其操作简单，使用方便，是 Ubuntu 上制作教学、报告、演示等电子幻灯片的首选。

Impress 提供多种模板和效果，可以在一个文档里管理多个页面，可以让用户制作的演示文稿保持同一种风格。它支持中英文各种字体，可以制作带有图形、图表、自绘图形的幻灯片，可以插入各种对象，并对对象进行各种操作，支持各种幻灯片过渡效果、各种对象动画效果，支持多种配色方案。

Impress 提供多种播放方式，可以实现自动播放、循环播放等多种播放方式。

Impress 默认文件格式是 ODP，并兼容 Microsoft PowerPoint 的文件格式。它还提供不同格式的输出，可以将演示文稿导出成 JPEG、PNG 等多种图片格式。此外还能将演示文稿导出成 HTML 格式，在 Firefox、IE 等浏览器上播放。

LibreOffice Impress 的主界面如图 7-23 所示，其界面主要是由上部的菜单栏、工具栏、格式工具栏及工作区域构成，其中工作区域包括左侧的幻灯片窗格、中间的幻灯片编辑区和右侧的任务窗格。

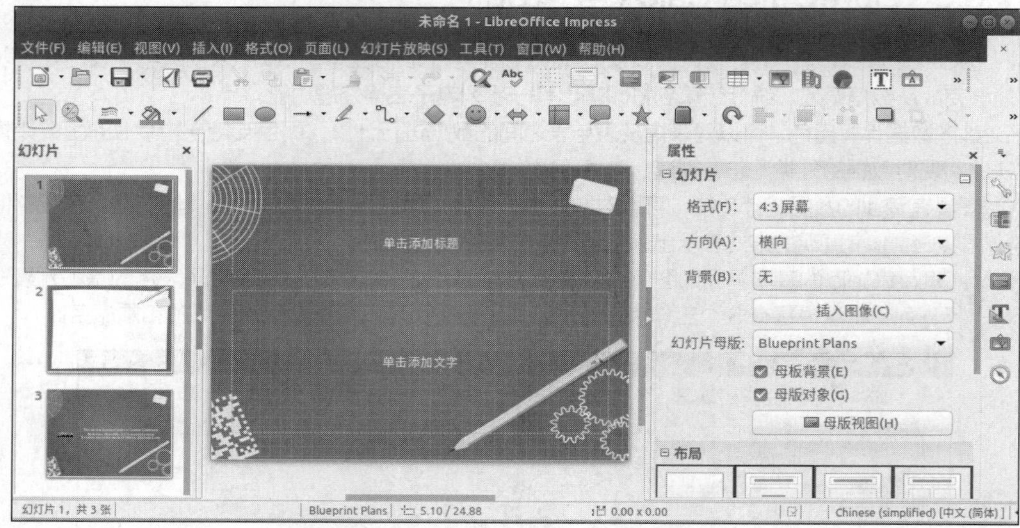

图 7-23 LibreOffice Impress 主界面

7.3.5 LibreOffice Draw（绘图）

LibreOffice Draw 是一个类似于 Microsoft Visio 的矢量图形绘制程序，可以绘制流程图、组织机构图等。它也可以对一些位图进行操作。

Draw 已经完整地集成到 LibreOffice 办公套件中，可在该套件的不同组件之间方便地交换图像。例如，用户在 Draw 中创建了一幅图片，只需复制粘贴即可在 Writer 中重用这幅图片。用户也可通过 Draw 的子功能和工具在 Writer 或 Impress 中直接使用绘图功能。

Draws 的主界面如图 7-24 所示。默认左侧是页面窗格，给出每个页面的缩略图，用户可将 Draw 的绘图区分割成多页，多页绘图主要在简报中使用。右侧是工作区，用于绘制图形。工具栏位于底部，用户可通过“视图”菜单定制可见工具的数目。

虽然 Draw 无法与高端图像处理程序相比，但与其他办公软件中集成的绘图工具相比，Draw 的功能更为强大，主要的绘制功能包括：图层管理、磁性网格点系统、尺寸和测量显示、用于组织图的连接符、3D 功能（用于绘制小型三维物体，含有纹理和光照效果）、绘制和页面样式一体化，以及贝塞尔曲线等。

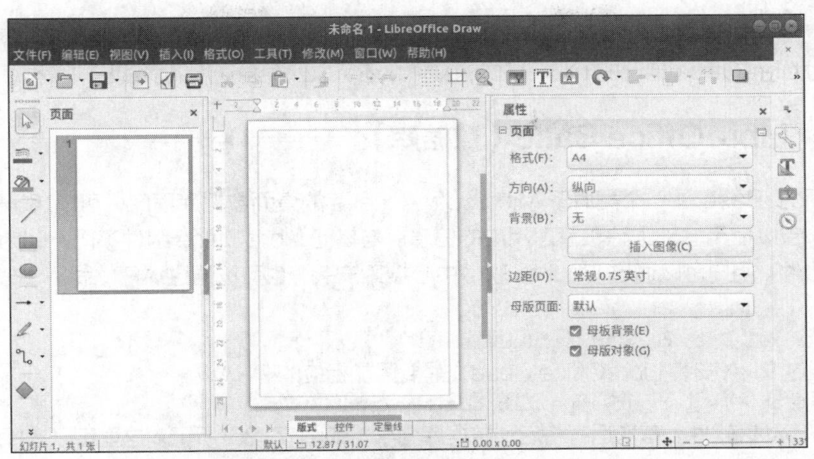

图 7-24 LibreOffice Impress 主界面

7.3.6 LibreOffice Math（公式编辑）

LibreOffice Math 是一个简易的公式编辑器，能够以标准格式快速创建、编排并显示数学、化学、电子及其他自然科学的公式和方程式。Math 最常用作文本文档中的公式编辑器，也可用于其他类型的文档，或者单独使用。

将公式嵌入 Writer 文本文档或其他 LibreOffice 组件的文档中时，所创建的公式将被视为嵌入文档中的对象处理。例如，要向 Writer 文本文档中插入公式，需要首先打开该文本文档，从菜单中选择“插入”>“对象”>“公式”，将弹出公式编辑器窗口，如图 7-25 所示。

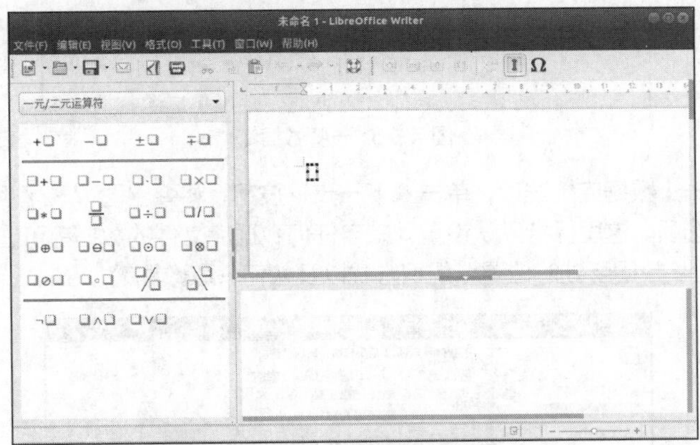

图 7-25 LibreOffice 公式编辑器

界面左侧为元素窗格，可以选择不同的公式元素；右侧上半部分为公式可视化窗格，所输入的公式内容在此区域实时显示，也可进行编辑；右侧下半部分为公式编辑区域，可以在此区域输入公式的标记语言代码。

Math 公式编辑器采用一种标记语言来表达公式。例如，代码“%beta”将会创建希腊字母 β。这种标记语言被设计成与公式的英语读法尽可能相似。例如，“a over b”将会创建一个分式 a/b。从元素窗口中选择所需的公式符号，在对应的占位符中输入或编辑公式内容即可。

当完成公式编辑时，按下<Esc>键或单击所编辑公式以外的区域，退出公式编辑器并返回文档编辑界面。在 Writer 文本文档中，双击公式对象将会重新打开公式编辑器，可以继续编辑或修改公式。

在终端窗口中执行命令 libreoffice –math 可以单独打开 LibreOffice Math 公式编辑器，编辑好的公式可以保存为 LibreOffice 自己的 ODF 格式的文件，还可以保存为通用的 MathML 格式（.mml）。

7.3.7 LibreOffice Base（数据库）

LibreOffice Base 是一个类似于 Microsoft Access 的桌面数据库程序，可以用于管理数据库，创建查询和报告以使用基础跟踪和管理用户的信息。与其他 LibreOffice 组件不同，Ubuntu 默认没有安装 Base 组件。用户可以通过 Ubuntu 软件中心搜索安装，也可以通过 APT 命令行安装，执行以下命令即可：

```
sudo apt-get install libreoffice-base
```

如果要通过 PPA 安装 LibreOffice Base，需要添加相应的 PPA 源：

```
sudo add-apt-repository ppa:libreoffice/ppa
```

安装完毕启动该软件，首次运行将启动数据库向导，如图 7-26 所示。这里可以选择新建一个数据库，打开一个现有的数据库文件，或者连接到现有的数据库。

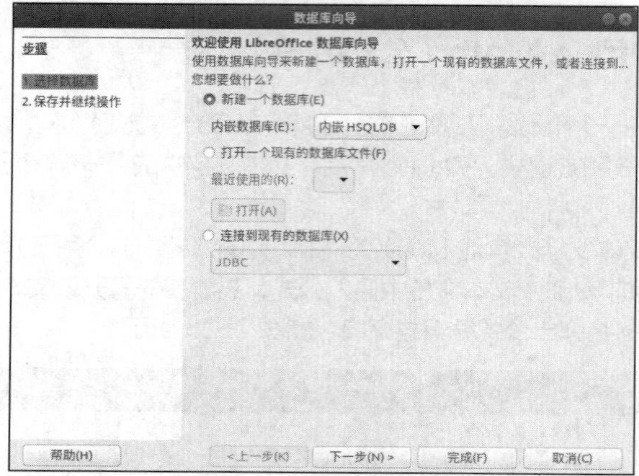

图 7-26　选择数据库

这里选择“新建一个数据库”选项，单击“下一步”按钮，将弹出图 7-27 所示的对话框，选择保存数据库的后续操作选项，这里保持默认设置。来自任何数据库文件的数据都可注册到 LibreOffice，注册表示告知 LibreOffice 数据所处的位置、组织方式以及如何获取数据等。

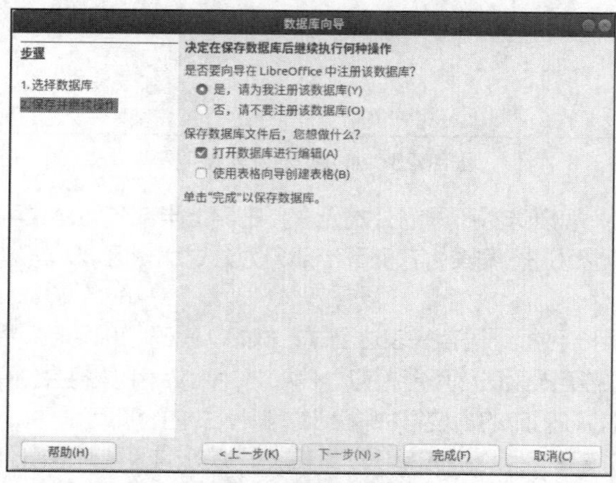

图 7-27　保存并继续操作

单击“完成”按钮弹出图 7-28 所示的文件保存对话框，设置数据库文件的保存路径和文件名，以及数据库文件格式，单击“保存”按钮。

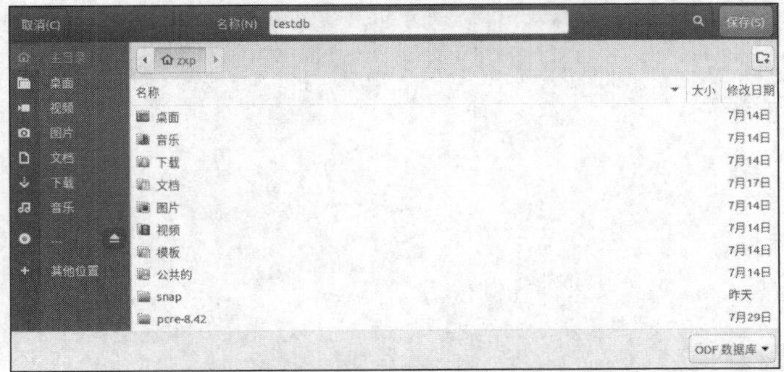

图 7-28　保存数据库文件

接着打开该数据库，出现 Base 操作主界面，如图 7-29 所示。数据库文件包含数据库查询、报表和窗体。可以根据需要创建和编辑表格、查询、窗体和报告，这与 Access 非常相似。Base 数据库文件格式为 ODB（.odb）。

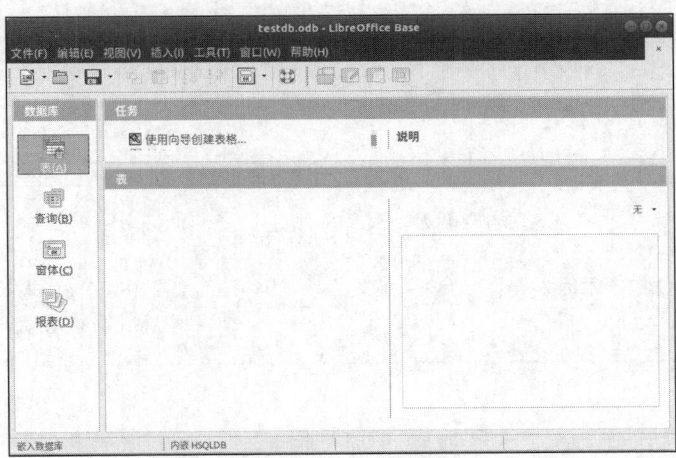

图 7-29　Base 主界面

在 LibreOffice Base 中，可以访问以各种数据库文件格式存储的数据。Base 本身支持某些平面文件数据库格式，如 dBASE 格式。也可以使用 LibreOffice Base 连接到外部关系数据库，如 MySQL 或 Oracle 数据库。对于电子表格文件、文本文件和通讯簿数据等类型，LibreOffice Base 只能以只读方式打开，无法直接改变数据库结构，或者为这些类型的数据库编辑、插入和删除数据库记录。

7.4 习题

1. 使用和配置 FireFox 浏览器，熟悉其特性。
2. 从网上获取一个种子文件（.torrent），使用 Transmission 下载相应的文件。
3. 安装三大图形图像工具 GIMP、Inkscape 和 Dia，然后试用其主要功能。
4. 简述 LibreOffice Writer 主控文档的特点。
5. 试用 LibreOffice 套件的文本处理、电子表格处理、演示文稿制作、绘图、公式编辑等功能。
6. 安装 LibreOffice Base，试用其桌面数据库管理功能。

第 8 章 Shell编程

Shell 是与 Linux 交互的基本工具，有两种执行命令的方式。一种是交互式，用户每输入一条命令，Shell 就解释执行一条。另一种是批处理（Batch），需要事先编写一个 Shell 脚本，其中包含若干条命令，让 Shell 一次将这些命令执行完，编写 Shell 脚本的过程就是 Shell 编程。Shell 编程最基本的功能就是汇集一些在命令行输入的连续指令，将它们写入脚本中，通过直接执行脚本来启动一连串的命令行指令，如用脚本定义防火墙规则或者执行批处理任务。如果经常用到相同执行顺序的操作命令，就可以将这些命令写成脚本文件，以后要进行同样的操作时，只要在命令行输入其文件名即可。Shell 编程属于高级系统管理内容。对于管理员来说，学习和掌握 Shell 编程非常必要。Shell 编程也是最基本的 Linux 编程。

学习目标

① 熟悉 Shell 编程的基本步骤，掌握脚本的执行和调试方法。

② 了解 Shell 变量、表达式和运算符，学会使用它们编写程序。

③ 了解条件语句和循环语句，学会编写流程控制程序。

④ 掌握函数的定义和调用，学会使用函数对 Shell 程序进行模块划分。

8.1 Shell 编程基本步骤

Shell 既是一种命令语言，它以交互方式解释和执行用户输入的命令；又可作为程序设计语言，它定义了各种变量和参数，并提供了许多在高级语言中才具有的控制结构，包括循环和分支。Shell 脚本是指使用 Shell 提供的语句所编写的命令文件，又称 Shell 程序。Shell 程序有很多类似 C 语言和其他程序设计语言的特征，但是又没有程序语言那样复杂。Shell 脚本可以包含任意从键盘输入的 Linux 命令。Shell 脚本是解释执行的，不需要编译，Shell 程序从脚本中一行一行读取并执行这些命令，相当于一个用户把脚本中的命令一行一行敲到 Shell 提示符下执行。下面介绍 Shell 编程的基本步骤。

8.1.1 编写 Shell 脚本

1. 脚本的编写

Shell 脚本本身就是一个文本文件，与多数编程语言入门示范一样，这里编写一个最经典、最简单的入门程序，即在屏幕上显示一行字符串“Hello World!”。

```
#!/bin/bash
```

```
#显示 "Hello World!"
echo "Hello World!"
```

与其他脚本语言编程一样，Shell 脚本编程无需编译器，也不需要集成开发环境，一般使用文本编辑器即可。多数 Shell 程序员首选的编辑器是 Vi 或 Emacs，在桌面环境中可直接使用图形化编辑器 gedit 或 kate。现在推荐初学者使用更为简单的 nano 字符终端文本编辑器。

2. Shell 脚本的基本构成

编写 Shell 程序首先要了解 Shell 脚本的基本构成。下面给出一个复杂些的脚本实例，用于显示当前日期时间、执行路径、用户账户及所在的目录位置。

```
#!/bin/bash
#这是一个测试脚本
echo -n "当前日期和时间: "
date
echo -n "程序执行路径: "$PATH
echo "当前登录用户名: `whoami`"
echo -n "当前目录:"
pwd
#end
```

通常在第 1 行以“#!”开头，指定 Shell 脚本的运行环境，即声明该脚本使用哪个 Shell 程序运行。Linux 中常用的 Shell 脚本解释器有 bash、sh、csh、ksh 等，其中 bash 是 Linux 默认的 Shell，本书的例子都是基于 bash 讲解的。在 Ubuntu 中默认还安装有 sh，其他 Shell 版本默认没有安装，需要时可以自行安装。例中第 1 行“#!/bin/bash”用来指定脚本通过 bash 这种 Shell 执行。要指定执行的 Shell 时，一定要在第 1 行定义；如果没有指定，则以当前正在执行的 Shell 来解释执行。

以“#”开头的行是注释行，Shell 在执行时会直接忽略“#”之后的所有内容。养成良好的注释习惯对合作者（团队）和编程者自己都是很有必要的。

与其他编程语言一样，Shell 会忽略空行。可以使用空行将一个规模较大的程序按功能或任务进行分割。

echo 命令用来显示提示信息，选项“-n”表示在显示信息时不自动换行。不加该选项，默认会在命令最后自动加上一个换行符以实现自动换行。

“whoami”字符串左右的反引号（`）用于命令替换（转换），也就是将它所括起来的字符串视为命令执行，并将其输出的字符串在原地展开。

3. 包含外部脚本

和其他语言一样，Shell 也可以包含外部脚本，将外部脚本的内容合并到当前脚本。包含外部脚本文件的用法如下：

```
. 脚本文件名
```

或

```
source 脚本文件名
```

两种方式的作用一样，为简单起见，一般使用点号，但要注意点号和脚本文件名之间一定要有一个空格。

例如，可以通过包含外部脚本将上述两个例子的内容合并在一起。第 1 个例子作为主脚本，文件名为 Hello，第 2 个例子作为要嵌入的脚本，文件名为 Login。将主脚本的内容修改如下，即可包含另一个脚本。

```
#!/bin/bash
#显示 "Hello World!"
echo "Hello World!"
. ./Login
```

注意其中第 2 个点号表示当前目录。

8.1.2 执行 Shell 脚本

执行 Shell 脚本有以下几种方式。

1. 在命令行提示符下直接执行

将 Shell 脚本文件的权限设置为可执行，然后在命令行提示符下直接执行它。直接编辑生成的脚本文件并没有执行权限。如果要将 Shell 脚本直接当做命令执行，就需要利用命令 chmod 将它设置为具有执行权限。例如：

```
chmod +x example1
```

这样就可以像执行 Linux 命令一样来执行脚本文件。

注意如果包含有外部脚本，被包含的脚本并不需要有执行权限。另外在图形界面中也可使用文件管理器来设置权限，允许脚本作为程序执行文件。

执行 Shell 脚本的方式与执行一般的可执行文件的方式相似。Shell 接收用户输入的命令（脚本名），并进行分析。如果文件被标记为可执行的，但不是被编译过的程序，Shell 就认为它是一个脚本。Shell 将读取其中的内容，并加以解释执行。

如果像命令那样直接输入脚本文件名，还需要让该脚本所在的目录被包含在环境变量$PATH 所定义的命令搜索路径中，否则就要明确指定脚本文件的路径。执行命令 echo $PATH 可查询当前的搜索路径（通常是/bin、/sbin、/usr/bin、/usr/sbin）。如果放置 Shell 脚本文件的目录不在当前的搜索路径中，可以将这个目录追加到搜索路径中。

这里将第 1 个例子存为 hello 文件，使它具有执行权限，然后执行，过程如下：

```
zxp@LinuxPC1:~$ chmod +x hello
zxp@LinuxPC1:~$ ./hello
Hello World!
```

例中执行脚本命令时在脚本文件名前加上了“./”，表明启动当前目录下的脚本文件 hello。如果不加“./”，直接用脚本文件 hello，Linux 系统会到命令搜索路径（由环境变量$PATH 定义）中去查找该脚本文件，由于此例脚本位于用户主目录，显然会找不到。

2. 在指定的 Shell 下执行脚本

可以在指定的 Shell 下执行脚本，以脚本名作为参数。基本用法为

```
Shell 名称 脚本名 [参数]
```

这种运行方式是直接运行 Shell 解释器，其参数就是 Shell 脚本的文件名，如：

```
sh hello
```

显然这种方式运行的脚本不必在第 1 行指定 Shell 解释器，即使指定了，也会忽略。

由于通过解释器来执行，也就不要求该脚本文件具有执行权限。

这种方式能在脚本名后面带参数，从而将参数值传递给程序中的命令，使一个 Shell 脚本可以处理多种情况，就如同函数调用时可根据具体问题给定相应的实参。这种方式还可用来进行脚本调试。

3. 将输入重定向到 Shell 脚本

还可以将输入重定向到 Shell 脚本。让 Shell 从指定文件中读入命令行，并进行相应处理。其一般形式是：

```
bash < 脚本名
```

例如$bash<example1 表示 Shell 从文件 example1 中读取命令，并执行它们。当 Shell 到达文件末尾，就终止执行并把控制返回到 Shell 命令状态。此时脚本名后面不能带参数。

8.1.3 调试 Shell 脚本

通过对 Shell 脚本的调试，可以查找和消除错误。在 bash 中，Shell 脚本的调试主要是利用 bash

命令解释程序的选项来实现。其格式为

```
bash [选项] 脚本名
```

其中，主要利用 bash 命令解释程序的-v 或-x 选项来跟踪程序的执行。例如：

```
zxp@LinuxPC1:~$ bash -v hello
#!/bin/bash
#Display "Hello World!"
echo "Hello World!"
Hello World!
```

或

```
zxp@LinuxPC1:~$ bash -x  hello
+ echo 'Hello World!'
Hello World!
```

通常，-v 选项允许用户查看 Shell 程序的读入和执行。如果在读入命令行时发生错误，则终止程序的执行。每个命令行被读入后，Shell 按读入时的形式显示出该命令行，然后执行命令行。而-x 选项也允许用户查看 Shell 程序的执行，但它是在命令行执行前完成所有的替换之后，才显示出每一个被替换后的命令行，并且在行前加前缀符号“+”（变量赋值语句不加“+”符号），然后执行命令。

两者的主要区别在于：使用-v 选项，会打印出命令行的原始内容；而使用-x 选项，则打印出经过替换后的命令行的内容。这两个选项也可以在 Shell 脚本内部用“set -选项”的形式引用，而用“set +选项”禁止该选项起作用。如果只想对程序的某一部分进行调试，则可以将该部分用上面的两个语句单独划出来。

Shell 本身就是一种解释型的程序设计语言，Shell 程序设计语言支持绝大多数在高级语言中能见到的程序元素，如函数、变量、数组和程序控制结构。接下来介绍这方面的知识。

8.2 Shell 变量

与其他语言不同，在 Shell 编程中，变量是非类型性质的，不必指定变量是数字还是字符串。

8.2.1 变量类型

Linux 的 Shell 编程支持以下 3 种变量类型。

- 用户自定义变量。在编写 Shell 脚本时定义，可在 Shell 程序内任意使用和修改。可将它看作局部变量，仅在当前 Shell 实例中有效，其他 Shell 启动的程序不能访问这种变量。
- 环境变量。这在前面章节已经介绍过，作为系统环境的一部分，不必去定义它们，可以在 Shell 程序中使用它们，某些变量（如 PATH）可以在 Shell 中加以修改。可以将它看作全局变量。
- 内部变量。这是 Linux 系统所提供的一种特殊类型的变量。此类变量在程序中用来做出判断。在 Shell 程序内，这类变量的值是不能修改的。常见的内部变量有$#（传送给 Shell 程序的位置参数的数量）、$?（最后命令的完成码或者在 Shell 程序内部执行的 Shell 程序的返回值）、$0（Shell 程序的名称）、$*（调用 Shell 程序时所传送的全部参数组成的单字符串）。

8.2.2 变量赋值和访问

Shell 支持自定义变量。

1. 变量定义

Shell 编程中使用变量无须事先声明，给变量赋值的过程也就是定义一个变量的过程。变量的定义很简单，一般形式如下：

```
变量名=值
```

定义变量时，变量名不加美元符号“$”。在赋值符号两边不允许有任何空格；如果值中含有空格、制表符或换行符，则要将这个字符串用引号括起来；在同一个变量中，可以一次存放整型值，下一次再存储字符串。变量名的命名应当遵循如下规则。

- 首个字符必须为字母（a-z，A-Z）。
- 中间不能有空格，可以使用下划线（_）。
- 不能使用标点符号。
- 不能使用 Shell 中的关键字（如 bash 中可用 help 命令查看保留关键字）。

下面给出数值和字符串赋值的例子。

```
#将一个数字赋值给变量 x
x=8
#将一个字符串赋值给变量 hello
hello="Hello World!"
```

已经定义的变量，可以被重新定义或赋值，如：

```
hello="Hello World!"
hello="How are you? "
```

注意再次赋值时变量名前不能加符号“$”。

还可以用一个变量给另一个变量赋值，格式如下：

```
变量 2=$变量 1
```

下面看一个例子。

```
x=8
y=$x
z=$x+5
```

2. 变量访问

如果要访问变量值，可以在变量名前面加一个美元符号“$”。例如变量名为 myName，使用$myName 就可以访问该变量。通常使用函数 echo 来显示变量。例如：

```
#将一个字符串赋值给变量 hello
hello="Hello World!"
#显示变量 hello 的值:
echo $hello
```

变量名加花括号“{}”是可选的。有些场合为避免变量名与其他字符串混淆，帮助脚本解释器识别变量的边界，访问变量值时需要为变量名加上花括号{}。例如：

```
#将一个字符串赋值给变量 skill
skill="Shell"
#变量显示在字符串中
echo "I am good at ${skill}Script"
```

如果不给 skill 变量加上花括号，解释器会将$skillScript 当成一个变量，由于没有为该变量赋值，其值为空。给所有变量加上花括号的确是个好的编程习惯。

3. 只读变量

使用 readonly 命令可以将变量定义为只读变量，只读变量的值不能被改变。

```
#将一个字符串赋值给变量 hello
hello="Hello World!"
#将该变量定义为只读
readonly hello
```

4. 删除变量

使用 unset 命令可以删除变量。语法：

```
unset 变量名
```

变量被删除后不能再次使用，unset 命令不能删除只读变量。下面给出一个例子。

```
#!/bin/bash
```

```
hello="Hello World!"
unset hello
echo $hello
```

运行上面的脚本没有任何输出。

5. 添加环境变量

可以使用 export 命令将变量添加到环境中，作为临时的环境变量（一种全局变量）。基本用法如下。

```
export 变量名=变量值
```

该变量只在当前的 Shell 或其子 Shell 下有效，一旦 Shell 关闭了，变量也就失效了，再打开新的 Shell 时该变量就不存在了，如果需要再次使用，还需要重新再定义。如果要使环境变量永久生效，则需要编辑配置文件（/etc/profile）。

export 命令仅将变量加到环境中，如果要从程序的环境中删除该变量，则可以使用 unset 命令或 env 命令，env 也可临时地改变环境变量值。

8.2.3 内部变量

常见的内部变量及其含义见表 8-1。

表 8-1 常见的内部变量

变量	说明
$0	当前脚本的文件名
$*n*	传递给脚本或函数的参数。*n* 是一个数字，表示第几个参数。例如，第 1 个参数是$1，第 2 个参数是$2，以此类推
$#	传递给脚本或函数的参数个数
$*	传递给脚本或函数的所有参数
$@	传递给脚本或函数的所有参数。被双引号（""）包含时，与 $* 稍有不同
$?	上个命令的退出状态，或函数的返回值
$$	当前 Shell 进程 ID。对于 Shell 脚本，就是这些脚本所在的进程 ID

例如，执行以下命令可以查看当前 Shell 的进程 ID。

```
zxp@LinuxPC1:~$ echo $$
55754
```

$?可用于获取上一个命令的退出状态，即上一个命令执行后的返回结果。退出状态是一个数字，一般情况下，大部分命令执行成功会返回 0，失败返回 1。不过，也有一些命令返回其他值，表示不同类型的错误。

8.2.4 位置参数

上述内部变量中有几个表示运行脚本时传递给脚本的参数，通常称为位置参数（positional parameter）或命令行参数。当编写一个带有若干参数的 Shell 脚本时，可以用命令行或从其他的 Shell 脚本调用它。位置参数使用系统给出的专用名，存放在变量中的第 1 个参数名为 1，可以通过$1 来访问；第 2 个参数名为 2，可以通过$2 来访问它，以此类推。当参数超过 10 个时，要用花括号将参数序号括起来，如${12}。

$0 是一个比较特殊的位置参数，用于表示脚本自己的文件名。$*和$@都表示传递给函数或脚本的所有参数。$#是指传递参数的个数。

下面给出一个脚本示例，用于显示位置参数。

```
#!/bin/bash
echo "脚本文件名: $0"
```

```
echo "第1个参数 : $1"
echo "第2个参数 : $2"
echo "引用值: $@"
echo "引用值: $*"
echo "参数个数 : $#"
```

将该脚本保存，例中文件名为test_pp，接着示范传递参数。

```
zxp@LinuxPC1:~$ bash test_pp AA BB CC
脚本文件名: test_pp
第1个参数 : AA
第2个参数 : BB
引用值: AA BB CC
引用值: AA BB CC
参数个数 : 3
```

调用Shell程序可以省略位置居后的位置参数。例如，Shell程序要求两个参数，可以只用第1个参数来调用，但是不能只利用第2个参数来调用。对于省略的较高位置参数，Shell将它们视为空字符串处理。

$*和$@在不被双引号（""）包含时，都以"$1" "$2" … "$n"的形式输出所有参数。但是当它们被双引号包含时，"$*"会将所有的参数作为一个整体，以"$1 $2 … $n"的形式输出所有参数；"$@"会将各个参数分开，以"$1" "$2" … "$n"的形式输出所有参数。

在Shell程序中，可以利用set命令为位置参数赋值或重新赋值。set命令的一般格式：

```
set [参数列表]
```

该命令后面无参数时，将显示系统中的系统变量（环境变量）值；如果有参数，将分别给位置参数赋值，多个参数之前用空格隔开。例如在上例脚本文件test_pp中第1行后面加上以下语句，从命令行提供的位置参数将被set所赋值取代。

```
set PPP QQQ
```

8.2.5 变量值输出

1. echo命令

Shell变量可以使用echo命令实现标准输出，在屏幕上打印出指定的字符串。例如：

```
str="OK!"
echo  $str
```

除了简单的输出之外，echo可以用来实现更复杂的输出格式控制。

可以将变量混在字符串中输出，例如：

```
str="OK!"
echo  "$str This is a test"
```

如果要让变量与其他字符连接起来，则需要使用花括号进行变量替换，例如：

```
mouth=4
echo "2019-${mouth}-10"
```

显示结果为2019-8-10。

如果需要原样输出字符串（不进行转义），则应使用单引号。例如：

```
echo '$str\"'
```

输出内容使用双引号，将阻止Shell对大多数特殊字符进行解释，但美元符号（$）、反引号（`）和双引号（"）仍然保持其特殊意义，如果要在双引号中的内容中显示这些符号，需要使用转义符，下面给出一个例子。

```
str="OK! "
echo "$str\$"
```

2. printf 命令

printf 命令用于格式化输出，可以看作是 echo 命令的增强版。printf 命令可以输出简单的字符串，但不会像 echo 那样自动换行，必须显式添加换行符（\n）。例如：

```
printf 'Hello! \n'
```

printf 命令可以提供格式控制字符串，语法如下：

```
printf  格式字符串  [参数列表...]
```

参数列表给出输出的内容，参数之间使用空格分隔，不用逗号。格式字符串可以没有引号，但最好加引号，单双引号均可。

格式字符串中每个控制符（%）对应一个参数，下例中%d 和%s 分别表示输出十进制数和字符串。

```
zxp@LinuxPC1:~$ printf "%d %s\n"  100  "abc"
100 abc
```

当参数多于控制符（%）时，格式控制符可以重用，可以将所有参数都转换。例如：

```
zxp@LinuxPC1:~$ printf "%s\n" Hello World
Hello
World
```

如果没有相应的参数，%s 用 NULL 代替，%d 用 0 代替。

8.2.6 变量值读取

通过键盘读入变量值，是 Shell 程序设计的基本交互手段之一。使用 read 命令可以将变量的值作为字符串从键盘读入，其基本用法为

```
read 变量
```

例如下面的语句表示从键盘读入字符串到 str。

```
read str
```

在执行 read 命令时可以不指定变量参数，它会将接收到的数据放置在环境变量 REPLY 中。

read 读入的变量可以有多个，第 1 个数据给第 1 个变量，第 2 个数据给第 2 个变量，如果输入数据个数过多，则最后所有的值都给第 1 个变量。下面的脚本示例读取两个数，并显示出来。

```
#!/bin/bash
read -p "请输入两个数字：" v1 v2
echo $v1
echo $v2
```

例中 read 命令带有选项-p，用于定义提示语句，屏幕先输出一行提示语句。

还可以使用选项-n 对输入的字符进行计数，当输入的字符数目达到预定数目时，自动退出，并将输入的数据赋值给变量。

8.2.7 变量替换

变量替换可以根据变量的状态（是否为空、是否定义等）来改变它的值。使用花括号来限定一个变量的开始和结束。可以使用以下几种变量替换形式。

${var}：替换为变量本来的值。

${var:-word}：如果变量 var 为空或已被删除，则返回 word，但不改变 var 的值。

${var:=word}：如果变量 var 为空或已被删除，则返回 word，并将 var 的值设置为 word。

${var:?message}：如果变量 var 为空或已被删除，则将消息 message 发送到标准错误输出，可以用来检测变量 var 是否可以被正常赋值。这种替换出现在 Shell 脚本中，脚本将停止运行。

${var:+word}：如果变量 var 被定义，则返回 word，但不改变 var 的值。

下面给出一个例子。

```
echo ${var:-"变量未设置"}
var=123456
echo "变量的值为: ${var}"
```

执行该脚本显示以下结果：

```
变量未设置
变量的值为: 123456
```

如果使用单引号来包括替换的变量，则变量替换将不起作用，仍然原样输出。例如：

```
zxp@LinuxPC1:~$ echo '${var:-"变量未设置"}'
${var:-"变量未设置"}
```

8.2.8 数组

bash 支持一维数组（不支持多维数组），并且没有限定数组的大小。与 C 语言相似，数组元素的下标由 0 开始编号，获取数组中的元素要利用下标，下标可以是整数或算术表达式，其值应大于或等于 0。

在 Shell 中用括号来表示数组，数组元素用空格符号分割开。定义数组的用法为

```
数组名=(值1 ... 值n)
```

下面是一个例子。

```
myarray =(A B C D)
```

也可以单独定义数组的各个元素，例如：

```
myarray [0]=A
myarray [1]=B
```

可以不使用连续的下标，而且下标的范围没有限制。

读取数组元素值的语法格式为

```
${数组名[下标]}
```

例如：

```
echo ${myarray [1]}
```

使用@或*可以获取数组中的所有元素，例如：

```
${myarray [*]}
${myarray [@]}
```

采用以下用法获取数组元素的个数：

```
${#数组名[@]}
```

以下方法用于取得数组单个元素的长度：

```
${#数组名[n]}
```

8.3 表达式与运算符

bash 支持很多运算符，包括算数运算符、关系运算符、布尔运算符、字符串运算符和文件测试运算符。在介绍这些运算符之前，先介绍一下表达式。

8.3.1 表达式

bash 的表达式可以分为算术表达式和逻辑表达式两种类型。

1. 算术表达式

数学运算涉及表达式求值。bash 自身并不支持简单的数学运算，但是可以通过 awk 和 expr 等命令来实现数学运算，其中 expr 最为常用，使用它能够完成表达式的求值操作。例如以下语句将两个数相加，同时将计算结果输出。

```
expr 5 + 3
```

注意操作数（用于计算的数）与运算符之间一定要有空格，否则 expr 简单地将其当作字符串输出。

当然，用于计算的数可以用变量表示，比如：

```
n=1
m=5
expr $n + $m
```

也可以将 expr 计算的值赋给变量，如下例：

```
val=`expr 2 + 2`
```

注意完整的表达式要使用符号“`”括起来，注意这个字符不是常用的单引号，而是在 Esc 键下边的反引号，目的是实现命令替换。

更为简单的方式是使用$[ ]表达式进行数学计算，例如：

```
val=$[5+3]
```

这种形式不要求运算符与操作数之间有空格。

还可以使用 let 命令来计算整数表达式的值，例如：

```
n=1
m=5
let val=$n+$m
```

注意这种形式要求运算符与操作数之间不能有空格。

2. 逻辑表达式

逻辑表达式主要用于条件判断，值为 true（或 0）表示结果为真；值为 false（非零值）表示结果为假。

通常使用 test 命令来判断表达式的真假。语法格式如下：

```
test 逻辑表达式
```

例如以下语句用于比较两个字符串是否相等。

```
test "abc"="xyz"
```

Linux 每个版本中都包含 test 命令，但该命令有一个更常用的别名，即左方括号“[”。语法格式如下：

```
[ 逻辑表达式 ]
```

当使用左方括号而非 test 时，其后必须始终跟着一个空格、要评估的逻辑表达式、一个空格和右方括号，右方括号表示所需评估表达式的结束。逻辑表达式两边的空格是必需的，这表示要调用 test，以区别于同样经常使用方括号的字符、模式匹配操作（正则表达式）。

使用 test 判断表达式的结果，然后返回真或假，通常和 if、while 或 until 命令结合使用，用于条件判断，以便对程序流进行广泛的控制。

逻辑表达式一般是文本、数字或文件、目录属性的比较，并且可以包含变量、常量和运算符。运算符可以是字符串运算符、整数运算符、文件运算符或布尔运算符。

8.3.2 算术运算符

算术运算符用于数值计算，主要的算术运算符有+（加法）、-（减法）、*（乘法）、/（除法）、%（取余）和=（赋值）。这里给出一个使用算术运算符的例子。

```
#!/bin/bash
a=1
b=2
val=`expr $a + $b`
echo "a + b : $val"
#乘号(*)前边必须加转义符号反斜杠(\)才能实现乘法运算
val=`expr $a \* $b`
echo "a * b : $val"
```

8.3.3 整数关系运算符

Shell 支持整数比较，这需要使用整数关系运算符，列举如下。

-eq：相等。检测两个数是否相等，相等返回 true。

-ne：不等于。检测两个数是否相等，不相等返回 true。

-gt：大于。检测左边的数是否大于右边的，如果是，则返回 true。

-lt：小于。检测左边的数是否小于右边的，如果是，则返回 true。

-ge：大于等于。检测左边的数是否大于等于右边的，如果是，则返回 true。

-le：小于等于。检测左边的数是否小于等于右边的，如果是，则返回 true。

下面是一个关系运算符的例子。

```
#!/bin/bash
a=10
b=20
if [ $a -eq $b ]
then
   echo "$a -eq $b : a 等于 b"
else
   echo "$a -eq $b: a 不等于 b"
fi
```

还有两个符号用于比较数字，“==”等同于“-eq”，“!=”等同于“-ne”。

注意逻辑运算符（下同）与操作数之间应当加上空格。

8.3.4 字符串检测运算符

字符串运算符用于检测字符串，列举如下。

=：检测两个字符串是否相等，相等返回 true。

!=：检测两个字符串是否相等，不相等返回 true。

-z：检测字符串长度是否为 0，为 0 返回 true。

-n：检测字符串长度是否为 0，不为 0 返回 true。

str：检测字符串是否为空，不为空返回 true。这里不用使用运算符，直接测试字符串，如[$a]返回 true。

这里给出一个例子。

```
#!/bin/bash
a="abc"
b="xyz"
if [ $a = $b ]
then
   echo "$a = $b : a 等于 b"
else
   echo "$a = $b: a 不等于 b"
fi
if [ -z $a ]
then
   echo "-z $a :字符串长度为 0 "
else
   echo "-z $a :字符串长度不为 0"
fi
if [ $a ]
then
```

```
  echo "$a :字符串非空"
else
  echo "$a :字符串为空"
fi
```

8.3.5 文件测试运算符

文件测试运算符用于检测文件的各种属性，以文件名为参数。

-b：检测文件是不是块设备文件，如果是，则返回 true。

-c：检测文件是不是字符设备文件，如果是，则返回 true。

-d：检测文件是不是目录，如果是，则返回 true。

-f：检测文件是不是普通文件（既非目录，又非设备文件），如果是，则返回 true。

-g：检测文件是否设置了 SGID 位，如果是，则返回 true。

-k：检测文件是否设置了 Sticky 位，如果是，则返回 true。

-p：检测文件是不是具名管道，如果是，则返回 true。

-u：检测文件是否设置了 SUID 位，如果是，则返回 true。

-r ：检测文件是否可读，如果是，则返回 true。

-w：检测文件是否可写，如果是，则返回 true。

-x：检测文件是否可执行，如果是，则返回 true。

-s ：检测文件是否为空（文件大小是否大于 0），不为空返回 true。

-e：检测文件（包括目录）是否存在，如果是，则返回 true。

关于 SGID 位、SUID 位和 Sticky 位的解释请参见第 3 章的有关讲解。

例如，下面的代码将用于检测文件/bin/bash 的读写属性。

```
#!/bin/bash
file="/bin/bash"
if [ -r $file ]
then
  echo "文件具有读取权限"
else
  echo "文件不具有读取权限"
fi
if [ -w $file ]
then
  echo "文件具有写入权限"
else
  echo "文件不具有写入权限"
fi
```

8.3.6 布尔运算符

布尔运算符用于对一个或多个逻辑表达式执行逻辑运算，结果为 true 或 false。通常用来对多个条件进行判断。有与、或、非 3 个运算符。

-a：与运算。两个表达式都为 true 才返回 true。

-o：或运算。有一个表达式为 true 就返回 true。

!：非运算。表达式值为 true 则返回 false，否则返回 true。

这里给出一个例子。

```
#!/bin/bash
a=5
b=10
```

```
if [ $a -lt 10 -a $b -gt 15 ]
then
   echo "两个条件都满足"
else
   echo "不是两个条件都满足"
fi
```

8.4 流程控制语句

默认情况下 Shell 按顺序执行每一条语句，直到脚本文件结束，也就是线性地执行语句序列，这是一种最基本的顺序结构。Shell 虽然简单，也需要与用户交互，需要根据用户的选择决定执行序列，还可能需要将某段代码反复执行，这都需要流程控制。Shell 提供了基本的控制结构，如分支结构（if 语句、case 语句）和循环结构等。在介绍这两种控制结构之前，先讲解一下多条命令的组合执行。

8.4.1 多命令的组合执行

在 Shell 语句中，可以使用符号将多条命令组合起来执行。第 1 章讲到过分号“;”和管道操作符“|”，前者可以用来将多条命令依次执行，即使分号前面的命令出错也不影响后面的命令的执行；后者将其前面命令的输出作为其后面命令的输入，实现管道操作。这里再介绍使用逻辑与符号“&&”、逻辑或符号“||”和括号连接多条命令的方法。在这样的组合中，后面命令的执行取决于前面的命令是否执行成功。命令执行是否成功是通过内部变量$?来判断的，该变量是上一个命令的退出状态，值为 0 表示命令执行成功，其他任意值都表示执行失败。

1. 使用逻辑与符号“&&”连接多条命令

用法如下：

```
命令1  && 命令2
```

使用该符号连接的命令会按照顺序从前向后执行，但是只有该符号前面的命令执行成功后，后面的命令才能被执行。例如：

```
ls doc &>/dev/null && echo "doc exists" && rm -rf doc
```

这个命令组合先列出 doc 目录，执行成功后，显示该目录存在的信息，再使用 rm 命令删除它。

2. 使用逻辑或符号“||”连接多条命令

用法如下：

```
命令1  || 命令2
```

该符号的效果与“&&”正好相反，所连接的命令会按照顺序从前向后执行，但是只有该符号前面的命令执行失败后，后面的命令才能被执行。例如：

```
ls doc &>/dev/null || echo "no doc exists"
```

这个命令组合先列出 doc 目录，执行失败后，再执行后面的命令显示该目录不存在的信息；如果存在该目录，则不执行后面的命令进行显示。

3. 联合使用符号“&&”和“||”

通常都会先进行逻辑与，再进行逻辑或：

```
命令1 && 命令2 || 命令3
```

因为命令 2 和命令 3 多是要执行的命令，相当于“如果...就...否则...就...”这样的逻辑组合。如果命令 1 正确执行，就接着执行命令 2，再根据命令 2 执行是否成功来决定执行命令 3；如果命令 1 错误执行，就不执行命令 2，但会根据当前$?变量的值（命令 1 执行后返回）决定执行命令 3。

符号“&&”和“||”后面的命令总是根据当前$?变量的值来决定是否执行。再来看下面的用法：

```
命令1 || 命令2 && 命令3
```

如果命令 1 正确执行，就不会执行命令 2，但依然会执行命令 3；如果命令 1 执行失败，则执行命令 2，根据命令 2 的执行结果来判断是否执行命令 3。下面给出简单的验证：

```
zxp@LinuxPC1:~$ echo -n "命令 1" || echo -n "命令 2" && echo -n "命令 3"
命令 1 命令 3
zxp@LinuxPC1:~$ ! echo -n "命令 1" || echo -n "命令 2" && echo -n "命令 3"
命令 1 命令 2 命令 3
zxp@LinuxPC1:~$ ! echo -n "命令 1" || ! echo -n "命令 2" && echo -n "命令 3"
命令 1 命令 2
```

4. 使用括号()组合多条命令

括号可以将多个命令作为一个整体执行，常常用来结合“&&”或“||”符号实现更复杂的功能。例如：

```
ls doc &>/dev/null || (id wang && cd /home/wang; echo "test!";ls -l )
```

这个命令组合先列出 doc 目录，如果没有该目录，则执行括号中的命令，先查看是否有 wang 用户，如果有，继续后面一串操作。

本书第 6 章中 Cron 配置文件中用到了这种组合，例如：

```
test -x /usr/sbin/anacron || ( cd / && run-parts --report /etc/cron.daily )
```

Ubuntu 上 anacron 默认是可执行的，第 1 条命令执行后返回$?变量的值为 0，后面括号中的命令组合是不会执行的。如果去掉其中的括号，则结果就变了，第 2 条命令 cd /不会执行，此时$?变量的值还是 0，第 3 条命令 run-parts 仍然会执行。

8.4.2 条件语句

对于先做判断再选择执行路径的情况，使用分支结构，这需要用到条件语句。条件语句用于根据指定的条件来选择执行程序，实现程序的分支结构。Shell 提供了两个条件语句：if 和 case。

1. if 语句

if 语句通过判定条件表达式作出选择。大多数情况下，可以使用 test 命令来对条件进行测试，比如可以比较字符串、判断文件是否存在。例如：

```
if test $[val1] -eq $[val2]
```

实际应用中通常用方括号来代替 test 命令，注意两者格式的差别。

根据语法格式，if 语句可分为以下 3 种类型。

（1）if ... else 语句。

这是最简单的 if 结构，语法格式如下：

```
if  [ 条件表达式 ]
then
   语句序列
fi
```

如果条件表达式结果返回 true，“then”后边的语句将会被执行，否则不会执行任何语句。最后必须以“fi”语句结尾来闭合“if”语句，它是将“if”反过来写成的。注意表达式和方括号“[ ]”之间必须有空格，否则会出现语法错误。

下面给出一个简单的例子。

```
#!/bin/bash
a=1
b=2
if [ $a -lt $b ]
then
   echo "a 小于 b"
fi
```

（2）if ... else ... fi 语句。

这是较常用的 if 结构，语法格式如下：

```
if [ 条件表达式 ]
then
  语句序列 1
else
  语句序列 2
fi
```

如果表达式结果返回 true，那么“then”后边的语句将会被执行；否则执行“else”后边的语句。下面给出一个简单的例子。

```
#!/bin/bash
a=1
b=2
if [ $a -lt $b ]
then
  echo "a 小于 b"
else
  echo "a 不小于 b"
fi
```

（3）if ... elif ... fi 语句。

这种结构可以对多个条件进行判断，语法格式如下：

```
if [ 条件表达式 1 ]
then
  语句序列 1
elif [ 条件表达式 2 ]
then
  语句序列 2
elif [ 条件表达式 3 ]
then
  语句序列 3
......
else
  语句序列 n
fi
```

哪一个表达式的值为 true，就执行哪个表达式后面的语句；如果都为 false，那么执行“else”后面的语句。“elif”其实是“else if”的缩写。“elif”理论上可以有无限多个。

下面给出一个简单的例子。

```
#!/bin/bash
a=1
b=2
if [ $a == $b ]
then
  echo "a 等于 b"
elif [ $a -gt $b ]
then
  echo "a 大于 b"
elif [ $a -lt $b ]
then
  echo "a 小于b"
else
  echo "所有条件都不满足"
fi
```

if 结构可以嵌套，一个 if 结构内可以包含另一个 if 结构。If 结构中的 elif 或 else 都是可选的。

2. case 语句

这是一种多选择结构，与其他语言中的“switch ... case”语句类似。case 语句匹配一个值或一个模式，如果匹配成功，执行相匹配的命令。如果存在很多条件，那么可以使用 case 语句来代替 if 语句。case 语句的语法格式如下：

```
case 值 in
模式 1 )
    语句序列 1
    ;;
模式 1 )
    语句序列 2
    ;;
......
模式 n)
    语句序列 n
    ;;
*)
    其他语句序列
esac
```

值可以是变量或常数。模式可以包含多个值，使用“|”将各个值分开，只要值匹配模式中一个值即可视为匹配。例如“3|5”表示匹配 3 或 5 均可。

Shell 将值逐一同各个模式进行比较，当发现匹配某一模式后，就执行该模式后面的语句序列，直至遇到两个分号“;;”为止。“;;”与其他语言中的 break 类似，用于终止语句执行，跳到整个 case 结构的最后。注意不能省略该符号，否则继续执行下一模式之下的语句序列。一旦模式匹配，则执行完匹配模式相应命令后就不再继续尝试匹配其他模式。

“*”表示任意模式，如果不能匹配任何模式，则执行“*”后面的语句序列。由于 case 语句依次检查匹配模式，“*)”的位置很重要，应当放在最后。

下面给出一个例子，显示当前登录 Linux 的用户（不同用户给出不同的反馈结果）。

```
#!/bin/bash
case $USER in
zxp)
 echo "欢迎老师登录! "
  ;;
wang|zhang)
    echo "欢迎同学测试! "
;;
root)
    echo "超级管理员! "
    echo "热烈欢迎! "
;;
*)
  echo "欢迎 $USER ! ";;
esac
```

8.4.3 循环结构

循环结构用于反复执行一段代码，Shell 提供的循环结构有 3 种，分别是 while、until 和 for。

1. 循环语句 while

while 循环用于不断执行一系列命令，直到测试条件为假（false）。其语法格式为

```
while 测试条件
do
    语句序列
done
```

先进行条件测试，如果结果为真，则进入循环体（do和done之间的部分）执行其中的语句序列；命令执行完毕，控制返回循环顶部，然后再做条件测试，直至测试条件为假时才终止while语句的执行。只要测试条件为真，do和done之间的操作就一直会进行。

下面给出一个实例，用while循环求1～100的总和。

```
#!/bin/bash
total=0
num=0
while [ $num -le 100 ]
do
     total=`expr $total + $num`
     num=`expr $num + 1`
done
echo "结果等于: $total"
```

2. 循环语句until

until循环用来执行一系列命令，直到所指定的条件为真时才终止循环，基本格式如下：

```
until 测试条件
do
    语句序列
done
```

先进行条件测试，如果返回值为假，则继续执行循环体内的语句，否则跳出循环。

until循环与while循环在处理方式上刚好相反，一般while循环优于until循环，但在某些时候，也只是极少数情况下，until循环更加有用。

下面给出一个实例，用until循环求1～100的总和。

```
#!/bin/bash
total=0
num=0
until [ $num -gt 100 ]
do
     total=`expr $total + $num`
     num=`expr $num + 1`
done
echo "计算结果为: $total"
```

3. 循环语句for

与其他编程语言类似，Shell支持for循环。until循环与while循环通常用于条件性循环，遇到特定的条件才会终止循环。而for循环适用于明确知道重复执行次数的情况，它将循环次数通过变量预先定义好，实现使用计数方式控制循环。其语法格式如下：

```
for 变量 [in 列表]
do
    语句序列
done
```

其中变量是指要在循环内部用来匹配列表当中的对象。列表是在for循环的内部要操作的对象，可以是一组值（数字、字符串等）组成的序列，每个值通过空格分隔，每循环一次，就将列表中的下一个值赋给变量。“in 列表”部分是可选的，如果不用它，for循环将自动使用命令行的位置参数。

例如，下面的脚本按顺序输出列表中的数字。

```
for val in 1 2 3 4 5 6 7 8
do
```

```
    echo $str
done
```

下面的脚本显示主目录下的文件。

```
#!/bin/bash
for FILE in $HOME/*.*
do
   echo $FILE
done
```

4．其他循环语句

在循环过程中，有时候需要在未达到循环结束条件时强制跳出循环，像大多数编程语言一样，Shell 也使用 break 和 continue 来跳出循环。

break 语句用来终止一个重复执行的循环。这种循环可以是 for、until 或者 while 语句构成的循环。其语法格式如下：

```
break [n]
```

其中 *n* 表示要跳出的几层循环。默认值是 1，表示只跳出一层循环。

下面是一个嵌套循环的例子，如果 var1 等于 4，并且 var2 等于 2，就跳出循环。

```
#!/bin/bash
for var1 in 1 4 7
do
   for var2 in 2 5 8
   do
      if [ $var1 == 4 -a $var2 == 2 ]
      then
         break 2
      else
         echo "第 1 层：$var1"
         echo "第 2 层：$var2"
      fi
   done
done
```

continue 语句跳过循环体中位于它后面的语句，回到本层循环的开头，进行下一次循环。其语法格式如下：

```
continue [n]
```

其中 *n* 表示从包含 continue 语句的最内层循环体向外跳到第 n 层循环。默认值为 1。

exit 语句用来退出一个 Shell 程序，并设置退出值。其语法格式如下：

```
exit [n]
```

其中 *n* 是设定的退出值。如果未给出 *n* 值，则退出值为最后一个命令的执行状态。

8.5 函数

函数可以将一个复杂功能划分成若干模块，让程序结构更加清晰，代码重复利用率更高。与其他编程语言一样，Shell 程序也支持函数。函数是 Shell 程序中执行特殊过程的部件，并且在 Shell 程序中可以被重复调用。在比较复杂的脚本中，如果使用函数则会方便很多，可以避免使用重复代码的 Shell 程序。

8.5.1 函数的定义和调用

Shell 函数必须先定义后使用，函数定义的格式如下：

```
[function] 函数名()
{
   命令序列
```

```
    [return 返回值]
}
```

其中关键字 function 可以缺省。函数返回值可以显式增加 return 语句；如果不加该语句，则会将最后一条命令运行结果作为返回值。

调用函数只需要给出函数名，不需要加括号，就像一般命令那样使用。函数的调用形式如下：

```
函数名 参数 1 参数 2 …… 参数 n
```

参数是可选的。关于函数参数后面专门介绍，先看不带参数的。下面看一个简单的例子，先定义函数，再进行调用。

```
#!/bin/bash
# 定义函数
Hello () {
    echo "Hello World! "
}
# 调用函数
Hello
```

8.5.2 函数的返回值

Shell 函数返回值只能是整数，一般用来表示函数执行成功与否，0 表示成功，其他值表示失败。如果要返回其他数据，比如一个字符串，往往会得到错误提示“numeric argument required（需要数值参数）”。如果要让函数返回任意值，如字符串，可以采用以下几种方法。

1. 使用全局变量

Shell 函数没有提供局部变量，所有的函数都与其所在的父脚本共享变量。这样就可以先定义一个变量，用来接收函数的计算结果，脚本在需要的时候访问这个变量来获得函数的返回值。使用变量时要注意不要修改父脚本里不期望被修改的内容。这里给出一个简单的函数返回值示例。

```
#!/bin/bash
# 定义函数
Hello () {
    mystr='Hello World! '      //将字符串赋给一个变量作为函数返回值
}
# 调用函数
Hello
# 显示函数中赋值的变量
echo $mystr
```

这种方法可以让函数返回多个值，只需使用多个全局变量。

2. 在函数中使用标准输出

将一个 Shell 函数作为一个子程序调用（命令替换），将返回值写到子程序的标准输出，可以达到返回任意值的目的。请看下面的示例。

```
#!/bin/bash
# 定义函数
Hello () {
    #将字符串赋给一个变量作为函数返回值
    mystr='Hello World! '
    #显示字符串（标准输出）
    echo $mystr
}
# 使用命令替换将函数中输出值赋给变量
result=$(Hello)
# 显示变量
```

```
echo $result
```

其中命令替换也可使用反引号的形式，如 result=`Hello`。

3. 在函数中使用 return 返回整数值

前面提到$?是一个特殊的内部变量，可用于获取上一个命令执行后的返回结果，可以直接通过函数 return 语句来接收返回值。下面给出示例，结果显示为 9。

```
#!/bin/bash
addNum (){
    #将两个参数值的和赋给变量
    val=`expr $1 + $2`
    #使用 return 将变量值返回
    return $val
}
#调用函数（带参数）
addNum 4 5
#获取函数返回值
ret=$?
echo "两个数的和是：$ret !"
```

8.5.3 函数参数

在 Shell 中调用函数时可以向其传递参数。与脚本一样，在函数体内部也是通过$*n*的形式来获取参数的值，例如，$1 表示第 1 个参数，$2 表示第 2 个参数。上例已经示范了函数参数的使用。

8.6 习题

1. Shell 编程如何包含外部脚本？
2. 执行 Shell 脚本有哪几种方式？
3. Shell 编程支持哪几种变量类型？
4. 简述 Shell 位置参数。
5. Shell 编程如何实现数学运算？
6. 逻辑表达式使用 test 命令和它的别名“[”有何不同？
7. 解释“命令 1 && 命令 2 || 命令 3”和“命令 1 || 命令 2 && 命令 3”两种组合的含义。
8. 简述条件语句 if 和 case 的区别。
9. Shell 循环结构有哪几种实现方式？
10. 编写 Shell 程序，显示当前日期时间、执行路径、用户账户及所在的目录位置。
11. 编写 Shell 程序，判断一个文件是不是字符设备文件，并给出相应的提示信息。
12. 编写 Shell 程序，从键盘输入两个字符串，比较两个字符串是否相等。
13. 编写 Shell 程序，分别用 for、while、与 until 语句求从整数 1 到 100 的和。
14. 编写 Shell 程序，实现每天将主目录下的所有目录和文件归档并压缩为文件 mybackup.tar.gz 的任务调度，然后让该脚本开机自动运行（提示：可将该脚本置于/etc/cron.daily 目录中）。

第 9 章 C/C++编程

随着越来越多的程序员选择 Linux 平台编写程序，Ubuntu 桌面版已经成为重要的软件开发平台。C 和 C++是两种经典的编程语言，目前在业界依然具有举足轻重的地位。Linux 本身就是用 C 语言编写的。本章的重点不是介绍如何编写 C 和 C++程序，而是以 C/C++程序开发为例讲解在 Ubuntu 系统中如何建立和使用程序编译和开发环境，如 gcc 编译器和 make 工具。考虑到图形界面编程的重要性，还介绍了图形界面开发框架 GTK+和 Qt，并讲解了相应的 C/C++集成开发环境（IDE）的部署和使用。

学习目标

① 了解 Linux 平台上 C/C++程序的编辑器、编译器和调试器。

② 理解 make 和 Makefile 的编译机制，能够使用 Autotools 产生 Makefile。

③ 了解 GTK+图形用户界面工具包，能够搭建 GTK 编程环境。

④ 了解 Qt 应用程序开发框架，能够部署 Qt 编程环境。

9.1 Linux 编程基础

C 或 C++是 Linux 最基本的编程语言，Linux 系统为此提供了相应的编程工具，包括编辑器、编译器和调试器，便于程序员选择使用。

9.1.1 Emacs 编辑器

程序源代码本身是文本文件，可以使用任何文本编辑器编写。传统的 Linux 程序员往往首选经典的编辑器 Vi（Vim）或 Emacs，在桌面环境中也可以直接使用图形化编辑器 gedit。考虑到开发效率和便捷性，建议初学者在掌握基本的编译知识之后，选用集成开发环境，如 Anjuta、Qt Creater，后面将专门介绍。

作为 Linux 程序员，非常有必要了解 Emacs。Emacs 是 Editor MACroS（宏文本编辑器）的缩写。与 Vi 相比，它不仅是功能强大的文本编辑器，而且是一个功能全面的集成开发环境，程序员可以用来编写代码、编译程序、收发邮件。

Emacs 能够在当前大多数操作系统上运行。在类 Unix 系统上，Emacs 使用 X Window 产生 GUI，或者直接使用“框架”（widget toolkit），例如 Motif、LessTif 或 GTK+等。Emacs 也能够利用 Mac OS X 和 Microsoft Windows 的本地图形系统产生 GUI。用 GUI 环境下的 Emacs 能提供菜单栏（Menubar）、工具栏（toolbar）、滚动条（scrollbar）以及上下文菜单（context menu）等交互方式。

可以利用 Emacs 针对某种程序设计语言的编辑模式来更有效率地完成程序编写任务。Emacs 作为能够识别和理解某种程序设计语言的语法的编辑器，有助于用户按自己的风格写出格式整齐、方便阅读的代码。它为很多种程序设计语言准备有相应的编辑模式，对 C、C++、Java、Perl、SQL 和 Lisp 编程提供支持。这里简单介绍一下 Emacs 的基本用法。

1. Emacs 界面

在 Ubuntu 系统中可执行以下命令安装 Emacs。

```
sudo apt install emacs
```

在命令行中执行 emacs 命令，或者从应用程序列表中找到该应用程序（名为 GNU Emacs）可以打开该软件，界面如图 9-1 所示。

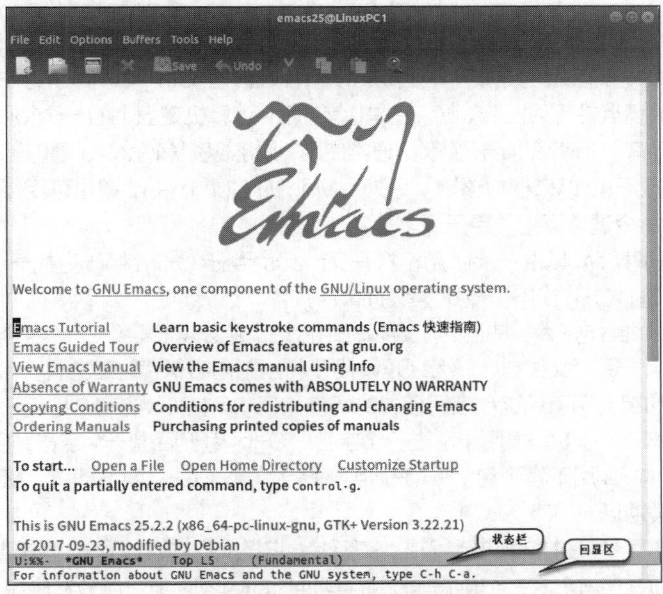

图 9-1　Emacs 界面

整个界面非常简洁，顶部依次是标题栏、菜单栏和工具栏；中部是编辑区，用来编辑文本；底部两行分别是状态栏和回显区。

如果 Emacs 发现用户输入多字符命令的节奏很慢，就会在回显区给出相应的提示。

状态栏中第 1 个字符表示字符集，U 表示 UTF-8，c 表示 chinese-gbk；紧跟着冒号后面的第 1 个符号表示打开的文件（实际上是缓冲区）是否可写，%表示只读，-和*表示可写；第 2 个符号表示文件是否已写，%或-表示还没有改动，*表示已经更改。%%表示是只读文档；--表示是刚打开或刚保存过，还没有新的改动；**表示已有更改的内容。

状态栏中间黑体部分表示文件的名称。后面的一个百分数表示光标在全文中的位置，如果位于文件开头，则显示 Top；如果位于文件末尾，则显示 Bot；如果文件很小，一屏就足以显示全部内容，则显示为 All。“L”及其后面的数字给出了光标所在行的行号。

状态栏上小括号里的内容只是当前正在使用的编辑模式。默认的模式是 Fundamental。

使用 Emacs 编辑源程序的界面如图 9-2 所示。

2. Emacs 命令

Vi 是一个行模式编辑器，将控制和编辑分成两个模式，单独操作，互不影响。而 Emacs 则不同，可以在编辑区直接输入字符，可以使用退格键或删除键删除字符。由于可以同时进行编辑和控制，Emacs 需要使用组合键来发出控制命令。

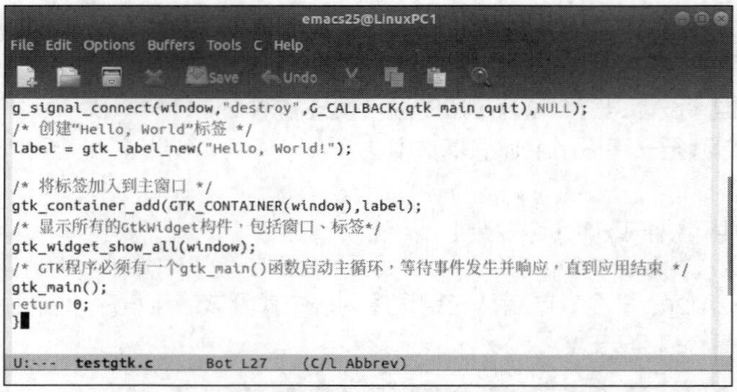
emacs25@LinuxPC1
File Edit Options Buffers Tools C Help
g_signal_connect(window,"destroy",G_CALLBACK(gtk_main_quit),NULL);
/* 创建"Hello, World"标签 */
label = gtk_label_new("Hello, World!");
/* 将标签加入到主窗口 */
gtk_container_add(GTK_CONTAINER(window),label);
/* 显示所有的GtkWidget构件，包括窗口、标签*/
gtk_widget_show_all(window);
/* GTK程序必须有一个gtk_main()函数启动主循环，等待事件发生并响应，直到应用结束 */
gtk_main();
return 0;
}
U:--- testgtk.c Bot L27 (C/l Abbrev)

图 9-2　Emacs 编辑 C 源码

Emacs 的所用命令都以组合键加字母组成。以两种组合键 Ctrl 和 Meta 为主，分别简写为 C-和 M-。目前所用的多数键盘并无 META 键，它是以前 MIT 计算机键盘上的一个特殊键，后来 Sun 的键盘上也包含有此键（标有“Sun”的菱形徽标）。通常使用 Alt 键或者 Windows 键仿真 Meta 键。在 Emacs 中也可通过按下和释放 Esc 键来模拟该键。另外，Mac 的 Command 键也可用作该键。这里列举部分常用的命令，更多的命令请查阅相关手册。

C-h 命令用于获取帮助。其中 C-h r 用于打开 Emacs 手册，C-h f 用于查找一个函数的用法，C-h k 用于查找快捷键的用途，C-h a 用于查找匹配的命令。

C-x 命令用于文件操作，大多使用两个连续的组合键。例如 C-x 和 C-v 两个组合键用于打开一个文件，C-x 和 C-s 用于保存文件，C-x 和 C-w 用于将当前内容保存为新文件，C-x i 用于插入文件。另外，C-x 和 C-q 的组合用于只读和读写模式的切换，C-x 和 C-c 的组合则用于退出 Emacs。

编辑操作命令比较多，如 C-f 用于前进一个字符，C-b 用于后退一个字符，C-a 用于移到行首，C-e 用于移到行尾，M-a 用于移到句首，M-e 用于移到句尾，C-v 向下翻页，M-v 用于向上翻页。

3. 理解文件和缓冲区

Emacs 并不是对某个文件本身进行编辑。实际上，它将文件内容放到一个临时性的缓冲区里面，然后再对缓冲区的内容进行编辑。在通知编辑器保存缓冲区的内容之前，存放在磁盘上的原始文件是不会发生任何变化的。

虽然缓冲区看起来与文件非常相像，但它只是一个临时性的工作区域，里面包含的可能是文件的一份副本。Emacs 将每个处于编辑状态的文件都放入缓冲区。每找到一个文件，Emacs 就在其内部开辟一个缓冲区。使用 C-x 和 C-b 组合命令可以列出当前所有的缓冲区。

可以用 C-x 和 C-f 组合命令找到并打开第二个文件，但第一个文件仍然在 Emacs 中。要切回第一个文件，一种办法是再次使用 C-x 和 C-f。这样就能同时打开多个文件。

4. Emacs 编辑模式

Emacs 针对不同类型的文档提供相应的编辑模式，理解编辑模式非常重要。

Emacs 针对多种文档定义了不同的主模式（major mode），包括普通文本文件（Text mode）、各种编程语言的源文件（如 cc mode、Java mod、Perl mode and Cperl mode）、HTML 文档（HTML mode）、TEX 与 LaTeX 文档（LaTeX mode），以及其他类型的文本文件等。其中 Fundamental mode 为默认模式。

每种主模式都提供有特殊的 Emacs Lisp 变量和函数，便于用户在该模式下能更方便地处理特定类型的文本。例如，各种编程的主模式会对源文件文本中的关键字、注释以不同的字体和颜色高亮显示。主模式还提供诸如跳转到函数的开头或者结尾等这样专门定义的命令。

一个编辑缓冲区只能有一个主模式。退出一个主模式的方法就是进入另一个主模式。

Emacs 还支持次模式（minor mode）。每一个缓冲区能够同时关联多个次模式。例如，编写 C 语言的主模式可以同时定义多个次模式，每个次模式有着不同的缩进风格（indent style）。常见的次模式有 Auto-fill mode（开启自动换行功能）、Overwrite mode（键入字符时替换而不是插入字符）、Abbrev mode（允许使用单词的简写形式）、Paragraph indent text mode（任何段落首行缩进）、Font lock mode（字体高亮）等。次模式并不能替代主模式，而是提供一些辅助的功能。每个次模式都可以独立地开启和关闭，跟其他次模式无关，跟主模式也无关，这样用户可以不使用次模式，也可以只使用一个或同时使用多个次模式。

当打开某一文件时，Emacs 会判断文件的类型来自动选择相应的模式。当然也可以手动启动各种模式，先按 M-x 组合键，然后输入模式的名称。例如执行 M-x c-mode 命令将启动 C 模式。使用命令 M-x auto fill mode 启动自动折行模式，Emacs 会在打字超出一行边界时自动换行，这对编辑自然语言文本很有帮助。再次执行该命令，自动折行模式就会被关闭。

5. C 和 C++支持

如果打开扩展名为“.c”“.h”“.y”或“.lex”的文件，Emacs 就会自动进入 C 语言编辑模式，简称 C 模式。如果打开扩展名是“.C”“.H”“.cc”“.hh”“.cpp”“.cxx”“.hxx”“.c++”“.h++”的文件，Emacs 就会自动进入 C++语言编辑模式，简称 C++模式。还可以利用 M-x c-mode 命令将任意文件手动切换到 C 模式。类似地，M-x c++ - mode 命令将把编辑缓冲区切换到 C++模式。

C 模式能够识别和理解 ANSI C 语法和 Kernighan-Ritchie C 语法。C++模式只比 C 模式额外多几项功能。

6. 编译和调试

Emacs 可以作为一个集成开发环境（IDE），无论何时都能编译和调试程序。使用 Emacs 进行一个大型的编程项目时，Emacs 将项目文件保存到所在目录并且能够调用它。它支持 make 工具，可以在 Shell 模式下直接使用。

9.1.2 GCC 编译器

在 Linux 平台上使用 C 或 C++语言编程，需要了解相应的编译工具 GCC。GCC（GNU Compiler Collection，GNU 编译器套件）是由 GNU 开发的编译器，可以在多种软硬件平台上编译可执行程序，执行效率比其他编译器高。它原本只能处理 C 语言（称为 GNU C Compiler），后来支持 C++，再后来又能支持 Fortran、Pascal、Objective-C、Java、Ada 等编程语言，以及各类处理器架构上的汇编语言，所以改称 GNU Compiler Collection。作为自由软件，GCC 现已被大多数类 Unix 操作系统（如 Linux、BSD、Mac OS X 等）采纳为标准的编译器，也适用于 Windows 操作系统。

1. GCC 编译的 4 个阶段

使用 GCC 编译并生成可执行文件需要经历 4 个阶段，如图 9-3 所示。

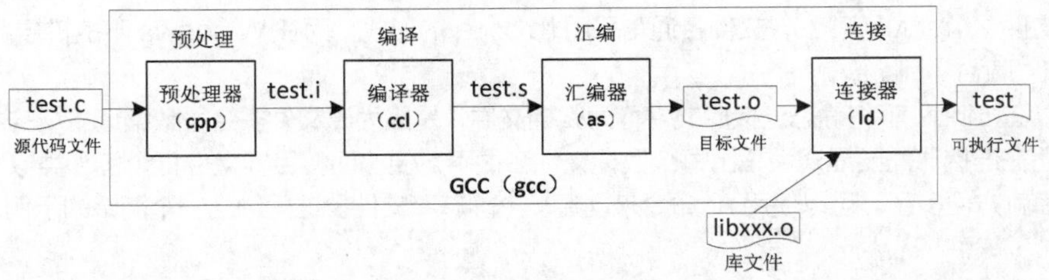

图 9-3 GCC 编译过程

（1）预处理（Preprocessing）。

GCC 首先调用 cpp（预处理器）命令对源码文件进行预处理。在此阶段，将对源代码文件中的包文件和宏定义进行展开和分析，获得预处理过的源代码。此阶段一般无须产生结果文件（.i），如果需要结果文件来分析预编译语句，可以执行cpp命令，或者执行gcc命令时加上选项-E。

（2）编译（Compilation）。

此阶段调用cll（编译器）命令将每个文件编译成汇编代码。编译器取决于源代码的编程语言，这是一个复杂的程序，以C语言为例，C语言指令和汇编语言指令之间没有对应关系。例如，要求程序执行最快或者程序文件最小将会产生不同的汇编语言指令序列。汇编是机器语言，最常用的是x86。

与预处理阶段一样，此阶段通常无须产生结果文件（.s），如果需要结果文件，执行cll命令，或者执行gcc命令加上选项-S即可。所生成的.s文件是汇编源码文件，具有可读性。

（3）汇编（Assembly）。

汇编过程是针对汇编语言的步骤，调用as（汇编器）命令进行工作。一般来讲，.s为扩展名的汇编语言文件，经过预编译和汇编之后都生成以.o为扩展名的目标文件。

此阶段将每个文件转换成目标代码。由于每条汇编指令对应唯一的代码，汇编比编译更容易。目标文件包含用于程序调试或连接的额外信息。它是一种二进制格式（在Linux机器上称为ELF格式），需要使用像objdump这样的专门程序查看。此阶段通常要产生目标文件，因为它只取决于对应的C源码文件（包括包含文件）。如果仅仅修改一个源文件，只需产生相应的目标文件。可以执行gcc命令加上选项-c，只生成目标文件，而不进行连接。一般来说，对每个源文件都应该生成一个对应的中间目标文件（UNIX/Linux下是.o文件，在Windows下是.obj文件）。

（4）连接（Linking）。

当所有的目标文件都生成之后，GCC就调用ld命令来完成最后的关键性工作，即将所有的目标文件和库合并成可执行文件，结果是接近目标文件格式的二进制文件。

在连接阶段，所有的目标文件被置于可执行程序中，同时所调用到的库函数也从各自所在的库中连接到合适的地方。

源文件首先会生成中间目标文件，再由中间目标文件生成执行文件。在编译时，编译器需要的是语法的正确，只检测程序语法、函数和变量声明是否正确。通常需要告诉编译器头文件的所在位置（头文件中应该只是声明，而定义应该放在C/C++文件中）。如果函数未被声明，编译器会给出一个警告，但仍然可以生成目标文件。而在连接程序时，主要是连接函数和全局变量，连接器会在所有的目标文件中找寻函数的实现，如果找不到，就会报连接错误码，这就需要指定函数的目标文件。连接器不管函数所在的源文件，只管函数的中间目标文件。

2. 静态连接与动态连接

连接分为两种，一种是静态连接，另外一种是动态连接。

通常对函数库的连接是在编译时（Compile Time）完成的。将所有相关的目标文件与所涉及的函数库（Library）连接合成一个可执行文件。由于所需的函数都已合成到程序中，所以程序在运行时就不再需要这些函数库，这样的函数库被称为静态库（Static Libaray）。静态库文件在Linux下的扩展名为.a，称为归档文件（Archive File），文件名通常采用libxxx.a的形式；而在Windows下的扩展名为.lib，称为库文件（Library File）。

之所以在Linux下将静态连接库文件称为归档文件，是因为源文件多会导致编译生成的中间目标文件太多，而在连接时需要显式地指出每个目标文件名很不方便，而将目标文件打个包（类似于归档）来生成静态库就方便多了。可以使用ar命令来创建一个静态库文件。这里给出一个简单的示例。

```
gcc -c test.c
ar cr libtest.a test.o
```

执行上述命令将在当前目录下生成一个名为libtest.a的静态库文件。-c选项表示只进行编译，不进行连接。

如果将函数库的连接推迟到程序运行时（Run Time）来实现，就要用到动态连接库（Dynamic Link Library）。Linux下的动态连接库文件的扩展名为.so，文件名通常采用libxxx.so的形式，Windows系统中对应的是.dll 文件。

动态连接库的函数具有共享特性，连接时不会将它们合成到可执行文件中。编译时编译器只会做一些函数名之类的检查。在程序运行时，被调用的动态连接库函数被临时置于内存中某一区域，所有调用它的程序将指向这个代码段，因此这些代码必须使用相对地址而非绝对地址。编译时需通知编译器这些目标文件要用作动态连接库，使用位置无关代码（Position Independent Code，PIC，也译为浮动地址代码），具体使用 gcc 编译器时加上-fPIC 选项。下面给出一个创建动态连接库的示例。

```
gcc -fPIC -c file1.c
gcc -fPIC -c file2.c
gcc -shared libtest.so file1.o file2.o
```

首先使用-fPIC 选项生成目标文件，然后使用-shared 选项建立动态连接库。

最后强调一下，使用静态连接的好处是，依赖的动态连接库较少，对动态连接库的版本不会很敏感，具有较好的兼容性；缺点是生成的程序比较大。使用动态连接的好处是，生成的程序比较小，占用的内存较少。

3. 编译 C 程序

Ubuntu 18.04 LTS 桌面版没有预装 GCC 编译器（gcc）。可以执行 gcc -v 命令检查所安装的 gcc 版本。执行以下命令安装 gcc。

```
sudo apt install gcc
```

gcc 的基本用法如下：

```
gcc [选项] [源文件]
```

首先需要编写程序代码，可以使用任何文本编辑器，保存源文件时将扩展名设置为.c。这里给出一个例子，在主目录中建立一个名为 testgcc.c 的源文件，其代码如下：

```
#include <stdio.h>
int main(void)
{
   printf("Hello,World!\n");
   return 0;
}
```

然后执行以下命令对 testgcc.c 进行预处理、编译、汇编并连接形成可执行文件：

```
sudo gcc -o testgcc testgcc.c
```

其中选项-o 指定输出可执行文件的文件名。如果没有指定输出文件，默认输出文件名为 a.out。

完成编译和连接后，即可在命令行中执行，本例中执行结果如下：

```
zxp@LinuxPC1:~$ ./testgcc
Hello,World!
```

4. 编译 C++程序

gcc 命令可以用来编译 C++程序，当编译文件扩展名为.cpp 的文件时，就会编译成 C++程序。但是 gcc 命令不能自动与 C++程序使用的库连接，所以通常要使用 g++命令来完成连接。为便于操作，一般编译和连接都改用 g++命令。实际上，在编译阶段 g++会自动调用 gcc，二者等价。g++是 GNU 的 C++编译器，对于.c 文件，gcc 当作 C 程序进行处理，而 g++当做 C++处理；对于.cpp 文件，gcc 和 g++均当作 C++程序进行处理。

Ubuntu 18.04 LTS 没有预装 g++，可以执行 g++ -v 命令检查所安装的 g++的版本。

执行以下命令安装 g++。

```
sudo apt install g++
```

g++的基本用法如下：

```
g++ [选项] [源文件]
```

这里给出一个例子，在主目录中建立一个名为 testg++.cpp 的源文件，其代码如下：

```
#include <stdio.h>
#include <iostream>
int main()
```

```
{
    std::cout << "Hello world!" << std::endl;
    return 0;
}
```

然后使用g++命令将C++源程序进行预处理、编译、汇编并连接形成可执行文件，在Ubuntu中的命令如下：

```
sudo g++ -o testg++ testg++.cpp
```

完成编译和连接后，即可在命令行中执行，例中执行结果如下：

```
zxp@LinuxPC1:~$ ./testg++
Hello world!
```

5. gcc编译输出选项

默认使用gcc可以直接生成可执行文件，但有时也需要生成中间文件，如汇编代码、目标代码。gcc命令提供多个选项来满足这种需求。

（1）-E选项。

对源文件进行预处理，生成的结果输出到标准输出（屏幕）。使用该选项不会生成输出文件，如果需要生成文件，可以将它重定向到一个输出文件，或者使用选项-o指定输出文件。例如执行以下命令将生成名为testc.i的源代码文件（经过预处理）。

```
gcc -o testc.i -E testc.c
```

或者

```
gcc -E testc.c > testc.i
```

（2）-S选项。

对源文件进行预处理和编译，也就是编译成汇编代码。如果是预编译过的文件，将直接编译成汇编代码。如果不指定输出文件，将生成扩展名为.s 的同名文件，汇编代码文件可以用文本编辑器查看。例如执行以下命令将生成名为testc.s的汇编代码文件。

```
gcc -S testc.c
```

（3）-c选项。

对源文件进行预处理、编译和汇编，也就是生成目标文件（obj）。如果是预编译过的文件，将直接进行编译和汇编，生成目标文件；如果是汇编代码，将直接进行汇编，生成目标文件。如果不指定输出文件，将生成扩展名为.o的同名目标文件。例如执行以下命令将生成名为testc.o的obj文件。

```
gcc -c testc.c
```

6. gcc编译优化选项

同一条语句可以翻译成不同的汇编代码，执行效率却不大一样。gcc 提供了优化选项供程序员选择生成经过特别优化的代码。

共有3个级别的优化选项，从低到高分别是-O1、-O2和-O3。级别越高优化效果越好，但编译时间越长。-O1（或者-O）表示优化生成代码；-O2表示进一步优化；-O3比-O2更进一步优化，包括inline 函数。另外选项-O0表示不进行优化处理。

理论上-O3选项可以生成执行效率最高的目标代码。不过过于追求执行效率可能会带来风险，通常-O2选项是比较折中的选择，既可以基本满足优化需求，又比较安全可靠。

这些优化选项属于常规选项，如果要更为精细地控制优化，可以使用gcc的详细优化选项，此类选项通常很长，可以参考相关手册。

7. gcc其他常用选项

gcc的选项比较多，除了上述编译输出和优化选项外，其他常用的选项列举如下。

（1）-g选项。

生成带有调试信息的二进制形式的可执行文件。

（2）-Wall选项。

编译时输出所有的警告信息，建议编译时启用此选项。

（3）-I 选项。

此选项后跟目录路径参数，将该路径添加到头文件的搜索路径中，gcc 会在搜索标准头文件之前先搜索该路径。

（4）-L 选项。

此选项后跟库文件参数，用来指定连接声称可执行文件所用的库文件。

例如，下面的例子带有这些选项。

```
gcc -g -Wall -I /usr/include/libxml2/libxml -L lxml2  main.c aux.c -o tut_prog
```

此命令告知 GCC 编译源文件 main.c 和 aux.c，产生一个名为 tut_prog 的二进制文件。将在指定的目录中搜寻包含头文件，连接器使用库 libxml2 进行连接。

至于 g++命令的选项有些类似，具体查看参考手册。

8. 多个源文件的编译方法

如果有多个源文件需要编译，使用 GCC 有两种编译方法。

（1）多个文件一起编译。

例如，使用以下命令将 test1.c 和 test2.c 分别编译后连接成 test 可执行文件。

```
gcc test1.c  test2.c  -o  test
```

采用这种方法，当源文件有变动时，需要将所有文件重新编译。

（2）分别编译各个源文件再对编译后输出的目标文件进行连接。

下面的命令示范了这种方法，当源文件有变动时，可以只重新编译修改的文件，未修改的文件不用重新编译。

```
gcc  -c  test1.c
gcc  -c  test2.c
gcc  -o test  test1.o  test2.o
```

当然源文件非常多的情况下，就需要使用 make 工具了。在编译一个包含许多源文件的项目时，如果只用一条 GCC 命令来完成编译是非常浪费时间的。尤其是只修改了其中某一个文件的时候，完全没有必要将每个文件都重新编译一遍，因为很多已经生成的目标文件是不会改变的。要解决这个问题，关键是要灵活运用 GCC，同时还要借助像 make 这样的工具。

9.1.3 GDB 调试器

调试是软件开发不可缺少的环节。程序员通过调试跟踪程序执行过程，还可以找到解决问题的方法。GDB（GNU Debugger）是 GNU 发布的调试工具，它通过与 GCC 的配合使用，为基于 Linux 的软件开发提供了一个完善的调试环境。Ubuntu 系统默认已经安装好 GDB 软件。

1. 生成带有调试信息的目标代码

为了进行程序调试，必须在程序编译时包含调试信息，调试信息包含程序里的每个变量的类型，还包含在可执行文件里的地址映射以及源代码的行号，GDB 正式利用这些调试信息来关联源代码和机器码。

默认情况下，GCC 在编译时没有将调试信息插入到所生成的二进制代码中，如果需要在编译时生成调试信息，可以使用 gcc 命令的-g 或者-ggdb 选项。例如，下面的命令将生成带有调试信息的二进制文件 testcgdb。

```
sudo gcc -o testcgdb -g testgcc.c
```

类似于编译优化选项，GCC 在产生调试信息时同样可以进行分级，在选项-g 后面附加数字 1、2 或 3 来指定在代码中加入调试信息的多少。默认的级别是 2（-g2），此时产生的调试信息包括扩展的符号表、行号、局部或外部变量信息。级别 3（-g3）包含级别 2 中的所有调试信息，以及源代码中定义的宏。级别 1（-g1）不包含局部变量和与行号有关的调试信息，因此只能够用于回溯跟踪和堆栈转储之用。回溯跟踪指的是监视程序在运行过程中的函数调用历史，堆栈转储则是一种以原始的十六进制格式保存程序执行环境的方法，两者都是经常用到的调试手段。

值得一提的是，使用任何一个调试选项都会使最终生成的二进制文件的大小增加，同时增加程序在执行时的开销，因此调试选项通常仅在软件的开发和调试阶段使用。

2. 使用 gdb 命令进行调试

获得含有调试信息的目标代码后，即可使用 gdb 命令进行调试。在命令行中直接执行 gdb 命令，或者将要调试的程序作为 gdb 命令的参数，例如：

```
zxp@LinuxPC1:~$ sudo gdb testcgdb
GNU gdb (Ubuntu 8.1-0ubuntu3) 8.1.0.20180409-git
（此处省略）
For help, type "help".
Type "apropos word" to search for commands related to "word"...
Reading symbols from testcgdb...done.
(gdb)
```

进入 GDB 交互界面后即可执行具体的 GDB 子命令，常用的 GDB 子命令列举如下。

help：显示帮助信息。

file 文件名：打开指定的可执行文件用于调试。

run：重新运行调试的程序。

list：列出源代码。

next：执行下一步。

next *N*：执行 N 次下一步。

step：单步进入。

run：强制返回当前函数。

call <函数>：强制调用函数。

break：设定断点。

continue：继续运行程序直接运行到下一个断点。

kill：终止一个正在调试的程序。

quit：退出 GDB 调试器。

GDB 子命令可以使用简写形式，如 run 缩写为 r，list 缩写为 l。

这里给出一个操作例子，依次执行查看源码、设置断点、运行程序。

```
(gdb) list                                    #查看源码
1    #include <stdio.h>
#此处省略
(gdb) break 3                                 #设置断点
Breakpoint 1 at 0x63e: file testgcc.c, line 3.
(gdb) run                                     #运行程序
Starting program: /home/zxp/testcgdb

Breakpoint 1, main () at testgcc.c:4
4    printf("Hello,World!\n");
(gdb)
```

9.2 使用 make 和 Makefile 实现自动编译

一个软件项目（Project，也有人译为“工程”），少则几十个源文件，多则数百个源文件，如果每次都要使用 gcc 命令进行编译，那么对程序员来说难度太大了。Linux 使用 make 工具和 Makefile 文件来解决此问题。Makefile 是一种描述文件，用于定义整个软件项目的编译规则，理顺各个源文件之间的相互依赖关系。make 工具基于 Makefile 文件就可以实现整个项目的完全自动编译，从而提高软件开发的效率。Makefile 对于 Winodws 程序员来说可能会比较陌生。在 Windows 系统中往往通过 IDE（集成开发环境）来实现整个项目的自动编译，这相当于通过友好的图形界面修改 Makefile 文件。有效地利用 make 工具和 Makefile 文件可以大大提高项目开发的效率。掌握 make 和 Makefile 文件之后，还能够更深刻地理解和运用 Linux 应用软件。

9.2.1 make 工具

在 Linux/Unix 环境中，make 一直是一个重要的编译工具。它最主要的功能就是通过 Makefile 文件维护源程序，实现自动编译。make 可以只对程序员在上次编译后修改过的部分进行编译，对未修改的部分则跳过编译步骤，然后进行连接。对于自己开发的软件项目，需要使用 make 命令进行编译；对于以源码形式发布的应用软件，则需要使用 make install 进行安装，这一点已经在本书第 5 章讲解过。实际上多数 IDE 也提供 make 命令。

make 命令的基本用法如下：

```
make [选项] [目标名]
```

参数目标名用于指定 make 要编译的目标。允许同时指定编译多个目标，按照从左向右的顺序依次编译指定的目标文件。目标可以是要生成的可执行文件，也可以是要完成特定功能的标签（通常 Makefile 中定义有 clean 目标，可用来清除编译过程中的中间文件）。如果 make 命令行参数中没有指定目标，则系统默认指向 Makefile 文件中第 1 个目标文件。

make 命令提供的选项比较多，这里介绍几个主要选项。

-f：其参数为描述文件，用于指定 make 编译所依据的描述文件。如果没有指定此选项，系统将当前目录下名为 makefile 或者名为 Makefile 的文件作为描述文件。在 Linux 中，make 在当前工作目录中按照 GNUmakefile、makefile、Makefile 的顺序搜索 Makefile 描述文件。

-n：只显示生成指定目标的所有执行命令，但并不实际执行。通常用来检查 Makefile 文件中的错误。

-p：输出 Makefile 文件中所有宏定义和目标文件描述（内部规则）。

-d：使用 Debug（调试）模式，输出有关文件和检测时间的详细信息。

-c：其参数为目录，指定在读取 Makefile 之前改变到指定的目录。

9.2.2 Makefile 基础

Makefile 文件关系到整个项目的编译规则。一个软件项目中的源文件数量较多，通常按类型、功能、模块分别放在若干个目录中，Makefile 文件定义一系列规则来指定哪些文件需要先编译，哪些文件需要后编译，哪些文件需要重新编译，以及其他更复杂的功能操作。作为专门的项目描述文件，Makefile 像 Shell 脚本一样，可以使用文本编辑器编写。

Makefile 文件一般以 Makefile 或 makefile 作为文件名（不加任何扩展名），这两个文件名任何 make 命令都能识别。Linux 还支持 GNUmakefile 作为其文件名。如果以其他文件名命名 Makefile 文件，在使用 make 进行编译时需要使用-f 选项指定该描述文件的名称。

1. Makefile 基本语法

Makefile 文件通过若干条规则来定义文件依赖关系。每条规则包括目标（target）、条件（prerequisites）和命令（command）三大要素。基本语法格式如下：

```
目标 ... : 条件 ...
命令
...
...
```

其中“目标”项是一个目标文件，可以是目标代码文件（Object File），也可以是可执行文件，还可以是一个标签（Label）。“条件”项就是要生成目标所需要的文件，可以是源代码文件，也可以是目标代码文件。“命令”项就是 make 需要执行的命令，可以是任意的 shell 命令，可以有多条命令。“目标”和“条件”项定义的是文件依赖关系，要生成的目标依赖于条件中所指定的文件；“命令”项定义的是生成目标的方法，即如何生成目标。

Makefile 文件中的命令必须要以制表符<Tab>开始，不能使用空格开头。制表符之后的空格可以忽略。

Makefile 支持语句续行，以提高可读性。续行符使用反斜杠（\），可以出现在条件语句和命令语句的末尾，指示下一行是本行的延续。

可以在 Makefile 文件中使用注释，以符号“#”开头的内容被视为注释内容。

Makefile 支持转义符，使用反斜杠进行转义。例如，要在 Makefile 中使用“#”字符，可以使用“\#”来表示。

2. Makefile 示例

这里给出一个简单的示例，便于快速了解 Makefile 文件的结构和内容。

```
#第 1 部分
textedit : main.o input.o output.o command.o files.o tools.o
cc -o textedit main.o input.o output.o command.o \
files.o utils.o
#第 2 部分
main.o : main.c def.h
cc -c main.c
input.o : input.c def.h command.h
cc -c input.c
output.o : output.c def.h buffer.h
cc -c output.c
command.o : command.c def.h command.h
cc -c command.c
files.o : files.c def.h buffer.h command.h
cc -c files.c
utils.o : tools.c def.h
cc -c tools.c
#第 3 部分
clean :
rm textedit main.o input.o output.o
rm command.o files.o tools.o
```

这个示例项目包括 6 个源码文件（.c）和 3 个头文件（.h），分为 3 个部分。通过规则定义形成了一系列文件依赖关系，如图 9-4 所示。

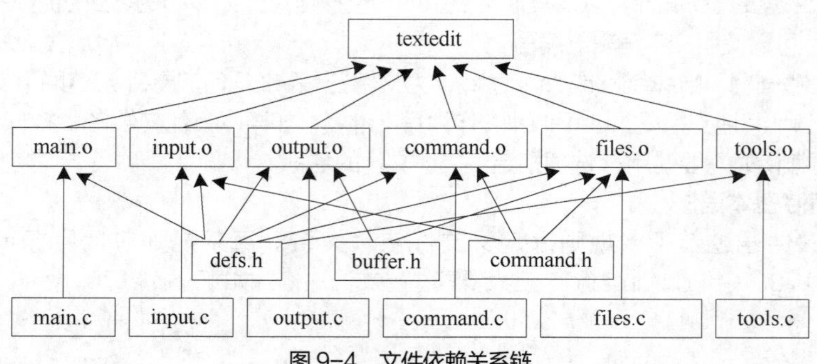

图 9-4　文件依赖关系链

第 1 部分表示要生成可执行文件 textedit，需要依赖 main.o 等 6 个目标代码文件，命令的内容表示要使用这 6 个目标代码文件（.o）编译成可执行文件 textedit，这里使用了换行符将较长的行分成两行。

在 Unix 中 cc 指的是 cc 编译器，而在 Linux 下调用 cc 时，实际上并不指向 Unix 的 cc 编译器，而是指向 gcc，也就是说 cc 是 gcc 的一个连接（相当于快捷方式）。选项-o 用于指定输出文件名。

第 2 部分为每一个目标代码文件定义所依赖的源码文件（.c）和头文件（.h），命令的语句表示将源码文件编译成相应的目标代码文件。

这里命令中的 cc 有一个选项-c，表示只进行编译，不连接成为可执行文件，编译器只是由源代码文件生成.o 为扩展名的目标文件，通常用于编译不包含主程序的子程序文件。

第 3 部分比较特殊，没有定义依赖文件。“clean”不是一个文件，而是一个动作名称，有点像 C 语言中的标签一样，冒号后面没有定义依赖文件，make 不能自动获取文件的依赖性，也就不会自动执行其后所定义的命令。要执行此处的命令，就要在 make 命令中显式指出这个标签。就本例来说，执行 make clean 命令将删除可执行文件和所有的中间目标文件。此类应用还可用于程序打包、备份等，只需要在 Makefile 中定义与编译无关的命令即可。

3. make 基于 Makefile 的编译机制

make 命令解析 Makefile 内容，根据以下两种情形进行自动编译。

（1）如果该项目没有编译过，也就是没有生成过目标，那么就根据所给的条件来生成目标，所有源文件都要编译并进行连接。

（2）如果该项目已经编译过，生成有目标，一旦条件发生变化，则需要重新生成目标。如果项目的某些源文件被修改，只编译被修改的源文件，并连接生成目标程序。如果项目的某些头文件改变，则需要编译引用了这些头文件的源文件，并连接生成目标程序。make 通过比较目标和条件中的文件的修改日期来识别文件是否被修改。如果条件中的文件的日期要比目标中的文件的日期要新，或者目标不存在，那么 make 就会执行后续定义的命令。

这里结合上例讲解 make 如何基于 Makefile 进行编译。

（1）make 首先在当前目录下查找名称为 Makefile 或 makefile 的文件。

（2）如果找到，接着查找该文件中第一个目标，上例将 textedit 作为最终的目标文件。

（3）如果 textedit 文件不存在，或者它所依赖的文件的修改时间要比 textedit 文件新，那么就会执行后面所定义的命令来生成 textedit 这个文件。

（4）如果 textedit 文件所依赖的目标代码文件也不存在，则 make 会在当前文件中找目标为.o 文件的依赖性，如果找到，再根据该规则生成.o 文件。

（5）make 通过.c 文件和.h 文件生成.o 文件，然后再用.o 文件生成可执行文件 textedit。

make 一层一层地去查找文件的依赖关系，直到最终编译出第一个目标文件。在查找过程中，如果出现错误，比如最后被依赖的文件找不到，那么 make 就会直接退出，并报错。而对于所定义的命令的错误，或是编译不成功，make 根本不理。

上例中像 clean 这种情况，没有被第一个目标文件直接或间接关联，那么它后面所定义的命令将不会被自动执行。不过，可以要求 make 执行，即执行命令 make clean 来清除所有的目标文件，以便重新编译。

如果整个项目已被编译过了，当修改了其中一个源文件，比如 file.c，那么根据依赖性，目标 file.o 就会被重编译，file.o 文件的修改时间要比 textedit 新，于是 textedit 也会被重新连接。

9.2.3 Makefile 的高级特性

除了前面介绍的规则和注释外，Makefile 还支持隐式规则、变量定义、文件包含等。这里根据高级特性将上述示例修改如下，然后再结合这些内容讲解一些高级特性。

```
#第 1 部分
objects = main.o input.o output.o command.o files.o utils.o
#第 2 部分
```

```
textedit : $(objects)
cc -o edit $(objects)
#第3部分
main.o : defs.h
input.o : defs.h command.h
command.o : defs.h command.h
output.o : defs.h buffer.h
insert.o : defs.h buffer.h
tools.o : defs.h
#第4部分
.PHONY : clean
clean :
rm edit $(objects)
```

1. 隐式规则

前面介绍的规则属于显式规则，需要明确定义，指明要生成的文件、文件的依赖文件和生成的命令。make 功能很强大，可以自动推导文件以及文件依赖关系后面的命令，这就是 Makefile 的隐式规则（又称隐含规则或隐晦规则）。

本例中第 3 部分利用隐式规则简化文件依赖关系的描述。make 每发现一个.o 文件，它就会自动地把相应的.c 文件添加在依赖关系中。例如 make 找到 main.o，就会将 main.c 作为 main.o 的依赖文件，并且后续命令 cc -c main.c 也会被自动推导出来，于是可将上例的两行描述内容：

```
main.o : main.c def.h
cc -c main.c
```

简写为一行描述内容：

```
main.o : defs.h
```

这只是最常用的一个隐式规则。实际上最新的 make 支持的隐式规则非常多，可以通过选项-p 来查看所支持的全部隐式规则。

2. 变量定义

在 Makefile 中可以定义一系列变量，变量一般都是文本字符串，有点类似于 C/C++语言中的宏，当 Makefile 被解析时，其中的变量都会自动被扩展到相应的引用位置上。变量可以用在目标、条件、命令等要素中，以及 Makefile 的其他部分。

变量的名字可以包含字符、数字，下划线（可以是数字开头），但不应该含有“:”、“#”、“=”或是空字符（空格、回车等）。变量名区分大小写。

变量在声明时需要赋初值，而在引用时需要在变量名前加上“$”符号，而且最好使用小括号“( )”或大括号“{}”将变量给包括起来。如果变量名中要使用“$”字符，那么需要用“$$”来进行转义。

本例第 1 部分声明变量 objects：

```
objects = main.o input.o output.o command.o files.o utils.o
```

第 2 部分引用变量：

```
textedit : $(objects)
cc -o edit $(objects)
```

变量会在使用它的地方精确地展开，就像 C/C++中的宏一样，展开后如下：

```
textedit : main.o input.o output.o command.o files.o tools.o
cc -o textedit main.o input.o output.o command.o files.o utils.o
```

变量用“=”赋值时，表示变量被引用时才展开。

如果改用“:=”赋值，表示变量在赋值的时候就立刻展开。例如：

```
CC := gcc -g
```

还可以在变量中引用变量，可靠的做法是使用“:=”给被引用的变量赋值。要在当前变量中引用变量，被引用的变量必须先定义。例如：

```
CC := gcc
CCM := $(CC) -M
```

Makefile 还提供一种特殊的自动变量，不用声明，其值根据上下文的不同自动改变。这种变量只能出现在规则的定义中，根据规则的目标和条件取值。常用自动变量列举如下。

$@：代表规则中的目标文件名。

$<：规则的第一个依赖文件名（条件定义）。如果是隐含规则，则它代表通过目标指定的第一个依赖文件。

$?：所有比目标新的依赖文件的集合，以空格分隔。

$^：所有的依赖文件（条件定义）的集合，以空格分隔。

3. 伪目标

上例提到过一个名为“clean”的目标，这是一个伪目标。伪目标并不是一个文件，只是一个标签，因而 make 无法生成它的依赖关系和决定它是否要执行。只有通过指明这个目标才能让其生效。当然，伪目标的命名不能和文件名重名。

为了避免与文件重名的这种情况，可以使用一个特殊的标记“.PHONY”来显式地指明一个目标是伪目标，向 make 说明，不管是否有这个文件，这个目标就是伪目标。本例第 4 部分就是这样一个例子。

伪目标一般没有依赖的文件，但也可以为伪目标指定所依赖的文件。伪目标同样可以作为默认目标，只要将其放在第 1 个即可。如果 Makefile 需要一下子生成若干个可执行文件，但又只想简单地用一个 make 命令实现，并且所有的目标文件都写在一个 Makefile 中，那么可以使用伪目标这个特性，例如：

```
all : prog_a prog_b prog_c
.PHONY : all
```

Makefile 中的第 1 个目标会被作为其默认目标。这里第一行声明“all”目标依赖于 prog_a 等其他 3 个目标。第二行显式声明“all”这个目标为伪目标。由于伪目标总是被执行，所以其依赖的 3 个目标总是不如“all”这个目标新，这样也就会被执行。

4. 使用通配符

make 支持通配符：“*”“?”和“[...]”，用于代替一系列的文件。如“*.c”表示所有扩展名为 c 的文件。下面的例子表明执行 make clean 命令将删除所有的目标文件。

```
clean:
rm -f *.o
```

如果文件名中包含有通配符，如“*”，则可以用转义字符“/”，如“/*”来表示“*”这个字符。

5. 文件包含

在一个 Makefile 文件中可以引用另一个 Makefile 文件，就像 C 语言中的 include 一样。被包含的文件会放在当前文件的包含位置。具体的语法格式是：

```
include  <文件名>
```

可以引入任意多个文件，多个文件用空格分隔，也可使用通配符和变量来表示被引用的文件名。

如果文件名没有指定绝对路径或是相对路径的话，make 会在当前目录下首先寻找，如果当前目录下没有找到，make 还会在 make 选项-I 或--include-dir 指定的目录下去寻找。

9.2.4 make 的工作方式

了解上述 make 命令与 Makefile 文件之后，这里再说明一下的 make 的工作方式。make 工作时通常执行以下步骤。

（1）读入所有的 Makefile 文件。

（2）读入被 include 语句嵌入的其他 Makefile 文件。

（3）初始化这些文件中的变量。

（4）推导隐式规则，并分析所有规则。

（5）为所有的目标文件创建依赖关系链。

（6）根据依赖关系，决定哪些目标需要重新生成。

（7）执行生成目标的命令。

如果定义的变量被使用，则 make 会将其在所用的位置展开。但 make 并不会完全立即展开，如果变量出现在依赖关系的规则中，则仅当这条依赖被决定要使用了，变量才会在其内部展开。

9.2.5 使用 Autotools 自动产生 Makefile

使用 Autotools 自动产生 Makefile

Makefile 拥有复杂的语法结构，当项目规模非常大的时候，维护 Makefile 非常不易。于是就出现了专门用来生成 Makefile 的 Autotools 工具，以减轻制作 Makefile 文件的负担。

如果软件要以源代码形式发布，则需要在多种系统上重新编译。源代码包安装分为 3 个步骤：configure、make 和 make install，在构建过程中涉及许多文件，制作起来非常复杂。使用 Autotools 工具生成 Makefile 文件，大大方便源码安装包的制作。如果要在另一个系统上编译并建立程序，仅使用 make 是比较困难的。C 编译器不同，一些通用的 C 函数可能丢失，或者拥有另一个名称，在不同的头文件中声明，可以通过使用预处理指令（如#if、#ifdef）将源代码分成不同的片段来处理这种情况，要兼顾到多种不同的系统，手工编写工作量太大。使用 Autotools 可解决这个问题，而且不需要更多的专业知识。

1. Autotools 工作原理

一个 Autotools 项目至少需要一个名为 configure 的配置脚本和一个名为 Makefile.in 的 Makefile 模板。项目的每个目录中有一个 Makefile.in 文件。Autotools 项目还使用其他文件，这些文件并不是必需的，有的还是自动产生的。如果查看这些文件内容，就会发现非常复杂。好在这些文件是 Autotools 通过容易编写的模板文件产生的。

实际上并不需要 Autotools 来建立 Autotools 包，configure 是在最基本的 Shell（sh）上运行的 Shell 脚本，它检查用户系统获取每个特征，通过模板写出 Makefile 文件。

configure 在每个目录中创建所有文件。这个目录称为创建目录（build directory）。如果从源代码目录中运行它，可以使用./configure，创建目录也是同样的。

configure 在命令行接受几个选项，用于在不同的目录中安装文件。可以通过执行 configure --help 命令来获得相关帮助，这里列举最常用的选项。

--help：列出所有的变量选项。

--host host：编译以使其在另一个系统上运行（交叉编译）。

--prefix dir：选择根目录已安装项目路径，默认的是/usr/local。

configure 产生几个附加文件：config.log（日志文件，出现问题可以获得详细信息）、config.status（实际调用编译工具构建软件的 Shell 脚本）、config.h（头文件，从模板 config.h.in 中产生），不过这些文件并不是特别重要。

由 configure 产生的 Makefile 文件有点复杂，但很标准。它们定义由 GNU 标准所需的所有标准目标，常用的目标列举如下。

- make 或 make all：创建程序。
- make install：安装程序。
- make distclean：删除由 configure 产生的所有文件。

2. Autotools 工具

Autotools 是系列工具，主要由 autoconf、automake、perl 语言环境和 m4 等组成。它所包含的命令有 5 个：aclocal、autoscan、autoconf、autoheader 和 automake。这一系列工具最终的目标是生成 Makefile。

首先要确认系统是否装了以下工具（可以用 which 命令逐个进行查看）。如果没有安装，则执行以下命令完成这些工具的安装：

```
sudo apt install autoconf
```

3. Autotools 应用示例

接下来以一个简单的项目为例，讲解使用 GNU Autotools 的系列工具生成 Makefile 文件，然后完成源码安装，最后制作源码安装包的操作过程。

（1）准备源代码。

这里准备 3 个简单的源代码文件。

main.c 的源码如下：

```
#include <stdio.h>
#include "common.h"
int main()
{
    hello_method();
    return 0;
}
```

hello.c 的源码如下：

```
#include <stdio.h>
#include "common.h"
void hello_method()
{
    printf("Hello,World!\n");
}
```

另有一个头文件 common.h 用于定义函数，源代码如下：

```
void hello_method();
```

为便于实验，这里将所有源文件都放在同一个目录（例中在主目录下的 hello_src 子目录）下，并将该目录作为项目工作目录。

（2）切换到项目工作目录，执行命令 autoscan 命令扫描工作目录生成 configure.scan 文件。

```
zxp@LinuxPC1:~/hello_src$ autoscan
```

由于在主目录下的子目录中，此时不需要 root 权限，也就不需要使用 sudo 命令。

可以用文本编辑器查看该 configure.scan 文件的内容，其中“#”符号打头的行是注释行，其他都是 m4 宏命令，这些宏命令的主要作用是检测系统。

```
AC_PREREQ([2.69])
AC_INIT([FULL-PACKAGE-NAME], [VERSION], [BUG-REPORT-ADDRESS])
AC_CONFIG_SRCDIR([hello.c])
AC_CONFIG_HEADERS([config.h])

# Checks for programs.
AC_PROG_CC

# Checks for libraries.
# Checks for header files.
# Checks for typedefs, structures, and compiler characteristics.
# Checks for library functions.
AC_OUTPUT
```

（3）将文件 configure.scan 重命名为 configure.ac，然后再编辑修改这个配置文件。这里将其内容修改如下：

```
AC_PREREQ([2.69])
AC_INIT([hello], [1.0], [zxp@abc.com])
AC_CONFIG_SRCDIR([hello.c])
AC_CONFIG_HEADERS([config.h])
AM_INIT_AUTOMAKE
```

```
# Checks for programs.
AC_PROG_CC

# Checks for libraries.
# Checks for header files.
# Checks for typedefs, structures, and compiler characteristics.
# Checks for library functions.
AC_CONFIG_FILES([Makefile])
AC_OUTPUT
```

这里共改动了 3 处，修改了宏 AC_INIT，添加了宏 AM_INIT_AUTOMAKE 和 AC_CONFIG_FILES。

configure.ac 配置文件中的宏的解释见表 9-1。

表 9-1　Autoconf 常用的宏

宏	说明
AC_PREREQ	声明 autoconf 要求的版本号
AC_INIT	定义软件名称、版本号、作者联系方式
AM_INIT_AUTOMAKE	Automake 必需的宏，手动添加。原来版本的参数为软件名称和版本号，新的版本无需参数
AC_CONFIG_SCRDIR	侦测所指定的源码文件是否存在，以确定源码目录的有效性
AC_CONFIG_HEADER	用于生成 config.h 文件，以便 autoheader 命令使用
AC_PROG_CC	指定编译器，如果不指定，默认为 GCC
AC_CONFIG_FILES	生成相应的 Makefile 文件，不同文件夹下的 Makefile 可以通过空格分隔。例如 AC_CONFIG_FILES([Makefile　src/Makefile])
AC_OUTPUT	用来设置 configure 所要产生的文件，如果是 makefile，configure 会把它检查出来的结果带入 makefile.in 文件产生合适的 makefile。使用 Automake 时还需要一些其他的参数，这些额外的宏用 aclocal 命令产生

（4）在项目目录下执行 aclocal 命令，扫描 configure.ac 文件生成 aclocal.m4 文件。

```
zxp@LinuxPC1:~/hello_src$ aclocal
```

aclocal.m4 文件主要处理本地的宏定义。aclocal 命令根据已经安装的宏、用户定义宏和 acinclude.m4 文件中的宏，将 configure.ac 文件需要的宏集中定义到文件 aclocal.m4 中。

（5）在项目目录下执行 autoconf 命令生成 configure 文件。

```
zxp@LinuxPC1:~/hello_src$ autoconf
```

该命令将 configure.ac 文件中的宏展开，生成 configure 脚本文件。这个过程可能要用到 aclocal.m4 中定义的宏。

```
zxp@LinuxPC1:~/hello_src$ ls
aclocal.m4  autom4te.cache  autoscan.log  common.h  configure  configure.ac
hello.c  main.c
```

（6）在项目目录下执行 autoheader 命令生成 config.h.in 文件。

```
zxp@LinuxPC1:~/hello_src$ autoheader
```

如果用户需要附加一些符号定义，可以创建 acconfig.h 文件，autoheader 命令会自动从 acconfig.h 文件中复制符号定义。

（7）在项目目录下创建一个 Makefile.am 文件，供 automake 工具根据 configure.in 中的参数将 Makefile.am 转换成 Makefile.in 文件。

Makefile.am 这个文件非常重要，定义了一些生成 Makefile 的规则。例中创建的 Makefile.am 的内容如下：

```
AUTOMARK_OPTIONS = foreign
bin_PROGRAMS = hello
hello_SOURCES = main.c hello.c common.h
```

其中 AUTOMAKE_OPTIONS 为 automake 的选项。GNU 对自己发布的软件有严格的规范，如必须附带许可证声明文件 COPYING 等，否则 automake 执行时会报错。automake 提供了 3 个软件等级：foreign、gnu 和 gnits 供用户选择，默认级别是 gnu。例中使用了最低的 foreign 等级，只检测必需的文件。

bin_PROGRAMS 定义要产生的可执行文件名，如果要产生多个执行文件，每个文件名之间用空格隔开。

要生成的可执行文件所需要依赖的源文件也需要使用 file_SOURCES 定义，file 表示可执行文件名，例中为 hello_SOURCES。如果要生成多个可执行文件，每个可执行文件需要分别定义对应的源文件。

提 示　实际使用的 Makefile.am 文件要复杂一些。例如编译成可执行文件过程中连接所需的库文件需要使用 file_LDADD 定义，还有数据文件需要定义，安装目录可以定制，涉及静态库文件类型也需要定义。

（8）在项目目录下执行 automake 命令生成 Makefile.in 文件。通常要使用选项--add-missing 让 automake 自动添加一些必需的脚本文件。

```
zxp@LinuxPC1:~/hello_src$ automake --add-missing
configure.ac:10: installing './compile'
configure.ac:8: installing './install-sh'
configure.ac:8: installing './missing'
......
Makefile.am: installing './depcomp'
```

本例中由于没有准备 README 等文件，会提示几个必需的文件不存在，这可以通过运行 touch 命令来创建，然后再次执行 automake 命令即可。

```
zxp@LinuxPC1:~/hello_src$ touch NEWS
zxp@LinuxPC1:~/hello_src$ touch README
zxp@LinuxPC1:~/hello_src$ touch AUTHORS
zxp@LinuxPC1:~/hello_src$ touch ChangeLog
zxp@LinuxPC1:~/hello_src$ automake
```

至此使用 autotools 工具完成了源码安装的准备，接下来可以按照源码安装 3 个步骤完成软件的编译和安装。

（9）在项目目录下执行./configure 命令，基于 Makefile.in 生成最终的 Makefile 文件。该命令将一些配置参数添加到 Makefile 文件中。

```
zxp@LinuxPC1:~/hello_src$ ./configure
checking for a BSD-compatible install... /usr/bin/install -c
......
configure: creating ./config.status
config.status: creating Makefile
config.status: creating config.h
config.status: executing depfiles commands
```

（10）在项目目录下执行 make 命令，基于 Makefile 文件编译源代码文件并生成可执行文件。接着在该目录下运行所生成的可执行文件进行测试。

```
zxp@LinuxPC1:~/hello_src$ make
make  all-am
make[1]: 进入目录"/home/zxp/hello_src"
gcc -DHAVE_CONFIG_H -I.     -g -O2 -MT main.o -MD -MP -MF .deps/main.Tpo -c -o main.o
main.c
mv -f .deps/main.Tpo .deps/main.Po
gcc -DHAVE_CONFIG_H -I.     -g -O2 -MT hello.o -MD -MP -MF .deps/hello.Tpo -c -o hello.o
```

```
hello.c
    mv -f .deps/hello.Tpo .deps/hello.Po
    gcc  -g -O2   -o hello main.o hello.o
    make[1]: 离开目录"/home/zxp/hello_src"
```

（11）在项目目录下执行 make install 命令将编译后的软件包安装到系统中。默认设置会将软件安装到/usr/local/bin 目录，需要 root 权限，这里需要使用 sudo 命令。安装完毕可以在该目录下直接运行所生成的可执行文件 hello 命令进行测试。

```
    zxp@LinuxPC1:~/hello_src$ sudo make install
    [sudo] zxp 的密码:
    make[1]: 进入目录"/home/zxp/hello_src"
     /bin/mkdir -p '/usr/local/bin'
      /usr/bin/install -c hello '/usr/local/bin'
    make[1]: 对"install-data-am"无需做任何事。
    make[1]: 离开目录"/home/zxp/hello_src"
    zxp@LinuxPC1:~/hello_src$ hello
    Hello,World!
```

自动产生的 Makefile 文件指出主要的目标，如执行 make uninstall 命令将安装软件从系统中卸载；执行 make clean 命令清除已编译的文件，包括目标文件*.o 和可执行文件。make 命令默认执行的是 make all 命令。

（12）如果要对外发布，可以在项目目录下执行 make dist 命令将程序和相关的文档打包为一个压缩文档。例中生成的打包文件名为 hello-1.0.tar.gz。

9.3 基于 GTK+的图形用户界面编程

Linux 系统凭借内核健壮、资源节省、代码质量高等优势，不断改善用户的桌面系统体验，Ubuntu 桌面版提供的图形桌面环境越来越出色，图形界面应用程序的开发日益重要。GTK 和 Qt 是跨平台的图形界面开发工具和框架，由于源代码开放，现已成为 Linux 平台主流的图形用户界面（GUI）应用程序开发框架。GNOME、LXDE 等桌面采用 GTK+开发，KDE 桌面采用 Qt 开发。本节主要讲解基于 GTK+的图形界面编程环境。

9.3.1 GTK+简介

GTK+不是一门编程语言，而是一套跨多种平台的开放源码图形用户界面工具包。最初，它是作为另一个著名的开放源码项目——GNU Image Manipulation Program（GIMP，类似于 Photoshop 的图像处理程序）的副产品而创建的。这个副产品称为 GTK（GIMP Toolkit），后来为这个工具包增加了面向对象特性和可扩展性，并将它改称为 GTK+。GTK+库通常也称为 GIMP 工具包，目前主要使用的是 GTK+3.0 版本。据最新消息，在经过一系列讨论之后，GTK+项目团队决定将“+”去掉，下一个大版本将被称为 GTK 4。

GTK+类似于 Windows 上的 MFC 和 Win32 API、JAVA 上的 Swing 和 SWT。GTK+目前已发展为一个功能强大、设计灵活的一个通用图形函数库。随着 GNOME 使用 GTK+开发，使得 GTK+成为 Linux 下开发 GUI 应用程序的主流开发工具之一。

GTK+可以用来进行跨平台 GUI 应用程序的开发。GTK+虽然是用 C 语言写的，但是程序员可以使用熟悉的编程语言来使用 GTK+，因为 GTK+已被绑定到几乎所有流行的语言上，如 C++（gtkmm）、Perl、Ruby、Java、Ada、Python（PyGTK）和 PHP，以及所有的.NET 编程语言。GTK+最早应用于 X Window System，如今已移植到其他平台，如 Windows。

GTK+开发套件基于 3 个主要的库：Glib、Pango 和 ATK。开发人员只需关心如何使用 GTK+，由 GTK+自己负责与这 3 个库打交道。GTK+及相关的库按照面向对象设计思想来实现。它每一个 GUI 元素都是由一个或多个“widgets”对象构成的。所有的 widgets 都从基类 GtkWidget 派生。例如，应用程序的主窗口是 GtkWindow 类 widget，窗口的工具条是 GtkToolbar 类 widget。一个 GtkWindow 是一个 GtkWidget，但一个 GtkWidget 并不是一个 GtkWindow，子类 widgets 继承自父类并扩展了父类的功能而成为一个新类。以 Gtk 开头的所有对象都是在 GTK+中定义的。

GNOME 桌面环境以 GTK+为基础，为 GNOME 编写的程序使用 GTK+作为其工具箱。但要注意的是，GNOME 程序和 GTK+程序并不等同，GTK+提供了基本工具箱和窗口小部件（如按钮、标签和输入框），用于构建 GUI 应用程序。GTK+也可以运行在 KDE 的环境下，还可以在 Windows 上运行。Firefox 浏览器、Geany 代码编辑器和 GIMP 图像处理程序等都是用 GTK+开发的开源软件，可以运行于 Linux、Windows 等多种操作系统平台上。

9.3.2 部署 GTK+编程环境

1. 安装 GTK+开发包

部署 GTK+编程环境

部署 GTK+编程环境首先要提供 gcc、g++、gdb、make 等编译工具，然后要安装核心的 GTK+开发包，最新版本是 libgtk-3-dev（上一版本是 libgtk2.0-dev），执行以下命令安装 GTK+ 3 开发包。

```
sudo apt install libgtk-3-dev
```

可以执行以下命令检查是否安装了 GTK+ 3，查看所安装的具体版本。

```
zxp@LinuxPC1:~$ pkg-config --modversion gtk+-3.0
3.22.30
```

2. 测试 GTK+编程

这里给出一个简单的源程序进行实际测试。在主目录中创建一个名为 testgtk.c 的源代码文件，其内容如下：

```
#include <gtk/gtk.h>
int main(int argc,char *argv[])
{
/* 声明 GtkWidget 构件 */
GtkWidget *window;
GtkWidget *label;
/* 调用 GTK 初始化函数，这在所有的 GTK 程序中都要调用*/
gtk_init(&argc,&argv);
/* 创建主窗口*/
window = gtk_window_new(GTK_WINDOW_TOPLEVEL);
/* 为该窗口设置标题*/
gtk_window_set_title(GTK_WINDOW(window),"Hello World");

/* 将窗口的 destroy 信号连接到函数 gtk_main_quit
* 当窗口要被销毁时，获得通告，停止主 GTK+循环 */
g_signal_connect(window,"destroy",G_CALLBACK(gtk_main_quit),NULL);
/* 创建“Hello, World”标签 */
label = gtk_label_new("Hello, World!");

/* 将标签加入到主窗口 */
gtk_container_add(GTK_CONTAINER(window),label);
/* 显示所有的 GtkWidget 构件，包括窗口、标签*/
gtk_widget_show_all(window);
/* GTK 程序必须有一个 gtk_main()函数启动主循环，等待事件发生并响应，直到应用结束 */
gtk_main();
```

```
return 0;
}
```

执行以下命令进行编译。

```
zxp@LinuxPC1:~$ sudo gcc testgtk.c -o testgtk  `pkg-config --cflags --libs gtk+-3.0`
```

接着运行所生成的可执行文件：

```
zxp@LinuxPC1:~$ ./testgtk
```

结果会显示一个带有一个标签的窗口，标签中显示“Hello World!”，窗口的标题为“Hello World”，如图9-5所示。

图9-5　带窗口的应用程序

3. pkg-config工具

前面用到过pkg-config工具，这里有必要讲解一下。如果库的头文件不在/usr/include目录中，则通常在编译的时候需要用-I选项指定其路径。由于同一个库在不同系统上可能位于不同的目录下，用户安装库的时候也可能将库安装在不同的目录下，所以即使使用同一个库，由于库的路径不同，使用-I选项指定的头文件的路径也可能不同，结果就造成编译命令界面的不统一。另外，即使使用-L选项指定库文件，也会造成连接界面的不统一。编译和连接界面一致性的问题的一个解决办法是事先将库的位置信息等保存起来，需要时再通过特定的工具将其中有用的信息提取出来供编译和连接使用。目前最为常用的库信息提取工具就是pkg-config。

pkg-config是通过库提供的一个.pc文件获得库的各种必要信息的，包括版本信息、编译和连接需要的参数等。这些信息可以通过pkg-config提供的参数单独提取出来直接供编译器和连接器使用。默认情况下每个支持pkg-config的库对应的.pc文件在安装后都位于安装目录中的lib/pkgconfig目录下。

使用pkg-config的-cflags选项可以给出编译时所需要的选项，而-libs选项可以给出连接时所需的选项。上例用到了gtk+库，可以这样进行编译：

```
gcc -c testgtk.c `pkg-config --cflags gtk+-3.0`
```

然后再这样进行连接：

```
gcc testgtk.o -o testgtk  `pkg-config --libs gtk+-3.0`
```

还可以将编译和连接两个步骤合并为一个步骤：

```
gcc testgtk.c -o testgtk  `pkg-config --cflags --libs gtk+-3.0`
```

由于使用pkg-config工具来获得库的选项，所以不论库安装在什么目录下，都可以使用相同的编译和连接命令。

使用pkg-config工具提取库的编译和连接参数有以下两个基本的前提。

- 库本身在安装时必须提供一个相应的.pc文件。
- pkg-config必须知道要到何处去寻找.pc文件。

GTK+及其依赖库支持使用pkg-config工具，通过设置搜索路径来解决寻找库对应的.pc文件的问题，库的头文件的搜索路径的设置变成了对.pc文件搜索路径的设置。.pc文件的搜索路径是通过环境变量PKG_CONFIG_PATH来设置的，pkg-config将按照设置路径的先后顺序进行搜索，直到找到指定的.pc文件为止。

使用Glade辅助设计界面

9.3.3　使用Glade辅助设计界面

Glade是一个图形界面设计工具，使用Glade可以使得基于GTK+及GNOME

桌面环境的图形界面开发变得更加快速和便捷。如果不使用 IDE 开发 GTK+程序，则一般要先使用 Glade 生成图形界面，然后使用文本编辑器（如 Emacs）编写代码，再使用调试器。

1. Glade 简介

直接用 GTK+编写 GUI 应用程序并不轻松，使用 C 语言代码编写各种图形界面的工作量不小。为解决此问题，推出了 GTK+图形用户界面产生器 Glade。Glade 是一种开发 GTK+应用程序的快速应用开发（RAD）工具。它自身就是用 GTK+开发出来的可视化设计工具，用来简化 UI 控件的设计和布局操作，进行快速开发。

Glade 的设计初衷是将界面设计与应用程序代码分离，界面的修改不会影响到应用程序代码。Glade 原先能根据创建的 GUI 自动生成 C 语言代码，后来可以利用 Libglade 库在运行时动态创建界面，现在的 Glade 3 版本则将设计的界面保存为 glade 格式文件，它实际上是一种用于描述如何创建 GUI 的 XML 文件。这给编程人员提供了更多的灵活性，避免了用户界面部分微小的改变就要重新编译整个应用程序，同时其语言无关性使得几乎所有的编程语言都可以使用 Glade。

用 Glade 设计的用户界面是以 XML 格式的文件保存的，它们可以通过 GTK+对象 GtkBuilder 被应用程序动态地载入。通过 GtkBuilder，Glade XML 文件可以被许多编程语言使用，包括 C、C++、C#、Vala、Java、Perl、Python 等。

2. Glade 安装

Glade 是在 GNU GPL 许可证下的自由软件。在 Ubuntu 系统中执行以下命令安装 Glade 3 工具。

```
sudo apt install glade
```

Glade 需要 GTK+ 3 支持。

```
zxp@LinuxPC1:~$ pkg-config --modversion gtk+-3.0
```

3. 使用 Glade 设计图形用户界面

在命令行中执行 glade 命令，或者从应用程序列表中找到 Glade 界面设计器并运行，启动 Glade 程序，单击按钮创建一个 Glade 项目，如图 9-6 所示。

图 9-6　新建一个 Glade 项目

使用 Glade 设计界面比较简单直观，这里给出一个简单的例子进行示范。

（1）在中间工作区顶部工具栏上单击“顶层”按钮弹出图 9-7 所示的对话框，选择顶层容器，这里选择“GtkWindow”窗口组件，这时在中间的空白工作区会出现一个深色方框，作为程序的主窗口。可以根据需要在右侧属性设置对话框修改此窗口的属性，这里在“ID”框中输入“window1”。

（2）在中间工作区顶部工具栏上单击“Display”按钮弹出图 9-8 所示的对话框，选择显示组件，这里选择“GtkLabel”标签组件，将该组放到中间工作区中的窗口中，并在“ID”框中输入“label1”。

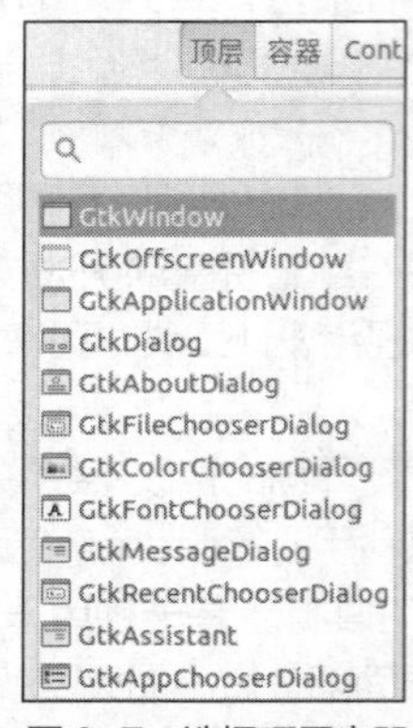

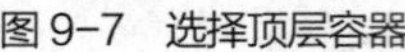
图 9-7　选择顶层容器

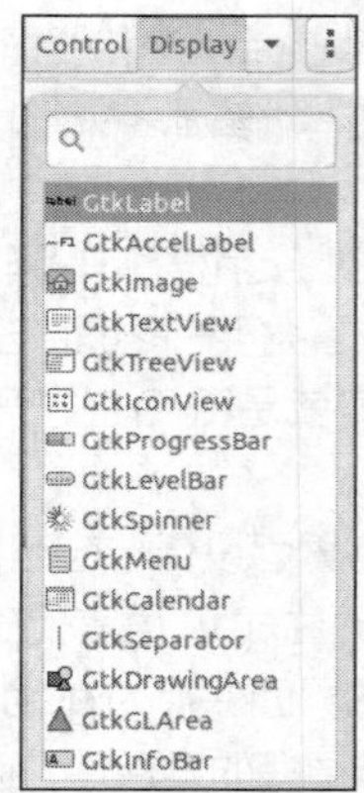

图 9-8　选择显示组件

（3）确认选中该标签，在右侧调度属性设置对话框设置此窗口的属性。这里将标签设置为“Hello World!”。此时整个项目如图 9-9 所示。

图 9-9　Glade 项目

Glade 界面可以有多个层次，顶层窗口下面可以有容器。

（4）界面设置完成后可保存项目，单击“保存”按钮弹出文件保存对话框，选择合适的文件夹，并给文件命名（这里为 hello.glade）。

该文件就是一个简单的 XML 文件，可以通过文本编辑器查看，代码如下。

```
<?xml version="1.0" encoding="UTF-8"?>
<!-- Generated with glade 3.22.1 -->
<interface>
  <requires lib="gtk+" version="3.20"/>
  <object class="GtkWindow" id="window1">
    <property name="can_focus">False</property>
    <child>
      <placeholder/>
    </child>
```

```
      <child>
        <object class="GtkLabel" id="label1">
          <property name="visible">True</property>
          <property name="can_focus">False</property>
          <property name="label" translatable="yes">Hello World!</property>
        </object>
      </child>
    </object>
  </interface>
```

4. GTK+结合 Glade 进行编程

使用 Glade 生成图形界面后，还要再编写程序代码来调用 Glade 文件作为程序界面。这一步很关键。Glade 文件的本质是个 XML 文件，这个文件可以用 GtkBuilder 对象载入并生成界面。这里给出一个简单的例子，结合上例的 Glade 文件实现图形用户界面程序。

```
#include <gtk/gtk.h>

int main (int argc, char *argv[])
{
    GtkBuilder      *builder;
    GtkWidget       *window;

    gtk_init (&argc, &argv);

    builder = gtk_builder_new ();
    gtk_builder_add_from_file (builder, "hello.glade", NULL);

    window = GTK_WIDGET (gtk_builder_get_object (builder, "window1"));
    gtk_builder_connect_signals (builder, NULL);

    g_object_unref (G_OBJECT (builder));

    gtk_widget_show_all(window);
    gtk_main ();

    return 0;
}
```

将上述源程序保存为 testglade.c 文件，然后进行编译。完成编译生成可执行文件即可进行测试，将显示一个图 9-10 所示的窗口程序。

```
    zxp@LinuxPC1:~$ sudo gcc testglade.c -o testglade  `pkg-config --cflags --libs gtk+-3.0`
    zxp@LinuxPC1:~$ ./testglade
```

图 9-10　窗口程序

9.3.4 部署集成开发环境 Anjuta

部署集成开发环境
Anjuta

即使使用 Glade 生成用户界面，如果使用传统编程方式，也还需要使用一系列工具，如文本编辑器、GCC 编译器、GDB 调试器、make 工具、Autotools 工具等，开发效率仍然不高，仅这些工具的组合和切换就比较费时费力。而采用 IDE 则可大大简化程序开发，提高开发效率。Anjuta 就是适合 GTK+开发的 IDE，可以将所有的开发任务都放在一个统一、集成的环境下一并完成。

1. Anjuta 简介

目前基于 GTK+编程的 IDE 首选 Anjuta。Anjuta 是一个为 GTK+/GNOME 编写的集成开发环境，除了支持 C 和 C++编程外，还支持 Java、JavaScrip 和 Python 语言的编程。

Anjuta 与 Window 平台上的 Microsoft Visual Studio、Borland's C++ Builder 比较相似，但它在构建系统方面有很大的不同。Anjuta 旨在利用现有的开发工具形成一个快速开发应用程序的集成环境。其主要特性列举如下。

- 自身提供强大的源程序编辑功能。
- 借用 Glade 工具生成 GUI 界面。
- 内嵌代码级的调试器（调用 GDB）。
- 使用标准的 Linux 构建系统工具 Autotools。
- 提供应用程序向导（Application widzards）帮助程序员快速创建 GTK+程序，避免编写重复的代码。

在 Ubuntu 系统中安装 Anjuta 非常方便，只需执行以下命令：

```
sudo apt install anjuta
```

使用之前，需要确认安装有 Glade 和 GTK+。

2. Anjuta 基本使用

Anjuta 主要作为基于 GTK+的 C/C++集成开发环境，下面示范其基本使用。

（1）在命令行中执行 anjuta 命令，或者从应用程序列表中找到 Anjuta 并运行。

（2）在 Anjuta 初始界面，单击“Recent Projects”按钮可以列出近期管理过的项目，单击“Action”按钮可以列出任务列表，如图 9-11 所示。

图 9-11 Anjuta 初始界面

（3）单击“Create a new project”按钮启动项目创建向导，选择要建立的应用程序（项目）的类型。如图 9-12 所示，这里选择 C 语言编程，从项目列表中选择“GTK+（简单）”类型。

（4）单击“前进”按钮出现图 9-13 所示的对话框，设置项目的基本信息。

（5）单击“前进”按钮出现图 9-14 所示的对话框，设置项目选项，注意清除“添加共享库支持”复选框。

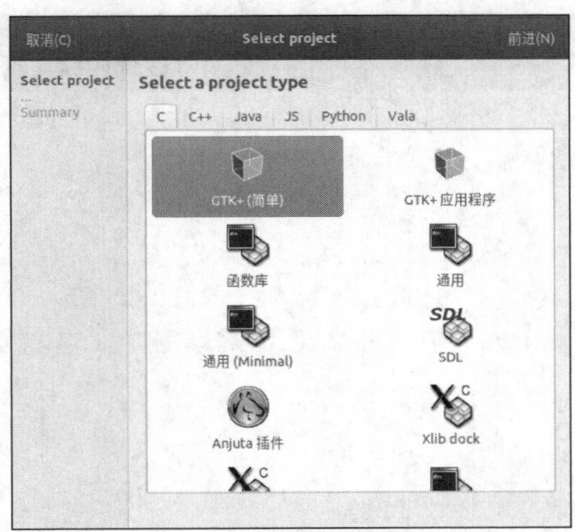

图 9-12　选择项目类型

图 9-13　设置项目基本信息

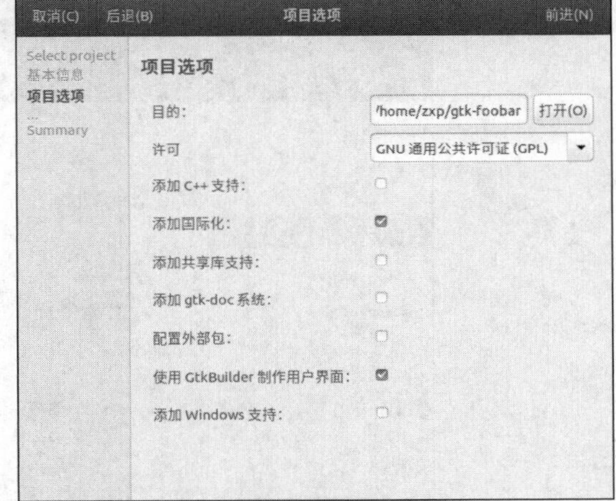

图 9-14　设置项目选项

（6）单击“前进”按钮出现“Summary”对话框，给出项目创建的总结信息。单击其中的“应用”按钮完成项目的创建，Anjuta 建立应用程序项目的目录结构，运行参数配置脚本并建立整个应用项目。

如图 9-15 所示，左侧窗格默认为“Project”选项卡，显示的项目结构树有两个顶层节点，上面的顶层节点代表项目要生成的目标；下面的则是项目本身，可以展开查看。在左侧窗格切换到“Files”选项卡，可以查看整个项目的目录结构和所包含的文件，如图 9-16 所示。整个应用项目包括源程序文件（.c）、项目说明文件（如 AUTHORS、COPYING）、图形界面文件（.ui），以及项目构建配置文件（如 configue.ac、Makefile.am）。这说明 Anjuta 创建项目时会调用自动生成工具 Automake 所需的文件。

右侧窗格为编辑区，从“Project”和“Files”选项卡中都可以打开文件进行操作，如打开源文件 main.进行编辑，打开配置文件 Makefile.am 查看。

（7）编辑图形界面。如图 9-17 所示，展开项目节点下的“src”>“ui”，右键单击其中的图形界面文件（例中为 gtk_foobar.ui），选择“打开方式”>“Glade 界面设计器”打开 Glade 程序对该图形界面文件进行编辑，Glade 的基本使用前面已经介绍过。这里做一个简单的“Hello World”例子，如图 9-18 所示。编辑完成后，关闭 Glade 时根据提示保存文件。

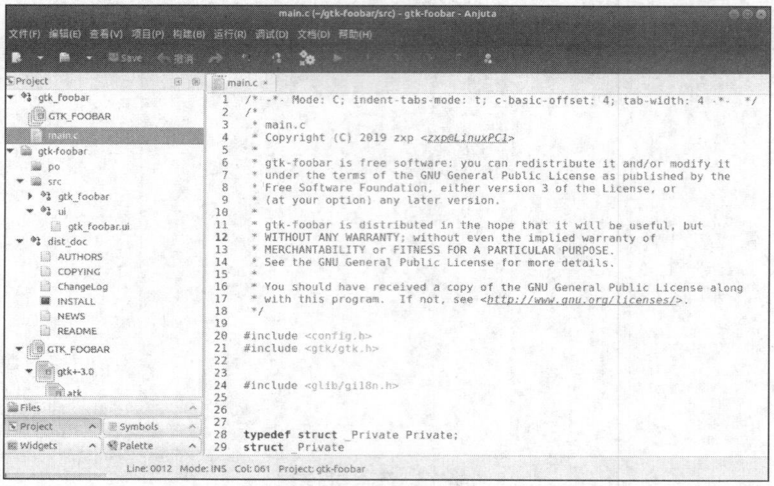

```
/* -*- Mode: C; indent-tabs-mode: t; c-basic-offset: 4; tab-width: 4 -*- */
/*
 * main.c
 * Copyright (C) 2019 zxp <zxp@LinuxPC1>
 *
 * gtk-foobar is free software: you can redistribute it and/or modify it
 * under the terms of the GNU General Public License as published by the
 * Free Software Foundation, either version 3 of the License, or
 * (at your option) any later version.
 *
 * gtk-foobar is distributed in the hope that it will be useful, but
 * WITHOUT ANY WARRANTY; without even the implied warranty of
 * MERCHANTABILITY or FITNESS FOR A PARTICULAR PURPOSE.
 * See the GNU General Public License for more details.
 *
 * You should have received a copy of the GNU General Public License along
 * with this program.  If not, see <http://www.gnu.org/licenses/>.
 */

#include <config.h>
#include <gtk/gtk.h>


#include <glib/gi18n.h>



typedef struct _Private Private;
struct _Private
```

图 9-15　项目结构

```
## Process this file with automake to produce Makefile.in

## Created by Anjuta


uidir = $(pkgdatadir)/ui
ui_DATA = gtk_foobar.ui


AM_CPPFLAGS = \
	-DPACKAGE_LOCALE_DIR=\""$(localedir)"\" \
	-DPACKAGE_SRC_DIR=\""$(srcdir)"\" \
	-DPACKAGE_DATA_DIR=\""$(pkgdatadir)"\" \
	$(GTK_FOOBAR_CFLAGS)

AM_CFLAGS =\
	 -Wall\
	 -g

bin_PROGRAMS = gtk_foobar

gtk_foobar_SOURCES = \
	main.c
```

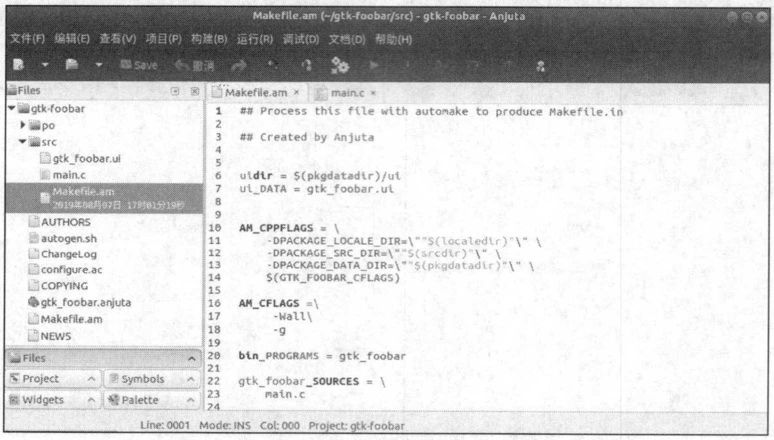

图 9-16　项目的目录及文件

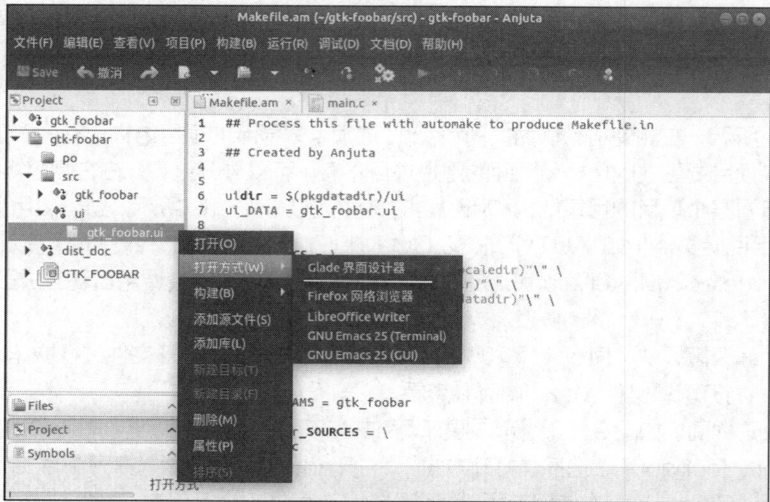

图 9-17　启动图形界面文件编辑

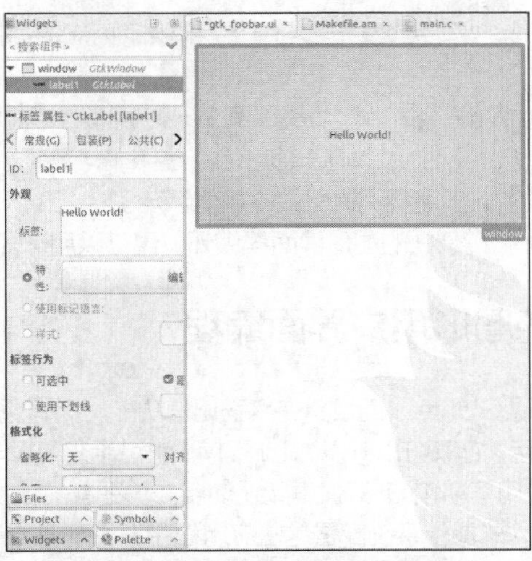

图 9-18　调用 Glade 编辑图形界面文件

（8）编译并生成可执行文件。默认情况下 Anjuta 将程序设置为在终端运行，测试执行程序时需要修改，从“运行”菜单中选择“程序参数”命令打开相应的窗口，取消“Run in Terminal”复选框的勾选，如图 9-19 所示，再单击“应用”按钮并关闭该窗口。接着从“运行”菜单中选择“执行”命令，Anjuta 执行完编译后即运行可执行文件，本例将启动一个窗口程序，如图 9-20 所示。

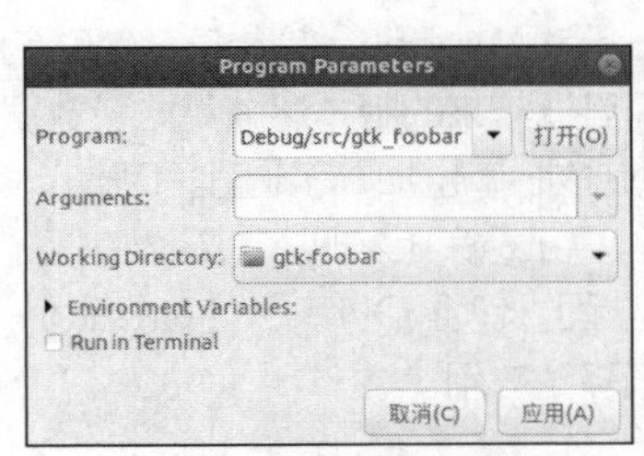

图 9-19　设置程序参数

图 9-20　Anjuta 创建的应用程序

Anjuta 在界面底部区域显示整个过程信息。第一次执行“运行”菜单中的“执行”命令时，实际上包括了两个阶段，第一阶段配置项目，相当于使用 Autotools 工具，如图 9-21 所示；第二阶段执行整个项目的编译，调用的是 make 命令，如图 9-22 所示。

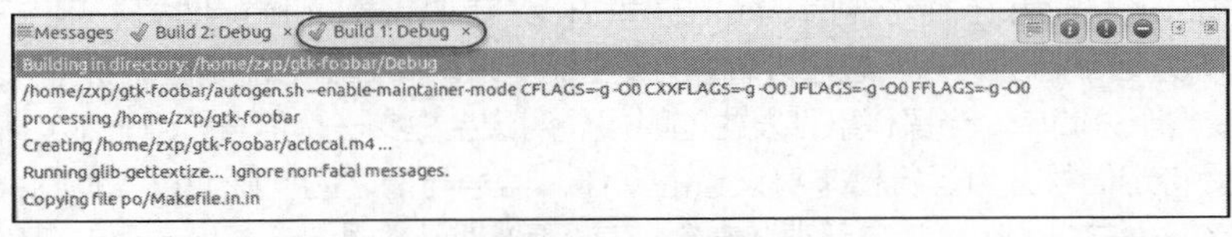

图 9-21　制作项目

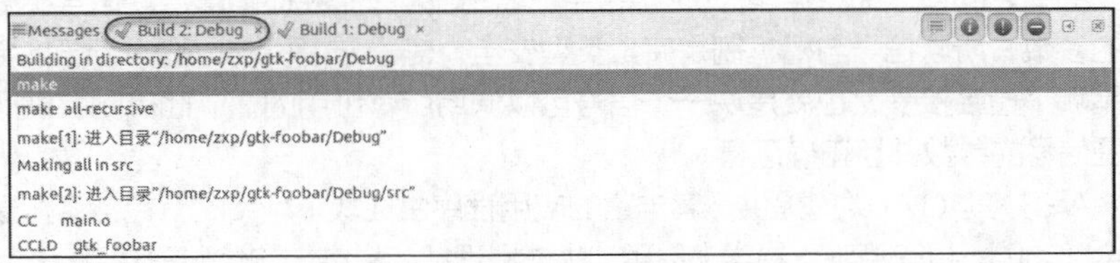

图 9-22　编译

作为一个应用程序还需要考虑程序的发布，Anjuta 提供了相应的命令可以生成用于发布源码的压缩包。

（9）从“构建”菜单执行“构建 Tarball”命令即可完成应用程序包的创建，这里在项目工作目录中的 Debug 目录下生成了压缩包 gtk_foobar-0.1.tar.gz。

Anjuta 功能强大，源码编辑、程序调试这里就不具体示范了。

另外，Anjuta 除了开发基于 GTK+的图形界面程序外，也可以用于开发命令行程序。

9.4 基于 Qt 的图形用户界面编程

与 GTK+相比，Qt 不仅是 GUI 库，而且具有编程语言功能，拥有更好的开发环境和工具，能很好地支持桌面、嵌入式和移动应用。它既可以开发 GUI 程序，也可用于开发非 GUI 程序，比如控制台工具和服务器。Qt 是一个跨平台应用程序和 UI 开发框架。使用 Qt 只需一次性开发应用程序，无需重新编写源代码，便可跨不同桌面和嵌入式操作系统部署这些应用程序。

9.4.1 Qt 简介

Qt 是一个跨平台的 C++开发库，设计思想是同样的 C++代码无需修改就可以在 Windows、Linux、Mac OS 等平台上使用。它使开发人员专注于构建软件的核心价值，而不是维护 API。

Qt 起初是由 Trolltech（奇趣科技）公司开发的跨平台 C++图形用户界面应用程序开发框架。作为面向对象的框架，它使用特殊的代码生成扩展（元对象编译器：Meta Object Compiler）以及一些宏，允许组件编程。后来 Trolltech 被 Nokia（诺基亚）公司收购，Qt 成为 Nokia 旗下的编程语言工具，并开放源码。现在 Qt 又被 Digia 收购，全面支持 iOS、Android、Windows Phone 等平台上的移动应用。

经过多年发展，Qt 不但拥有了完善的 C++图形库，而且近年来的版本逐渐集成了数据库、OpenGL 库、多媒体库、网络、脚本库、XML 库、WebKit 库等，其核心库也加入了进程间通信、多线程等模块，极大地丰富了 Qt 开发大规模复杂跨平台应用程序的能力，真正意义上实现了其研发宗旨“Code Less; Create More; Deploy Anywhere.”。Qt SDK 工具包很全面，包含 Qt 库、Qt Creator、Qt Mobility、Qt 开发工具和远程编译器，可以用来构造桌面、嵌入式和移动应用。

作为图形用户界面开发工具，Qt 具有以下优点。

- 具有优良的跨平台特性。它支持多数桌面操作系统（如 Linux/X11、Windows）、多数嵌入式操作系统（如嵌入式 Linux、Windows CE）、多数移动平台（如 Android、IOS）。使用 Qt 开发的软件，会自动依平台的不同，表现该平台特有的图形界面风格。相同的代码可以在任何支持的平台上编译与运行，而不需要修改源代码。
- 面向对象。Qt 的良好封装机制使得 Qt 的模块化程度非常高，可重用性好，用户开发非常方便。Qt 提供了一种称为 signals/slots（信号与槽）的安全类型来替代 callback（回调），这使得各个对象之间的协同工作变得十分简单。当操作事件发生的时候，对象会提交一个信号（signal）；而槽（slot）则是一个函数接受特定信号并且运行槽本身设置的动作。信号与槽之间，则通过 QObject 的静态方法 connect 来连接。以往的 callback 缺乏类型安全，在调用处理函数时，无法确定是传递正确型态的参数。但信号和其接受的槽之间传递的数据型态必须要相符，否则编译器会提出警告。信号和槽可接受任何数量、任何型态的参数，所以信号与槽机制是完全类型安全。信号与槽机制也确保了低耦合性，发送信号的类并不知道是哪个槽会接受，也就是说一个信号可以调用所有可用的槽。此机制会确保当连接信号和槽时，槽会接受信号的参数并且正确运行。
- 丰富的 API。其 C++类库提供一套丰富的应用程序生成块（block），包含了构建高级跨平台应用程序所需的全部功能，具有直观，易学、易用，生成易理解、易维护的代码等特点。Qt 包括多达 250

个以上的 C++ 类，还提供基于模板的集合 collections（集合）、serialization（序列化）、file（文件）、I/O device（输入输出设备）、directory management（目录管理）和 date/time（日期时间）类，甚至还包括正则表达式的处理功能。

- 支持 2D/3D 图形渲染，支持 OpenGL。
- 支持 XML。

Qt 5 是一个全新的用于跨平台应用程序和用户界面开发框架的版本，可应用于桌面、嵌入式和移动应用程序，在性能、功能和易用性方面做了极大的提升。通过 Qt 5 提供的用户接口，开发人员能够更快地完成开发任务，针对触摸屏和平板电脑的 UI 转变与移植需求，也变得更加容易实现。

9.4.2 Qt 安装

Qt 安装

Qt 开放源代码，并且提供自由软件的用户协议，这使得它可以被广泛地应用在各平台上的开放源代码软件开发中。Qt 也提供商业版，使用商业版需要向 Digia 公司购买授权。用户可以选择 LGPLv3 授权版本，到官网去下载，注意需要注册账户，在后面的安装过程中也需要提供注册账户信息。

Qt 安装比较简单。这里下载的是 64 位的 Qt5 的 Linux 版本，文件名是 qt-unified-linux-x64-3.1.1-online.run。.run 文件是一个由安装脚本和安装程序组成的程序安装包。下面示范在 Ubuntu 中的安装过程，在安装过程中需要在线下载软件包，需要保持互联网正常访问。

（1）进入该下载文件所在目录（本例为主目录），在 Ubuntu 命令行中依次执行以下两条命令（无需 root 权限）先为该文件增加可执行权限，再启动 Qt 设置向导，出现欢迎安装的对话框。

```
chmod +x  qt-unified-linux-x64-3.1.1.run
./qt-unified-linux-x64-3.1.1.run
```

（2）单击“Next”按钮，出现图 9-23 所示的对话框，在“Login”区域填写 Qt 注册账户及其密码。如果没有注册，还可以在“Sign-up”区域申请注册账户。

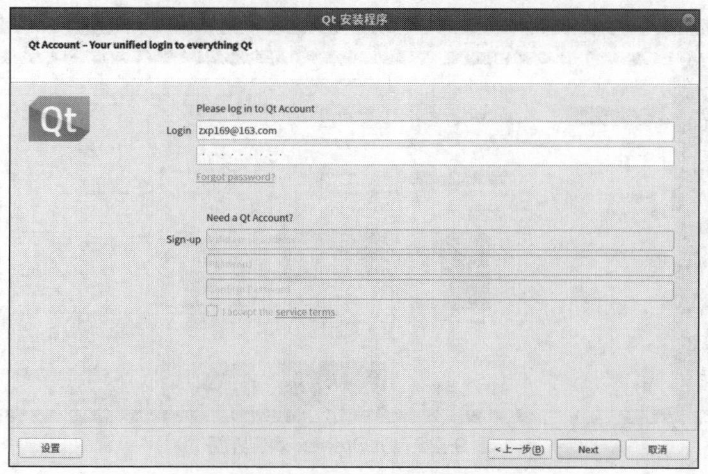

图 9-23　提供 Qt 账户信息

（3）单击“Next”按钮，出现“Welcome to open source Qt setup”对话框。

（4）单击“下一步”按钮，出现“安装文件夹”对话框，指定将安装的目录，这里采用默认设置 /home/zxp/Qt。

（5）单击“下一步”按钮，准备下载元信息，直至完成元信息的下载。

（6）单击“下一步”按钮，出现对话框供用户选择需要安装的组件，这里只选中左侧的“LTS”复选框并单击“Refresh”按钮以获取长期支持版本的包，在右侧选中 Qt5.12.4 版本的部分组件，如图 9-24 所示。Qt 5 最大的特点就是模块化，便于用户按需选择。

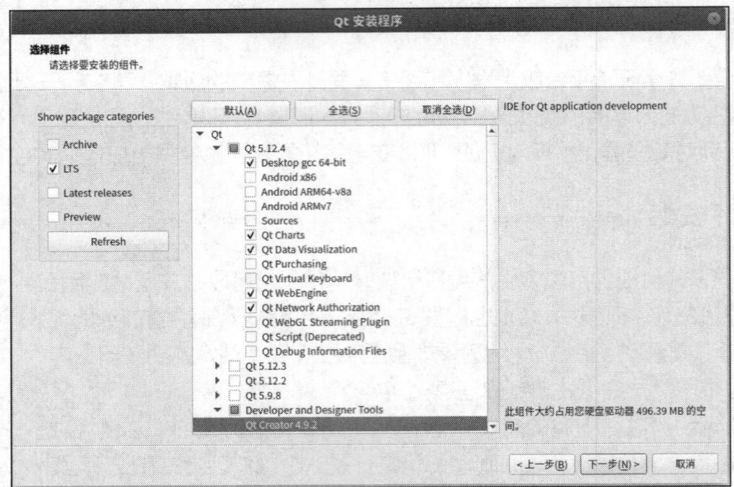

图 9-24　选择安装组件

（7）单击“下一步”按钮，出现“许可协议”对话框，选择第一个单选钮，同意 LGPLv3 许可协议。

（8）单击“下一步”按钮，出现“准备安装”对话框，单击“安装”按钮开始安装。

（9）安装过程中会下载软件包，安装完成会给出提示信息。

（10）单击“下一步”按钮，出现“正在完成 Qt 向导”对话框，默认选中“Lauch Qt Creator”复选框，单击“完成”按钮。

默认将启动 Qt Creator，首次启动会出现欢迎界面，如图 9-25 所示。

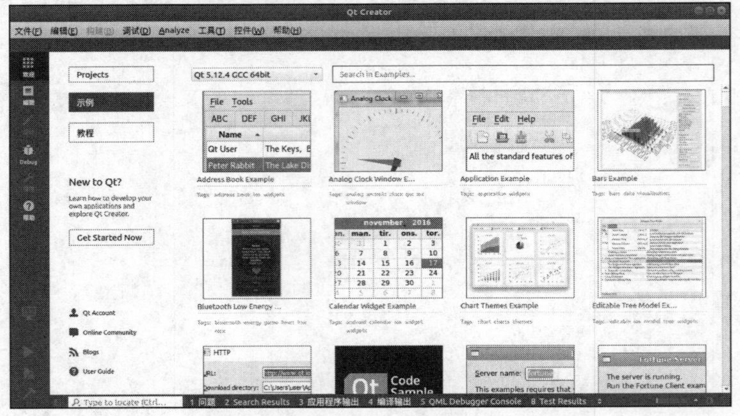

图 9-25　Qt Creator 欢迎界面

Qt Creator 使用

9.4.3　Qt Creator 使用

Qt Creator 是专门针对 Qt 程序员定制的跨平台集成开发环境，可以针对多个桌面和移动平台创建应用程序。它可单独使用，也可与 Qt 库和开发工具组成一套完整的 SDK。Qt Creator 的设计目标是使开发人员能够利用 Qt 应用程序框架更加快捷地完成开发任务。Qt Creator 包括项目生成向导、高级的 C++代码编辑器、浏览文件及类的工具、集成了 Qt Designer、Qt Assistant、Qt Linguist、图形化的 GDB 调试前端，集成 qmake 构建工具等。

1. Qt Creator 功能和特性

Qt Creator 具有以下功能和特性。

- 复杂代码编辑器：Qt Creator 的高级代码编辑器支持编辑 C++和 QML（JavaScript）、上下文相关帮助、代码完成功能、本机代码转化及其他功能。
- 版本控制：Qt Creator 汇集了最流行的版本控制系统，包括 Git、Subversion、Perforce、CVS 和 Mercurial。
- 生成用户界面设计器：Qt Creator 提供了两个集成的可视化编辑器，一个是通过 Qt Widget 生成用户界面的 Qt Designer，另一个是通过 QML 语言开发动态用户界面的 Qt Quick Designer。Qt 的图形用户接口的基础是 QWidget，Qt 中所有类型的 GUI 组件如按钮、标签、工具栏等都派生自 QWidget。每一个 GUI 组件都是一个 Widget，Widget 还可以作为容器，在其内包含其他 Widget。
- 项目和编译管理：无论是导入现有项目还是创建一个全新项目，Qt Creator 都能生成所有必要的文件。包括对 cross-qmake 和 Cmake 的支持。
- 桌面和移动平台：Qt Creator 支持在桌面系统和移动设备中编译和运行 Qt 应用程序。通过编译设置，程序员可以在目标平台之间快速切换。
- Qt 模拟器：Qt 模拟器是诺基亚 Qt SDK 的一部分，可在与目标移动设备相似的环境中对移动设备的 Qt 应用程序进行测试。

2. Qt Creator 开发示例

从应用程序列表中打开 Qt Creator，出现 Qt Creator 的欢迎界面。参见图 9-25，Qt Creator 支持多个模式：欢迎模式、编辑模式、设计模式、Debug 调试模式、项目模式和帮助模式，分别由左侧的模式选择栏 6 个图标进行切换，根据不同的模式，右侧窗格中显示不同的窗口。

这里先创建项目，然后示范图形用户界面的设计。

（1）在欢迎界面中单击“Project”按钮，再单击“New Project”按钮启动项目创建向导。当然也可以从文件菜单中选择命令来创建项目。

（2）出现图 9-26 所示的窗口，选择项目模板。这里从“项目”列表中选择“Application”类型，再在中间窗格中选择“Qt Widgets Application”子类型。这是一个桌面应用程序。

注意 Qt Quick Application 支持 QML 和 C++混合编程，使用 QML 快速构建界面，使用 C++完成关键算法和逻辑。

图 9-26　选择项目模板

（3）单击“Choose”按钮出现图9-27所示的窗口，设置项目名称和项目文件存放位置。

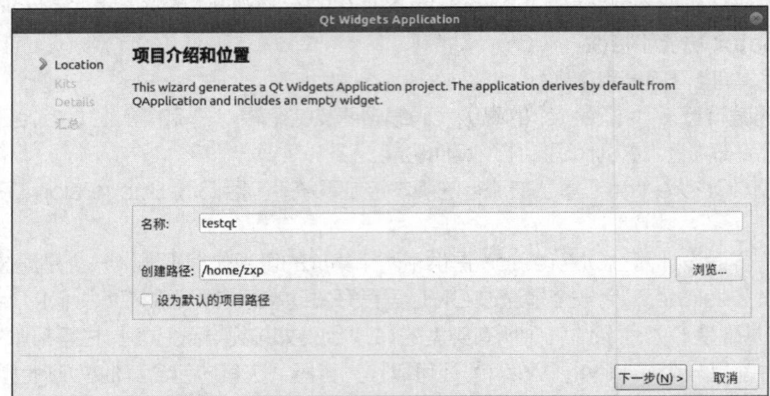

图9-27 设置项目名称和路径

（4）单击“下一步”按钮出现图9-28所示的窗口，选择构建系统的套件。这里保持默认设置，选中“Select all kits”复选框。

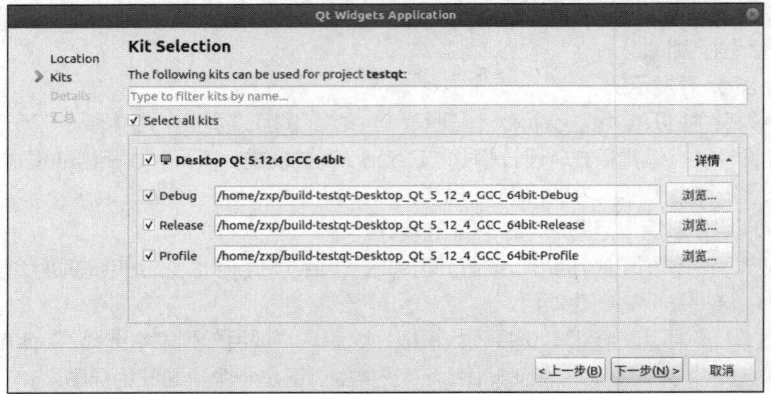

图9-28 选择项目要使用的套件

（5）单击“下一步”按钮出现图9-29所示的窗口，设置类信息。这里使用默认的主窗口类MainWindow。

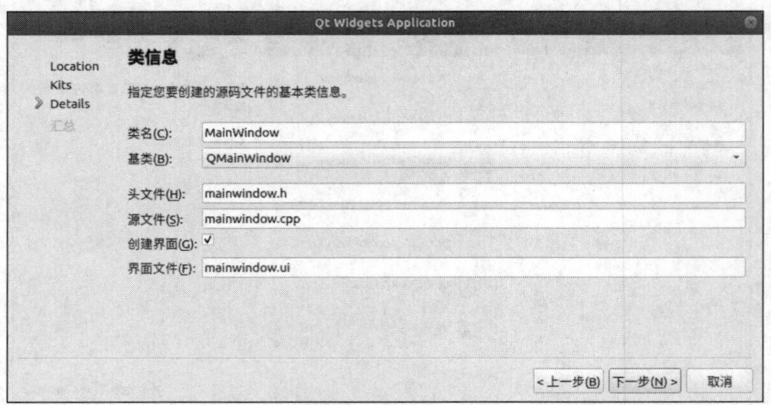

图9-29 设置类信息

（6）单击“下一步”按钮出现图 9-30 所示的窗口，显示项目管理信息，这里不进行更改。

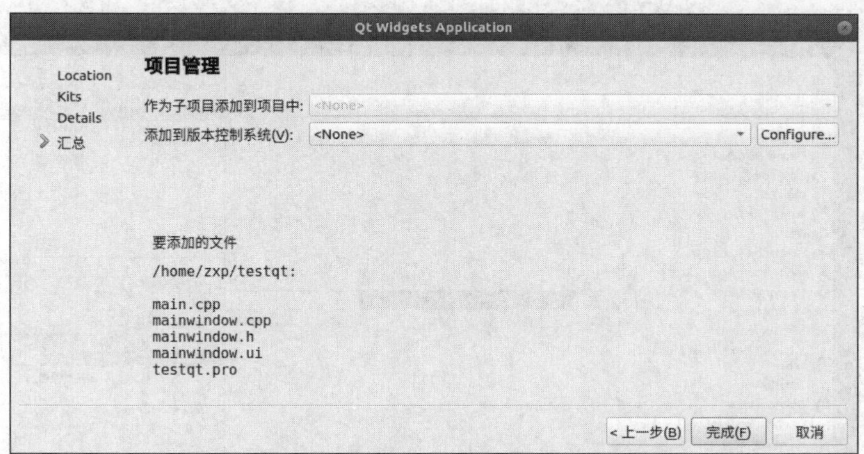

图 9-30　项目管理汇总信息

（7）单击“完成”按钮完成项目创建，Qt Creator 中将出现图 9-31 所示的项目管理界面。

图 9-31　项目管理界面

（8）展开“项目”导航树中的“Forms”节点，本例中将出现一个名为 mainwindow.ui 的文件，双击打开该文件将出现界面设计界面窗口。

进入设计模式后可以对界面进行可视化设计，具有所见即所得的设计风格。左侧的是一些常用部件，可以直接拖动到界面上；右侧是对象和类列表，下面是部件的属性编辑窗口；在中间，上方是主设计区域，显示了窗口的主界面，下面是动作编辑器（Action Editor）以及信号和槽编辑器（Signals_Slot Editor）窗口。

（9）如图 9-32 所示，从左侧 Widgets 列表中将“Display Widgets”下的 Label 元件拖放到中间窗口的主窗口中，并在右侧窗口下部区域设置其属性。这里单击“text”属性值区域的 **...** 按钮弹出图 9-33 所示的对话框，将该标签的显示文本设置为“Hello World!”，并单击“确定”按钮关闭该对话框。

（10）从“文件”菜单中选择“保存所有”命令，保存项目中所有更改的文件。

（11）单击左下角的运行按钮（绿色三角）或者从“构建”菜单中选择“运行”命令，编译并运行该程序。正常运行会弹出图 9-34 所示的窗口。

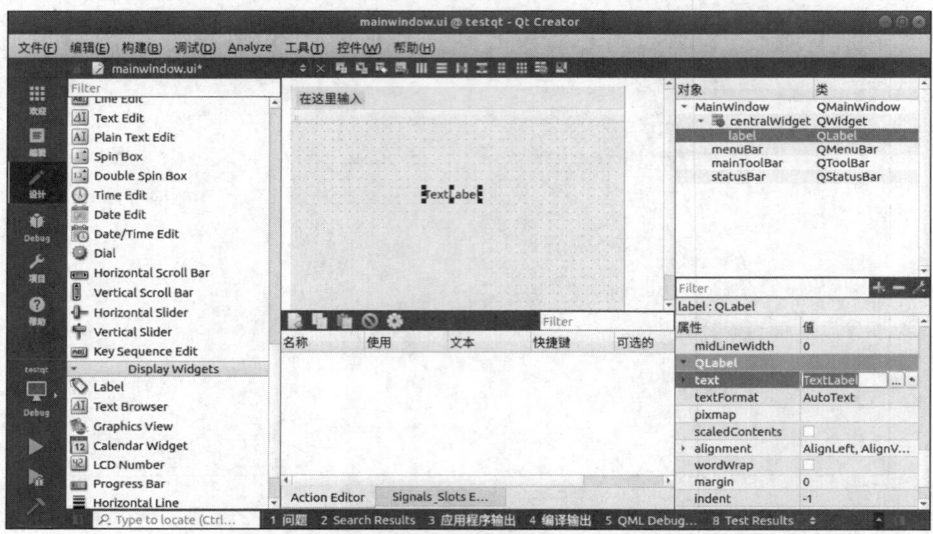

图 9-32　图形用户界面设计

图 9-33　编辑标签文本

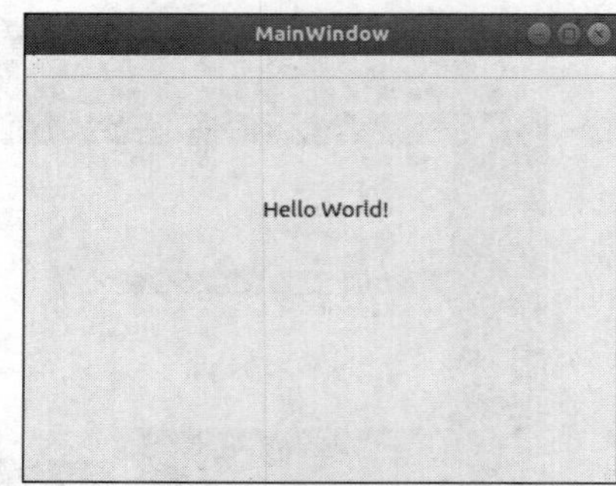

图 9-34　正常运行结果

执行运行命令时，切换到“编译输出”窗口，将显示整个编译过程，如图 9-35 所示。

项目编译时默认是 debug 版本，会将以 debug 方式编译生成的可执行文件存放在相应的 debug 目录，例中为位于主目录下的 build-testqt-Desktop_Qt_5_12_4_GCC_64bit-Debug 子目录。因为其中包含了调试信息，所以可执行文件比较大。要发布程序，就要以 release 方式编译生成的可执行文件。

（12）发布程序。单击左下角的按钮或者从“构建”菜单中选择“打开构建/运行构建套件选择器”命令，弹出图 9-36 所示的窗口，选中“Release”项，在该窗口外单击鼠标即可关闭。然后重新执行运行命令，将以 Release 方式编译生成的可执行文件存放在相应的 Release 目录，例中为位于主目录下的 build-testqt-Desktop_Qt_5_12_4_GCC_64bit-Release 子目录。因为其中没有包含调试信息，所以可执行文件比较小。可以从该目录中将可执行文件复制出来，打包进行发布。

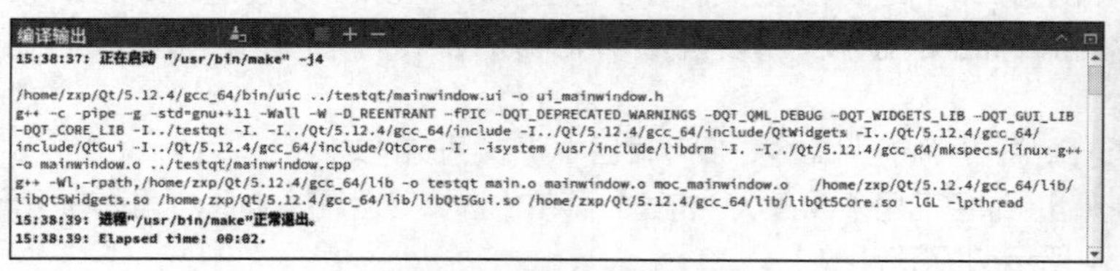

图 9-35　编译输出信息

图 9-36　选择构建方式

9.5 习题

1. 简述 GCC 编译的各个阶段。
2. 为什么要使用动态连接?
3. 简述 make 命令的功能。
4. 简述 Makefile 基本语法格式。
5. Makefile 中的伪目标有什么作用?
6. 简述 make 的工作方式。
7. 为什么要使用 Autotools?
8. 简述 GTK+与 Qt 的功能和特性，以及两者的主要区别。
9. 安装 Emacs 编辑器，并编辑一个简单的 C 语言源文件。
10. 安装 GCC，分别创建一个简单的 C 和 C++源程序，然后分别使用 gcc 和 g++命令进行编译。
11. 参照本章示例，使用 Autotools 工具生成 Makefile 文件，完成源码安装，并制作源码安装包。
12. 安装 GTK+、Glade 和 Anjuta，参照本章 Anjuta 基本使用的示范，使用 Anjuta 创建一个项目，编辑图形界面，编译并生成可执行文件，最终生成用于发布源码的压缩包。
13. 安装 Qt，参照本章 Qt Creator 开发示例，创建一个项目，完成图形用户界面的设计，编译生成可发布的执行文件。

第 10 章 Java与Android开发环境

越来越多的程序员选择 Ubuntu 桌面版作为软件开发平台，在 Ubuntu 系统上不仅编写传统的 C/C++程序，而且开发 Java 程序和移动应用。作为广泛使用的面向对象的程序设计语言，Java 支持桌面、移动和网络应用开发。Android 是目前市场占有率最高的移动操作系统，内置支持 Java，Android 应用程序可以使用 Java 语言编写。本章讲解 Ubuntu 平台上 Java 开发环境和 Android 开发环境的部署和使用，主要内容不是如何编写这些应用程序，而是如何建立相应的开发环境，以及此类程序开发的基本流程。结合 Java 版本的管理，本章还穿插介绍了 Linux 软件版本管理工具 update-alternatives 的使用方法。

学习目标

1. 了解 Java 的特点和体系，学会在 Ubuntu 平台上安装 JDK。
2. 了解 Java 程序集成开发环境，学会在 Ubuntu 平台上安装和使用 Eclipse。
3. 熟悉 Android 系统架构，了解 Android 开发工具。
4. 掌握在 Ubuntu 平台上安装和使用 Android Studio 的方法。

10.1 Java 开发

Java 是一种可以开发跨平台应用软件的面向对象的程序设计语言。在 Ubuntu 系统中可以快速部署 Java 开发环境，通常使用 Eclipse 开发 Java 应用程序。

10.1.1 Java 的特点

Java 凭借其通用性、高效性、平台移植性和安全性，广泛应用于 PC、数据中心、游戏控制台、科学超级计算机、互联网和移动终端，同时拥有全球最大的开发者专业社群。Java 在开发人员的生产率和运行效率之间取得很好的权衡。开发人员可以使用广泛存在的高质量类库，切身受益于这种简洁、功能强大、类型安全的语言。Java 具有以下特点。

- Java 语言简单易学。Java 语言的语法与 C 语言和 C++语言很接近，使得大多数程序员很容易学习和使用。Java 丢弃了 C++中很少使用、很难理解的那些特性，如操作符重载、多继承、自动的强制类型转换。Java 语言提供类、接口和继承等原语，为简单起见，只支持类之间的单继承，但支持接口之间的多继承，并支持类与接口之间的实现机制。Java 语言全面支持动态绑定，而 C++语言只对虚函数使用动态绑定。总之，Java 语言是一个纯面向对象的程序设计语言。

- Java 语言是分布式的。Java 语言支持 Internet 应用的开发，在基本的 Java 应用编程接口中有一个网络应用编程接口（java net），它提供了用于网络应用编程的类库，包括 URL、URLConnection、Socket、ServerSocket 等。Java 的 RMI（远程方法激活）机制也是开发分布式应用的重要手段。
- Java 具有跨平台特性。Java 不同于一般的编译执行计算机语言和解释执行计算机语言。它首先将源代码编译成二进制字节码（bytecode），然后依赖各种不同平台上的虚拟机来解释执行字节码，从而实现了"一次编译、到处执行"的跨平台特性。不过，每次的执行编译后的字节码需要消耗一定的时间，这在一定程度上降低了 Java 程序的性能。
- 减少应用系统的维护费用。Java 对对象技术的全面支持和 Java 平台内嵌的 API 能缩短应用系统的开发时间并降低成本。"一次编译、到处执行"的特性使得它能够提供一个随处可用的开放结构和在多平台之间传递信息的低成本方式。特别是 Java 企业应用编程接口（Java Enterprise APIs）为企业计算及电子商务应用系统提供了有关技术和丰富的类库。
- 在 B/S 开发方面 Java 要远远优于 C++。Java 适合团队开发，软件工程可以相对做到规范，这个优势很突出。由于 Java 语言本身的极其严格语法的特点，Java 语言无法写出结构混乱的程序，程序员必须保证代码软件结构的规范性。值得一提的是，基于 Java 架构的 B/S 软件很不适合持续不断的修改，因为持续的修改可能会导致架构的破坏。

10.1.2 Java 体系

Java 是一套完整的体系，主要包括 JVM、JRE 和 JDK，如图 10-1 所示。开发人员利用 JDK（调用 JAVA API）开发自己的 JAVA 程序后，通过 JDK 中的编译程序（javac）将 Java 源文件编译成 JAVA 字节码，在 JRE 上运行这些 JAVA 字节码，JVM 解析这些字节码，映射到 CPU 指令集或操作系统的系统调用。

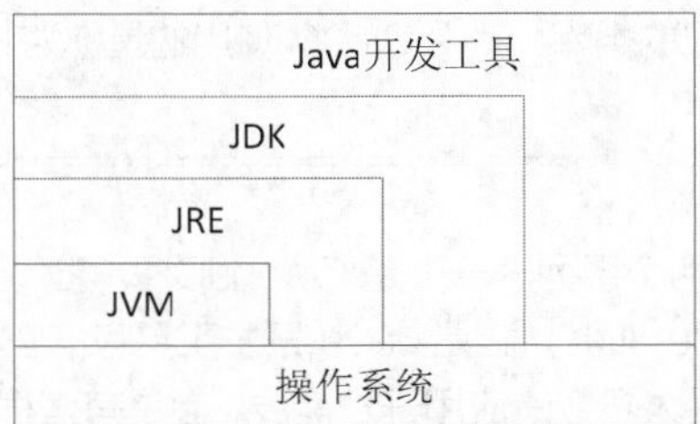

图 10-1　Java 体系

1. JVM（Java Virtual Machine）

JVM 就是 Java 虚拟机，它是整个 Java 实现跨平台的最核心部分，所有的 Java 程序首先被编译为类文件（.class）。这种类文件可以在虚拟机上执行，并不直接与机器的操作系统相对应，而是经过虚拟机间接与操作系统交互，由虚拟机将程序解释给本地系统执行。JVM 屏蔽了与具体操作系统平台相关的信息，使得 Java 程序只需生成在 Java 虚拟机上运行的目标代码，就可以在多种平台上不加修改地运行。

2. JRE（Java Runtime Environment）

只有 JVM 还不能支持 Java 类文件的执行，因为在解释类文件时 JVM 需要调用所需的类库（.lib），这些类库由 JRE 提供。所谓 JRE 就是 Java 运行时环境，也就是 JAVA 平台，所有的 Java 程序都要在 JRE 下才能运行。通过 JRE，Java 的开发者才得以将自己开发的程序发布到用户手中，让用户正常使用。运行 Java 程序一般都要求用户的计算机安装 JRE 环境，没有 JRE，Java 程序无法运行。

JRE 中包含有 JVM、运行时类库（runtime class libraries）和 Java 应用启动器（application launcher），这些是运行 Java 程序的必要组件。

3. JDK（Java Development Kit）

JDK是Java开发工具包，是针对Java开发人员的产品。作为整个Java的核心，它包括JRE、Java工具（javac/java/jdb等）和Java基础类库（即Java API，包括rt.jar）。

通常用JDK来代指Java API，Java API是Java的应用程序接口，其实就是已经写好的一些Java类文件，包括一些重要的语言结构以及基本图形、网络和文件I/O等类库。开发人员在自己的程序中可以调用这些写好的类作为开发的一个基础，现在还有一些性能更好或者功能更强大的第三方类库可供使用。

针对不同的应用，JDK分为以下3个版本。

（1）标准版（standard edition，SE）。

这是通常使用的一个版本，用于开发和部署桌面、服务器以及嵌入设备和实时环境中的Java应用程序。这个版本以前称为J2SE（J2是指著名的Java 2 Platform），从JDK 5.0开始改名为Java SE。Java SE包括用于开发Java Web服务的类库，同时Java SE为Java EE提供了基础。

（2）企业版（enterprise edition，EE）。

用来开发企业级应用程序，能够开发和部署可移植、健壮、可伸缩且安全的服务器端Java应用程序。这个版本以前称为J2EE，从JDK 5.0开始改名为Java EE。Java EE是在Java SE的基础上构建的，它提供Web服务、组件模型、管理和通信API，可以用来实现企业级的面向服务体系结构（service-oriented architecture，SOA）和Web 2.0应用程序。

（3）微型版本（micro edition，ME）。

专门为移动设备（包括消费类产品、嵌入式设备、高级移动设备等）提供的基于Java环境的开发与应用平台，主要用于移动设备、嵌入式设备上的Java应用程序开发。这个版本以前称为J2ME，从JDK 5.0开始改名为Java ME。Java ME目前分为两类配置，一类是面向小型移动设备的CLDC（Connected Limited Device Profile），一类是面向功能更强大的移动设备如智能手机和机顶盒，称为CDC（Connected Device Profile）。Java ME有自己的类库，其中CLDC使用的是称为KVM的专用Java虚拟机。

10.1.3 安装JDK

安装JDK

JDK有两个系列，一个是OpenJDK，它是Java开发工具包的开源实现；另一个是Oracle JDK，它是Java开发工具包的官方Oracle版本。尽管OpenJDK已经足够满足大多数的应用开发需要，但是有些程序建议使用Oracle JDK，以避免UI（用户界面）的性能问题。

1. 在Ubuntu上安装OpenJDK

OpenJDK是Ubuntu默认支持的JDK版本。在Ubuntu上打开终端，依次执行以下命令安装OpenJDK Java开发工具包：

```
sudo apt install default-jre
sudo apt install default-jdk
```

注意先要安装JRE，然后再安装JDK。检查Java是否已经安装在Ubuntu上，打开终端执行下面的命令：

```
zxp@LinuxPC1:~$ java -version
openjdk version "11.0.4" 2019-07-16
OpenJDK Runtime Environment (build 11.0.4+11-post-Ubuntu-1ubuntu218.04.3)
OpenJDK 64-Bit Server VM (build 11.0.4+11-post-Ubuntu-1ubuntu218.04.3, mixed mode,
sharing)
```

如果想要安装特定的OpenJDK版本，需要在安装命令中明确指示。例如Java 8可以使用以下命令安装：

```
sudo apt install openjdk-8-jre
sudo aptt install openjdk-8-jdk
```

2. 在 Ubuntu 上通过 PPA 安装 Oracle Java

在 Ubuntu 上安装新版本的 Oracle JDK，通常有两种方式，一种是使用官方的下载文件，另一种是使用 PPA 安装。这里示范通过 PPA 安装 Oracle JDK 11。注意 Oracle Java 11 不再能直接从 Oracle 官网上下载，必须先登录官网并手动下载 Java 包（例中为 jdk-11.0.4_linux-x64_bin.tar.gz），并替换/var/cache/oracle-jdk11-installer-local 目录中的文件。

（1）执行以下命令添加 PPA 安装源。

```
sudo add-apt-repository ppa:linuxuprising/java
```

（2）执行以下命令更新安装源。对于 Ubuntu 18.04 或更高版本，这一步没有必要。

```
sudo apt update
```

（3）将下载好的 jdk-11.0.4_linux-x64_bin.tar.gz 包（例中位于主目录中）复制到/var/cache/oracle-jdk11-installer-local 目录。

```
zxp@LinuxPC1:~$ sudo mkdir -p /var/cache/oracle-jdk11-installer-local
[sudo] zxp 的密码:
zxp@LinuxPC1:~$ sudo cp jdk-11.0.4_linux-x64_bin.tar.gz /var/cache/oracle-jdk11-installer-local/
```

（4）执行以下命令安装 Java 11。

```
sudo apt-get install oracle-java11-installer-local
```

安装 Java 11 过程中要求用户接受许可，依次弹出两个窗口，分别选择“确定”和“是”按钮。

（5）安装完毕还需要设置 Java 11 环境变量。PPA 库提供一个软件包用于设置环境变量，可以执行以下命令来安装它。

```
sudo apt-get install oracle-java11-set-default-local
```

（6）完成之后可以通过 javac -version 命令来查看 Java 版本：

```
zxp@LinuxPC1:~$ java --version
java 11.0.4 2019-07-16 LTS
Java(TM) SE Runtime Environment 18.9 (build 11.0.4+10-LTS)
Java HotSpot(TM) 64-Bit Server VM 18.9 (build 11.0.4+10-LTS, mixed mode)
```

如果要卸载 Oracle Java 11，执行以下命令删除相应的安装脚本：

```
sudo apt remove oracle-java11-set-default-local
```

然后打开“软件和更新”（Software & Updates）应用程序，切换到“其他软件”（Other Software）选项卡，删除前面添加的以下安装源即可。

```
http://ppa.launchpad.net/linuxuprising/java/ubuntu bionic/main
http://ppa.launchpad.net/eugenesan/java/ubuntu bionic/main
```

3. 手动安装 Oracle JDK

Oracle Java 8 是一个仍在广泛使用的经典版本。这里以该版本为例进行示范。首先从 Oracle 官网上下载新版本的 Java 8（Java SE Development Kit 8u221）安装包，然后在 Ubuntu 上执行以下步骤进行安装。

（1）检查确认有一个专用目录，这里采用常用的/usr/lib/jvm，当然也可使用其他目录，如/usr/local。如果没有，则要先创建该目录。

（2）将 JDK 安装包解压到该目录中。

```
zxp@LinuxPC1:~$ sudo tar -zxvf jdk-8u221-linux-x64.tar.gz -C /usr/lib/jvm
```

（3）切换到该专用目录下，建议将 Java 目录名改得简单友好一些。

```
zxp@LinuxPC1:~$ cd /usr/lib/jvm
zxp@LinuxPC1:/usr/lib/jvm$ sudo mv jdk1.8.0_221 java-8-oracle
```

（4）配置环境变量。编辑/etc/profile 文件，在其末尾加上以下语句并保存。

```
export JAVA_HOME=/usr/lib/jvm/java-8-oracle
export JRE_HOME=${JAVA_HOME}/jre
export CLASSPATH=.:${JAVA_HOME}/lib:${JRE_HOME}/lib
export PATH=${JAVA_HOME}/bin:$PATH
```

（5）执行以下命令使环境变量生效。

```
zxp@LinuxPC1:~$ source /etc/profile
```

source 用于在当前 Bash 环境下读取并执行参数指定的文件中的命令，通常直接用命令“.”来替代。如果将设置环境变量的命令写进 Shell 脚本中，只会影响子 Shell，无法改变当前的 Bash，因此通过文件（命令序列）设置环境变量时，要用 source 命令。

（6）测试。打开一个终端，执行命令 java -version：

```
zxp@LinuxPC1:/usr/lib/jvm$ java -version
java version "1.8.0_221"
Java(TM) SE Runtime Environment (build 1.8.0_221-b11)
Java HotSpot(TM) 64-Bit Server VM (build 25.221-b11, mixed mode)
```

显示结果表明 Java 已经成功安装了。

10.1.4 管理 Java 版本

管理 Java 版本

可以在一台计算机上安装多个 Java 版本。在 Ubuntu 系统中可以使用 update-alternatives 或 update-java-alternatives 命令在多个 Java 版本之间进行切换，更改当前默认的 Java 版本。

1. 使用 update-alternatives 管理 Java 版本

update-alternatives 命令是一个通用的 Linux 软件版本管理工具，Linux 发行版中均提供该命令用于处理 Linux 系统中软件版本的切换。

前面使用 APT 或 PPA 安装的 Java 版本已经自动完成 update-alternatives 注册设置，可以直接使用该命令管理。但是，通过 Java 安装包手动安装的 Java 版本无法使用该命令进行版本切换操作。纳入 update-alternatives 的软件首先需要使用 update-alternatives --install 进行注册。

以上述 Oracle Java 8 为例，安装过程中应跳过第 4 步和第 5 步。如果已经在/etc/profile 文件中配置过 Java 环境变量，应当删除相应的配置语句，并重启系统。执行以下命令进行注册：

```
zxp@LinuxPC1:~$ sudo update-alternatives --install /usr/bin/java java  /usr/lib/jvm/java-8-oracle/bin/java 300
[sudo] zxp 的密码:
zxp@LinuxPC1:~$ sudo update-alternatives --install /usr/bin/javac javac  /usr/lib/jvm/java-8-oracle/bin/javac 300
```

作为示范，这里只添加了两个主要的 Java 候选项，实际上有很多 Java 候选项。

其中选项--install 表示向 update-alternatives 注册名称，也就是可用于切换的版本，或称候选项（alternative）。后面有 4 个参数，分别说明如下。

- 链接（Link）：注册最终地址，即指向/etc/alternatives/<名称>的符号链接，update-alternatives 命令管理的就是这个软链接。
- 名称（Name）：注册的软件名称，即该链接替换组的主控名。如 java 是就表示管理的是 java 软件版本。
- 路径（Path）：候选项目标文件（被管理的软件版本）的绝对路径。
- 优先级（Priority）：数字越大优先级越高。当设为自动模式（默认为手动模式）时，系统默认启用优先级最高的链接，即切换到相应的软件版本。

update-alternatives 实现的机制是通过文件软链接来关联要切换到的软件版本，即链接（/usr/bin/<名称>）是指向名称（/etc/alternatives/<名称>）的软链接，而名称（/etc/alternatives/<名称>）又是指向路径（软件实际路径）的软件链接。例如，针对上述例子验证如下：

```
zxp@LinuxPC1:~$ ls -l /usr/bin/java
lrwxrwxrwx 1 root root 22 8月  8 16:21 /usr/bin/java -> /etc/alternatives/java
zxp@LinuxPC1:~$ ls -l /etc/alternatives/java
```

```
lrwxrwxrwx 1 root root 35 8月  13 11:27 /etc/alternatives/java -> /usr/lib/jvm/java-8-oracle/bin/java
```

每次切换（更改）操作就使名称指向另一个软件的实际地址，并在 update-alternatives 配置文件中说明当前是自动模式还是手动模式。每个名称对应的配置文件为/var/lib/dpkg/alternatives/<名称>，例如，查看上述名称 java 对应的配置文件/var/lib/dpkg/alternatives/java 的内容：

```
zxp@LinuxPC1:~$ cat /var/lib/dpkg/alternatives/java
manual                                                    #手动模式
/usr/bin/java
java.1.gz
/usr/share/man/man1/java.1.gz

/usr/lib/jvm/java-11-openjdk-amd64/bin/java
1111
/usr/lib/jvm/java-11-openjdk-amd64/man/man1/java.1.gz
/usr/lib/jvm/java-11-oracle/bin/java
1091

/usr/lib/jvm/java-8-oracle/bin/java
300
```

该配置文件中指出该名称包含哪些可用的软件（候选的软件版本），并指出了每个软件版本的优先级和可用的附加文件路径。也可以使用以下命令查看同样的信息：

```
zxp@LinuxPC1:~$ update-alternatives --display java
java - 手动模式
  最佳链接版本为 /usr/lib/jvm/java-11-openjdk-amd64/bin/java
 链接目前指向 /usr/lib/jvm/java-8-oracle/bin/java
  链接 java 指向 /usr/bin/java
  从链接 java.1.gz 指向 /usr/share/man/man1/java.1.gz
/usr/lib/jvm/java-11-openjdk-amd64/bin/java - 优先级 1111
  次要 java.1.gz: /usr/lib/jvm/java-11-openjdk-amd64/man/man1/java.1.gz
/usr/lib/jvm/java-11-oracle/bin/java - 优先级 1091
/usr/lib/jvm/java-8-oracle/bin/java - 优先级 300
```

注意，这里有个从（Slave）链接，最终指向的是相关的 man 手册文档，每当候选项更改，该从链接也会跟着更改。

可通过以下命令来手动选择候选项（要切换的版本）：

```
zxp@LinuxPC1:~$ sudo update-alternatives --config java
有 3 个候选项可用于替换 java (提供 /usr/bin/java)。
  选择       路径                                        优先级  状态
------------------------------------------------------------
  0        /usr/lib/jvm/java-11-openjdk-amd64/bin/java   1111    自动模式
  1        /usr/lib/jvm/java-11-openjdk-amd64/bin/java   1111    手动模式
* 2        /usr/lib/jvm/java-11-oracle/bin/java         1091    手动模式
  3        /usr/lib/jvm/java-8-oracle/bin/java          300     手动模式
```

选择 3 即可将切换到 Oracle Java 8。

默认情况下，update-alternatives 将自动安装最佳版本的 Java 作为默认版本。如果使用命令 update-alternatives --config java 更改了候选项之后（变成手动模式），要想回到默认设置，可以使用以下命令：

```
sudo update-alternatives --auto java
```

update-alternatives 提供了多个子命令，例如删除候选项的命令如下：

```
sudo update-alternatives  --remove <名称> <路径>
```

2. 使用 update-java-alternatives 管理 Java 版本

update-java-alternatives 是一个专门用于管理 Java 版本切换的工具。使用 APT、dpkg 或 PPA 安装的 Java 版本已经自动完成相关设置，包括使用 update-alternatives --install 注册所需的候选项，并创建了 update-java-alternatives 专用的/usr/lib/jvm/.<名称>.jinfo 配置文件。

可以直接使用该命令查看已经配置好的可供选择的 Java 版本：

```
zxp@LinuxPC1:~$ update-java-alternatives -l
java-1.11.0-openjdk-amd64      1111       /usr/lib/jvm/java-1.11.0-openjdk-amd64
java-11-oracle                 1091       /usr/lib/jvm/java-11-oracle
```

其中第 1 列是 jname（已安装的 Java 名称）。执行以下命令可以进行版本切换：

```
sudo update-java-alternatives -s <jname>
```

可以发现，通过 Java 安装包手动安装的 Java 版本，虽然可以使用 update-alternatives 命令进行版本管理了，但是还是无法使用 update-java-alternatives 命令进行切换操作。原因就是缺乏相应的.jinfo 配置文件，可以进行如下查验操作：

```
zxp@LinuxPC1:~$ ls -l /usr/lib/jvm/.*.jinfo
-rw-r--r-- 1 root root 1994 7月  19 02:21 /usr/lib/jvm/.java-1.11.0-openjdk-amd64.jinfo
-rw-r--r-- 1 root root 3297 8月   8 16:47 /usr/lib/jvm/.java-11-oracle.jinfo
```

.jinfo 配置文件是一个隐藏文件，以.开头，定义了 update-java-alternatives 命令所需的必要信息。update-java-alternatives 没有提供 update-alternatives 中类似--install 的选项来进行注册，这里参照安装自动生成的/usr/lib/jvm/.java-11-oracle.jinfo 文件为上述 Oracle Java 8 创建一个配套的/usr/lib/jvm/.java-8-oracle.jinfo 文件，内容如下：

```
name=java-8-oracle
alias=java-8-oracle
priority=300
jdk java /usr/lib/jvm/java-8-oracle/bin/java
jdk javac /usr/lib/jvm/java-8-oracle/bin/javac
```

查看已经配置好的可供选择的 Java 版本：

```
zxp@LinuxPC1:~$ update-java-alternatives -l
java-1.11.0-openjdk-amd64      1111       /usr/lib/jvm/java-1.11.0-openjdk-amd64
java-11-oracle                 1091       /usr/lib/jvm/java-11-oracle
java-8-oracle                  300        /usr/lib/jvm/java-8-oracle
```

这样就可以使用 sudo update-java-alternatives -s 命令指定要切换的 Java 版本了。

提 示　**update-java-alternatives 依赖 update-alternatives 的注册。如果这两个工具都用来切换 Java 版本，则以最新使用的为准（前提是能够有效切换）。**

10.1.5 使用 Eclipse 开发 Java 应用程序

使用 Eclipse 开发 Java 应用程序

编辑 Java 源代码可以使用任何无格式的纯文本编辑器，在 Linux 平台上可使用 Vi 等工具。由于 Java 受到多厂商的支持，开发工具非常之多。要提高开发效率，应首选集成开发工具。Jcreator 是一个用于 Java 程序设计的轻量级集成开发环境，具有编辑、调试、运行 Java 程序的功能，适合初学者使用。IntelliJ IDEA 在业界被公认为最好的 Java 开发工具之一，尤其在智能代码助手、代码自动提示、重构、J2EE 支持、各类版本工具、JUnit、CVS 整合、代码分析、创新的 GUI 设计等方面的功能可以说非常优秀。这是一款商业软件。没有开源版本。目前比较流行的 Java 集成开发工具是 Eclipse。Eclipse 比 Jcreator 更为专业，是一个开放的、可扩展的集成开发环境，不仅可以用于 Java 的开发，通过开发插件还可以构建其他语言（如 C++、PHP）的开发工具。Eclipse 是开放源代码的项目，可以免费下载使用。这里以 Eclipse 为例讲解如何在 Ubuntu 上开发 Java 应用程序。

1. 在 Ubuntu 上安装 Eclipse

安装 Eclipse 非常简单，只需将下载的安装包解压缩就行了，前提是安装好 Java 开发环境 JDK。例中使用的 Eclipse 安装包版本为 eclipse-java-2019-06-R-linux-gtk-x86_64.tar.gz，这里将其复制到/opt 目录中进行解压缩：

```
zxp@LinuxPC1:~$ sudo mv eclipse-java-2019-06-R-linux-gtk-x86_64.tar.gz /opt
zxp@LinuxPC1:~$ cd /opt
zxp@LinuxPC1:/opt$ sudo tar -zxvf eclipse-java-2019-06-R-linux-gtk-x86_64.tar.gz
```

打开/opt/eclipse 文件夹，双击 eclipse 文件即可启动 Eclipse。通常为该软件创建快捷方式，便于通过应用程序列表中的桌面快捷图标启动该应用程序。创建快捷方式要在/usr/share/applicaitons/目录中创建一个快捷图标文件。这里执行以下命令：

```
sudo nano /usr/share/applications/eclipse.desktop
```

打开文本编辑器，输入以下内容并保存该文件。

```
[Desktop Entry]
Encoding=UTF-8
Name=Eclipse
Comment=Eclipse
Exec=/opt/eclipse/eclipse
Icon=/opt/eclipse/icon.xpm
Terminal=false
StartupNotify=true
Type=Application
```

其中 Exec 和 Icon 分别指定要运行的应用程序的文件路径和它的图标的文件路径。

这样就可以从应用程序列表中找到 Eclipse 图标并通过它启动 Eclipse。

首次运行 Eclipse 将弹出图 10-2 所示的提示窗口，定义工作空间（Workspace），即软件项目要存放的位置。选中“Use this as the default and not ask again”复选框，会将当前指定的路径作为默认工作空间，下次启动时将不再提示定义工作空间。

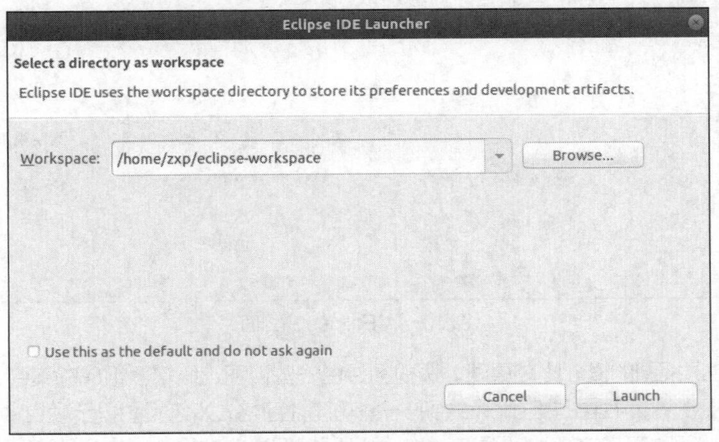

图 10-2 设置工作空间

单击“Launch”按钮将弹出图 10-3 所示的欢迎界面，给出常见操作的快捷方式。

2. Eclipse 界面组成

首先要了解 Eclipse 的界面组成及其基本功能。关闭欢迎界面，将进入 Eclipse 工作台（集成开发环境），如图 10-4 所示（为便于示范，这里打开一个简单的项目）。整个工作台包括菜单栏、工具栏和透视图（Perspective）。

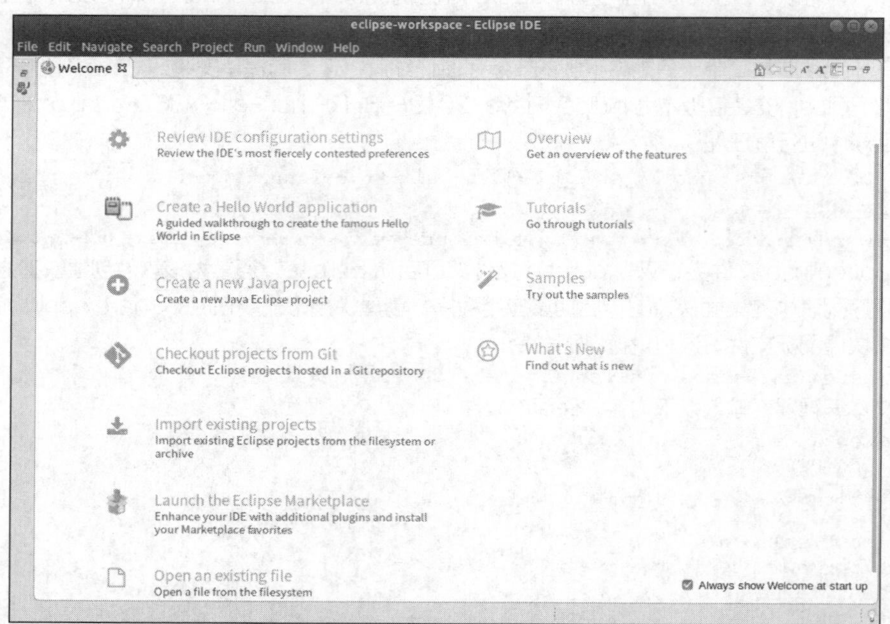

图 10-3　Eclipse 欢迎界面

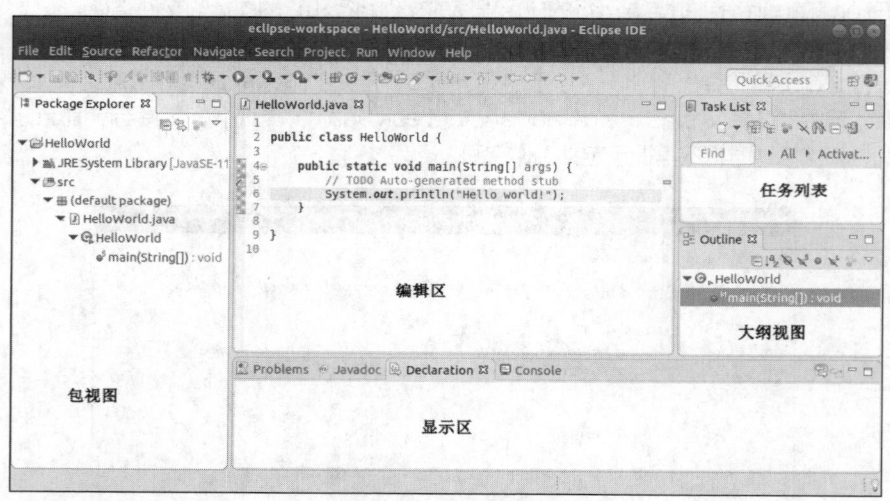

图 10-4　Eclipse 主界面

在 Eclipse 中透视图的概念比较重要。透视图是由一些视图、编辑器组成的集合，图 10-4 中显示的是默认的 Java 透视图。视图是 Eclipse 中的一些功能性窗格，如包视图显示项目中的文件列表，大纲视图显示当前编辑器所打开的文件的纲要信息，显示区根据当前的操作状态显示不同的视图，如控制台（Console）视图、问题（Problems）视图等。可以根据需要来打开所需的视图，从主菜单中选择“Window”>“Show View”，然后选择所需的视图即可（选择“Other”将弹出相应的对话框，选择更多种类的视图），如图 10-5 所示。

编辑区中提供有编辑器以对源文件等进行编辑操作。

除了 Java 透视图，还可以切换到其他透视图。从主菜单中选择“Window”>“Open Perspective”>“Other”（或者单击右上角的 按钮），弹出图 10-6 所示的对话框，选择所需的透视图类型。

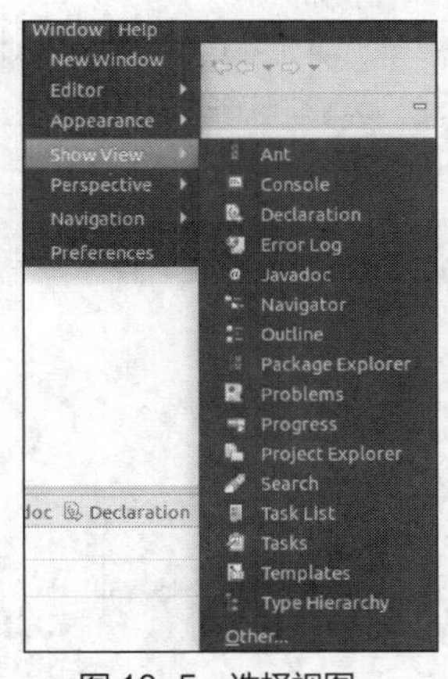

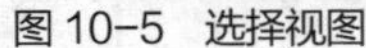
图 10-5　选择视图

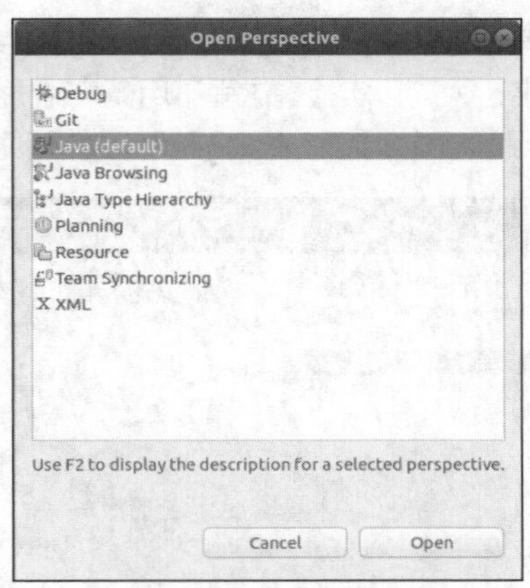

图 10-6　选择透视图

3. 在 Eclipse 中创建 Java 项目

项目（Project）将一个软件的所有相关文件组合在一起，便于集中管理和操作这些不同种类的文件。在编写 Java 应用程序之前，首先要创建一个项目。

（1）从欢迎界面中单击“Create a new Java Project”按钮（或者进入集成环境，从主菜单“File”中选择“New”>“Java Project”命令）弹出图 10-7 所示的窗口。

（2）在“Project name”中为该项目命名，默认选中“Use default location”复选框，将在工作空间中创建一个与项目名同名的目录来存放整个项目的文件。

在“Project layout”区域默认选中“create separate folders for sources and class files”复选框，项目中会生成两个目录 src 和 bin，分别用来存放源代码和编译后的类文件。

（3）单击“Next”按钮，出现图 10-8 所示的界面，定义 Java 的 Build（编译并建立可执行文件）设置。这里保持默认设置。

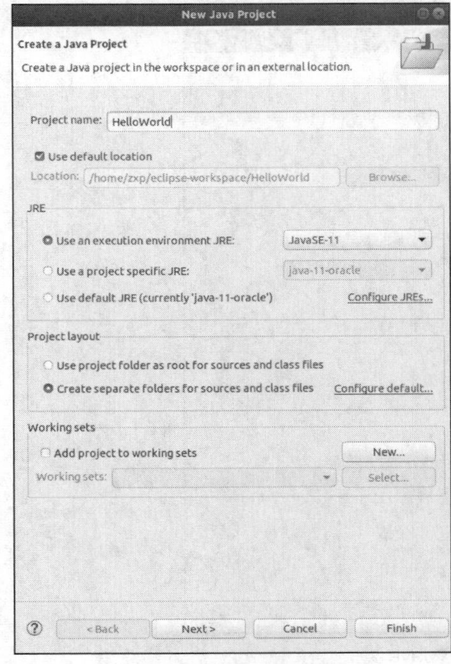

图 10-7　创建 Java 项目

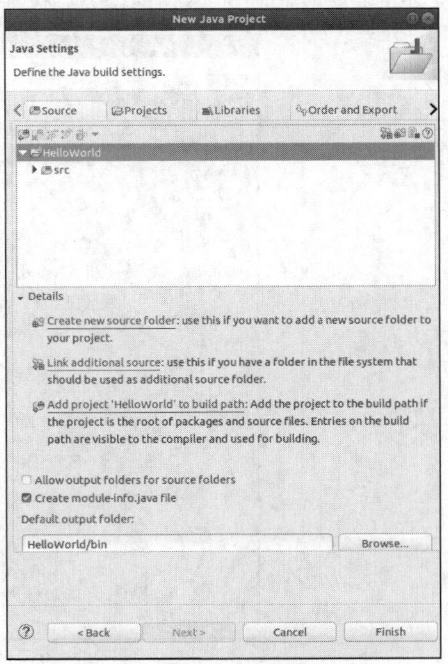

图 10-8　定义 Java 构建设置

（4）单击“Finish”按钮，弹出“New module-info.java”窗口，提示创建 module-info.java 文件并给出模块命名。为简化实验，这里不用模块化机制，单击“Don't create”按钮。

（5）完成项目的创建。如图 10-9 所示，本例项目名为 HelloWorld。

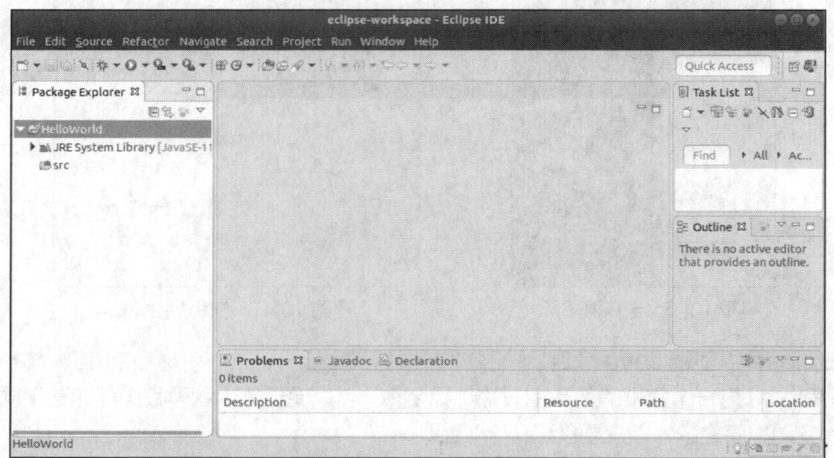

图 10-9　新创建的 Java 项目

4. 在 Eclipse 中创建 Java 类

类是 Java 应用程序中最重要的文件，只有类文件才能在 JVM 上运行。开发 Java 应用程序，就要创建 Java 类。

（1）从主菜单中选择“File”>“New”>“Class”，或者单击工具栏上的 按钮，将弹出相应的新建 Java 类对话框。

（2）如图 10-10 所示，在“Name”框中输入类名，并在“Package”框中输入包名，这里选中“Public static void main(string[ ] args)”复选框以自动创建一个 main 方法。

图 10-10　新建 Java 类

（3）单击“Finish”按钮，界面中出现一个代码编辑器，左边包视图 src 节点下多出一个包名（例中为默认包）。

（4）在代码编辑器中可以对类文件进行编辑，参见图 10-4，这里增加一行代码显示“Hello world”，用于测试。

```
System.out.println("Hello world!");
```

（5）运行项目进行测试。从主菜单中选择“Run As”>“Java Application”，或者单击工具栏上的 按钮，运行当前的 Java 程序。

（6）界面右下部的显示区中将多出一个控制台（Console）视图，如图 10-11 所示，该视图中显示运行结果，例中表明程序成功运行。

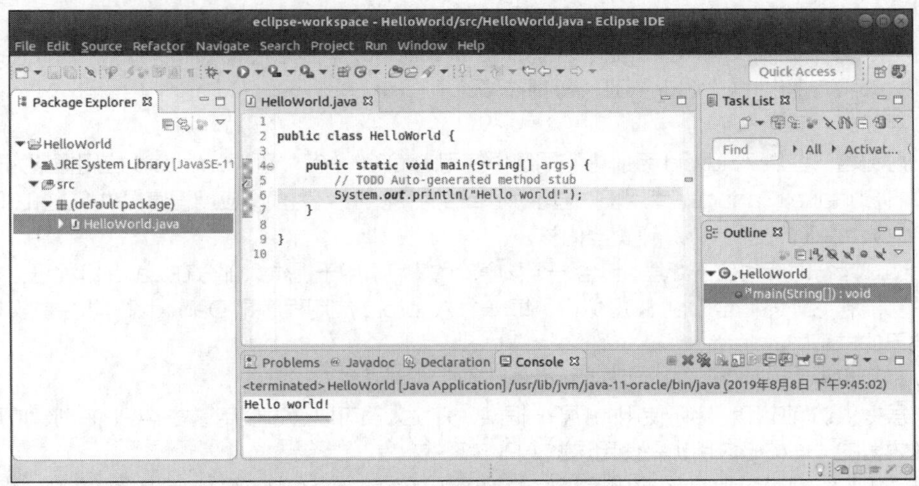

图 10-11 运行 Java 程序

还可以直接运行该 Java 程序进行实际测试：

```
zxp@LinuxPC1:~/eclipse-workspace/HelloWorld/bin$ java HelloWorld
Hello world!
```

10.2 Android 开发环境

Android 是一种基于 Linux 的自由及开放源代码的操作系统，是目前市场占有率最高的移动操作系统，尤其是在智能手机领域广受欢迎。它同时也是内置支持 Java 的操作系统，Android 应用程序可以使用 Java 语言编写。在 Ubuntu 桌面版上开发 Android 应用程序非常方便。

10.2.1 Android 简介

Android 通常译为“安卓”，由 Google 公司和开放手机联盟领导及开发，主要用于移动设备，如智能手机和平板电脑。它最初由 Andy Rubin 开发，主要支持手机。2005 年 8 月由 Google 收购注资。2007 年 11 月，Google 与 84 家硬件制造商、软件开发商及电信营运商组建开放手机联盟共同研发改良 Android 系统。随后 Google 以 Apache 开源许可证的授权方式，发布了 Android 的源代码。

1. Android 系统架构

与许多其他操作系统一样，Android 也采用了分层的系统架构。如图 10-12 所示，Android 分为 4 层，从低到高分别是 Linux 内核层、系统运行库层、应用框架层和应用层。

图 10-12　Android 系统架构

（1）Linux 内核。

这一层为各种硬件提供底层的驱动，如显示驱动、音频驱动、相机驱动、WiFi 驱动、USB 驱动、电源管理等。

Android 运行于 Linux 内核之上，但并不是 GNU/Linux，因为一般 GNU/Linux 所支持的功能，Android 大都没有提供，如 X11、GTK 等都被移除了。

（2）系统运行库。

这一层包含一些供 Android 系统中不同组件使用的 C/C++库，通过 Android 应用框架为开发者提供服务。如 Surface Manager 库用于对显示子系统的管理，并且为多个应用程序提供 2D 和 3D 图层的无缝融合；Webkit 库提供 Web 浏览器内核。

Android 运行时库也位于此层，包含一个核心库的集合，用于提供大部分在 Java 编程语言核心类库中可用的功能，另外还包含 Dalvik 虚拟机。每一个 Android 应用程序是 Dalvik 虚拟机中的实例，运行在它们自己的进程中。

（3）应用框架。

这一层提供访问应用程序所使用的 API 框架，开发人员可以通过使用这些 API 来创建应用程序，Android 内置的一些核心应用也是使用这些 API 实现的。

这些 API 包括可以用来构建应用程序的视图（Views）、访问其他应用程序数据的内容提供器（Content Providers）、提供非代码资源访问的资源管理器（Resource Manager）、用来管理应用程序生命周期并提供常用的导航回退功能的活动管理器（Activity Manager）等。

（4）应用。

这一层包括所有的应用程序。一类应用程序是与 Android 一起发布的一系列核心应用程序，如客户端、日历、地图、浏览器、联系人管理程序等。另一类应用是自己开发的，或由其他开发商开发的。

提 示

以前 Android 应用程序主要使用 Java 语言编写。在 Google I/O 2017 中，Google 宣布 Kotlin 成为 Android 官方开发语言。Kotlin 是一种在 Java 虚拟机（JVM）上运行的静态类型编程语言，由 JetBrains 设计开发并开源。Kotlin 可以编译成 Java 字节码，也可以编译成 JavaScript，方便在没有 JVM 的设备上运行。Kotlin 比 Java 更安全更简洁，采用该语言进行开发，可以充分利用 JVM、Android 和浏览器的现有库，可以使用任何 Java IDE 或者使用命令行构建应用程序。

2. Android 的优势

Android 是 Google 主导开发的基于 Linux 的开源操作系统，具有以下优势。

- 开放性：开放的平台允许任何移动终端厂商加入到 Android 联盟中来，这可以使其拥有更多的开发者，随着用户和应用的日益丰富，平台更快地走向成熟。
- 丰富的硬件支持：Android 的开放性使得众多厂商推出功能特色各具的多种产品，这些功能上的差异和特色却不会影响到数据同步，甚至软件的兼容。

- 方便开发：为第三方开发商提供一个十分宽泛、自由的环境，不会受到各种条条框框的限制和阻扰，有利于推出新颖别致的软件。
- Google 应用：Google 服务如地图、邮件、搜索等已经成为连接用户和 Internet 的重要纽带，而 Android 平台手机将无缝结合这些优秀的 Google 服务。

10.2.2 Android 开发工具

Android 程序使用 Java 或 Kotlin 语言编写，只要支持 Java 开发的平台都可用来开发 Android，Linux 桌面系统就是一个不错的 Android 平台，尤其是 Ubuntu。Android 开发水平的高低很大程度上取决于 Java 语言核心能力是否扎实。开发 Android 涉及以下工具。

1. Android SDK

SDK（Software Development Kit）一般是为特定的软件包、软件框架、硬件平台、操作系统等开发应用软件的开发工具集合。Android SDK 指的是 Android 专属的软件开发工具包，包括为开发者提供的库文件以及其他开发所需的工具。现在 Google 还推出专门为可穿戴设备设计的 Android SDK。开发 Android 程序时，引入 Android SDK 工具包即可使用 Android 相关的 API。

2. IDE

理论上讲，有了 Android SDK，使用一般的编辑软件即可开发 Android 程序。但是，从开发效率的角度看，应当使用集成开发环境来开发 Android 程序。

IntelliJ IDEA 是一个 Java 编程语言开发的集成环境，可以作为 Android 集成开发环境。Eclipse 是最优秀的 IDE 之一，也是主流的 Java 开发工具，凭借其超强的插件功能，几乎支持所有的主流编程语言的开发，当然也非常适合 Android 开发，也是传统的主流 Android 开发工具。

Android Studio 是 Google 官方专门针对 Android 程序开发推出的 IDE，目前免费向 Google 及 Android 的开发人员发放。Android Studio 以 JetBrains 公司的 IntelliJ IDEA 为基础，提供集成的 Android 开发工具用于开发和调试 Android 软件。

不过，在 Android Studio 发布之前 Eclipse 等工具已经有了大规模的使用。现在 Google 宣布 Android Studio 将取代 Eclipse，正式成为官方集成开发软件，并中止对后者的支持，但 Eclipse 现有的 Android 工具会由 Eclipse 基金会继续支持下去。这里仅讲解 Android Studio。

10.2.3 安装部署 Android Studio

Android Studio 工具有助于简体 Android 的开发。这里讲解如何部署基于 Android Studio 的 Android 开发环境。

安装部署 Android Studio

1. Android Studio 的特性

Android Studio 是第一个官方的 Android 开发环境，它具备以下重要特性。

- 支持基于 Gradle 的构建。Gradle 是一种依赖管理工具，以 Groovy 语言为基础，面向 Java 应用为主。它不再使用基于 XML 的各种烦琐配置，而是采用一种基于 Groovy 的内部领域特定（DSL）语言，来实现项目的自动化构建。
- Android 专属的重构和快速修复。
- 基于模板的向导生成常用的 Android 应用设计和组件。
- 拥有功能强大的布局编辑器，可以让用户拖拉 UI 控件并进行效果预览。

2. Android Studio 的安装方式

Ubuntu 桌面版作为优秀的应用程序开发平台，支持以下多种方式安装 Android Studio。

（1）使用 Ubuntu Make 工具安装 Android Studio。

Ubuntu 为用户提供 Android 一站式开发解决方案，可让用户一次性下载开发 Android App 所需的工具，其中最重要的就是Android Studio。实现这种方案的工具是Ubuntu Make，其前身是Ubuntu Developer Tools Center（Ubuntu开发者工具中心，简称UDTC）。Ubuntu Make提供了一个命令行工具来安装各种开发工具和IDE等，使用它可轻松安装Android Studio。Ubuntu 18.04 LTS桌面版预装有该工具（ubuntu-make），可执行以下命令查验：

```
zxp@LinuxPC1:~$ apt show ubuntu-make
Package: ubuntu-make
Version: 16.11.1ubuntu1
......
```

该工具对应的命令是umake，安装Android Studio很简单，只需执行以下命令：

```
umake android
```

在安装过程中它会给出选项供用户设置。如果决定卸载Android Studio，则可以执行以下命令：

```
umake android --remove
```

在访问Google服务器受限地区，这种安装方式往往不能成功。

（2）使用Snap安装Android Studio。

自Ubuntu开始专注于Snap软件包以来，越来越多的软件开始提供易于安装的Snap软件包，包括Android Studio。使用Snap安装Android Studio很简单，执行以下命令即可：

```
sudo snap install android-studio --classic
```

由于国内未提供Snap源镜像，安装Android Studio需要花费较长时间，不过这种方式非常方便。

（3）通过PPA安装Android Studio。

首先需要添加相应的PPA源：

```
sudo add-apt-repository ppa:maarten-fonville/android-studio
```

然后执行以下命令更新安装源。对于Ubuntu 18.04或更高版本，这一步没有必要。

```
sudo apt update
```

最后执行以下命令安装Android Studio。

```
sudo apt install android-studio
```

（4）通过安装包安装Anroid Studio。

我们可以到Android Studio中文社区下载针对Linux平台的Android官方开发工具包进行手动安装。这种方式最为通用，适合各种操作系统，下面详细介绍相应的安装过程。

例中下载的是ANDROID STUDIO 3.4.1.0安装包，文件名为android-studio-ide-183.5522156-linux.tar.gz。现在的Android Studo版本已经自带Java开发工具包OpenJDK了，不需要单独安装JDK，当然也可安装并设置自己的JDK。

在终端窗口中执行以下命令在/opt目录中对该软件包解压缩：

```
zxp@LinuxPC1:~$ sudo mv android-studio-ide-183.5522156-linux.tar.gz /opt
zxp@LinuxPC1:~$ cd /opt
zxp@LinuxPC1:/opt$ sudo tar -zxvf android-studio-ide-183.5522156-linux.tar.gz
```

执行以下命令启动Anroid Studio：

```
zxp@LinuxPC1:/opt$ cd android-studio/bin
zxp@LinuxPC1:/opt/android-studio/bin$ ./studio.sh
```

如果Ubuntu系统提示以下错误信息：

```
Failed to load module "canberra-gtk-module"
```

那么执行以下命令安装相应的包即可解决：

```
sudo apt install libcanberra-gtk-module
```

通常为该软件创建快捷方式，便于通过应用程序列表中的桌面快捷图标启动该应用程序。创建快捷方式要在/usr/share/applicaitons/目录中创建一个快捷图标文件。这里编辑/usr/share/applications/android-studio.desktop文件，加入以下内容并保存该文件。

```
[Desktop Entry]
Version=1.0
Type=Application
```

```
Name=Android Studio
Exec=/opt/android-studio/bin/studio.sh %f
Icon=/opt/android-studio/bin/studio.png
Categories=Development;IDE;
Terminal=false
StartupNotify=true
StartupWMClass=jetbrains-android-studio
```

这样就可以从应用程序列表中找到 Android Studio 图标并通过它启动 Android Studio。

3. Anroid Studio 初始化配置

Anroid Studio 在安装成功后，需要进行设置。初次打开的初始配置方法如下。

（1）首次启动 Anroid Studio 之后，出现图 10-13 所示的界面，提示是否导入 Anroid Studio 设置，这里选择“Do not imports setting”并单击“OK”按钮。

（2）出现图 10-14 所示的窗口，提示是否允许 Google 官方收集数据，这里单击“Don't send”按钮，不发送数据。

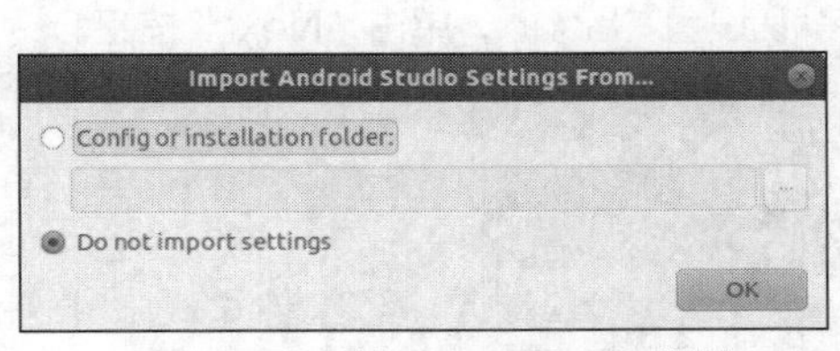

图 10-13 导入 Anroid Studio 设置

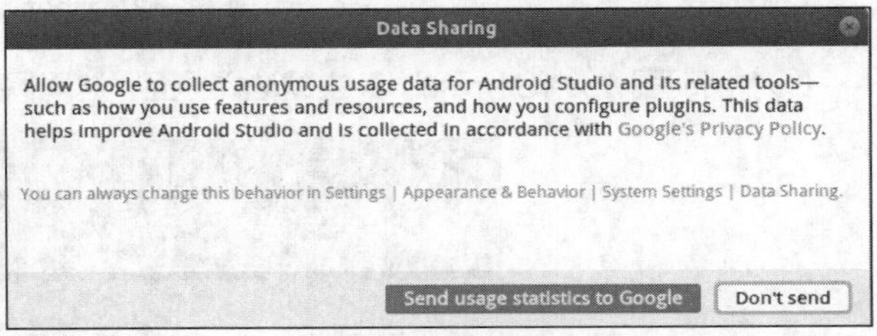

Data Sharing

Allow Google to collect anonymous usage data for Android Studio and its related tools—such as how you use features and resources, and how you configure plugins. This data helps improve Android Studio and is collected in accordance with Google's Privacy Policy.

You can always change this behavior in Settings | Appearance & Behavior | System Settings | Data Sharing.

Send usage statistics to Google　Don't send

图 10-14 数据共享设置

（3）出现图 10-15 所示的界面，提示不能访问 Android SDK 附件列表，这是因为系统中当前没有安装 Android SDK，而且所下载的安装包不含 Android SDK。这不影响后续设置，单击“Cancel”按钮即可。

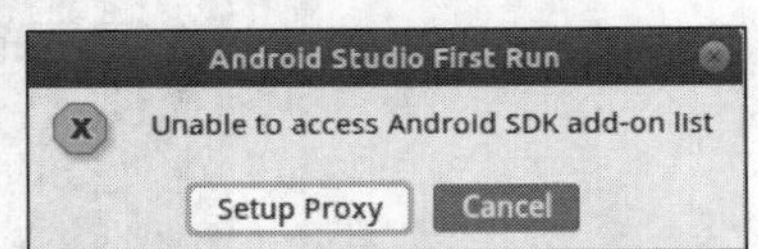

图 10-15 提示不能访问 Android SDK 附件列表

（4）启动 Android Studio 安装向导，出现图 10-16 所示的欢迎界面，单击“Next”按钮。

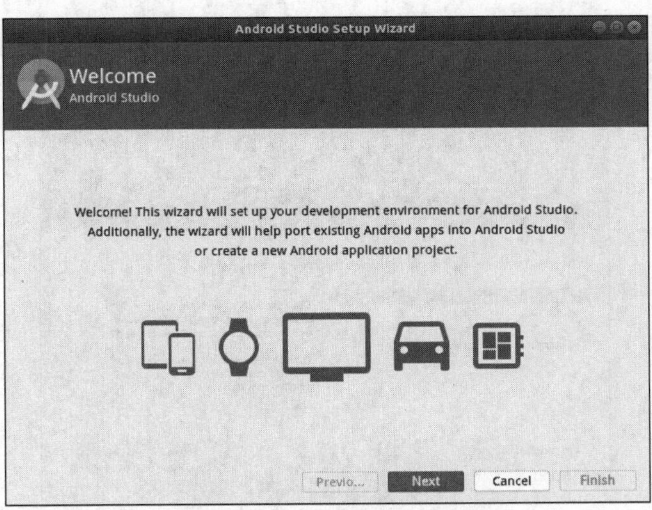

图 10-16 Android Studio 安装欢迎界面

（5）出现图 10-17 所示的安装类型选择界面，选中“Custom”单选按钮，单击“Next”按钮。

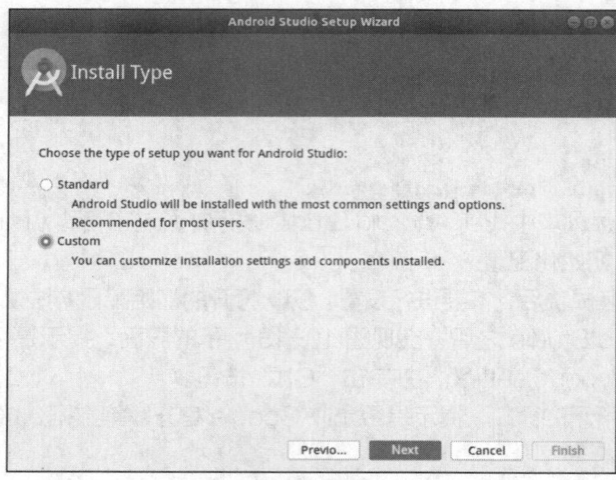

图 10-17　选择安装类型

（6）出现图 10-18 所示的 UI 主题选择界面，这里保持默认设置“Light”，单击“Next”按钮。

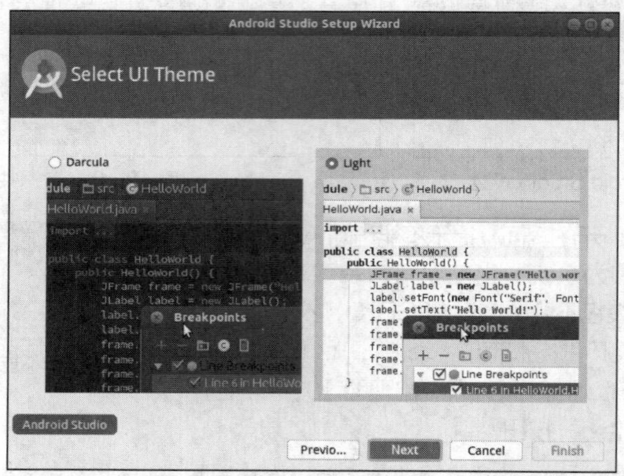

图 10-18　选择 UI 主题

（7）出现图 10-19 所示的 SDK 组件安装界面，保持默认设置并单击“Next”按钮。

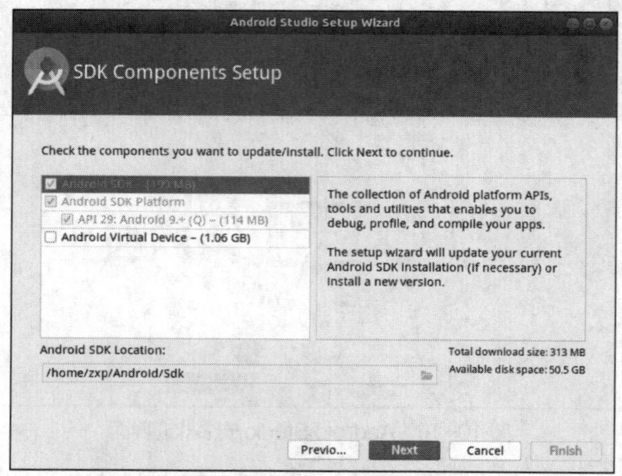

图 10-19　SDK 组件安装界面

（8）出现图 10-20 所示的确认安装界面，单击“Next”按钮。

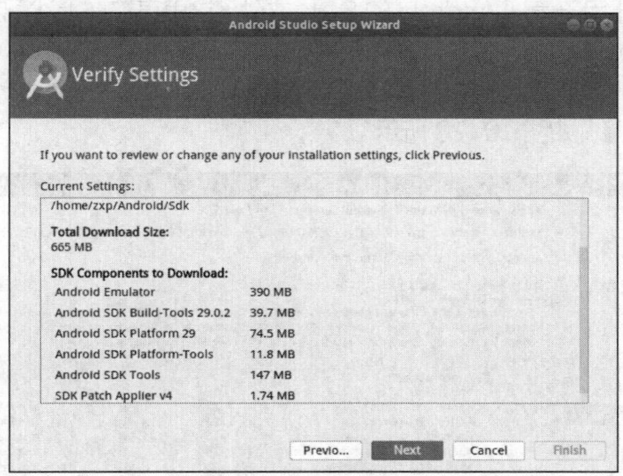

图 10-20　确认安装界面

（9）出现图 10-21 所示的模拟器设置界面，单击“Next”按钮。

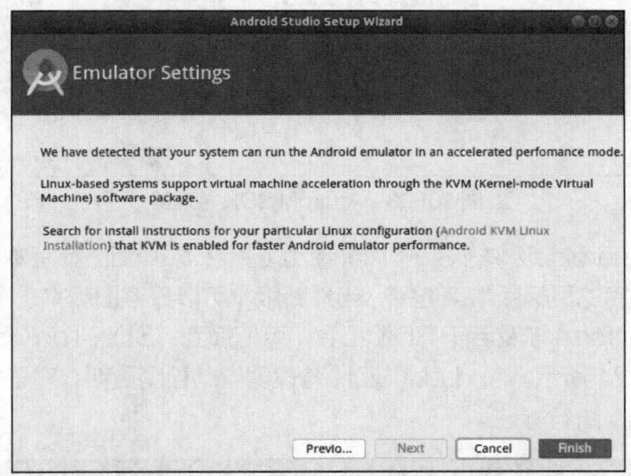

图 10-21　Android 模拟器设置

（10）单击“Finish”按钮弹出“Downloading Components”对话框，开始下载组件，下载完成后再单击“Finish”按钮关闭该对话框，出现图 10-22 所示的欢迎界面，至此完成了初始化设置。

图 10-22　Android Studio 使用欢迎界面

4. Android SDK 管理

Android SDK 管理器用于管理 Android 的 SDK 文件。这里直接在上述配置向导的基础上配置管理 Android SDK。在 Android Studio 使用欢迎界面中单击“Configure”按钮，从弹出的菜单中选择“SDK Manager”（进入 Android Studio 开发环境之后，可以从“Tools”主菜单中选择“SDK Manager”）打开 Android SDK 管理器，如图 10-23 所示。

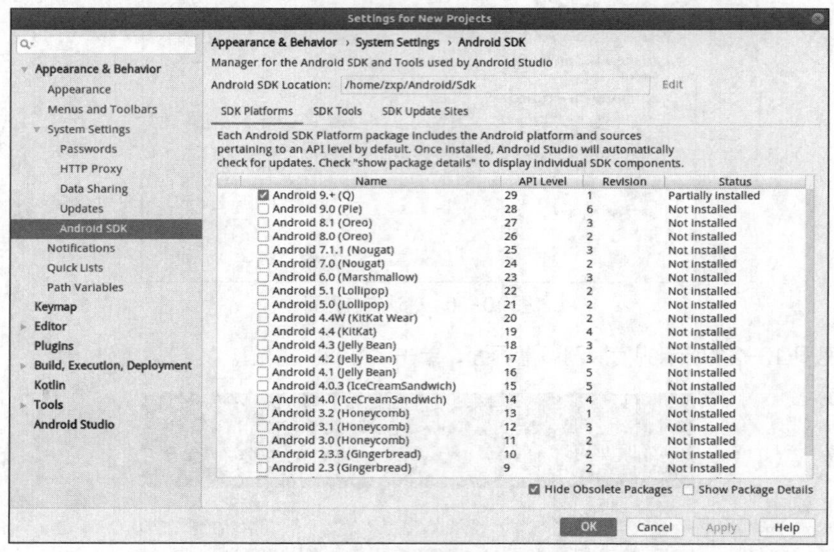

图 10-23 Android SDK 管理器

必须至少安装一个 Android 版本的 SDK Platform（平台）。Android 版本非常多，全部下载安装非常费时，最好根据开发程序的目标版本来选择，当然新版本可以兼容旧版本。

每个版本的 SDK Platform 涉及若干 SDK 工具，可切换到“SDK Tool”选项卡进一步选择要安装的 SDK 工具，如图 10-24 所示。Android SDK 管理器自动检测更新，对于已选中的项目，如果有更新，将在状态栏（Status）进行标注。

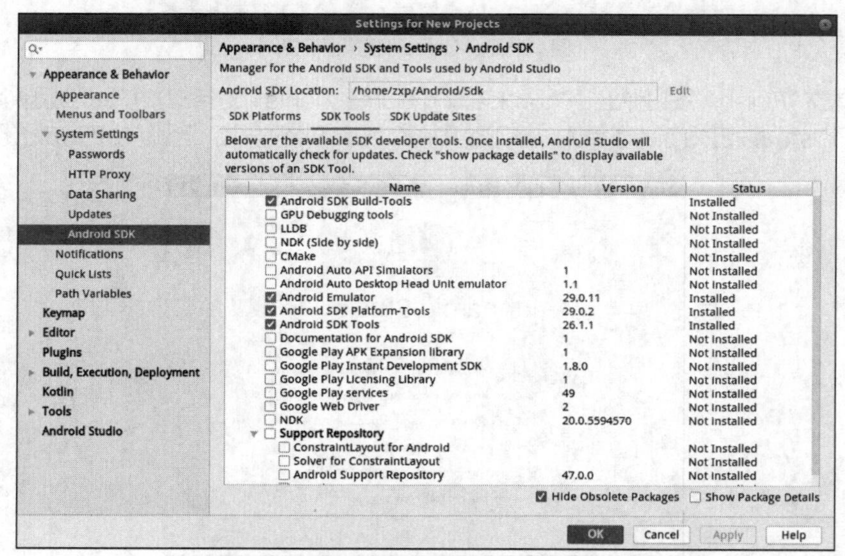

图 10-24 选择要安装的 SDK 工具

如果选择的包较多，下载安装过程会比较长。所有下载的 SDK 包都位于由“Android SDK Location”文本框指定的 SDK 目录中。

10.2.4 基于 Android Studio 开发 Android 应用

完成 Android Studio 的安装部署之后，即可使用它进行 Android 应用开发。

基于 Android Studio 开发 Android 应用

1. 创建一个 Android 项目

Android Studio 提供了 Android 项目创建向导，使用起来非常方便。这里直接在上述 Android Studio 使用欢迎界面的基础上启动现在新项目的创建。当然也可进入集成开发环境之后通过菜单选择来新建项目。

（1）在 Android Studio 快速启动界面中单击“Start a new Android Studio project”按钮，启动项目创建向导。如图 10-25 所示，向导提供了多种类型的项目供用户选择，例中在“Phone and Tablet”选项卡中选中最为简单的 Empty Activity，并单击“Next”按钮。

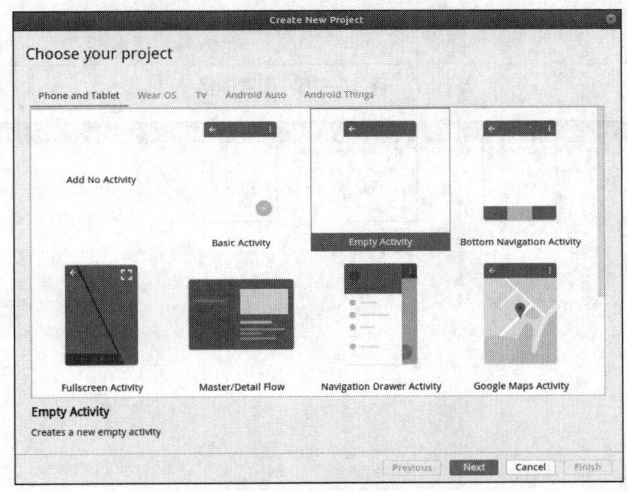

图 10-25　选择项目类型

除了“Phone and Tablet”（手机和平板）之外，还可以选择“TV”（电视）、“Wear OS”（可穿戴设备）等设备类型，这也是 Android Studio 的特色之一。

（2）出现图 10-26 所示的配置项目界面，为应用命名并指定项目所在路径；选择开发语言（默认的是 Kothin 语言，这里选择传统的 Java 语言）；设置目标设备的最低 SDK 版本。

（3）单击“Finish”按钮，Android Studio 开始构建该项目的 Gradle 项目信息，最终完成项目的创建。因为是第一次运行项目，所以会去下载构建项目的 Gradle，可能花费的时间较长。

此时出现 Android Studio 的开发环境界面，并显示刚刚建立的项目，如图 10-27 所示。

这里介绍一下基本界面。左侧窗格是项目面板，显示整个项目的结构，用于浏览项目文件；中间窗格是编辑区，可以显示布局图，或者编辑文件；底部窗格是信息输出区域，其中“Build”面板显示项目构建信息，“Terminal”面板可以用来直接输入命令行操作，“Logcat”面板显示日志信息，“TODO”面板用于显示 TODO 标签注释。

（4）可以根据需要调整应用程序界面。这个示例程序很简单，界面由 activity_main.xml 文件定义。切换到“activity_main.xml”选项卡，默认显示的设计（Design）视图，如图 10-28 所示，可以调整布局。

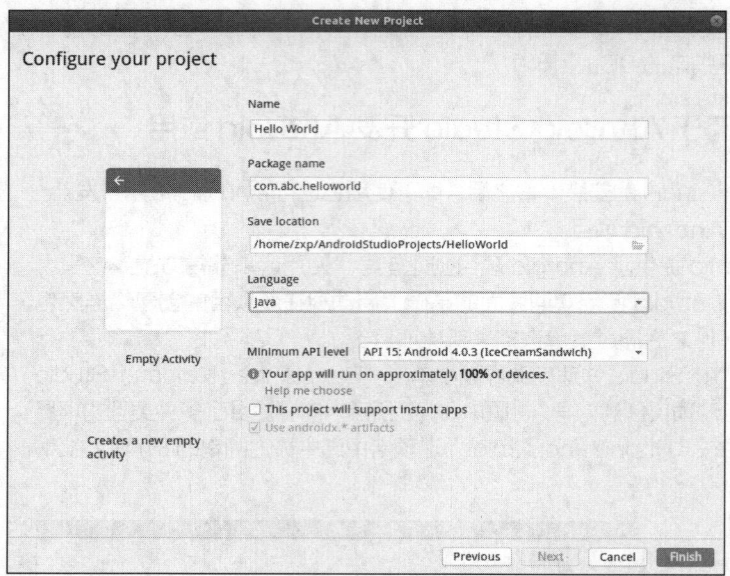

图 10-26　配置项目

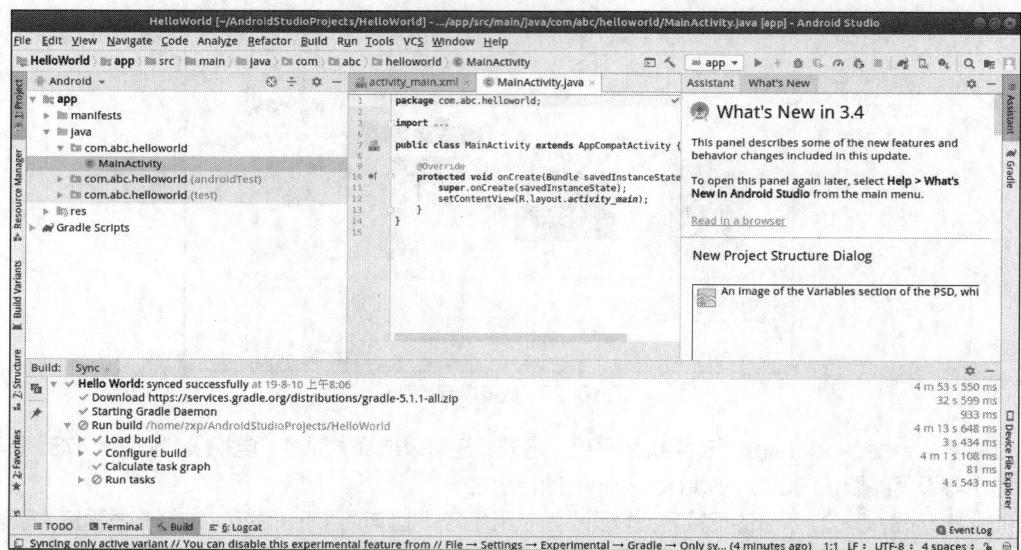

图 10-27　成功创建 Android Studio 项目

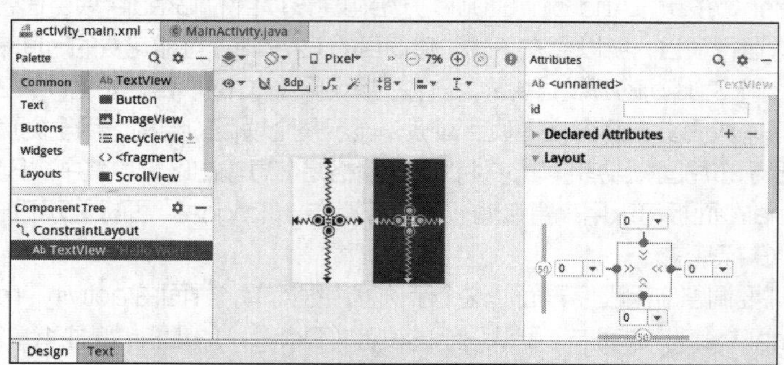

图 10-28　界面设计视图

切换到文本（Text）视图，如图 10-29 所示，可以修改视图的代码。默认显示的是一行文本“Hello World!”，可以根据需要更改文本内容，或者添加新的布局元素（如按钮、图像）。从主菜单“File”中选择“Save all”可以保存修改的内容。

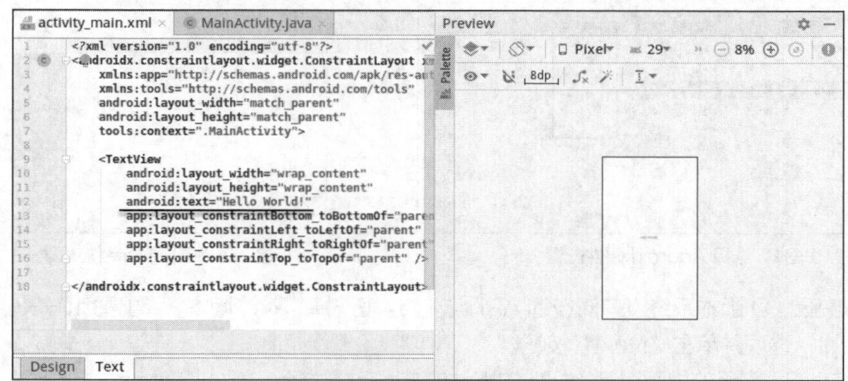

图 10-29　界面文本视图

2. 测试 Android 程序

可以在 Android 模拟器上或真机上运行程序实际测试。这里以模拟器为例讲解。

首先需要创建一个模拟器，具体步骤如下。

（1）从“Tools”菜单中选择“Android”>“AVD Manager”命令，或者单击工具栏上的按钮，启动 Android 虚拟设备管理器，首次使用或者目前没有已创建的设备，将出现图 10-30 所示的界面。

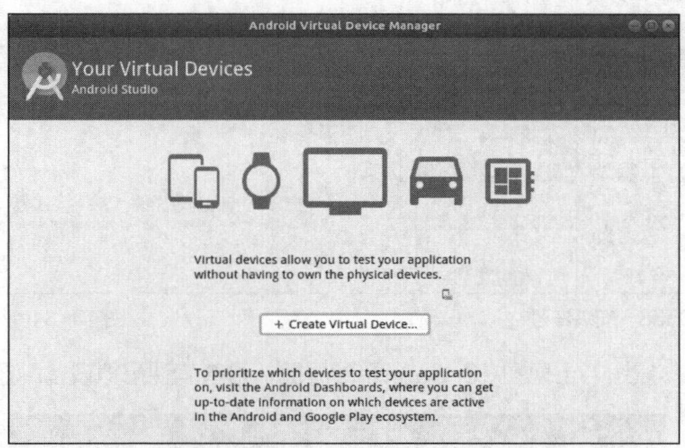

图 10-30　Android 虚拟设备管理器初始界面

（2）单击“Create Virtual Device...”按钮打开图 10-31 所示的选择硬件界面，这里从已有的硬件配置列表中选择一个，创建新的 Android 虚拟设备。

（3）单击“Next”按钮打开图 10-32 所示的“System Image”窗口，选择系统镜像文件。这里的系统镜像不是指开发机器上的架构，而是指运行机器（手机、平板等）的架构。

这里报出“/dev/kvm permission denied”这样的错误信息，意味着运行模拟器时当前用户无法访问/dev/kvm 目录，模拟器不能正常运行。解决这个问题，要打开另一个终端窗口，执行以下命令授权任何人对/dev/kvm 具有全部操作权限：

```
sudo chmod -R 777 /dev/kvm
```

然后单击“Cancel”按钮退出 Android 虚拟设备管理器再重新打开它，按照前面示范的步骤进行操作，一直到执行到这一步骤。

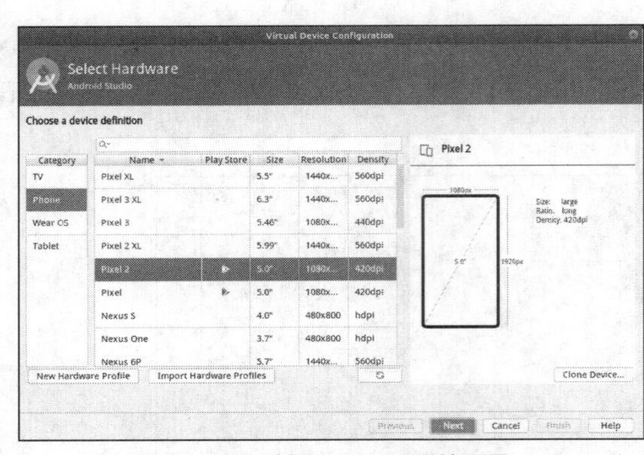

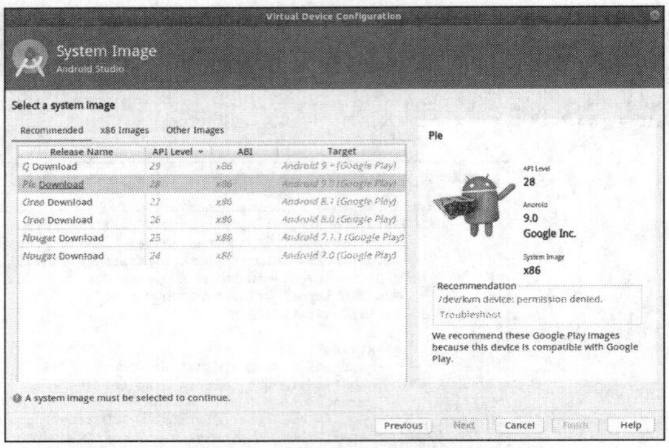

图 10-31　选择 Android 硬件配置

图 10-32　选择系统镜像

考虑到最新的 Q 版本系统没有对应的 API 版本，这里选择“Pie”版本，弹出图 10-33 所示的界面，选中“Accept”选项并单击“Next”按钮。

进入图 10-34 所示的界面，开始相应的组件安装，完成之后，单击“Finish”按钮，回到系统镜像界面（参见图 10-32）。

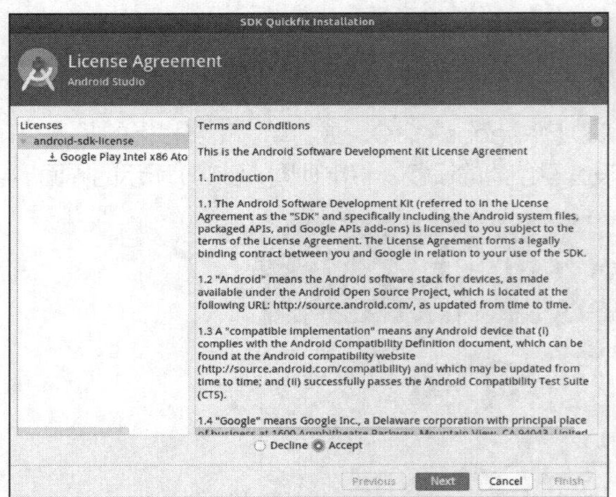

图 10-33　安装许可

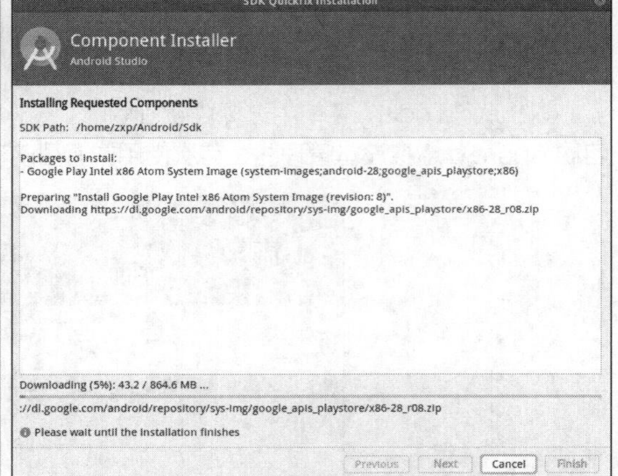

图 10-34　组件安装

（4）单击“Next”按钮，出现图 10-35 所示的界面，检查确认虚拟设备配置。

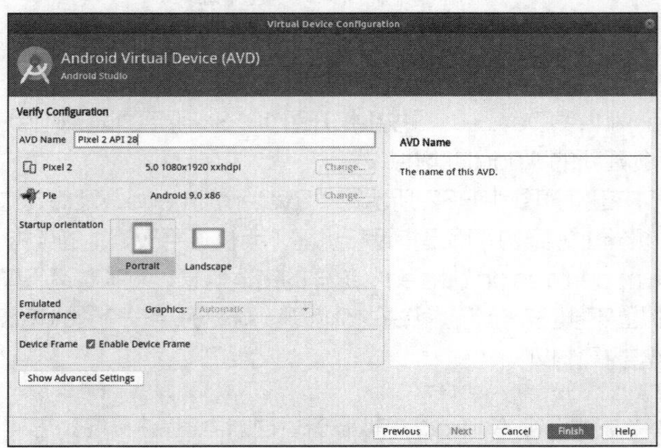

图 10-35　检查确认虚拟设备配置

（5）单击“Finish”按钮完成虚拟设备的创建，该设备将出现在虚拟设备列表中，如图 10-36 所示，单击“Actions”栏中的三角箭头，可以启动该虚拟设备。

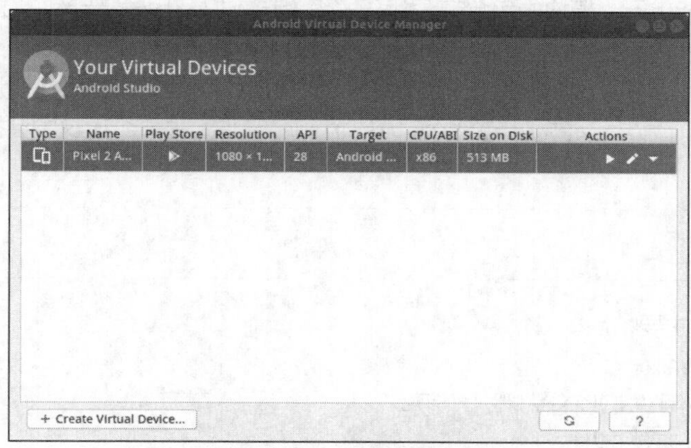

图 10-36 虚拟设备列表

可以根据需要添加多个虚拟设备。

接下来在该模拟器上运行 Android 程序进行测试。在 Android Studio 界面中选择要运行的项目，从主菜单“Run”中选择“Run ‘app’”命令，或者单击工具栏上的 ▶ 按钮，弹出图 10-37 所示的对话框，选择要运行的设备，这里是一个模拟器，单击“OK”按钮，可以发现在模拟器上正常运行该项目，并显示“Hello World!”，如图 10-38 所示。

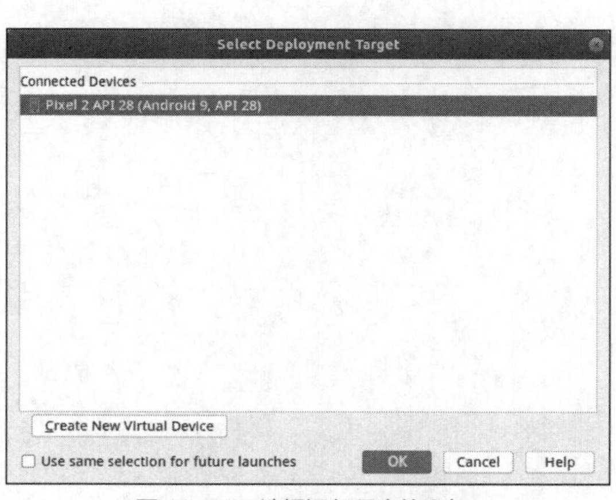

图 10-37 选择运行程序的设备

图 10-38 在模拟器上运行程序

此时底部窗格的“Run”面板显示运行过程，这里列出部分信息：

```
    08/10 09:56:31: Launching app
    $ adb install-multiple -r -t /home/zxp/AndroidStudioProjects/HelloWorld/app/build/
intermediates/split-apk/debug/slices/slice_3.apk
/home/zxp/AndroidStudioProjects/HelloWorld/app/build/intermediates/split-apk/debug/s
lices/slice_9.apk
/home/zxp/AndroidStudioProjects/HelloWorld/app/build/intermediates/resources/instant
-run/debug/resources-debug.apk
    ......
```

注意这里运行命令后面带有个 app 参数，工具栏上运行按钮前面也有个 app，这个 app 实际上是一个模块。Android Studio 引入了模块（Module）的概念。模块实际上就是一个可以进行编译、运行、测试以及调试的独立功能单元，模块中包含有源代码、编译脚本以及用于特定任务的其他组成部分。可以将 Android Studio 的项目（Project）看作 Eclipse 的工作空间（Workspace），而将 Android Studio 的模块（Module）看作 Eclipse 的项目。一个 Android Studio 项目中有多个.gradle 文件。其中 Project 目录下存在一个 build.gradle 文件和一个 settings.gradle 文件；每一个模块中会提供一个 build.gradle 文件。

10.3 习题

1. 简述 Java 的主要特点。
2. 简述 Java 体系。
3. 针对不同的应用，JDK 分为哪几个版本？
4. 简述 Android 系统架构。
5. 什么是 Android SDK？
6. 在 Ubuntu 系统中安装新版本的 OpenJDK 和 Oracle JDK。
7. 使用 update-alternatives 实现 Java 版本的切换。
8. 在 Ubuntu 系统上安装 Eclipse，使用 Eclipse 创建一个 Java 项目，再创建一个 Java 类，并进行测试。
9. 在 Ubuntu 上通过 Snap 包安装 Anroid Studio，配置管理 Android SDK，创建一个 Android 项目，并配置 Android 模拟器进行测试。

第 11 章 PHP、Python和Node.js开发环境

11

越来越多的程序员选择 Linux 平台进行 Web 应用开发,Ubuntu 桌面版非常适合 Web 应用的开发。使用脚本编程语言开发的程序可以直接从源代码运行，不需要编译成二进制代码，有助于提高开发效率，便于移植。Web 应用开发大多选择脚本语言，本章介绍 3 种流行的脚本编程语言 PHP、Python 和 Node.js 的开发环境搭建。

学习目标

① 了解 LAMP 平台，学会在 Ubuntu 平台上部署 PHP 开发环境。

② 了解 Python 编程语言，学会在 Ubuntu 平台上部署 Python 开发环境。

③ 了解 Node.js 编程语言，学会在 Ubuntu 平台上部署 Node.js 开发环境。

11.1 PHP 开发环境

在 Linux 平台上部署 Web 应用最常用的方案是 Apache+MySQL+PHP,即以 Apache 作为 Web 服务器,以 MySQL 作为后台数据库服务器,用 PHP 开发 Web 应用程序,这种组合方案简称为 LAMP,具有免费、高效、稳定的优点。与其他脚本语言一样，使用通用的文本编辑器即可开发 PHP 应用程序，但要提高开发效率，应首选集成开发工具。这里介绍如何在 Ubuntu 上使用 Eclipse 建立 PHP 集成开发环境。如果要在本机上测试 PHP 应用程序，还需安装 LAMP 平台，以及可选的 phpMyAdmin。

11.1.1 安装 LAMP 平台

由于有 APT 安装的支持，在 Ubuntu 系统上安装 LAMP 非常方便，并且支持一键安装。

安装 LAMP 平台

1. LAMP 平台简介

LAMP 是一个缩写，最早用来指代 Linux 操作系统、Apache 网络服务器、MySQL 数据库和 PHP（Perl 或 Python）脚本语言的组合，由这 4 种技术的首字母组成。后来 M 也指代数据库软件 MariaDB。这些产品共同组成了一个强大的 Web 应用程序平台。

Apache 是 LAMP 架构最核心的 Web 服务器软件，开源、稳定、模块丰富是 Apache 的优势。Apache 提供了自己的缓存模块，可以有效地提高访问响应能力。作为 Web 服务器，它也是负载 PHP

应用程序的最佳选择。

Web 应用程序通常需要后台数据库支持。MySQL 是一款高性能、多线程、多用户、支持 SQL、基于 C/S 架构的关系数据库软件，在性能、稳定性和功能方面是首选的开源数据库软件。中小规模的应用可以将 MySQL 和 Web 服务器部署在同一台服务器上，但是当访问量达到一定规模后，应该将 MySQL 数据库从 Web 服务器上独立出来，在单独的服务器上运行，并保持 Web 服务器和 MySQL 服务器的稳定连接。

PHP 全称 PHP Hypertext Preprocessor，是一种跨平台的服务器端嵌入式脚本语言。它借用了 C、Java 和 Perl 的语法，同时创建了一套自己的语法，便于编程人员快速开发 Web 应用程序。PHP 程序执行效率非常高，支持大多数数据库，并且是完全免费的。Perl 和 Python 在 Web 应用开发中不如 PHP 普及，因而 LAMP 平台中大多选用 PHP 作为开发语言。

LMAP 所有组成产品均为开源软件，是国际上比较成熟的架构。与 Java/J2EE 架构相比，LAMP 具有 Web 资源丰富、轻量、快速开发等特点；与.NET 架构相比，LAMP 具有通用、跨平台、高性能、低价格的优势。因此 LAMP 无论是性能、质量还是价格，都是企业搭建网站的首选平台，很多流行的商业应用就是采用这个架构。

2. 一键安装 LAMP

以前在 Linux 系统中安装 LAMP 这样的软件包集合需要分别安装多个软件包，为实现安装的便捷性，Debian 推出了专门的安装套件工具 Tasksel。Tasksel 将软件包按任务分组，提供一种根据任务需要安装所有软件包的便捷方式。Ubuntu 从 Debian 继承了这种工具。使用 Tasksel 工具可以方便地安装一个完整的 LAMP 套件，而无须关心具体需要哪些包来构成这个套件。除了 LAMP 之外，Tasksel 还能用于安装 DNS 服务器、邮件服务器等套件。

Ubuntu 18.04 LTS 桌面版默认没有安装 Tasksel 工具，可以执行以下命令安装：

```
sudo apt install tasksel
```

Tasksel 工具的基本用法如下：

```
tasksel install <软件集>
tasksel remove <软件集>
tasksel [选项]
```

其中，install 用于安装，remove 用于卸载。选项-t 或--test 表示测试模式，不会真正执行任何操作；--new-install 表示自动安装某软件集；--list-tasks 用于显示软件集列表并退出（u 表示当前未安装，i 表示已安装）；--task-packages 用于列出某软件集中的软件包；--task-desc 用于显示某软件集的说明信息。

可以执行以下命令开始下载和安装 LAMP 过程。

```
sudo tasksel install lamp-server
```

执行以下命令也可以达到相同的效果。注意末尾一定要加上脱字符号（^）。

```
sudo apt install lamp-server^
```

这种方式会显示详细的安装过程，包括各组件版本信息。建议读者采用这种方式。

LAMP 安装完毕即可测试。首先测试 Apache。使用 Web 浏览器访问网址 http://localhost/，看到“It Works!”，如图 11-1 所示，这表示 Apache 安装成功并正常运行。

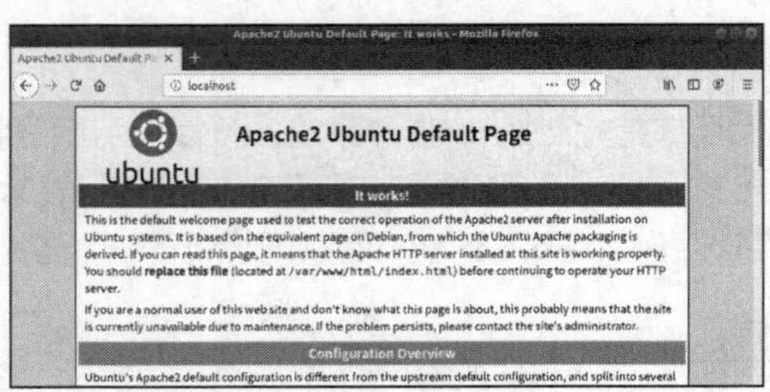

图 11-1 测试 Apache

接着测试 PHP 模块。Apache 默认主目录为/var/www/html，在该目录下创建用于测试 PHP 的脚本文件 test.php，使用命令 tee 将内容输入到该文件中：

```
zxp@LinuxPC1:~$ echo "<?php phpinfo(); ?>" | sudo tee /var/www/html/test.php
[sudo] password for zxp:
<?php phpinfo(); ?>
```

命令 tee 会从标准输入设备读取数据，将其内容输出到标准输出设备，同时保存成文件。在 Web 浏览器中输入地址 http://localhost/test.php，看到一个显示关于所安装的 php 的信息的网页，如图 11-2 所示。这表示 PHP 模块成功安装并运行。

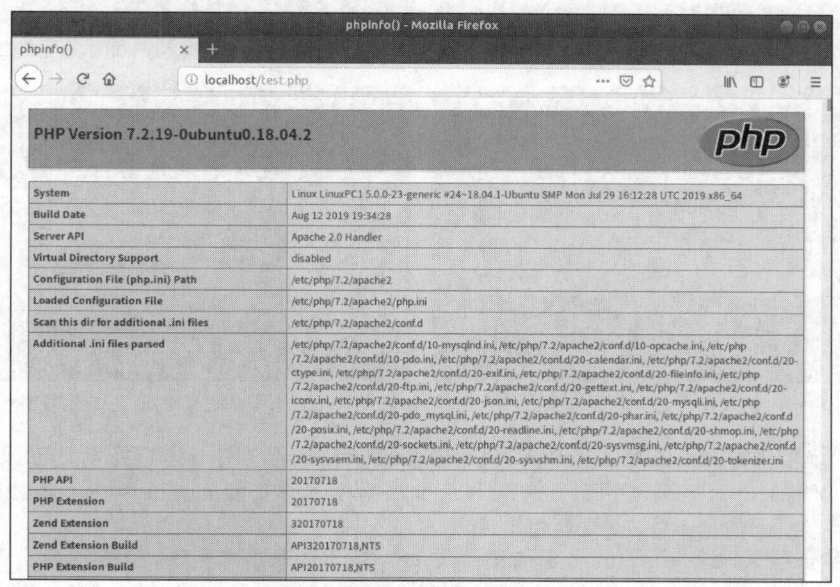

图 11-2　测试 PHP

提 示　与早期版本不同，执行 Tasksel 一键安装时，在安装数据库服务器 MySql 5.7 的过程中没有提示为 root 账户输入密码，而是将自动分配给 MySQL 管理员账户 debian-sys-maint 的密码保存在/etc/mysql/debian.cnf 文件中。

3. 安装 phpMyAdmin

安装 LAMP 之后一般还要安装 phpMyAdmin 来在线管理数据库。

为便于以 Web 方式在线管理 MySQL 数据库，一般还需要安装 phpMyAdmin 工具。

（1）执行以下命令安装 MySQL 管理工具 phpMyAdmin。

```
sudo apt install phpmyadmin
```

（2）接下来出现图 11-3 所示的对话框，提示选择为 phpMyAdmin 配置的 Web 服务器。使用键盘上的箭头键，高亮显示 apache2，然后使用空格键来选择它。接下来按回车键，继续进行。

（3）出现图 11-4 所示的对话框，提示 phpMyAdmin 包在使用之前必须安装一个数据库并进行适当的配置，选择“确定”并按回车键。

（4）出现图 11-5 所示的对话框，询问是否要用 dbconfig-common 为 phpMyAdmin 配置数据库。这里选择“是”，并按回车键。

（5）接下来出现图 11-6 所示的对话框，为 phpmyadmin 账户设置 MySQL 应用程序密码，然后按回车键，继续进行。如果不设置，则将自动生成一个密码。

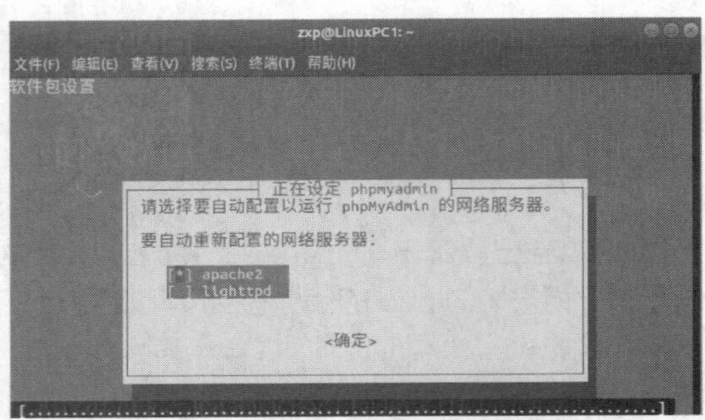

图 11-3　为 Apache 配置 phpMyAdmin

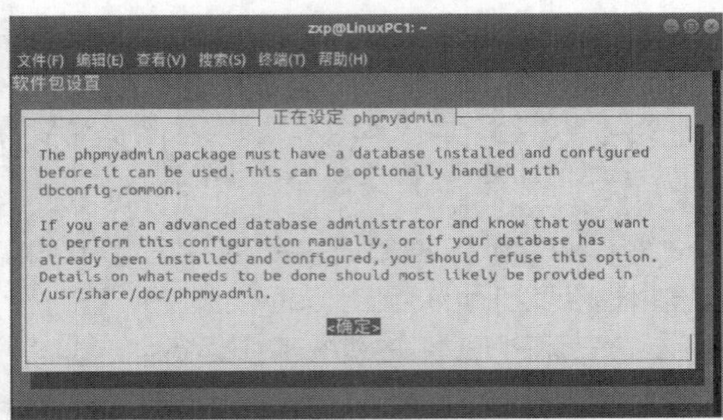

图 11-4　为 phpMyAdmin 配置数据库

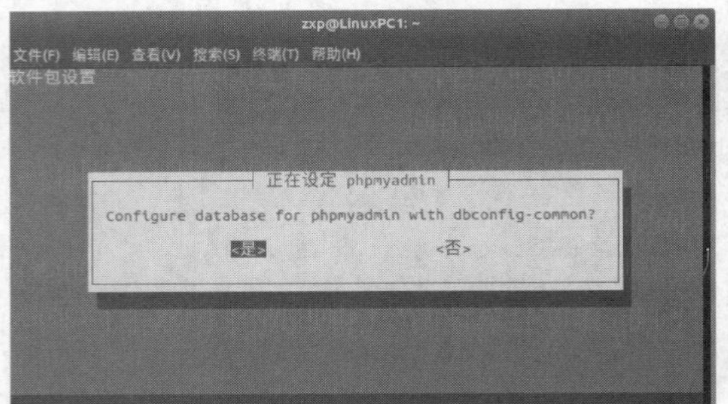

图 11-5　输入 MySQL 管理员密码

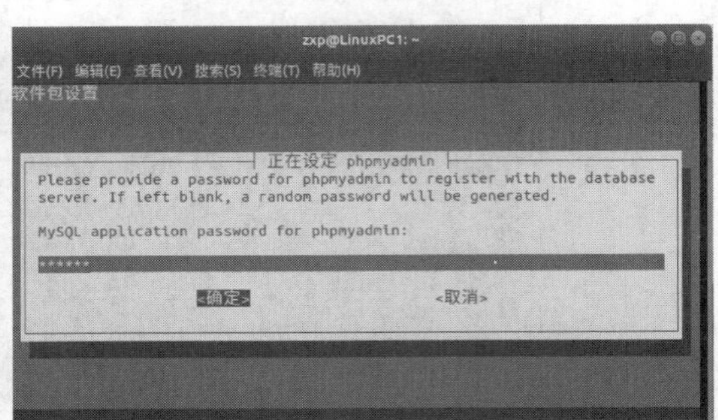

图 11-6　输入 MySQL 应用程序密码

（6）提示确认 MySQL 应用程序密码，此时重复输入与前一步骤中一样的密码，按回车键。

完成 phpMyAdmin 安装之后即可进行测试。phpMyAdmin 安装在/usr/share/phpmyadmin 目录中，并自动在 Apache 中建立了虚拟目录：

```
Alias /phpmyadmin /usr/share/phpmyadmin
```

打开 Web 浏览器，输入地址 http://localhost/phpmyadmin，进入 phpMyAdmin 初始界面，如图 11-7 所示，选择语言，输入相应的登录信息，单击“执行”按钮，即可进入其主界面，如图 11-8 所示，可以对 MySQL 服务器和数据库进行在线管理。

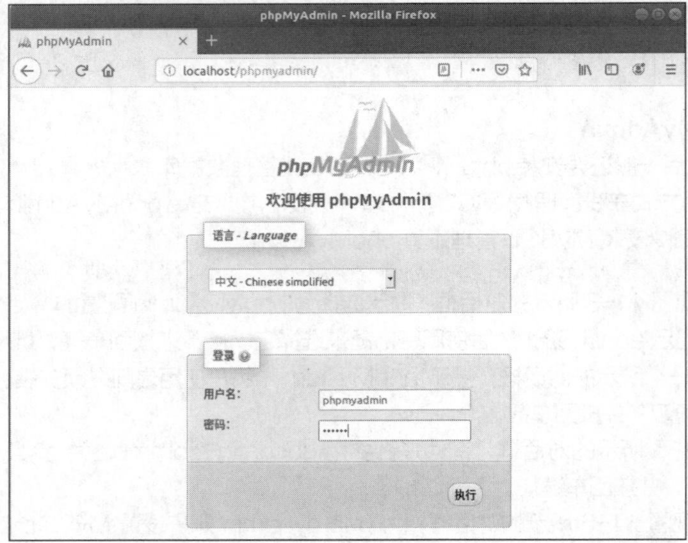

图 11-7　phpMyAdmin 登录界面

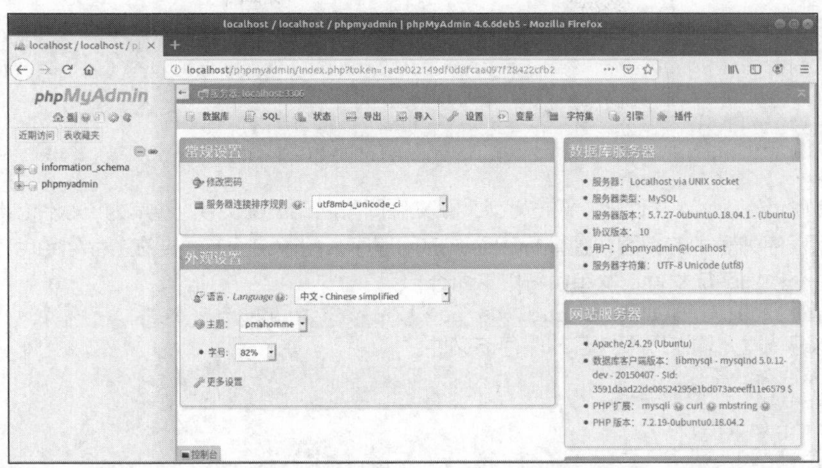

图 11-8　phpMyAdmin 主界面

账户 phpmyadmin 的权限有限，要全权管理 MySQL 数据库，需要使用管理员账户 debian-sys-maint 或 root（第 12 章会介绍如何创建此账户）登录。另外，dbconfig-common 工具将配置信息写入到配置文件/etc/dbconfig-common/phpmyadmin.conf，可以通过修改该文件来调整 phpMyAdmin 配置。

这里只是搭建一个基本的 LAMP 环境，关于 Apache、MySQL 和 PHP 的进一步配置，请参见下一章的讲解。

11.1.2　PHP 集成开发工具简介

Ubuntu 上可选用的 PHP 集成开发工具比较多。

Zend Studio 是 Zend Technologies 公司开发的 PHP 集成开发环境，目前的版本构建于 Eclipse 平台。它包括了 PHP 所有必需的开发部件，通过一整套编辑、调试、分析、优化和数据库工具，加速开发周期并简化复杂的应用方案，非常适合专业开发人员使用。不过，这是一款商用软件。

PhpStorm 是 JetBrains 公司开发的一款商业的轻量级 PHP 集成开发工具。PhpStorm 使用便捷，可随时帮助用户对其编码进行调整，运行单元测试或者提供可视化调试功能。

Geany 是一个小巧的使用 GTK+2 开发的跨平台的开源集成开发环境，支持基本的语法高亮、代码自动完成、调用提示、插件扩展。

Eclipse 可以说是比较全面的开发工具，它通过 PDT（PHP Development Tools）插件来提供 PHP 开发支持，具有简捷高效的优点。PDT 支持两种调试工具：XDebug 和 Zend Debugger。程序员使用 PDT 能够快速编写和调试 PHP 脚本和页面。这里主要介绍使用该工具构建 PHP 开发环境。

11.1.3　安装 Eclipse for PHP

PDT 有两种安装方式，一种是在 Eclipse 的基础上通过扩展安装 PDT，另一种是直接下载包含 PDT 的 Eclipse 安装包 Eclipse for PHP Developers。与在 Ubuntu 上安装 Eclipse 类似，只需将下载的安装包解压缩即可。前提是安装好 Java 开发环境 JDK。如果要在本机上进行测试，还需安装 LAMP 平台和 phpMyAdmin，这些软件的安装前面都有介绍。

安装 Eclipse for PHP

Eclipse 官网上有打包好的 Eclipse for PHP Developers 可供下载。

本例中使用的 Eclipse 安装包版本为 eclipse-java-2019-06-R-linux-gtkx86_64.tar.gz，这里将其复制到/opt 目录中进行解压缩：

```
zxp@LinuxPC1:~$ sudo mv eclipse-php-2019-06-R-linux-gtk-x86_64.tar.gz /opt
zxp@LinuxPC1:~$ cd /opt
zxp@LinuxPC1:/opt$ sudo mkdir php
zxp@LinuxPC1:/opt$ sudo tar -zxvf eclipse-php-2019-06-R-linux-gtk-x86_64.tar.gz -C php
```

打开/opt/php/eclipse 文件夹，双击 eclipse 文件即可启动 Eclipse。通常为该软件创建快捷方式，便于通过应用程序列表中的桌面快捷图标启动该应用程序。创建快捷方式要在/usr/share/applicaitons/目录中创建一个快捷图标文件。这里执行以下命令：

```
sudo nano /usr/share/applications/eclipse-php.desktop
```

打开文本编辑器，输入以下内容并保存该文件。

```
[Desktop Entry]
Encoding=UTF-8
Name=Eclipse PHP
Comment=Eclipse for PHP
Exec=/opt/php/eclipse/eclipse
Icon=/opt/php/eclipse/icon.xpm
Terminal=false
StartupNotify=true
Type=Application
```

首次启动 Eclipse for PHP 会弹出“Eclipse IDE Lancher”对话框，提示选择工作区，例中选择/home/zxp/exlipse-php-workspace 目录作为工作区，单击“Lanch”按钮出现如图 11-9 所示的欢迎界面。可以从此界面中启动创建项目向导，也可以单击左上角“Welcome”右边的“关闭”按钮关闭该欢迎界面，进入主界面。其界面组成及其功能与 Eclipse 基本相同，不同的是用来开发 PHP。

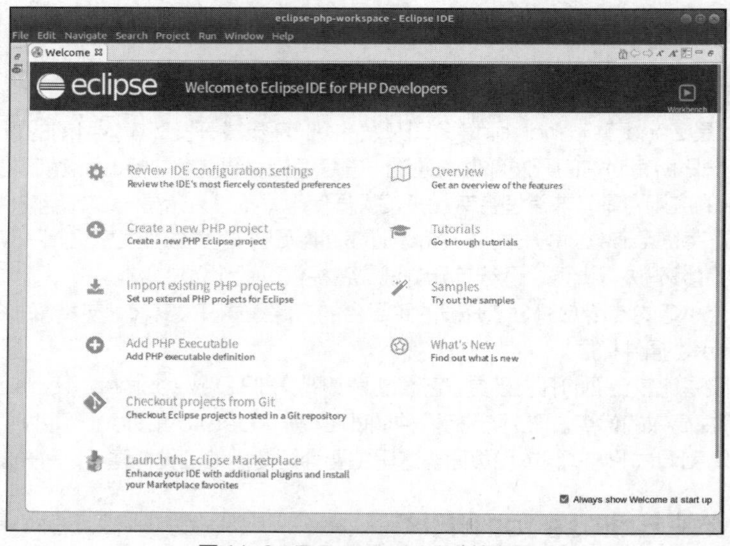

图 11-9　Eclipse for PHP 欢迎界面

使用 Eclipse for PHP 开发 PHP 程序

11.1.4　使用 Eclipse for PHP 开发 PHP 程序

PHP 是服务器脚本语言，要运行在服务器上，默认 Eclipse 并没有自动关联到 Apache2 服务器上，因而在其中运行或调试 PHP 程序时需要进行一些配置。

1. 配置 PHP 程序运行环境

首先配置要运行 PHP 程序的 Web 服务器。从主菜单中选择“Window”>

“Preferences”打开相应的对话框，展开“PHP”节点，单击“Servers”项，默认定义了一个名为“Default PHP Web Server”的 PHP 服务器，对应该服务器根目录的 URL 为“http://localhost”，如图 11-10 所示。本机上架设有 Apache 服务器，这里保持默认设置即可。如果要到其他 URL 的 PHP 服务器上运行，应进行修改，或者新建一个 PHP 服务器配置项。

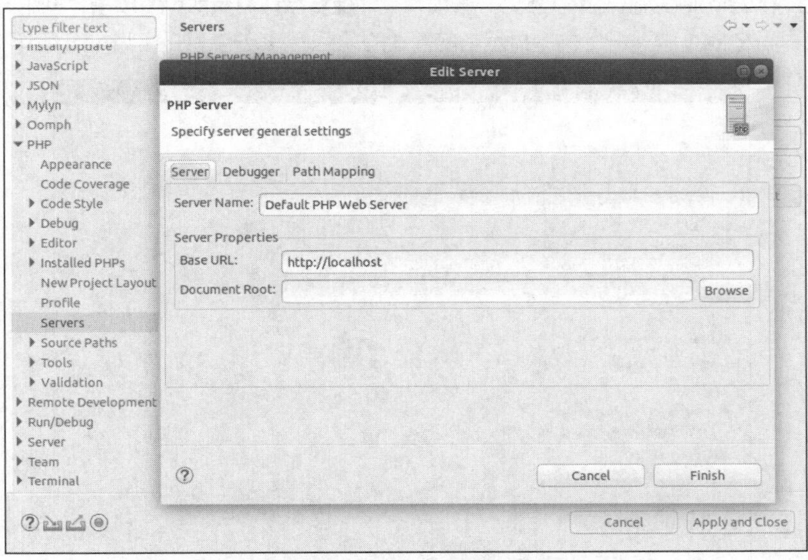

图 11-10 配置 PHP 服务器

然后配置访问 PHP 程序的 Web 浏览器。从主菜单中选择“Window”>“Preferences”打开相应的对话框，展开“General”节点，单击“Web Browser”项，默认没有定义任何浏览器，选中“Use external web browser”选项，如图 11-11 所示，单击“New”按钮，在“Name”框中为浏览器命名（便于识别），在“Lacation”框中设置浏览器程序所在的路径。

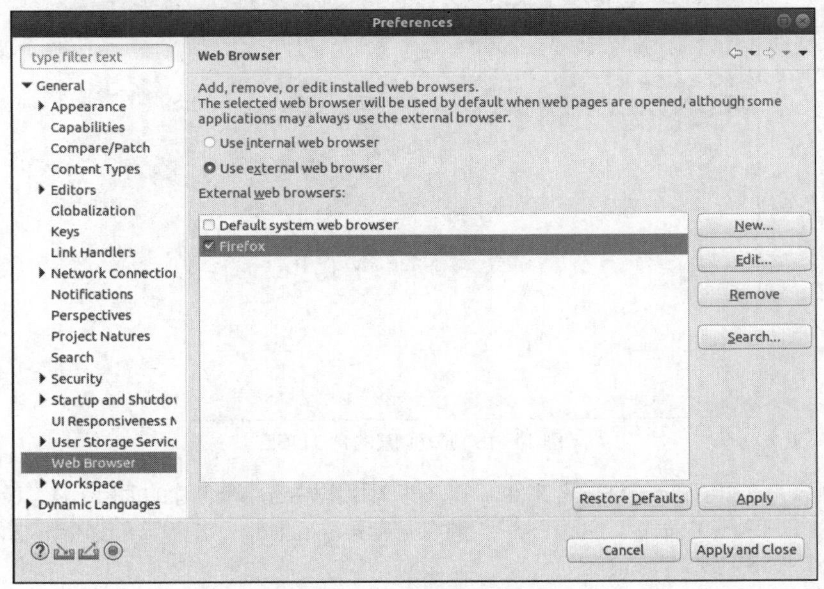

图 11-11 配置 Web 浏览器

2. 创建 PHP 项目

Eclipse for PHP 提供了 PHP 项目创建向导，使用起来非常方便。从“File”菜单中选择“New”>“PHP Project”命令，启动向导。如图 11-12 所示，设置新项目的基本信息。在“Project name”框中填写项目名称，在 Eclipse 中使用该名称区分不同的开发项目，通常不加空格。在“Contents”区域选中“Create new project in workspace”选项，其他保持默认设置即可。单击“Finish”按钮完成项目的创建，在界面左侧的“PHP”树中显示当前创建的项目及其结构，如图 11-13 所示。

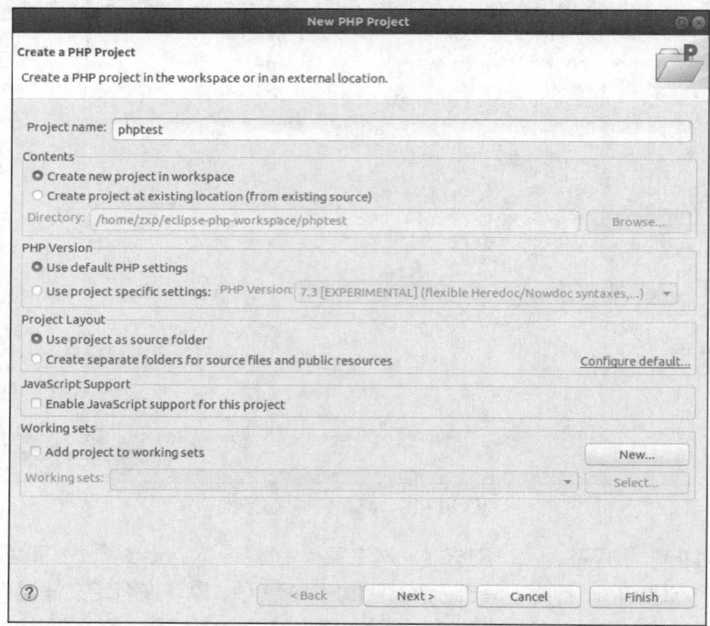

图 11-12　创建 PHP 项目向导

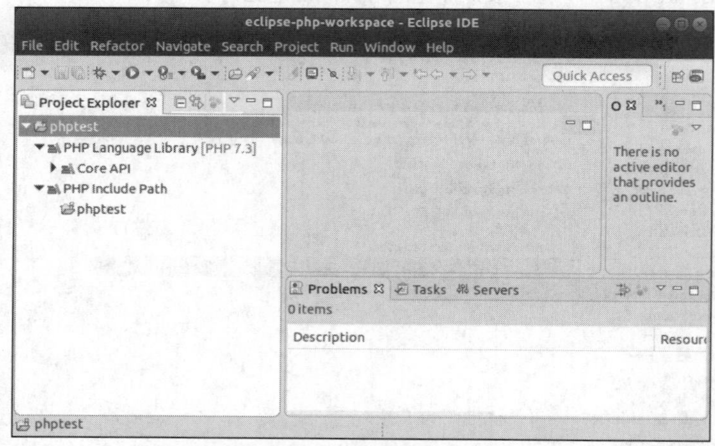

图 11-13　成功创建的 PHP 项目

为便于测试，这里创建一个 PHP 文件。在 PHP 项目树中选中刚创建的项目，从“File”菜单中选择“New”>“PHP File”命令，启动 PHP 文件创建向导。如图 11-14 所示，设置新文件的基本信息。单击“Finish”按钮完成文件的创建。

如图 11-15 所示，在该文件中编写测试代码，并保存该文件。

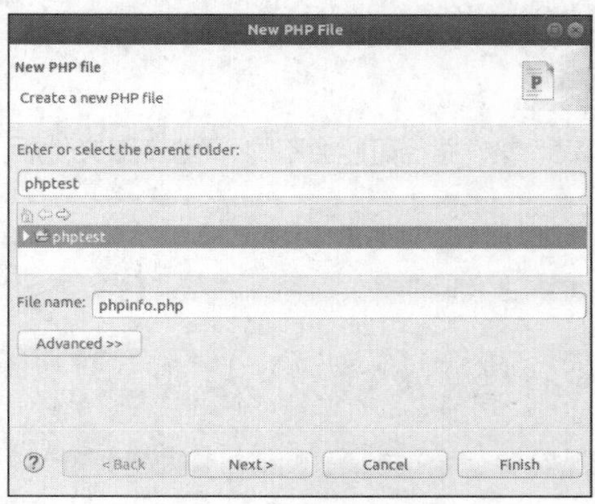

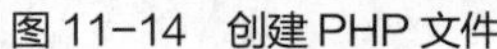
图 11-14　创建 PHP 文件

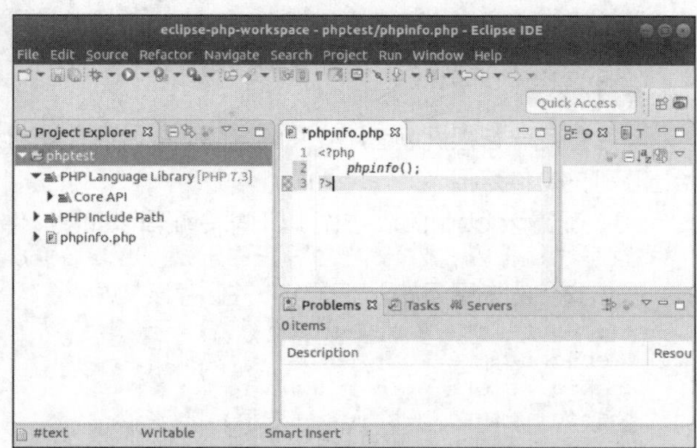

图 11-15　编写 PHP 代码

3. 测试 PHP 项目

选中刚建立的测试文件，从“Run”菜单中选择“Run As”>“PHP Web Application”命令，可能会出现所请求的页面在服务器上没有找到的提示信息，这里由于 Eclipse 没有自动关联到 Apache 服务器上，而且 PHP 源代码没有存放在默认的 Web 根目录下，解决方法是添加虚拟目录。可以在主配置文件/etc/apache2/apache2.conf 或虚拟主机配置文件中配置虚拟目录，这里选择默认的虚拟主机配置文件 etc/apache2/sites-available/000-default.conf。执行以下命令打开该文件进行编辑。

```
sudo nano /etc/apache2/conf-enabled/phptest.conf
```

添加如下语句，并保存。

```
Alias /phptest /home/zxp/eclipse-php-workspace/phptest
<Directory /home/zxp/eclipse-php-workspace/phptest>
    Options Indexes FollowSymLinks
    AllowOverride None
    Require all granted
</Directory>
```

最好让虚拟目录名称和工作空间（workspace）中的 PHP 工程目录名称保持一致，其中工作空间目录根据具体的用户环境来定，本例中为/home/zxp/eclipse-php-workspace/。

执行以下命令重启 Apache 服务器。

```
sudo systemctl restart apache2
```

再次运行该 PHP 文件，测试正常，将显示 PHP 有关信息。

11.1.5　部署 PHP 调试环境

Eclipse 的 PDT 支持 XDebug 和 Zend Debugger 两种调试工具，大大方便了程序员调试 PHP 脚本和页面。这里以 XDebug 调试工具为例介绍如何建立 PHP 调试环境，注意其中不同的 PHP 版本涉及的文件路径可能不一样。

部署 PHP 调试环境

（1）首先安装 XDebug。在 Ubuntu 上执行以下命令即可安装该软件。

```
sudo apt-get install php-xdebug
```

（2）配置 php.ini，分别执行以下两个命令编辑这两个配置文件。

```
sudo nano /etc/php/7.2/apache2/php.ini
sudo nano /etc/php/7.2/cli/php.ini
```

在这两个文件的末尾分别加上以下语句，然后保存文件。

```
;XDebug 配置
[Xdebug]
```

```
xdebug.remote_enable = on
xdebug_remote_host = "localhost"
xdebug.remote_port = 9000
xdebug.remote_handler = "dbgp"
zend_extension=usr/lib/php/20170718/xdebug.so
```

其中最后一行根据读者所安装的 XDebug 版本，xdebug.so 文件路径可能会不同，请查询该文件后，给出正确的文件路径。

（3）配置 xdebug.ini，执行以下命令编辑该配置文件。

```
sudo nano /etc/php/7.2/mods-available/xdebug.ini
```

在该文件的末尾添加以下语句，并保存该文件。

```
xdebug.remote_enable = on
xdebug_remote_host = "localhost"
xdebug.remote_port = 9000
xdebug.remote_handler = "dbgp"
```

（4）重启 Apache 服务。

接下来在 Eclipse 中进一步配置 XDebug。

（5）开始设置 PHP 调试器。从主菜单“Run”中选择“Debug Configurations”打开相应的对话框，展开“PHP Web Application”节点，确认选中要调试的脚本，切换到“Debugger”选项卡，默认没有指定调试器，如图 11-16 所示。

（6）单击右侧的“Configure”按钮弹出图 11-17 所示的对话框，从“Debugger”下拉菜单中选择“Xdebug”调试器，并根据需要调整端口，然后单击“Finish”按钮。

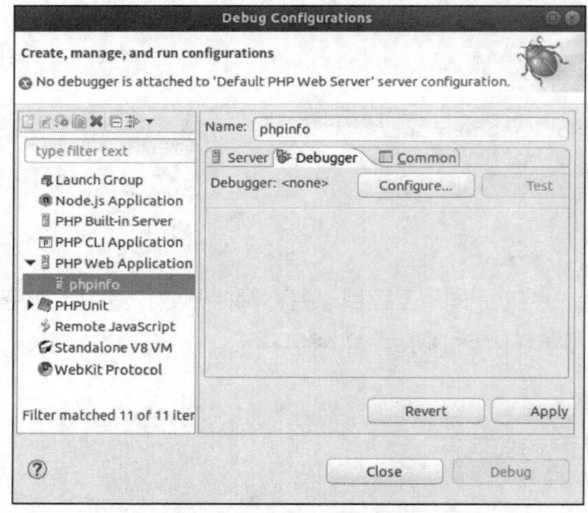

图 11-16　调试配置

图 11-17　调试器设置

（7）回到“Debug Configurations”窗口，会发现调试器已经指定为 Xdebug，再单击“Apply”按钮完成调试器的选择和设置。

（8）完成上述设置后即可测试调试环境。在“Debug Configurations”窗口中单击“Debug”按钮即可调试该程序。首次运行调试器会弹出确认视图切换的对话框，单击“Yes”按钮即可进入调试模式，如图 11-18 所示。

如果再要切换回 PHP 编辑视图，单击右上角的 PHP 图标（或者选择菜单“Window”>“Perspective”>“Open Perspective”>“PHP”）即可。

在代码编辑界面中，右键单击要运行调试的脚本文件，选择菜单“Debug as”>“PHP Web Application”，即可进行调试。

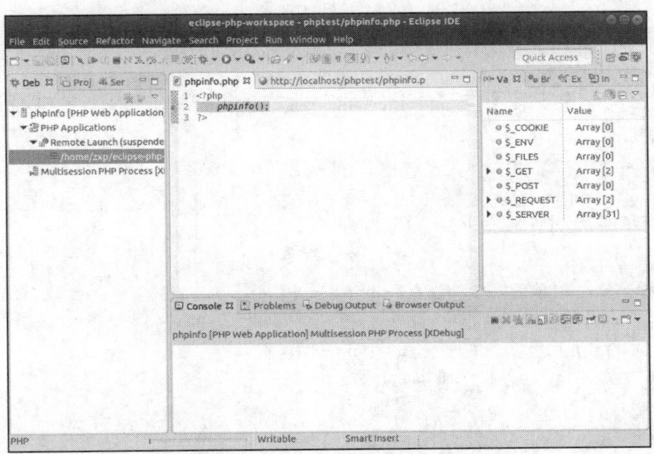

图 11-18　PHP 调试界面

（9）根据需要进一步配置 PHP 调试器的全局设置。从主菜单中选择“Window”>“Preferences”打开相应的对话框，展开“PHP”节点，单击“Debug”项，再单击“Debuggers”项，从列表中选择“Xdebug”，单击右侧的“Configure”按钮打开图 11-19 所示的对话框，进一步查看和设置调试器的端口。注意 Xdebug 的设置要与前面安装 Xdebug 时的配置文件中的保持一致。

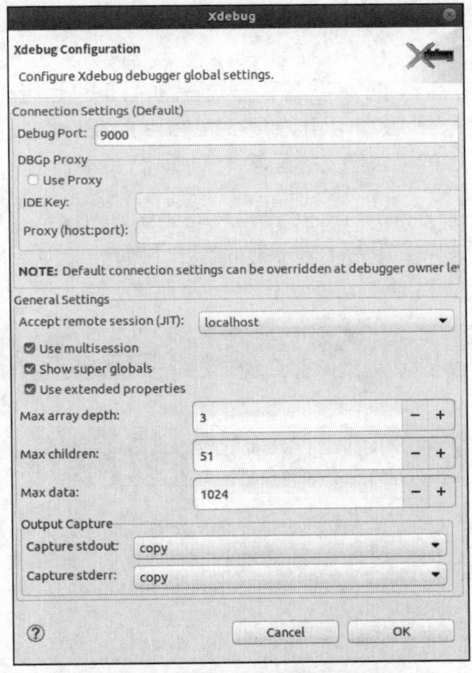

图 11-19　Xdebug 调试器全局设置

11.1.6　PHP 版本切换

实际开发中可能需要多个 PHP 版本并存。例如，之前使用 PHP5 开发程序在 PHP7 环境进行测试和调试，可能会出现一些兼容性问题。解决这个问题的最佳方式是使用 Docker 或 LXD 容器系统为不同的 PHP 版本建立独立的运行环境，或者在 Ubuntu 系统上单独创建虚拟机。这对 Ubuntu 系统资源（特别是内存）要求较高，还有一种更常用的方式是，使用 update-alternatives 版本管理命令来进行 PHP 版本切换。这里重点介绍这种方式。

本例已通过 LAMP 一键安装建立了 PHP 7.2 版本运行环境。这里依次执行以下命令再创建一个 PHP 5.6 版本的运行环境。

```
sudo add-apt-repository -y ppa:ondrej/php
sudo apt install php5.6
```

查看当前运行的 PHP 版本：

```
zxp@LinuxPC1:~$ php -v
PHP 7.2.19-0ubuntu0.18.04.2 (cli) (built: Aug 12 2019 19:34:28) ( NTS )
......
```

默认已经创建了 php 的候选项，可执行以下命令查验：

```
zxp@LinuxPC1:~$ update-alternatives --display php
php - auto mode
  link best version is /usr/bin/php7.2
  link currently points to /usr/bin/php7.2
  link php is /usr/bin/php
  slave php.1.gz is /usr/share/man/man1/php.1.gz
/usr/bin/php7.2 - priority 72
  slave php.1.gz: /usr/share/man/man1/php7.2.1.gz
```

执行以下命令切换到 PHP 5.6 版本：

```
sudo update-alternatives --set php /usr/bin/php5.6
```

再次查看当前运行的 PHP 版本：

```
zxp@LinuxPC1:~$ /usr/bin/php5.6 -v
PHP 5.6.40-10+ubuntu18.04.1+deb.sury.org+1 (cli)
```

此时已经切换到 PHP 5.6 版本了。不过这种方式设置的 PHP 运行环境仅限于 PHP 命令行，要在 Apache 服务器上切换到 PHP 5.6 版本，可以修改/etc/apache2/mods-enabled/php7.2.load 文件，注释掉其中关于 php7_module 的模块定义的语句，添加一行关于 php5_module 的模块定义的语句：

```
#LoadModule php7_module /usr/lib/apache2/modules/libphp7.2.so
LoadModule php5_module /usr/lib/apache2/modules/libphp5.6.so
```

保存该文件，重新启动 apche2 服务，打开浏览器进行测试，发现已经改为 PHP 5.6 版本的 Web 运行环境，如图 11-20 所示。如果需要切换到 PHP 7.2 版本，将上述 php7.2.load 文件还原即可。

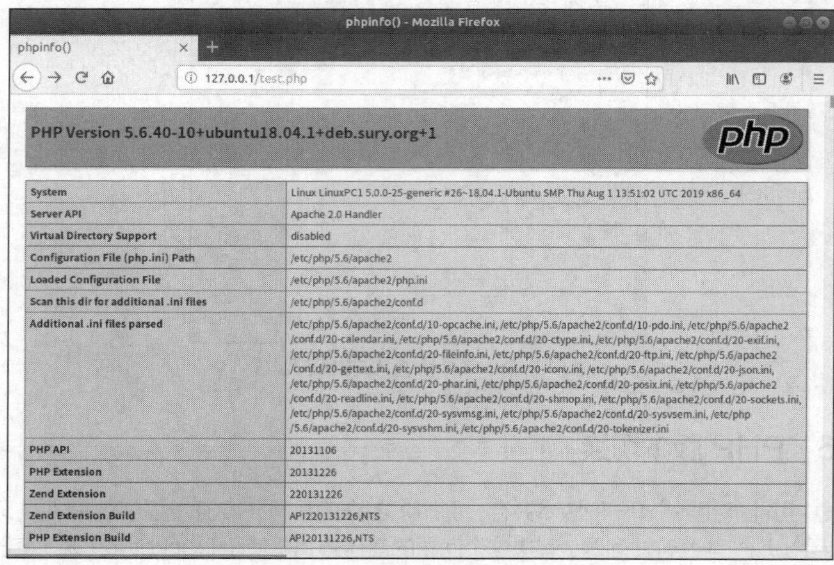

图 11-20 PHP 5.6 版本的 Web 运行环境

11.2 Python 集成开发环境

Python 是一种可与 Perl、Ruby、Scheme 或 Java 相媲美的清晰而强大的面向对象、解释型的程序设计语言，语法简洁清晰，具有丰富和强大的库。它最初被设计用于编写自动化脚本，随着版本的不断更新和语言新功能的增加，越来越多地被用于独立的大型项目的开发。这里介绍如何在 Ubuntu 系统中建立 Python 集成开发环境。

11.2.1 Python 简介

Python 使用优雅的语法，让编写的程序易于阅读，让开发人员能够专注于解决问题而不是语言本身。作为一种易于使用的语言，Python 使编写程序和运行程序变得简单。

Python 是一种解释型语言。Python 程序易于移植。Python 解释器可以交互使用，这使得试验语言的特性、编写临时程序或在自底向上的程序开发中测试方法非常容易。

Python 是一种面向对象的语言。它既支持面向过程的编程也支持面向对象的编程。Python 通过类和多重继承支持面向对象的编程。

Python 程序代码以模块和包的形式进行组织。Python 可将程序划分为不同的模块，以便在其他的 Python 程序中重用。模块用来从逻辑上组织 Python 代码（变量、函数、类），本质就是.py 文件。包定义了一个由模块和子包组成的 Python 应用程序执行环境，本质就是一个有层次的文件目录结构（必须带有一个__init__.py 文件）。Python 内置大量的标准模块，这些模块提供了诸如文件 I/O、系统调用、Socket 支持，甚至类似 Tk 的用户图形界面（GUI）工具包接口。除了标准库以外，还有许多其他高质量的库，如 wxPython、Twisted 和 Python 图像库等。

Python 易于扩展。使用 C 或 C++语言编程便可以轻易地为 Python 解释器添加内置函数或模块。为了优化性能，或者希望某些算法不公开，都可以使用 C 或 C++开发二进制程序，然后在 Python 程序中使用它们。当然也可以将 Python 嵌入 C 或 C++程序，从而向用户提供脚本功能。Python 能够将用其他语言开发的各种模块很轻松地连接在一起，因而常被昵称为胶水语言。

Python 是高级程序设计语言。用 Python 来编写程序时，无须考虑内存一类的底层细节。Python 程序非常紧凑，代码通常比同样的 C、C++或 Java 程序更短小，这是因为它支持高级的数据结构类型，而且变量或参数无须声明。

Python 适应面广，尤其适合开发运维（DevOps）、数据科学（大数据）、人工智能、网站开发和安全等领域的软件开发。

11.2.2 安装 Python

安装 Python 通常很容易，现在许多 Linux 发行版预装有 Python 较新版本。Ubuntu 18.04 LTS 桌面版预装有 Python 2.7 和 Python 3.6 两个版本，默认的是 Python 2.7。可以通过以下命令进行查验：

安装 Python

```
zxp@LinuxPC1:~$ python
Python 2.7.15+ (default, Nov 27 2018, 23:36:35)
[GCC 7.3.0] on linux2
Type "help", "copyright", "credits" or "license" for more information.
>>>
```

执行上述命令进入 Python 交互模式，可见直接执行 python 命令运行的是 Python 2.7.15。输入 exit()代码并按回车键，或者按<Ctrl>+<D>组合键可以退出该环境。

执行以下命令，结果表明执行 python3 命令运行的是 Python 3.6.7。

```
zxp@LinuxPC1:~$ python3
Python 3.6.7 (default, Oct 22 2018, 11:32:17)
[GCC 8.2.0] on linux
Type "help", "copyright", "credits" or "license" for more information.
>>>
```

另外，这两个版本都没有安装 Python 包管理器 pip 或 pip3。

如果需要最新版本，则需要通过源代码安装。下面示范在 Ubuntu 18.04 LTS 系统中通过源代码安装较新的 Python 版本。

（1）从 Python 官网下载源码，本例中下载的是 Python-3.7.4.tgz。

（2）检查确认安装有 C 编译器 gcc。

（3）将源代码包解压缩（本例中当前目录为主目录）。

```
tar -zxvf Python-3.7.4.tgz
```

如果下载的是.tar.xz 格式的包，则执行 tar 命令需要改用-xjvf 选项。

（4）为避免该源代码在后面的编译过程中报出缺失可选模块（如_bz2、_curses、_sqlite3 等）的提示信息，先执行以下命令安装相关模块：

```
sudo apt install libbz2-dev libssl-dev libncurses5-dev libsqlite3-dev libreadline-dev tk-dev libgdbm-dev libdb-dev libpcap-dev liblzma-dev libffi-dev uuid-dev
```

注意 Ubuntu 系统的当前环境不同，需要安装的模块也不尽相同。

（5）切换到解压缩后的 Python 版本目录，执行 configure 脚本检查安装环境并生成 Makefile 文件。

```
zxp@LinuxPC1:~/Python-3.7.4$./configure --with-ssl
```

为避免后面的编译过程出现“Could not build the ssl module!”这样的提示，这里加上选项--with-ssl。

（6）执行 make 命令编译源代码。编译完成后，此实验环境中报出如下错误：

```
Failed to build these modules:
_uuid
```

解决的方法是执行以下命令设定环境变量：

```
export CPPFLAGS=" -Wno-error=coverage-mismatch")
```

然后重新执行步骤（5）和步骤（6）的操作。

如果还报出“The necessary bits to build these optional modules were not found”这样的提示，则根据列出的模块使用 apt 查找相应的软件包并进行安装[步骤（4）应当解决了大多数模块缺失的问题]，再重新编译。

（7）执行 make install 安装编译好的软件包。

```
zxp@LinuxPC1:~/Python-3.7.4$sudo make install
```

安装成功后，即可使用相应的 Python 版本，例中执行 python3 命令会显示这种新版本：

```
zxp@LinuxPC1:~/Python-3.7.4$ python3
Python 3.7.4 (default, Aug 18 2019, 16:34:40)
[GCC 7.4.0] on linux
Type "help", "copyright", "credits" or "license" for more information.
>>>
```

例中执行 configure 脚本时没有指定软件安装位置和可执行文件安装路径，则安装之后可执行文件默认存放在/usr/local/bin 目录，库文件默认存放在/usr/local/lib 目录，配置文件默认放在/usr/local/include 目录，其他资源文件存放在/usr/local/share 目录，并在/usr/local/bin 目录下创建了一个指向 python3.7 的软链接：

```
zxp@LinuxPC1:~/Python-3.7.4$ ls -l /usr/local/bin/python3
lrwxrwxrwx 1 root root 9 8月  20 15:54 /usr/local/bin/python3 -> python3.7
```

而原来 Python 3.6 版本则是在/usr/bin 目录下创建了一个指向 python3.6 的软链接：

```
zxp@LinuxPC1:~$ ls -l /usr/bin/python3
```

```
lrwxrwxrwx 1 root root      9 7月  14 21:03 /usr/bin/python3 -> python3.6
```

PATH 环境变量/usr/local/bin 优先于/usr/bin，因而执行 python3 就转到 python3.7 了。

```
zxp@LinuxPC1:~/Python-3.7.4$ $PATH
bash:
/usr/local/sbin:/usr/local/bin:/usr/sbin:/usr/bin:/sbin:/bin:/usr/games:/
usr/local/games:/snap/bin:/usr/lib/jvm/java-11-oracle/bin
```

当然，也可以创建或修改一个 python 软链接，使其指向 python3.7。

安装上述编译的软件包时，也会同时安装 pip3，查验如下：

```
zxp@LinuxPC1:~/Python-3.7.4$ pip3 -V
pip 19.0.3 from /usr/local/lib/python3.7/site-packages/pip (python 3.7)
```

11.2.3 Python 版本切换

如果同时安装有多个 Python 版本，那么除了使用不同的版本号（如 python3.6、python3.7）运行不同的版本外，还可以使用 update-alternatives 工具配置版本切换。update-alternatives 是 ubuntu 系统中专门维护系统命令链接符的工具，通过它可以很方便地设置系统默认使用哪个命令、哪个软件版本。这里要实现多个 Python 版本的切换，即根据需要选择不同的版本作为默认版本。首先需要为每个版本安装注册候选项，依次执行下列命令：

```
sudo update-alternatives --install /usr/bin/python python /usr/bin/python2.7 1
sudo update-alternatives --install /usr/bin/python python /usr/bin/python3.6 2
sudo update-alternatives --install /usr/bin/python python /usr/local/bin/python3.7 3
```

最后一个参数指定了候选项的优先级，如果没有手动来设置候选项，那么具有最高优先级的选项就会被选中。例中，为/usr/local/bin/python3.7 设置的优先级为 3，所以 update-alternatives 命令会自动将它设置为默认 Python 版本，例如：

```
zxp@LinuxPC1:~$ python -V
Python 3.7.4
```

完成上述配置之后，即可执行以下命令选择要使用的默认 Python 版本：

```
zxp@LinuxPC1:~$ sudo update-alternatives --config python
有 3 个候选项可用于替换 python (提供 /usr/bin/python)。
  选择       路径                         优先级        状态
------------------------------------------------------------
* 0          /usr/local/bin/python3.7      3            自动模式
  1          /usr/bin/python2.7            1            手动模式
  2          /usr/bin/python3.6            2            手动模式
  3          /usr/local/bin/python3.7      3            手动模式
要维持当前值[*]请按<回车键>，或者键入选择的编号：
```

完成选择之后，再次执行 python 命令时，会使用所选择的版本。

11.2.4 虚拟环境和包管理

Python 虚拟环境的主要目的是为不同的项目创建彼此独立的运行环境。在虚拟环境下，每一个项目都有自己的依赖包，而与其他项目无关。不同的虚拟环境中同一个包可以有不同的版本，并且虚拟环境的数量没有限制。

1. 虚拟环境简介

Python 应用程序经常会使用一些不属于标准库的包和模块。应用程序有时需要某个特定版本的库，因为它可能要求某个特定的 bug 已被修复，或者它要使用一个过时版本的库的接口编写。

这就意味着不太可能通过一个 Python 安装来满足每个应用程序的要求。如果一个应用程序需要一个特定模块的 1.0 版本，而另一个应用程序需要该模块的 2.0 版本，那么这两个应用程序的要求是冲突的，无论安装 1.0 版本还是 2.0 版本，都会导致其中一个应用程序不能正常运行。

解决这个问题的方案就是创建一个虚拟环境，也就是一个独立的目录树，它包含有一个特定版本的 Python 和一些附加的包。

不同的应用程序可以使用不同的虚拟环境，这样就能解决不同应用程序之间的冲突，即使某个应用程序的特定模块升级版本，也不会影响到其他应用程序。

2. 创建和管理虚拟环境

以前版本的 Python 使用 virtualenv 工具来创建多个虚拟环境。新版本的 Python 则使用模块 venv（原名 pyvenv，Python 3.6 版开始弃用 pyvenv）来创建和管理虚拟环境。venv 通常会安装可获得的 Python 最新版本。如果在系统中有多个版本的 Python，则可以通过运行 python3 命令（或要使用的其他任何版本的 python 命令）来选择一个指定的 Python 版本。

要创建一个虚拟环境，需要确定一个要存放的目录，接着以脚本方式运行 venv 模块，后跟目录路径参数，例如：

```
python3 -m venv tutorial-env
```

这里是在当前目录下创建虚拟环境的目录，如果目录路径不存在，则会创建该目录，并且在该目录中创建一个包含 Python 解释器、标准库，以及各种支持文件的 Python 副本。

创建好虚拟环境之后必须激活它。在 Linux 平台上执行以下命令进行激活：

```
source tutorial-env/bin/activate
```

注意这个脚本是用 bash shell 编写的。如果 shell 使用 csh 或 fish，应该使用 activate.csh 和 activate.fish 来替代。

激活虚拟环境会改变 shell 提示符以显示当前正在使用的虚拟环境，并且修改环境，这样运行 python 命令将会得到特定的 Python 版本。例如：

```
(tutorial-env) zxp@LinuxPC1:~$ python
Python 3.7.4 (default, Aug 18 2019, 16:34:40)
[GCC 7.4.0] on linux
Type "help", "copyright", "credits" or "license" for more information.
>>> import sys
>>> sys.path
['', '/usr/local/lib/python37.zip', '/usr/local/lib/python3.7', '/usr/local/lib/
python3.7/lib-dynload', '/home/zxp/tutorial-env/lib/python3.7/site-packages']
>>>
```

在指定环境下完成开发任务后，可以执行以下命令关闭虚拟环境：

```
(tutorial-env) zxp@LinuxPC1:~$ deactivate
zxp@LinuxPC1:~$
```

关闭虚拟环境之后，再次运行 python 命令就会进入全局的 Python 环境。

如果需要再次进入虚拟环境，则需要再次运行 source 命令以激活它。

3. 使用 pip 工具管理包

可以使用 pip 工具来安装、升级和删除包。安装 Python 3.x 版本之后，可使用 pip3。这两个工具相同，不同的是 pip 安装在/usr/lib/python2.7/dist-packages 目录中，而 pip3 安装在/usr/lib/python3/dist-packages 目录中。

默认情况下，pip 或 pip3 将会从 pip 安装源 Python Package Index（PyPI）中安装包。可以通过 Web 浏览器浏览 Python Package Index 站点，也可以使用 pip 有限的搜索功能：

```
(tutorial-env) zxp@LinuxPC1:~$ pip search astronomy
astronomy (0.0.1)          - Astronomy!
catastropy (0.0dev)        - (cat)astronomy
gastropy (0.0dev)          - (g)astronomy
...
```

pip 有许多子命令，如 search（搜索指定的包）、install（安装指定的包）、uninstall（卸载指定的包）、list（列出当前已安装的包）、show（显示一个指定包的信息）等。

例如，以下是安装 novas 的过程：

```
(tutorial-env) zxp@LinuxPC1:~$ pip install novas
Collecting novas
  Downloading
https://files.pythonhosted.org/packages/7b/a3/b4fcb24a9b99f7f6dff371a1e5af96defe08a52c
2e44909acb45424ee311/novas-3.1.1.4.tar.gz (139kB)
    100% |████████████████████████████████| 143kB 21kB/s
Installing collected packages: novas
  Running setup.py install for novas ... done
Successfully installed novas-3.1.1.4
```

默认会安装最新版，如果需要安装指定版本，则需明确指定版本，通过给出包名后面紧跟着==和版本号，例如：

```
pip install requests==2.6.0
```

加上选项--upgrade 会将指定的包升级到最新版本：

```
pip install --upgrade requests
```

还有一个子命令 freeze 需要重点讲解一下。开发项目时会创建若干虚拟环境，当遇到不同环境下安装同样的模块时，为避免重复下载模块，可以直接将系统上其他 Python 环境中已安装的模块迁移过来使用，这就需要用到 pip freeze 命令。

```
(tutorial-env) zxp@LinuxPC1:~$ pip freeze >requirements.txt
(tutorial-env) zxp@LinuxPC1:~$ cat requirements.txt
novas==3.1.1.4
```

这会在当前目录下产生一个名为 requirements.txt（也可以是文件名）的文本文档，记录已安装的库及其版本信息。

到另一个虚拟环境中，可通过 pip install -r 将该文本文档记录的已安装库迁移过来使用，例如：

```
pip install -r requirements.txt
```

注意，requirements.txt 文件如果不在当前目录下，需要指定明确的路径。

4. 让 pip 安装源使用国内镜像

用 pip 管理工具安装库文件时，默认使用国外的安装源，下载速度会比较慢。国内一些机构或公司能够提供 pip 源的镜像，将 pip 安装源替换成国内镜像，不仅可以大幅提升下载速度，而且能够提高安装成功率。

pip 安装源可以在命令中临时使用，使用 pip 时通过选项-i 来提供镜像源，例如：

```
pip install -i https://pypi.tuna.tsinghua.edu.cn/simple pyspider
```

这个命令就会从阿里云的 pip 源镜像去安装 pyspider 库。

如果要长久使用，则需要使用配置文件，具体步骤如下。

（1）创建 pip.conf 配置文件。

```
zxp@LinuxPC1:~$ mkdir ~/.pip
zxp@LinuxPC1:~$ cd ~/.pip
zxp@LinuxPC1:~/.pip$ touch pip.conf
```

（2）执行以下命令打开编辑器编辑 pip.conf 配置文件。

```
zxp@LinuxPC1:~$sudo nano ~/.pip/pip.conf
```

（3）输入以下内容，保存该文件并退出。

```
[global]
index-url = https://pypi.tuna.tsinghua.edu.cn/simple
[install]
trusted-host = https://pypi.tuna.tsinghua.edu.cn
```

这里使用的是清华大学提供的镜像源。

11.2.5 安装Python集成开发环境

安装Python集成开发环境

Python 程序是脚本文件，可以使用任何文本编辑器来编写。Vim 或 GNU Emacs 等文本编辑器就能很好地胜任 Python 程序编写工作。但是，要提升开发效率，选择 IDE（集成开发环境）集中进行编码、运行和调试就显得非常必要。

1. 常用的Python编程IDE工具

Python编程IDE工具，常用的有以下几种。

- PyCharm：这是由 JetBrains 公司提供的 Python 专用集成开发环境。它具备调试、语法高亮、项目管理、代码跳转、智能提示、自动完成、单元测试、版本控制等基本功能，还提供了许多框架。JetBrains 公司致力于为开发者打造各类高效智能的开发工具。
- Sublime Text：一个跨平台的编辑器，具有漂亮的用户界面和强大的功能。Sublime 有自己的包管理器，开发者可以用来安装组件、插件和额外的样式，以提升编码体验。
- Eclipse with PyDev：Eclipse 是非常流行的 IDE，而 PyDev 是 Eclipse 开发 Python 的 IDE，支持 Python 应用程序的开发。
- PyScripter：免费开源的 Python 集成开发环境。
- Visual Studio Code：通过安装 Python 扩展就可以作为一个 Python IDE。

2. 在Ubuntu系统中安装PyCharm

这里推荐使用 PyCharm 来开发 Python 应用程序，它具有被广泛使用的 JetBrains 系列软件的特点，提供一整套帮助用户提高 Python 程序开发效率的工具，比较适合初学者。

PyCharm 主要分为两个版本，一个是商用的专业版 PyCharm Professional，另一个是免费开源的社区版 PyCharm Community（简称 PyCharmCE）。专业版提供完整的开发工具，可用于科学计算和 Web 开发，能与 Django、Flask 等框架深度集成，并提供对 HTML、JavaScript 和 SQL 的支持。社区版缺乏一些专业工具，只能创建纯 PyCharm 项目。另外，PyCharm 还针对教师和学生提供教育版 PyCharm Edu，这个版本集成 Python 课程学习平台，并完整地引用了社区版的所有功能。PyCharm 专业版提供 30 天的免费试用，这里以此版本为例进行示范。

PyCharm 现在可以通过 Snap 方式安装，Ubuntu 16.04 或更高版本可以直接采用这种简便的安装方式。这里使用它安装 PyCharm 专业版：

```
zxp@LinuxPC1:~$ sudo snap install pycharm-professional --classic
[sudo] zxp 的密码:
pycharm-professional 2019.2 from jetbrains✓ installed
```

要安装社区版，将包名改为 pycharm-community 即可。

也可以从 JetBrains 官网下载二进制包进行安装，具体步骤如下。

（1）下载二进制包文件 pycharm-*.tar.gz（*表示版本号）。

（2）将该包解压缩到安装目录（通常是/opt/）。

```
sudo tar xfz pycharm-*.tar.gz -C /opt/
```

（3）切换到安装目录下的 bin 子目录。

```
cd /opt/pycharm-*/bin
```

（4）运行脚本 pycharm.sh 启动 PyCharm。

```
sh pycharm.sh
```

3. PyCharm初始化设置

这里在使用 Snap 安装的 PyCharm 的基础上进行示范。

（1）从应用程序列表中找到 PyCharm Professional 图标并通过它启动 PyCharm。首次启动会出现“Import PyCharm Settins From”界面，提示是否导入 PyCharm 设置，这里选择“Do not imports setting”并单击“OK”按钮。

这个界面与上一章讲解的 Android Studio 非常相似，这是因为 Android Studio 是以 JetBrains 的 IntelliJ IDEA 为基础的，它们具有相似的 JetBrains 软件风格。

（2）出现“PyCharm User Agreement”窗口，提示用户阅读和确认用户协议，选中其中的选项，单击“Continue”按钮。

（3）出现“Customize PyCharm”窗口，开始定制 PyCharm。在 UI 主题选择界面中默认的是“Darcula”，这里改用“Light”主题，单击“Next”按钮。

（4）出现图 11-21 所示的定制 PyCharm 界面，选择要安装的功能性插件，这里单击“Markdown”下面的“Install”按钮，待其安装完成之后再单击“Start using PyCharm”按钮。Markdown 是一种纯文本格式的标记语言，通过简单的标记语法，就可以使普通文本内容具有一定的格式。

（5）出现“PyCharm License Activation”窗口，这里仅仅是试用，选中“Evaluate for free”选项，单击“Evaluate”按钮开始试用。

（6）出现图 11-22 所示的欢迎界面，至此完成了初始化设置。

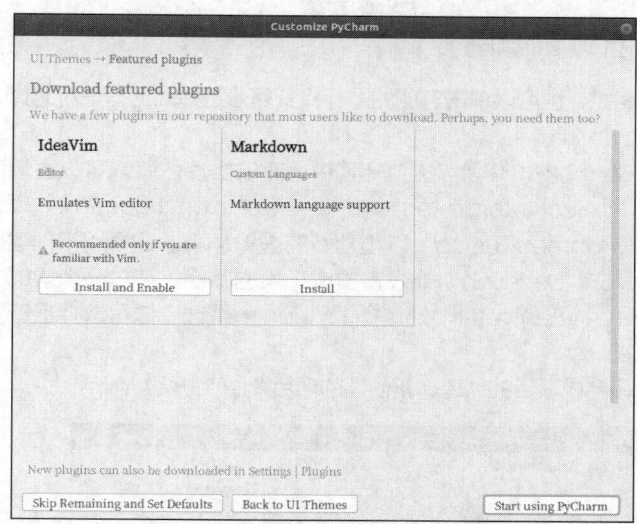

图 11-21　选装功能性插件

图 11-22　PyCharm 欢迎界面

11.2.6 使用 PyCharm 开发 Python 应用程序

下面示范 Python 项目的创建和测试。要开始使用 PyCharm，先编写一个 Python 脚本。

使用 PyCharm 开发 Python 应用程序

1. 创建 Python 项目

如果在 PyCharm 欢迎界面上，则单击“Create New Project”按钮；如果已经进入 PyCharm 开发环境，则选择菜单“File”>“New Project”。这将弹出新建项目窗口，如图 11-23 所示，设置项目的相关选项。

PyCharm 专业版提供多个用于创建各种类型应用程序的项目模板（如 Django、Flask、Google App Engine 等）。当 PyCharm 从项目模板创建一个新项目时，它会生成相应的目录结构和特定文件，以及任何所需的运行配置或设置。

作为示范，这里只是创建一个简单的 Python 脚本，因此选择“Pure Python”模板，此模板将创建一个空项目。注意 PyCharm 社区版只能创建这样的项目。

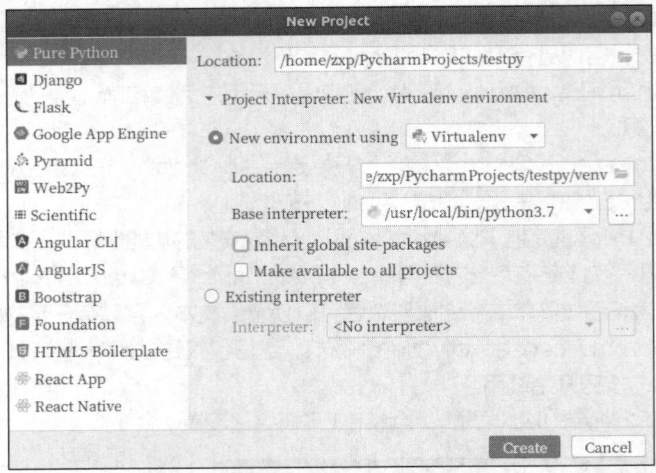

图 11-23　项目设置

在“Location”框中设置新建项目的路径，也可以单击右侧的图标打开目录选择对话框进行选择。这个路径也决定了项目名称。

Python 的最佳实践是为每个项目创建一个虚拟环境。虚拟环境中所有的类库依赖都可以直接脱离系统安装的 Python 独立运行。展开“Project Interpreter:New Virtualenv environment”项，然后设置虚拟环境。默认选中“New environment using”以创建新的虚拟环境。选择用于创建新虚拟环境的工具，通常选择 Virtualenv；在“Location”处设置虚拟环境的路径（存放一个虚拟的 Python 环境），一般保持默认值；在“Base interpreter”处选择 Python 解释器，这里选择最新安装的版本。

完成上述设置后，单击“Create”按钮完成项目的创建，新创建的项目如图 11-24 所示。

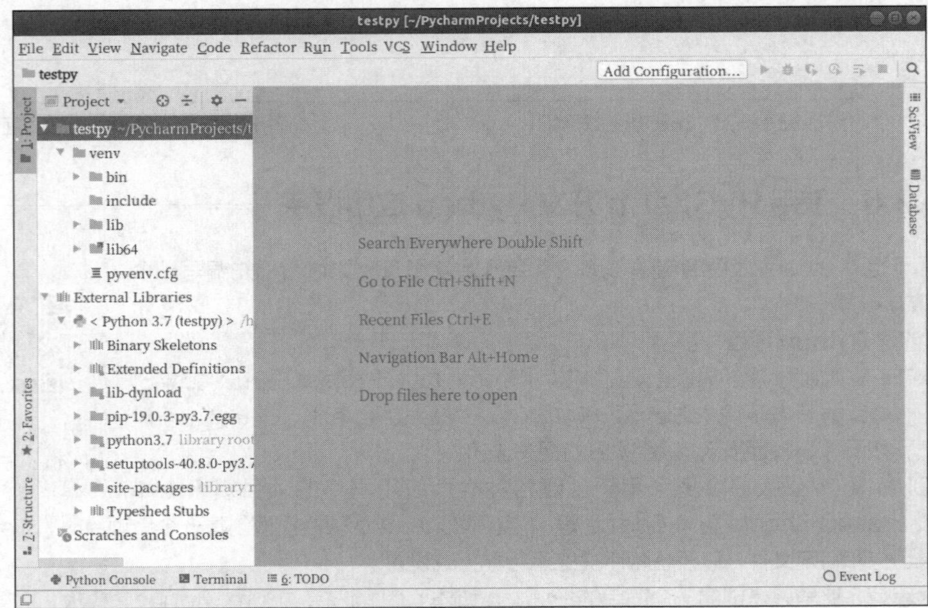

图 11-24　新建的 Python 项目

当然，如果不想在项目中使用虚拟环境，则选中“Existing interpreter”以关联已有的 Python 解释器，这样就会使用本地安装的 Python 环境。

2. 编写 Python 脚本

要开始使用 PyCharm，先编写一个 Python 脚本。选中新建项目的根节点，选择菜单“File”>“New”，从弹出的菜单列表中选择“Python File”，弹出图 11-25 所示的对话框，选中“Python File”并在文本框中输入文件名（不用加文件扩展名），这里命名为 hello 并按下回车键。

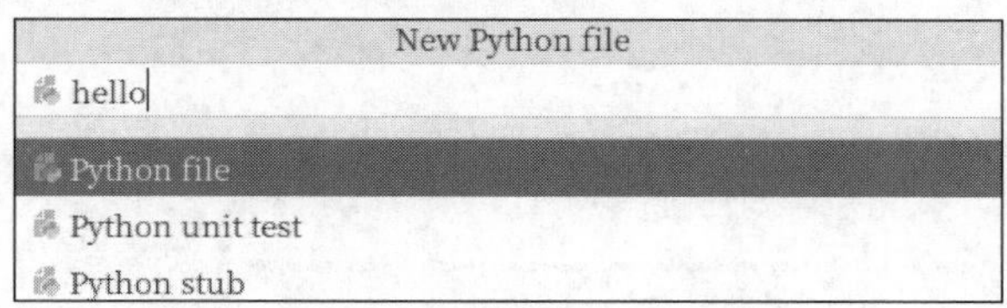

图 11-25 新建 Python 文件

这样就创建了一个名为 hello.py 的脚本文件，在该文件中输入以下代码：

```
#示例代码
print("Hello world")
```

选择菜单“File”>“Save All”保存该文件。默认 PyCharm 并不显示工具栏（Toolbar），选择菜单“View”>“Appearance”>“Tools”可以显示工具栏，工具栏中提供了常用的操作，如文件保存按钮。

3. 运行 Python 脚本

运行 Python 脚本进行测试。选择菜单“Run”>“Run”运行脚本，首次运行会弹出图 11-26 所示的对话框，此时可以先单击“Edit Configurations”项打开图 11-27 所示的对话框，对运行环境等进行配置，其中“Script path”指定脚本路径。

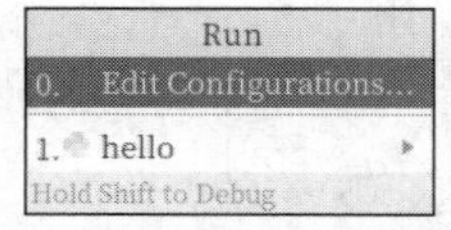

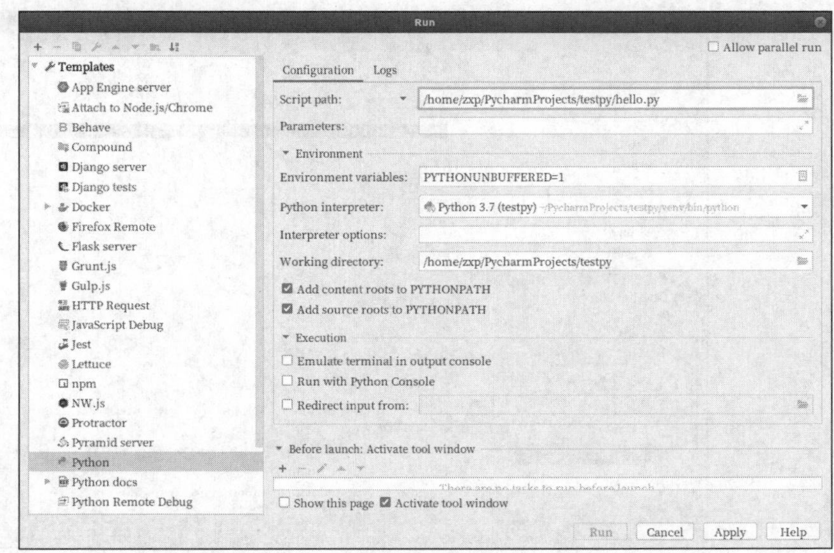

图 11-26 运行 Python 脚本　　图 11-27 程序运行配置

设置完毕，单击“Apply”按钮使之生效，再单击“Run”按钮即可运行该脚本程序，如图 11-28 所示，底部“Run”面板显示运行过程和结果。

也可从运行 Python 脚本对话框中选择要运行的脚本文件，或者按下组合键<Shift> + <F10>来运行脚本文件。

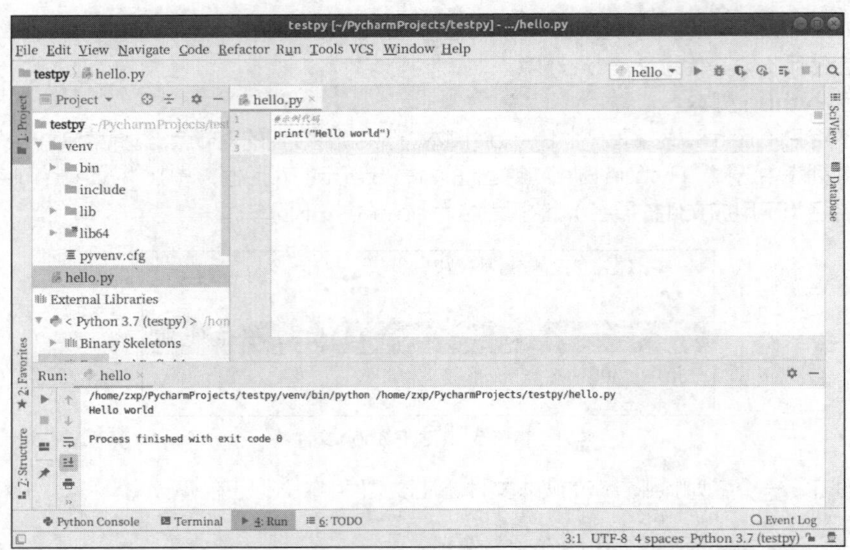

图 11-28　Python 程序运行

4．调试 Python 脚本

PyCharm 提供了调试环境。主菜单“Run”中提供了“Toggel Line BreakPoint”等命令用于设置断点，还提供了“Debug”命令执行调试。与从主菜单“Run”中执行“Debug”命令，开始调试脚本。与运行脚本一样，首次调试会弹出对话框，可单击“Edit Configurations”项打开相应的对话框，对调试环境等进行配置。设置完毕，单击“Apply”按钮使之生效，再单击“Debug”按钮即可调试该脚本程序，如图 11-29 所示，底部“Debug”面板显示调试过程和调试信息。

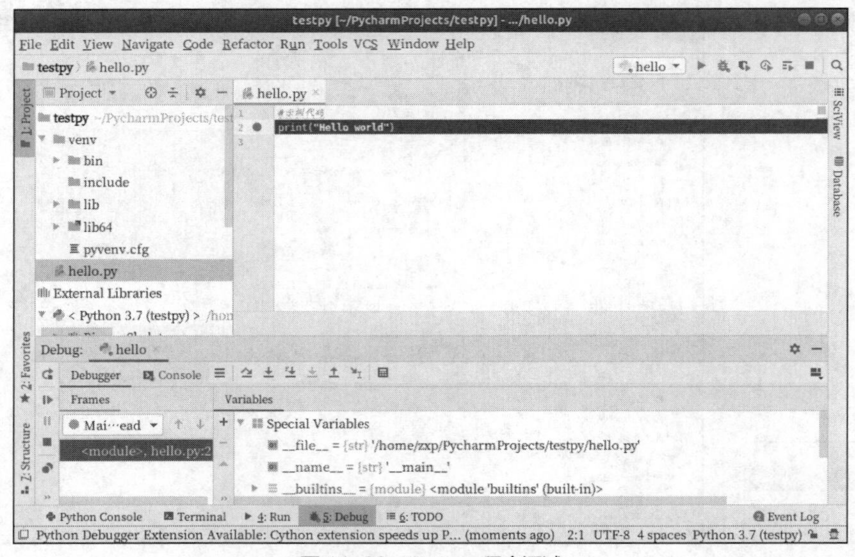

图 11-29　Python 程序调试

也可从调试 Python 脚本对话框中选择要调试的脚本文件，或者按下组合键<Shift> + <F9>来调试脚本文件。

5．管理第三方类库

在项目开发过程中可能会用到很多的第三方类库，PyCharm 集成了相应的管理功能。打开项目文件，选择菜单“File”>“Settings”弹出设置对话框，展开“Project:<项目名>”节点，再单击“Project Interpreter”项，显示当前项目环境中已引用的第三方库列表，如图 11-30 所示。

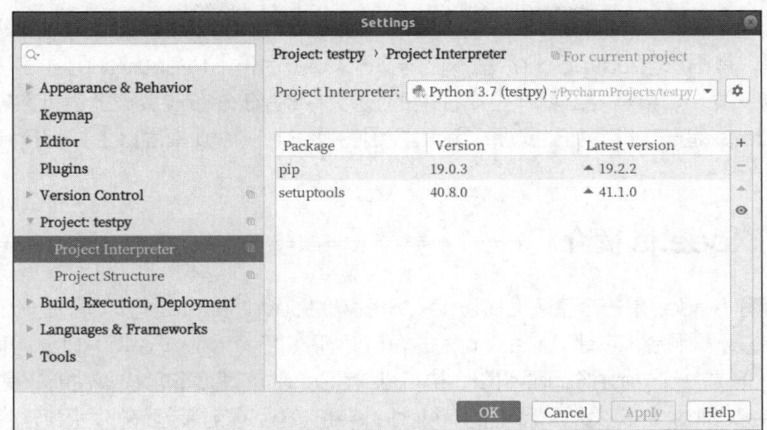

图 11-30　查看第三方库列表

如果添加第三方类库，单击右侧的“+”按钮弹出图 11-31 所示的对话框，可以浏览或搜索要添加的第三方类库，选定之后单击“Install Package”按钮即可下载并安装。

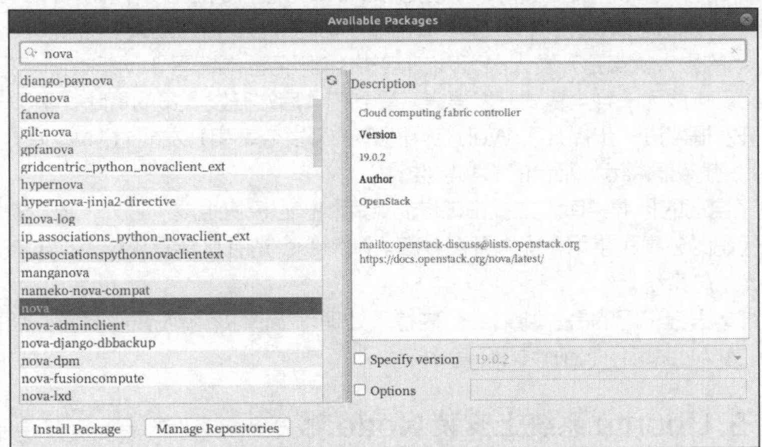

图 11-31　选装第三方库

默认的 pip 安装源位于国外，可以单击“Manage Repositories”按钮弹出图 11-32 所示的对话框，添加 pip 安装源的国内镜像，比如豆瓣镜像 https://pypi.douban.com/simple。

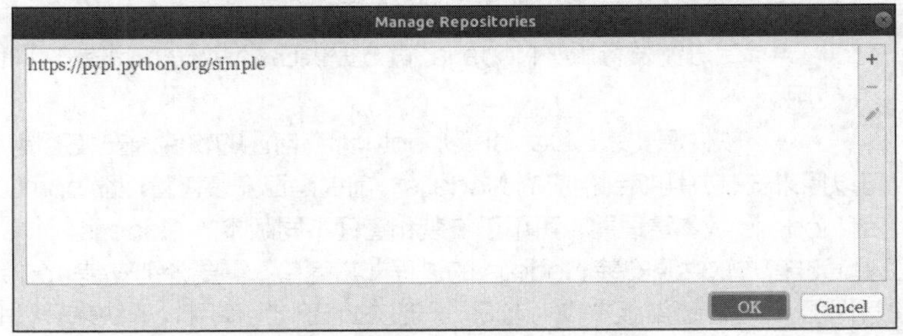

图 11-32　管理安装源

11.3 Node.js 开发环境

Node.js 是一个基于 Chrome V8 引擎的运行时 JavaScript，它使用高效、轻量级的事件驱动、非阻塞 I/O 模型。其语法与 JavaScript 基本相同，开发人员用一门 JavaScript 语言就可以实现应用程序的前、后端开发。如果需要部署一些高性能的服务，或者在分布式系统上运行数据密集型的实时应用，那么 Node.js 是一个非常好的选择。这里介绍的是在 Ubuntu 桌面版上如何搭建 Node.js 程序的开发环境。

11.3.1 Node.js 简介

Node.js（简称 Node）是一个基于 Chrome V8 引擎的 JavaScript 运行环境，是一个让 JavaScript 运行在服务器端的开发平台，它让 JavaScript 成为与 PHP、Python、Perl、Ruby 等服务器端语言相当的脚本语言。V8 是一个 JavaScript 引擎，执行 JavaScript 的速度非常快，性能非常好。V8 引擎最初是用于 Google Chrome 浏览器解释器的，Node.js 将 V8 引擎封装起来作为服务器运行平台以执行使用 JavaScript 编写的后端脚本程序。当然，Node.js 并不是对 V8 引擎进行简单的封装，而是对其进行优化并提供了替代的 API，使得 V8 在非浏览器环境下运行得更好。

Node.js 运行时环境包含执行用 JavaScript 编写的程序所需的一切。该引擎会将 JavaScript 代码转换为更快的机器代码，机器代码是计算机无须先解释即可运行的低级别代码。Node.js 进一步提升 JavaScript 的能力，让它可以访问文件、读取数据库、访问进程、胜任后端任务。

使用 Node.js 的最大优点是开发人员可以在客户端和服务器端编写 JavaScript，打通了前、后端。正因为如此，Node.js 成为一种全栈式开发语言，受到前、后端开发人员的青睐。基于 Node.js 推出的许多优秀的全栈开发框架进一步提升了 Web 应用程序的开发效率和开发能力。Node.js 发展迅速，目前已成为 JavaScript 服务器端运行平台的事实标准。

Node.js 除了自己的标准类库（主要由二进制类库和核心模块组成）之外，还可使用大量的第三方模块系统来实现代码的分享和重用，提高开发效率。Node.js 的社区能提供强有力的技术支持，官方拥有大规模的开源库生态系统。

与其他后端脚本语言不同的是，Node.js 内置了处理网络请求和响应的函数库，所以不需要额外部署 Web 服务器（如 Apache、Nginx、IIS 等）。

11.3.2 在 Ubuntu 系统上安装 Node.js

在 Ubuntu 系统上安装 Node.js

无论是 Node.js 的开发还是生产部署，Linux 都是重要的平台。在 Linux 操作系统上安装 Node.js 的方式很多，列举如下。

- 源代码：适合各种版本的安装，从 Node.js 官方网站下载软件源代码需进行编译之后再自行安装，一般不用这种方法。
- 二进制发行版：Node.js 官方提供已编译好的二进制软件包，可直接下载使用。
- 软件源安装：Debian/Ubuntu 都有自己的软件源安装工具。
- n 模块：可以用来安装并切换到相应的 Node.js，前提是已安装包管理器 npm。
- nvm：这是 Node.js 版本管理器，可用于安装和管理不同版本的 Node.js。

使用 APT 工具通过官方软件源安装 Node.js 的过程非常简单，需要分别安装 node（Node.js 运行时）和 npm（包管理器），不过通常版本较为老旧。一般在此基础上使用 n 模块来升级 Node.js 版本。下面讲解二进制发行版这种方式。

1. 使用二进制发行版安装 Node.js

从 Node.js 官网下载二进制发行版 Linux Binaries (x64)，这里所用的具体版本是 node-v10.16.3-linux-x64.tar.xz，其中 v10.16.3 为版本号（VERSION），linux-x64 为发行版（DISTRO），读者所用的版本如果不同，请按照这种格式替换安装过程中所用到的参数和软件包名称。

（1）创建 Node.js 安装目录，这里准备安装到/usr/local/lib/nodejs 目录。

```
sudo mkdir -p /usr/local/lib/nodejs
```

（2）将下载的二进制发行版包解压到该目录。

```
sudo tar -xJvf node-v10.16.3-linux-x64.tar.xz -C /usr/local/lib/nodejs
```

（3）编辑环境变量配置文件~/.profile，将以下内容添加到该文件末尾并保存该文件。

```
VERSION=v10.16.3
DISTRO=linux-x64
export PATH=/usr/local/lib/nodejs/node-v10.16.3-linux-x64/bin:$PATH
```

（4）运行该配置文件，以使新的环境变量设置生效。

```
zxp@LinuxPC1:~$ . ~/.profile
```

（5）测试 Node.js 安装是否成功。

先查看 node 版本：

```
zxp@LinuxPC1:~$ node -v
v10.16.3
```

再执行 npm -v 查看包管理器的版本，例中为 6.9.0。

（6）要使其他用户也能运行和使用 Node.js，需要创建以下软链接：

```
sudo ln -s /usr/local/lib/nodejs/node-v10.16.3-linux-x64/bin/node /usr/bin/node
sudo ln -s /usr/local/lib/nodejs/node-v10.16.3-linux-x64/bin/npm /usr/bin/npm
sudo ln -s /usr/local/lib/nodejs/node-v10.16.3-linux-x64/bin/npx /usr/bin/npx
```

2. 管理 Node.js 版本

有时可能要同时开发多个项目，而每个项目所使用的 Node 版本不同，或者要用更新的版本进行试验和学习，在一台计算机上处理这种情况比较麻烦，而使用多版本 Node 管理工具就会变得很方便。n 模块支持版本管理，不过仅支持 Linux 平台，不支持 Windows 平台。而 nvm 是专门的 Node 版本管理器，全称 Node Version Manager，它与 n 模块的实现方式不同，是通过 Shell 脚本来实现的。

首先需要安装 nvm，官方提供安装脚本，有两种安装方式。一种方式是使用 cURL 工具：

```
curl -o- https://raw.githubusercontent.com/nvm-sh/nvm/v0.35.2/install.sh | bash
```

另一种方式是使用 Wget 工具：

```
wget -qO- https://raw.githubusercontent.com/nvm-sh/nvm/v0.35.2/install.sh | bash
```

注意 nvm 版本不断更新，可到其官网上查看。安装完毕，需要设置环境变量：

```
export NVM_DIR="$HOME/.nvm"
```

重启系统，使用以下命令测试安装是否成功，返回 nvm 表明安装成功。

```
[root@host-test ~]# command -v nvm
nvm
```

之后就可使用这个工具进行版本管理了。下面给出几个示例：

```
nvm current                    #显示当前正在使用的版本
nvm ls                         #列出已在本机安装的版本，同时也会显示当前使用的版本
nvm install 8.0.0              #安装指定版本的 Node
nvm uninstall 8.0.0            #卸载指定版本的 Node
nvm use 8.0                    #指定当前要使用的版本（切换版本）
nvm run 6.10.3 app.js          #使用指定 Node 版本(6.10.3)运行指定程序(app.js)
nvm alias default 8.1.0        #设置默认的 Node 版本
nvm alias default node         #将最新版本作为默认版本
```

3. 使用淘宝 npm 镜像

Node.js 官方仓库中海量的第三方模块以包的形式提供给开发人员直接下载使用。为便于国内用户共享 npm 代码资源，淘宝团队提供了一个完整的 npmjs.org 镜像，版本同步频率为 10 分钟一次，以保证与 npm 官方服务同步。淘宝专门定制了 cnpm 命令行工具以代替 npm，可以执行以下命令进行安装。

```
sudo npm install -g cnpm --registry=https://registry.npm.taobao.org
```

安装完成后就可以使用 cnpm 来安装和管理 npm 包了。cnpm 的使用方法与 npm 相同，只需将 npm 改成 cnpm 即可。

11.3.3 在 Ubuntu 系统上安装 Node.js 集成开发环境

Node.js 程序是使用 JavaScript 语言的脚本文件，可以使用任何文本编辑器来编写。但使用文本编辑器编写程序效率太低，运行程序时还需要转到命令行窗口。如果还需要调试程序，就更不方便了。要提升开发效率，需要一个 IDE（集成开发环境），这样就可以在一个环境中集中进行编码、运行和调试。

Node.js 开发工具目前比较流行的是 WebStorm 和 Sublime Text，前者功能很丰富，可以非常方便地进行代码补全、调试、测试等；后者插件丰富，界面也比较美观，且具有简单的项目管理功能。这两种都是商业软件，专业开发首选 WebStorm。还可以考虑使用免费的 Visual Studio Code，这是一款精简版的 Visual Studio，在智能提示变量类型、函数定义、模块方面继承了 Visio Studio 的优秀传统，在断点调试上也有不错的表现，并且支持 Windows、Mac 和 Linux 平台。这里以 Visual Studio Code 作为 Node.js 集成开发工具。

由于 Ubuntu 18.04 LTS 预装有 Snap 工具，而 Visual Studio Code 官方在 Snap Store 提供了 Snap 包，所以使用 Snap 安装最简单，只需执行以下命令：

```
sudo snap install --classic code            # or code-insiders
```

一旦安装完毕，Snap 守护进程将在后台处理自动升级。

接下来重点示范使用针对 Debian/Ubuntu 发布的 Visual Studio Code 安装包进行安装的过程。首先要从官网下载相应的 64 位.deb 包，例中为 code_1.37.1-1565886362_amd64.deb。

然后执行以下命令进行安装。

```
sudo apt install ./code_1.37.1-1565886362_amd64.deb
```

安装.deb 包会自动安装 apt 仓库和签名密钥，以便通过系统的包管理器实现自动更新。可以查看以下文件来验证：

```
zxp@LinuxPC1:~$ cat /etc/apt/sources.list.d/vscode.list
### THIS FILE IS AUTOMATICALLY CONFIGURED ###
# You may comment out this entry, but any other modifications may be lost.
deb [arch=amd64] http://packages.microsoft.com/repos/vscode stable main
```

注意早期的 Linux 发行版并不支持通过 apt 安装.deb 包，需要改用以下命令进行安装：

```
sudo dpkg -i <file>.deb     #先使用 dpkg 命令安装
sudo apt-get install -f     #后安装依赖
```

11.3.4 开发 Node.js 应用程序

开发 Node.js 应用程序

搭建好 Node.js 开发环境之后，就可以开始进行应用程序的开发。这里示范一个简单的 Web 应用程序，让用户可以通过浏览器访问它，并收到问候信息。与 PHP 编写 Web 应用程序不同，使用 Node.js 不仅仅要实现一个应用程序，同时还要实现一个 HTTP 服务器。

1. 编写程序

Visual Studio Code 没有明确提供项目的概念，它用文件夹来存储一个软件项目。

（1）假定程序位于主文件夹下的 nodehello 文件夹中，先创建该文件夹。

```
zxp@LinuxPC1:~$ mkdir nodehello
```

（2）从应用程序列表中找到 Visual Studio Code 并启动它。

（3）从“File”主菜单中选择“Open Folder”项，打开文件夹选择对话框，这里选择主文件夹下的 nodehello（/home/zxp/nodehello），单击“OK”按钮。

（4）从“File”主菜单中选择“New File”项打开一个新建文件窗口，在其中输入以下代码：

```
const http = require('http');
const httpServer = http.createServer(function (req, res) {
    res.writeHead(200, {'Content-Type': 'text/plain'});
    res.end('Hello World!s\n');
});
httpServer.listen(3000,function(){
    console.log('服务器正在 3000 端口上监听！');
});
```

（5）将该文件保存在上述文件夹，文件名为 hello-world.js。

2. 测试程序

从“Terminal”主菜单中选择“New Terminal”项打开一个终端窗口，在其中执行以下命令：node helloworld.js，如图 11-33 所示，IDE 环境中同时包括编辑和运行终端窗口。也可以打开系统的一个命令行窗口，执行该命令。

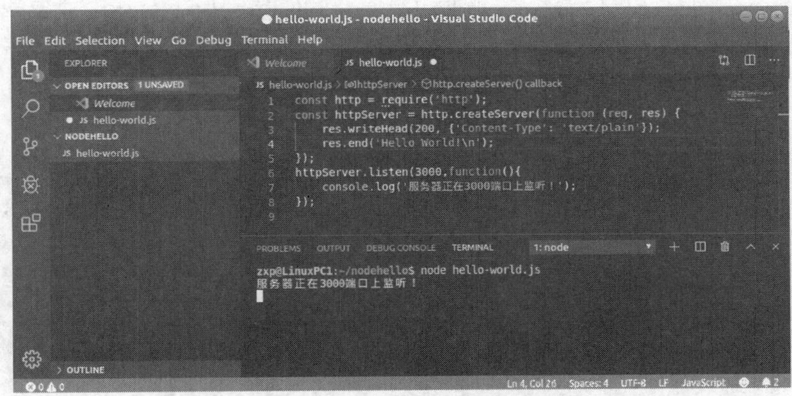

图 11-33 运行 Node.js 程序

还可以通过浏览器访问该 Web 应用程序进行实测，如图 11-34 所示。

图 11-34 访问 Web 应用程序

11.3.5 调试 Node.js 应用程序

调试 Node.js 应用程序

开发 Node.js 程序的过程中，调试是不可少的。使用日志工具是最简单、最通用的调试方法。例如，使用 console.log()方法可以检查变量或字符串的值，记录脚本调用的函数，记录来自第三方服务的响应。还可使用 console.warn()或

console.error()记录错误信息。Node.js 内置一个进程外的调试实用程序，可通过 V8 检查器和内置调试客户端访问。执行 node 命令时加上 inspect 参数，并指定要调试的脚本的路径即可。

现在的 Visual Studio Code 版本可以很好地支持 Node.js 程序调试。这里以调试上述脚本 hello-world.js 为例进行简单的示范。

（1）设置配置文件。从“Debug”主菜单中选择“Open Configurations”项，打开调试配置文件（.vscode/launch.json）进行设置：

```
{
    // Use IntelliSense to learn about possible attributes.
    // Hover to view descriptions of existing attributes.
    // For more information, visit: https://go.microsoft.com/fwlink/?linkid=830387
    "version": "0.2.0",
    "configurations": [
        {
            "type": "node",
            "request": "launch",
            "name": "Launch Program",
            "program": "${workspaceFolder}/hello-world.js"
        }
    ]
}
```

这里的关键是设置 program 属性，使其指向要调试运行的脚本文件。

（2）设置断点。从源代码中将光标移动到要设置断点的位置，从“Debug”主菜单中选择“New Breakpoint”项弹出子菜单，从中选择要插入的断点类型，这里选择“Inline Breakpoint”。

（3）从“Debug”主菜单中选择“Start Debugging”项（或者使用<F5>快捷键），启动该脚本的调试，如果没有错误，一开始指定到第 1 个断点处，如图 11-35 所示。

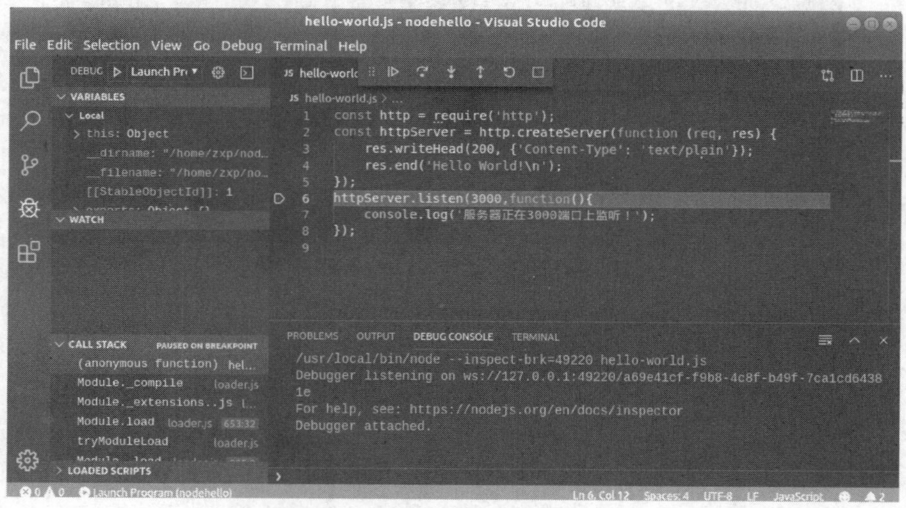

图 11-35 Node.js 脚本的调试

（4）根据需要设置监视器，例如将变量 http 作为表达式添加到监视器。

（5）按<F5>键继续执行断点之后的语句。也可以单步执行进行更深入的调试，调试器支持以下 3 种单步执行方式。

- Step Into（<F11>键）：单步执行，遇到子函数就进入并且继续单步执行。
- Step Out（<Shift>+<F11>组合键）：当单步执行到子函数内时，使用它执行完子函数余下部分，并返回到上一层函数。

- Step Over（<F10>键）：在单步执行时，在函数内遇到子函数时不会进入子函数内单步执行，而是将子函数整个执行完毕并返回到下一条语句。也就是把子函数整个作为一个执行步骤。

要强制结束调试，可以从“Debug”主菜单中选择“Stop Debugging”项（或者按<Shift>+<F5>组合键）。

11.4 习题

1. 简述 LMAP 平台的组成。
2. Python 和 Node.js 各有什么特点?
3. 在 Ubuntu 桌面版上一键安装 LAMP 平台，并测试 Apache 和 PHP。
4. 安装 phpMyAdmin 工具并进行测试。
5. 在 Ubuntu 桌面版上安装 Eclipse for PHP，并配置 PHP 程序运行环境。
6. 创建一个简单的 PHP 项目，并进行测试。
7. 在 Ubuntu 桌面版上通过源代码安装最新版本的 Python。
8. 在 Ubuntu 桌面版上安装 PyCharm 专业版。
9. 在 PyCharm 中基于 Django 框架创建一个 Web 应用项目，并进行测试。
10. 使用 Snap 包安装 Visual Studio Code。
11. 在 Visual Studio Code 中使用 Node.js 编写一个简单的 Web 应用程序并进行测试。

第 12 章 Ubuntu服务器

12

Ubuntu 已成为重要的服务器平台，Ubuntu 服务器版不再局限于传统服务器的角色，不断增加新的功能。它可让公共或私有数据中心在经济和技术上都具有出色的可扩展性。无论是部署 OpenStack 云、Hadoop 集群还是上万个节点的大型渲染场，Ubuntu 服务器版都能提供性价比最佳的横向扩展能力。它为快速发展的企业提供灵活、安全、可随处部署的技术，Ubuntu 获得业内领先硬件 OEM 厂商的认证，并提供全面的部署工具，让基础架构可以物尽其用。无论部署 NoSQL 数据库、Web 场还是云，Ubuntu 出色的性能和多用性都能满足需求。精简的初始安装和整合式的部署与应用程序建模技术，使 Ubuntu 服务器版成为简单部署与规模化管理的出色解决方案。它还提供实现虚拟化和容器化的捷径，只需几秒钟便可创建虚拟机和计算机容器。本章主要以 Ubuntu 18.04.2 LTS 服务器版本为例讲解 Ubuntu 服务器的安装和基本配置管理，以及 LAMP 服务器的搭建和配置。

学习目标

1. 了解 Ubuntu 服务器版本，学会安装 Ubuntu 服务器。
2. 掌握 Ubuntu 服务器的网络配置和磁盘存储的动态调整。
3. 学会通过 SSH 远程登录和管理 Ubuntu 服务器。
4. 熟悉 LAMP 服务器安装过程，掌握 Apache、MySQL 和 PHP 的配置方法。

12.1 Ubuntu 服务器的安装和配置管理

Ubuntu 服务器维护简单，经过初始配置工作后，剩下的大多可以由系统自动进行安全配置。在 Ubuntu 系统中，应用程序和其所依赖的库都打包在一起，应用程序的安装和管理维护非常便捷。

12.1.1 安装 Ubuntu 服务器

安装 Ubuntu 服务器

安装 Ubuntu 服务器非常便捷，通常可以在半小时内安装好 Ubuntu 服务器，并能够使其立即运行。安装之前要做一些准备工作，如硬件检查、分区准备、分区方法选择。读者可以到 Ubuntu 官方网站下载服务器版的 ISO 镜像文件，根据需要可以刻录成光盘。这些安装包可以任意复制，在任意多台计算机上安装。对于 Ubuntu 服务器版来说，硬件使用仅 2GB 或更少的系统内存即可运行。

下面以通过虚拟机安装为例示范安装过程，所使用的安装包是 64 位服务器版 ubuntu-18.04.2-live-server-amd64.iso。值得一提的是，Ubuntu 服务器版只能通过文本的方式安装，没有 Ubuntu 桌面版的图形界面，但是整个安装过程也是非常容易的。

（1）启动虚拟机（实际装机大多是将计算机设置为从光盘启动，将安装光盘插入光驱，重新启动）引导成功出现图 12-1 所示的欢迎界面，选择语言类型，这里选择“English”，按回车键。

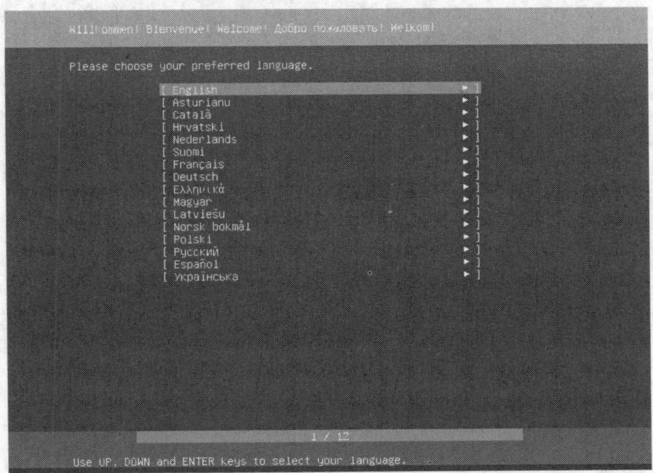

图 12-1　安装欢迎界面

（2）出现图 12-2 所示的对话框，选择键盘配置，这里选择“Chinese”，确认选中下面的“Done”菜单，按回车键。

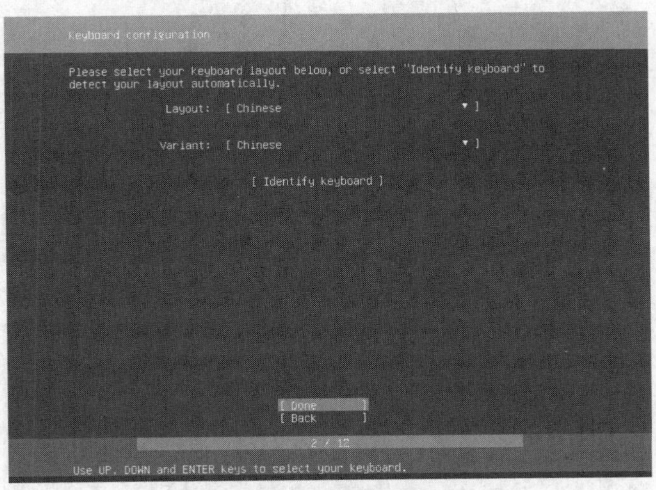

图 12-2　选择键盘配置

（3）出现图 12-3 所示的对话框，选择要安装的平台，这里选择“Install Ubuntu”，按回车键。

（4）出现图 12-4 所示的对话框，根据需要配置网络连接，这里保持默认设置（通过 DHCP 服务器自动分配），按回车键。

（5）出现“Configure proxy”对话框，根据需要配置 HTTP 代理，这里保持默认设置（不配置任何代理），按回车键。

（6）出现图 12-5 所示的对话框，根据需要设置 Ubuntu 软件包安装源，这里保持默认设置（Ubuntu 官方的源），按回车键。

以后可以根据需要将安装源改为国内的，如阿里云提供的 Ubuntu 软件包安装源。

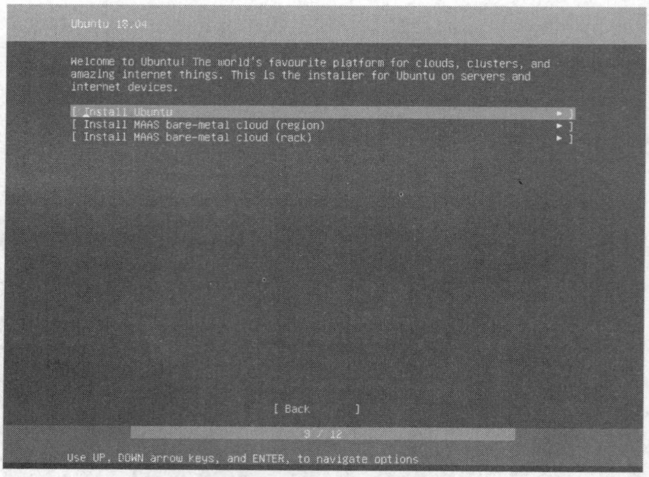

图 12-3 选择安装的平台

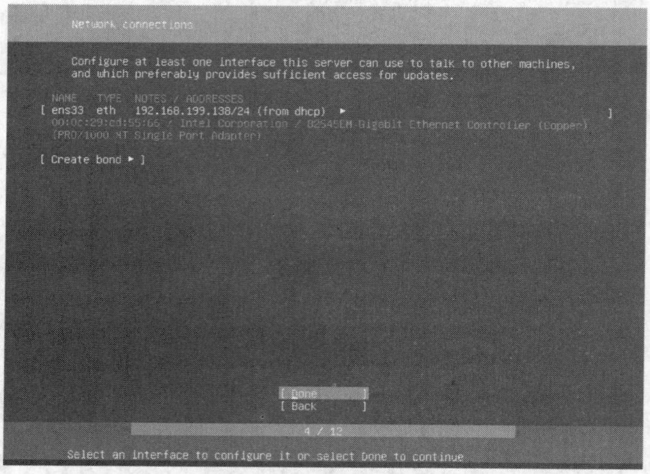

图 12-4 配置网络连接

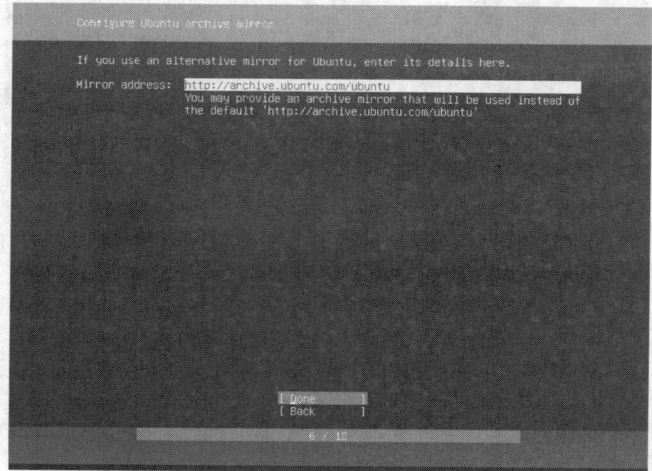

图 12-5 配置 Ubuntu 软件包安装源

（7）出现图 12-6 所示的对话框，设置文件系统，这里选择第 2 项，使用 LVM（逻辑卷管理），按回车键。

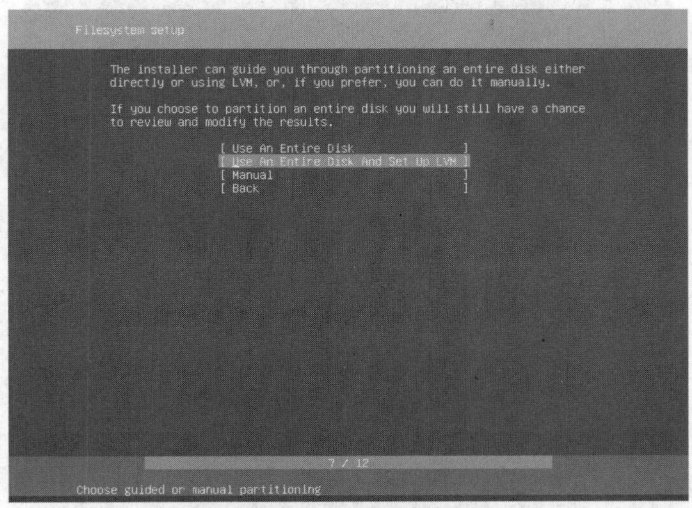

图 12-6　设置文件系统

服务器大多处于高度可用的动态环境中，调整磁盘存储空间有时不可重新引导系统，采用 LVM（逻辑卷管理）就可满足这种要求。

（8）出现图 12-7 所示的对话框，选择要安装系统的磁盘，这里保持默认设置，按回车键。

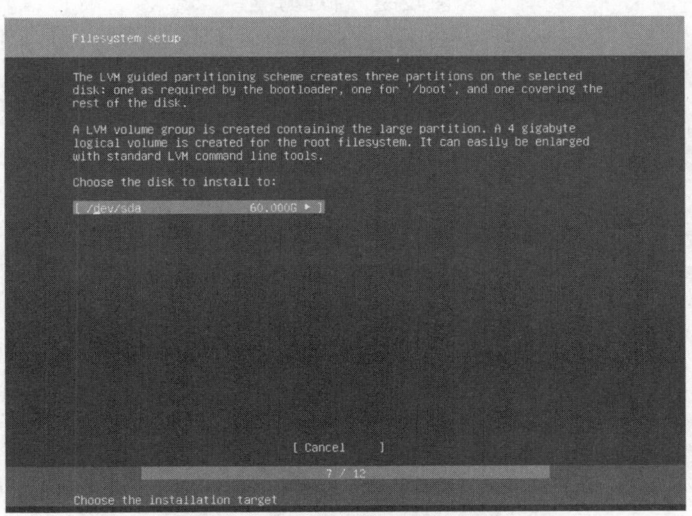

图 12-7　选择要安装系统的磁盘

（9）出现图 12-8 所示的对话框，给出文件系统设置摘要，这里选中“Done”确认这些设置，按回车键。如果要修改，可以选择“Reset”重新设置。

（10）弹出图 12-9 所示的对话框，提示接下来的磁盘格式化操作具有“破坏性”，这里选中“Continue”并按回车键，继续后面的操作。

（11）出现图 12-10 所示的对话框，依次设置用户全名、服务器主机名、用户名（账户）、密码及确认密码，按回车键。

```
Filesystem setup

  MOUNT POINT     SIZE    TYPE  DEVICE TYPE
[ /               4.000G  ext4  LVM logical volume      ▸ ]
[ /boot           1.000G  ext4  partition of local disk ▸ ]

AVAILABLE DEVICES

  DEVICE            SIZE    TYPE
[ ubuntu-vg       58.996G  LVM volume group ▸ ]
[   ubuntu-lv      4.000G (6%)              ▸ ]
      formatted as ext4, mounted at /
    free space    54.996G (93%)

[ Create software RAID (md) ▸ ]
[ Create volume group (LVM) ▸ ]

USED DEVICES

  DEVICE            SIZE    TYPE
[ /dev/sda        60.000G  local disk       ▸ ]
[   partition 1    1.000M (0%)              ▸ ]
      bios_grub
[   partition 2    1.000G (1%)              ▸ ]
      formatted as ext4, mounted at /boot

                       [ Done      ]
                       [ Reset     ]
                       [ Back      ]

                          7 / 12
Select available disks to format and mount
```

图 12-8　确认文件系统设置

```
──────────────── Confirm destructive action ────────────────

 Selecting Continue below will begin the installation process and
 result in the loss of data on the disks selected to be formatted.

 You will not be able to return to this or a previous screen once the
 installation has started.

 Are you sure you want to continue?

                    [ No          ]
                    [ Continue    ]
```

图 12-9　确认继续操作

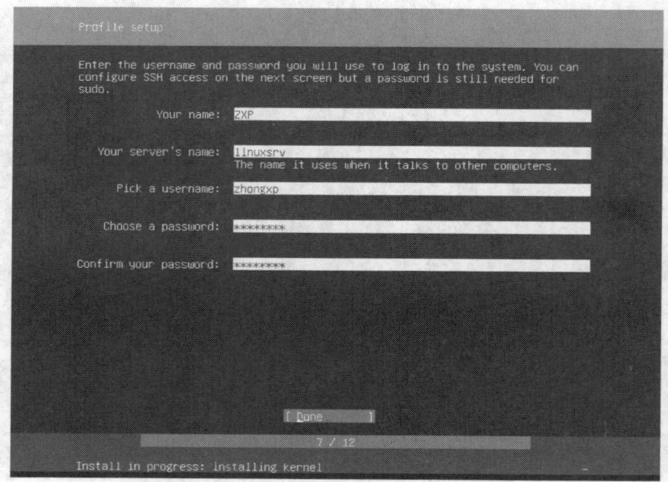

图 12-10　用户账户和主机名设置

(12)出现图 12-11 所示的对话框，选中“Install OpenSSH server”以安装 SSH 服务器提供远程管理服务，按回车键。

(13)出现图 12-12 所示的对话框，选择特色服务器的 Snap 安装，列出了适合服务器环境的流行软件的 Snap 包，作为示范，这里选中“docker”以安装 Docker，按回车键。

Docker 是目前最流行的软件容器平台，提供传统虚拟化的替代解决方案，越来越多的应用程序以容器的形式在开发、测试和生产环境中运行。

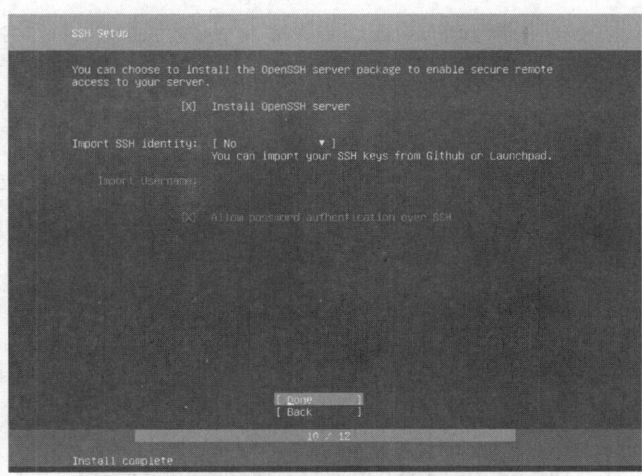

图 12-11 SSH 设置

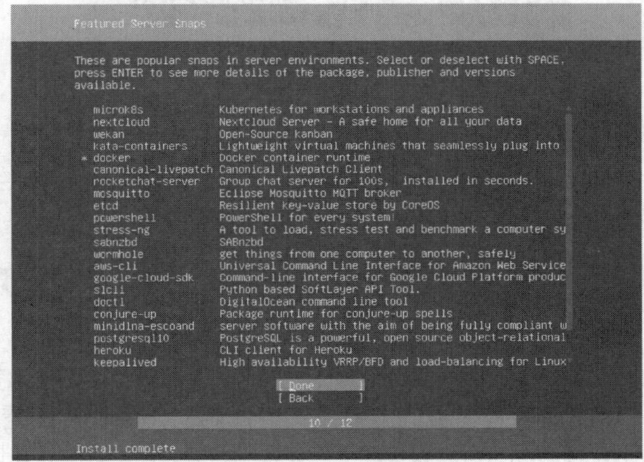

图 12-12 选择特色服务器

（14）安装完毕出现图 12-13 所示的对话框，选择“View full log”可查看完整的安装日志，这里选中“Reboot Now”按回车键以重启服务器。

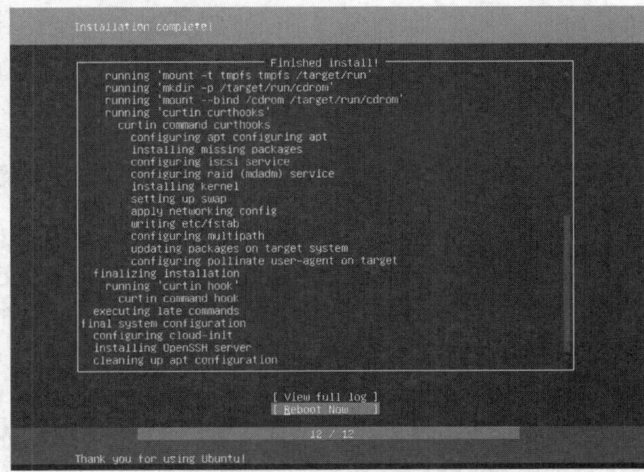

图 12-13 安装完毕

此时可以移除安装介质（例中通过虚拟机操作很简单），否则启动过程中会给出相关的提示。系统启动完成之后，按回车键，出现登录提示，分别输入用户名和密码即可登录，如图 12-14 所示。

```
Ubuntu 18.04.2 LTS linuxsrv tty1

linuxsrv login: zhongxp
Password:
Welcome to Ubuntu 18.04.2 LTS (GNU/Linux 4.15.0-58-generic x86_64)

 * Documentation:  https://help.ubuntu.com
 * Management:     https://landscape.canonical.com
 * Support:        https://ubuntu.com/advantage

  System information as of Fri Aug 23 08:02:55 UTC 2019

  System load:  0.28               Processes:             220
  Usage of /:   47.9% of 3.87GB   Users logged in:       0
  Memory usage: 4%                 IP address for ens33: 192.168.199.139
  Swap usage:   0%

157 packages can be updated.
81 updates are security updates.



The programs included with the Ubuntu system are free software;
the exact distribution terms for each program are described in the
individual files in /usr/share/doc/*/copyright.

Ubuntu comes with ABSOLUTELY NO WARRANTY, to the extent permitted by
applicable law.

[  OK  ] Created slice User Slice of zhongxp.
         Starting User Manager for UID 1000...
[  OK  ] Started Session 1 of user zhongxp.
[  OK  ] Started User Manager for UID 1000.
To run a command as administrator (user "root"), use "sudo <command>".
See "man sudo_root" for details.

zhongxp@linuxsrv:~$
```

图 12-14　成功登录服务器

12.1.2　调整网络配置

调整网络配置

Ubuntu 18.04 的网络配置的方式与之前的版本相比有了很大的改动，并且服务器版与和桌面版是不同的。Ubuntu 18.04 LTS 服务器版网络配置使用的是 netplan 工具，它将网卡的配置都整合到一个 YAML 格式文件/etc/netplan/*.yaml 中，不同的版本文件名不尽相同。

netplan 是抽象网络配置生成器，是一个用于配置 Linux 网络的简单工具。通过 netplan，只需使用一个 YAML 文件描述每个网络接口所需要的配置即可根据这个配置描述，netplan 便可生成所有需要的配置，不管选用的是哪种底层管理工具。netplan 从/etc/netplan/*.yaml 读取配置，配置可以是管理员或者系统安装人员配置；也可以是云镜像或者其他操作系统部署设施自动生成。在系统启动阶段早期，Netplan 在/run 目录生成好配置文件并将设备控制权交给相关后台程序。

例中所用的网络配置文件为/etc/netplan/50-cloud-init.yaml。查看该文件，得知当前配置内容如下：

```
network:
   ethernets:
      ens33:
         dhcp4: true
   version: 2
```

YAML 格式一定要注意缩进。ethernets 表示以太网。网络接口采用的是一致性网络设备命名，例中为 ens33，这是一个以太网卡（en），使用的热插拔插槽索引号（s），索引号是 33。“dhcp4: true”表示 IP 地址以及 TCP/IP 参数由 DHC 服务器自动分配。

提 示　**Ubuntu 15.04 开始使用一致性网络设备命名（Consistent Network Device Naming）方式，可以基于固件、拓扑、位置信息来设置固定名称，由此带来的好处是命名自动化，名称完全可预测，硬件因故障更换也不会影响设备的命名，可以让硬件更换无缝过渡。但不足之处是比传统的命名格式更难读。这种新的命名格式为：网络类型+设备类型编码+编号。前两个字符为网络类型，如 en 表示以太网（Ethernet），wl 表示无线局域网（WLAN），ww 表示无线广域网（WWAN）。第 3 个字符代表设备类型，如 o 表示板载设备索引号，s 表示热插拔插槽索引号，x 表示 MAC 地址，p 表示 PCI 地理位置/USB 端口号链（ ）；后面的编号来自设备。**

服务器应当使用静态 IP 地址，这里通过修改上述配置文件来调整网络配置，可使用 vi 或 nano 工具修改。例中修改如下：

```
network:
  ethernets:
    ens33:
      addresses: [192.168.199.211/24]
      gateway4:  192.168.199.1
      nameservers:
         addresses: [114.114.114.114, 8.8.8.8]
      dhcp4: no
      optional: no
  version:  2
```

其中 addresses 设置静态 IP 地址，gateway4 设置默认路由（IPv4 网关），nameservers 设置 DNS 服务器。optional 表示是否允许在不等待这些网络接口完全激活的情况下启动系统，值 true 表示允许，no 表示不允许。

设置完成后运行以下命令更新网络的设置，使其生效：

```
sudo  netplan apply
```

如果是 SSH 远程登录，则需要重新登录，因为 IP 地址更改了。再次使用 ip a 命令查看服务器 IP 设置，会发现其中的 ens33 网络接口设置如下：

```
2: ens33: <BROADCAST,MULTICAST,UP,LOWER_UP> mtu 1500 qdisc fq_codel state UP group default qlen 1000
    link/ether 00:0c:29:cd:55:66 brd ff:ff:ff:ff:ff:ff
    inet 192.168.199.211/24 brd 192.168.199.255 scope global ens33
       valid_lft forever preferred_lft forever
    inet6 fe80::20c:29ff:fecd:5566/64 scope link
       valid_lft forever preferred_lft forever
```

12.1.3 通过 SSH 远程登录服务器

对于生产性服务器，通常采用远程控制来管理维护。SSH 是 Secure Shell 的缩写，是一种在应用程序中提供安全通信的协议，通过 SSH 可以安全地访问服务器，因为 SSH 基于成熟的公钥加密体系，将所有传输的数据进行加密，保证数据在传输时不被恶意破坏、泄露和篡改。SSH 是目前最常用的 Linux 远程登录与控制解决方案。

OpenSSH 是免费的 SSH 协议版本，是一种可信赖的安全连接工具，在 Linux 平台中广泛使用 OpenSSH 程序来实现 SSH 协议。在 Ubuntu 服务器安装过程中可以选择安装 OpenSSH server，上述安装示范中已经这样做了。如果没有安装，可以执行以下命令安装 tasksel 工具。

```
sudo apt install tasksel
```

然后执行以下命令直接安装 OpenSSH 服务器。

```
sudo tasksel install openssh-server
```

安装之后，系统默认将 OpenSSH 服务设置为自动启动，即随系统启动而自动加载。OpenSSH 服务器所使用的配置文件是/etc/ssh/sshd_config，可以通过编辑该文件来修改配置。

使用 SSH 客户端来远程登录 SSH 服务器，并进行控制和管理操作。Ubuntu 桌面版默认已经安装有 SSH 客户端程序。直接使用 ssh 命令登录到 SSH 服务器。该命令的参数比较多，最常见的用法为：

```
ssh -l [远程主机用户账户] [远程服务器主机名或 IP 地址]
```

本例中在 Ubuntu 桌面版中登录远程主机的过程如下：

```
zxp@LinuxPC1:~$ ssh -l zhongxp 192.168.199.211
The authenticity of host '192.168.199.139 (192.168.199.211)' can't be established.
ECDSA key fingerprint is SHA256:G8aSxqyO1hygGJ/3wyIsuj2ehUbKYzup2d0Svgms9UM.
Are you sure you want to continue connecting (yes/no)? yes
Warning: Permanently added '192.168.199.211' (ECDSA) to the list of known hosts.
zhongxp@192.168.199.211's password:
```

```
Welcome to Ubuntu 18.04.2 LTS (GNU/Linux 4.15.0-58-generic x86_64)
......
```

SSH 客户端程序在第一次连接到某台服务器时，由于没有将服务器公钥缓存起来，会出现警告信息并显示服务器的指纹信息。此时应输入"yes"确认，程序会将服务器公钥缓存在当前用户主目录下.ssh子目录中的 known hosts 文件里（如/root/.ssh/known hosts），下次连接时就不会出现提示了。如果成功地连接到 SSH 服务器，就会显示登录信息并提示用户输入用户名和密码。如果用户名和密码输入正确，就能成功登录并在远程系统上工作了。

出现命令行提示符后，则登录成功，此时客户机就相当于服务器的一个终端，在该命令行上进行的操作，实际上是在操作远端的服务器。操作方法与操作本地计算机一样。使用命令 exit 退出该会话（断开连接）。

除了使用 ssh 命令登录远程服务器并在远程服务器上执行命令外，SSH 客户端还提供了一些实用命令用于客户端与服务器之间传送文件。

如 scp 命令使用 SSH 协议进行数据传输，可用于远程文件复制，在本地主机与远程主机之间安全地复制文件。scp 命令可以有很多选项和参数，基本用法为：

```
scp  源文件  目标文件
```

必须指定用户名、主机名、目录和文件，其中源文件或目标文件的表达格式为：用户名@主机地址:文件全路径名。

另外在 Windows 平台上可使用免费的 PuTTY 软件作为 SSH 客户端，这样可以方便地访问和管理 Ubuntu 服务器。

12.1.4 基于 Web 界面远程管理 Ubuntu 服务器

SSH 是文本界面的工具，有些初学者希望使用图形界面工具。在 Ubuntu 服务器上可以直接安装图形化桌面环境，最简单的方式是通过 Tasksel 工具安装，如图 12-15 所示。

基于 Web 界面远程管理 Ubuntu 服务器

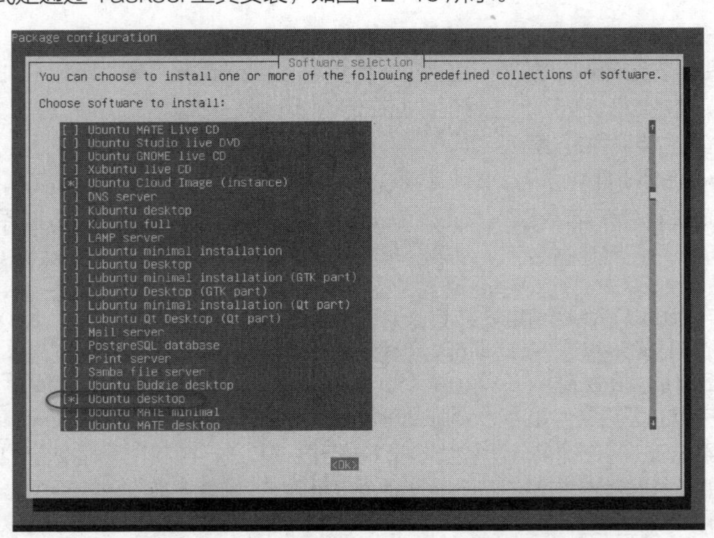

图 12-15　安装桌面环境 Ubuntu desktop

但是，考虑到服务器的运行效率，并不建议采用这种为服务器安装桌面环境的方式。初学者可以考虑使用 Web 界面来管理 Ubuntu 服务器。Webmin 就是一个基于 Web 界面的系统管理工具，结合 SSL 支持可以作为一种安全可靠的远程管理工具。管理员使用浏览器访问 Webmin 服务可以完成 Linux 系统的主要管理任务，如设置用户账户、Apache、DNS、文件共享等。采用这种 Web 管理方式，管理员不必编辑系统配置文件，能够方便从本地和远程管理系统。它采用插件式结构，具有很强的扩展性和伸缩性，目前提供的标准管理模块几乎涵盖了常见的系统可管理，还有许多第三方的管理模块。

在 Ubuntu 服务器上可以通过官方软件源来安装 Webmin，具体步骤如下。

（1）在 APT 源文件中添加 Webmin 的官方仓库信息，可以执行以下命令：

```
sudo nano /etc/apt/sources.list
```

打开/etc/apt/sources.list 文件进行编辑，往该文件中添加以下内容：

```
deb http://download.webmin.com/download/repository sarge contrib
deb http://webmin.mirror.somersettechsolutions.co.uk/repository sarge contrib
```

（2）考虑到需要公钥验证签名，需要添加有关的 GPG 密钥。执行以下两条命令。

```
sudo wget http://www.webmin.com/jcameron-key.asc
sudo apt-key add jcameron-key.asc
```

（3）执行以下命令更新软件源。

```
sudo apt update
```

（4）执行如下命令安装 Webmin 软件包。

```
sudo apt install webmin
```

安装结束时会给出提示信息，下面列出其中的一部分：

```
Webmin install complete. You can now login to https://linuxsrv:10000/
as root with your root password, or as any user who can use sudo
to run commands as root.
Processing triggers for systemd (237-3ubuntu10.19) ...
Processing triggers for ureadahead (0.100.0-20) ...
```

安装成功后，Webmin 服务就已启动，服务端口默认为 10000，而且会自动配置为自启动服务。

（5）为便于其他主机远程访问 Webmin 的控制台，需要执行以下命令在防火墙里开启器默认端口“10000”。

```
sudo ufw allow 10000
```

至此完成了 Webmin 的基本部署，接着可以通过浏览器使用它来管理服务器。在 Ubuntu 桌面版计算机上打开浏览器访问服务器上的 Webmin 控制台，本例中访问地址为 https://192.168.199.211:10000。由于使用 HTTPS 协议需要安全验证，首次使用会给出安全风险警示，单击“高级”链接，然后单击“接受风险并继续”按钮。

接着可以看到登录界面，输入账户和密码，如图 12-16 所示，登录成功后显示图 12-17 所示的主界面。

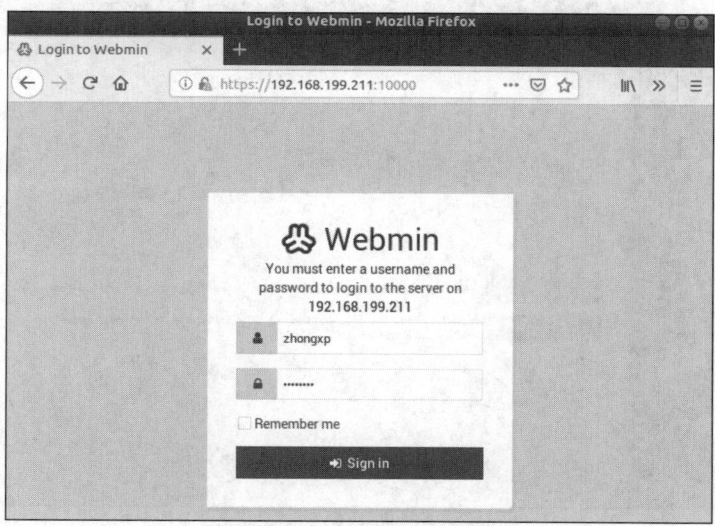

图 12-16　Webmin 登录界面

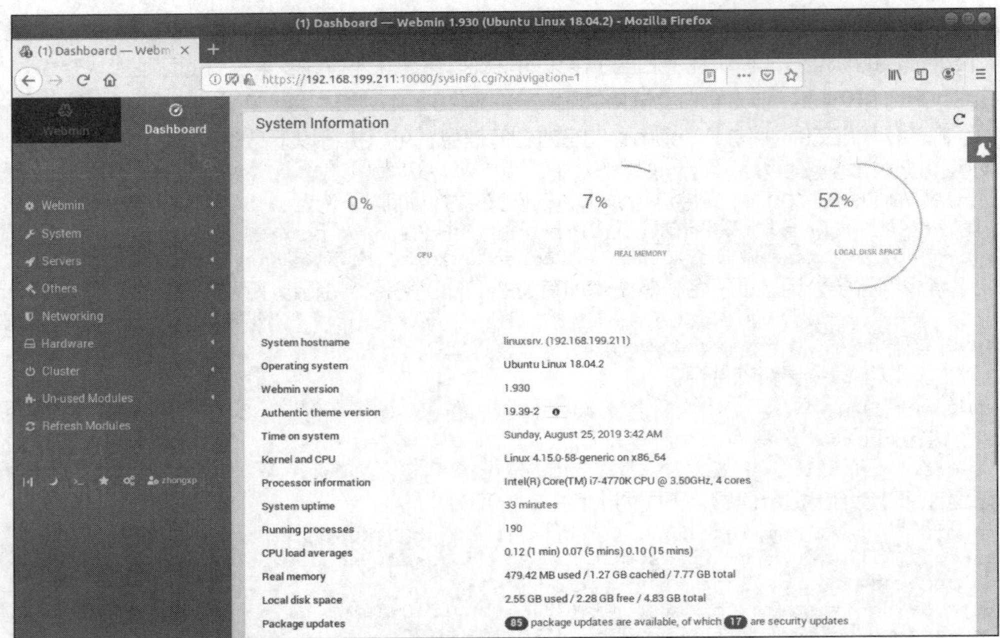

图 12-17　Webmin 主界面

所有的管理功能都是以模块的形式插入到 Webmin 中的。Webmin 对这些管理模块进行了分类，Webmin 界面左边以导航菜单的形式显示这些类别。

展开“Webmin”类别，可以执行与 Webmin 本身有关的配置和管理任务。

“System”类别可以进行操作系统的总体配置，包括配置文件系统、用户、组和系统引导，控制系统中运行的服务等。

“Servers”类别用于对系统中运行的各个服务（如 Apache、SSH）进行配置，例如，对 SSH 服务器的管理界面如图 12-18 所示。

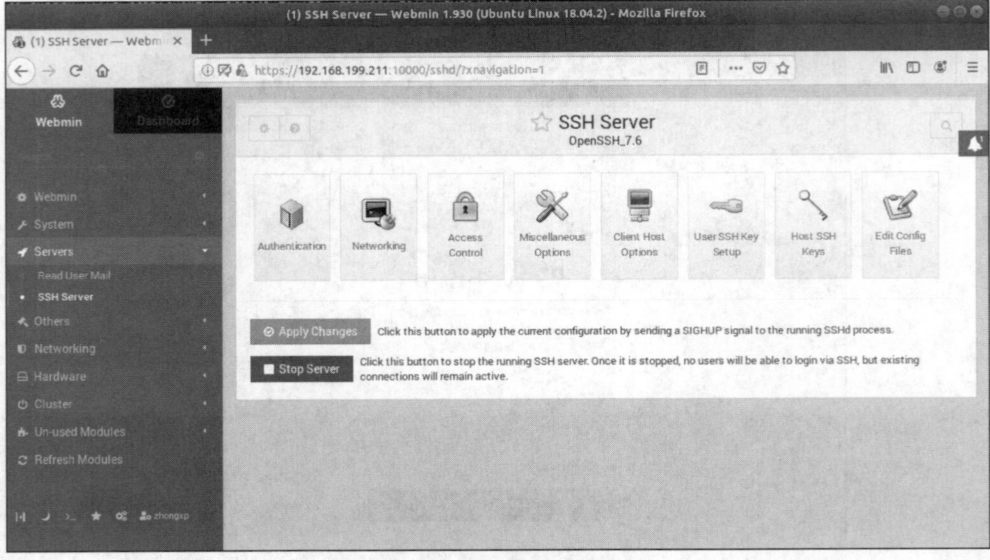

图 12-18　SSH 服务器管理界面

“Others”类别用于执行一些系统管理任务，如命令行界面、文件管理器、SSH 登录、文本界面登录等。例如，文件管理器界面如图 12-19 所示，可以以可视化方式执行文件和文件夹的管理操作。

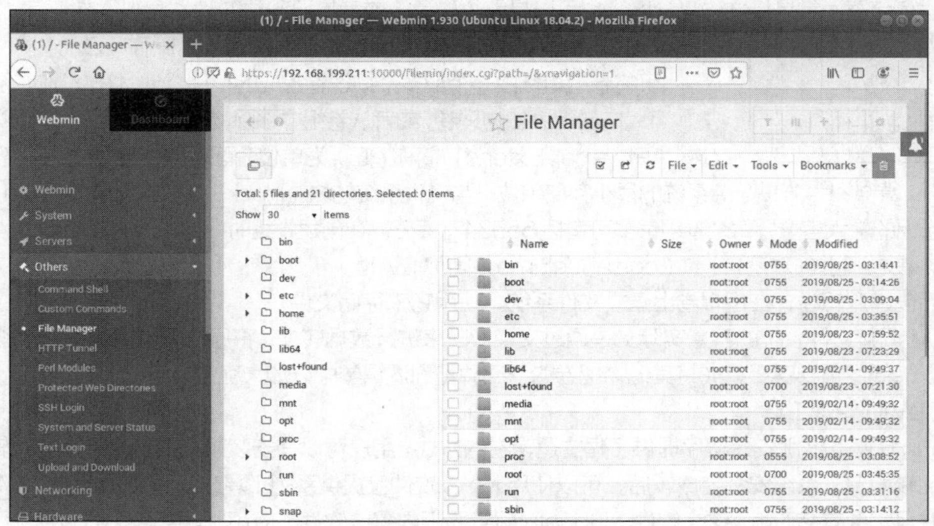

图 12-19　文件管理器界面

“Networking”类别提供的工具可以用来配置网络硬件和进行一些复杂的网络控制，如防火墙、网络配置。这些工具实际是去修改标准的配置文件。

“Hardware”类别用于配置物理设备，主要是打印机和存储设备。RAID（磁盘阵列）和 LVM（逻辑卷管理）都可以在这里进行管理操作。

“Cluster”类别的工具用于管理集群系统。

12.1.5　动态调整磁盘存储空间

传统的分区都是固定分区，硬盘分区一旦完成，则分区的大小不可改变，要改变分区的大小，只有重新分区。另外也不能将多个硬盘合并到一个分区。而逻辑卷管理（Logical Volume Manager，LVM）就能解决这些问题。逻辑卷可以在系统仍处于运行状态时扩充和缩减，为管理员提供磁盘存储管理的灵活性。Linux 的逻辑卷管理功能非常强大，可以在生产运行系统上面直接在线扩展或收缩硬盘分区，还可以在系统运行过程中跨硬盘移动磁盘分区。LVM 对处于高度可用的动态环境中的服务器非常有用。

动态调整磁盘存储空间

1. LVM 机制

LVM 是一个建立在物理存储器上的逻辑存储器体系，如图 12-20 所示。下面通过逻辑卷的形成过程来说明其实现机制，并解释相应的概念。

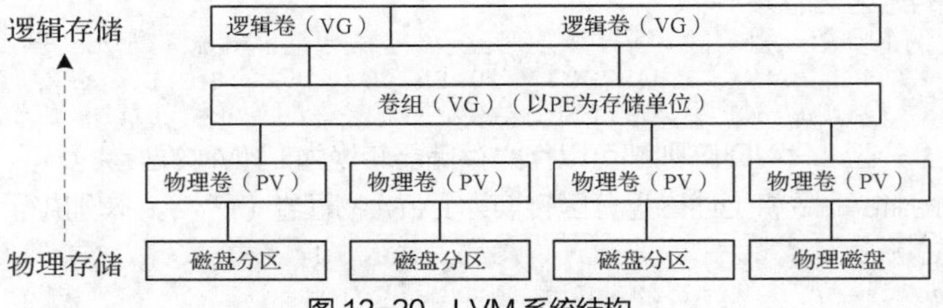

图 12-20　LVM 系统结构

（1）初始化物理卷（Physical Volume，简称PV）。

首先选择一个或多个用于创建逻辑卷的物理存储器，并将它们初始化为可由 LVM 系统识别的物理卷。物理存储器通常是标准磁盘分区，也可以是整个磁盘，或者是已创建的软件RAID卷。

PE	PE	PE	PE	PE
PE	PE	PE	PE	PE
PE	PE	PE	PE	PE
PE	PE	PE	PE	PE
PE	PE	PE	PE	PE
PE	PE	PE	PE	PE
PE	PE	PE	PE	PE

图12-21　卷组以PE为单位

（2）在物理卷上创建卷组（Volume Group，简称VG）。

可将卷组看作由一个或多个物理卷组成的存储器池。在 LVM 系统运行时，可以向卷组添加物理卷，或者从卷组中移除物理卷。卷组以大小相等的“区域”（Physical Extend，简称PE）为单位分配存储容量，PE是整个LVM系统的最小存储单位，与文件系统的块（block）类似，如图12-21所示。它影响卷组的最大容量，每个卷组最多可包括65534个PE。在创建卷组时指定该值，默认值为4M。

（3）在卷组上创建逻辑卷（Logical Volume，简称LV）。

最后创建逻辑卷，在逻辑卷上建立文件系统，使用它来存储文件。

LVM调整文件系统的容量实际上是通过交换PE来进行数据转换，将原逻辑卷内的PE转移到其他物理卷以降低逻辑卷容量，或将其他物理卷的PE调整到逻辑卷中以加大容量。

2. LVM管理工具

Ubuntu服务器版安装程序提供了建立逻辑卷的方式，用户可以在安装系统的过程中建立逻辑卷，这种方法比较简单。系统安装完成以后，可以使用lvm2软件包提供系列工具来管理逻辑卷。LVM要求内核支持并且需要安装lvm2这个软件，Ubuntu服务器版内置该软件。lvm2提供了一组LVM管理工具，用于配置和管理逻辑卷，表12-1列出这些工具。

表12-1　LVM管理工具

常用功能	物理卷	卷组	逻辑卷
扫描检测	pvscan	vgscan	lvscan
显示基本信息	pvs	vgs	lvs
显示详细信息	pvdisplay	vgdisplay	lvdisplay
创建	pvcreate	vgcreate	lvcreate
删除	pvremove	vgremove	lvremove
扩充		vgextend	lvextend（lvresize）
缩减		vgreduce	lvreduce（lvresize）
改变属性	pvchange	vgchange	lvchange

3. 创建逻辑卷

上述Ubuntu服务器安装过程中选择LVM磁盘存储，注意/boot分区不能位于逻辑卷组，因为引导加载程序无法读取它。创建逻辑卷通常分为PV、VG和LV三个阶段。这里通过实例讲解操作步骤。

（1）准备相应的物理存储器，创建磁盘分区。这里以两个磁盘分区/dev/sdb1和/dev/sdb2为例。本例为虚拟机增加一个磁盘/dev/sdb，划分两个分区，并将分区类型设置为Linux LVM，对于MBR分区，该类型使用8e表示；对于GPT分区，则使用8e00表示。对于已有的分区，执行子命令t命令更改磁盘分区的ID。实际上，不修改分区ID也可以，只是某些LVM检测指令可能会检测不到该分区。完成之后，查看相应的分区信息如下：

```
Device     Boot     Start      End      Sectors    Size  Id   Type
/dev/sdb1            2048   10487807   10485760     5G   8e  Linux LVM
/dev/sdb2        10487808   20971519   10483712     5G   8e  Linux LVM
```

注意磁盘、磁盘分区、RAID阵列都可以作为存储器转换为LVM物理卷。

（2）使用pvcreate命令将上述磁盘分区转换为LVM物理卷（PV）。本例执行过程如下。

```
zhongxp@linuxsrv:~$ sudo pvcreate /dev/sdb1 /dev/sdb2
  Physical volume "/dev/sdb1" successfully created.
  Physical volume "/dev/sdb2" successfully created.
```

如果原来分区上创建有文件系统，则会出现警告信息，在转换为 PV 的过程中将擦除已有的文件系统。

（3）执行 pvscan 命令来检测目前系统中现有的 LVM 物理卷信息，结果如下。

```
zhongxp@linuxsrv:~$ sudo pvscan   # 分别显示每个 PV 的信息与系统所有 PV 的汇总信息
  PV /dev/sda3   VG ubuntu-vg     lvm2 [<59.00 GiB / <55.00 GiB free]
  PV /dev/sdb2                    lvm2 [<5.00 GiB]
  PV /dev/sdb1                    lvm2 [5.00 GiB]
  Total: 3 [<69.00 GiB] / in use: 1 [<59.00 GiB] / in no VG: 2 [<10.00 GiB]
```

这将统计所有 PV 的数量及容量、正在使用的 PV 的数量及容量、未被使用的 PV 的数量及容量。

（4）使用 vgcreate 命令基于上述两个 LVM 物理卷创建一个 LVM 卷组，例中将其命名为 testvg。

```
zhongxp@linuxsrv:~$ sudo vgcreate -s 32M testvg /dev/sdb1 /dev/sdb2
  Volume group "testvg" successfully created
```

vgcreate 命令的基本用法为

```
vgcreate [选项] 卷组名 物理卷名（列表）
```

其中物理卷名直接使用物理存储器设备名称，要使用多个物理卷，依次列表即可。该命令有很多选项，如-s 用于指定区域（PE）大小，单位可以是 M、G、T，大小写均可。

（5）执行 vgdisplay 命令显示卷组 testvg 的详细情况，结果如下：

```
zhongxp@linuxsrv:~$ sudo vgdisplay  testvg
  --- Volume group ---
  VG Name               testvg                      #卷组名称
  （此处省略）
  VG Size               <9.94 GiB                      # 该卷组总容量
  PE Size               32.00 MiB                      # 该卷组每个 PE 的大小
  Total PE              318                            # 该卷组的 PE 总数量
  Alloc PE / Size        0 / 0                         # 已经分配使用的 PE 数量和容量
  Free  PE / Size       318 / <9.94 GiB                 # 未使用的 PE 数量和容量
  VG UUID               qYWh6Q-WxJ8-Wzw6-ad0X-yTHp-Ylmb-4TtMgQ
```

（6）使用 lvcreate 命令基于上述 LVM 卷组 testvg 创建一个 LVM 逻辑卷，例中将其命名为 testlv。

```
zhongxp@linuxsrv:~$ sudo lvcreate -l 200 -n testlv testvg
  Logical volume "testlv" created.
```

lvcreate 命令的基本用法为

```
lvcreate  [-l PE 数量|-L 容量]  [-n 逻辑卷名] 卷组名
```

其中最重要的是指定分配给逻辑卷的存储容量，可以使用选项-l 指定分配的 PE 数量（即多少个 PE，由系统自动计算容量），也可以使用选项-L 直接指定存储容量，单位可以是 M、G、T，大小写均可。

这里是将部分卷组（200 个 PE）分配给一个逻辑卷。未分配卷组空间容量或 PE 数量可通过 vgdisplay 命令来查看，参见上一步骤。

（7）执行 lvdisplay 命令显示逻辑卷/dev/testvg/testlv 的详细情况，结果如下。

```
zhongxp@linuxsrv:~$ sudo lvdisplay  /dev/testvg/testlv
  --- Logical volume ---
  LV Path                /dev/testvg/testlv         #逻辑卷的设备名称全称
  LV Name                testlv
  VG Name                testvg
  LV UUID                AIVLQQ-kYKi-W4hC-TvYs-y5BE-YW4z-3Ep5im
  LV Write Access         read/write
  LV Creation host, time linuxsrv, 2019-08-25 08:56:38 +0000
  LV Status               available
  # open                 0
  LV Size                6.25 GiB                              #逻辑卷的容量
```

```
  Current LE            200                          #逻辑卷分配的 PE 数量
  Segments              2
  Allocation            inherit
  Read ahead sectors     auto
  - currently set to     256
  Block device          253:1
```

至此已经完成了逻辑卷的创建过程。需要注意的是，LVM 卷组可直接使用其名称来表示，而逻辑卷必须使用设备名称。逻辑卷相当于一个特殊分区，还需建立文件系统并挂载使用。

（8）执行以下命令在逻辑卷上建立文件系统。

```
sudo mkfs -t ext4 /dev/testvg/testlv
```

提 示　**Ubuntu 服务器也可以考虑使用 xfs，这是一种适合企业级应用的高性能大型文件系统，尤其擅长高并发大量、小型文件的存储和处理。执行 mkfs.xfs 命令建立 xfs 文件系统。**

（9）执行以下命令挂载该逻辑卷。

```
sudo mkdir /mnt/testlvm                              #建立挂载用目录
sudo mount /dev/testvg/testlv /mnt/testlvm           #挂载文件系统
```

可以执行 df 命令检查当前文件系统的磁盘空间占用情况。

```
zhongxp@linuxsrv:~$ df -lhT
Filesystem                          Type      Size  Used Avail Use% Mounted on
udev                               devtmpfs  3.9G     0  3.9G   0% /dev
tmpfs                              tmpfs     796M  1.5M  794M   1% /run
/dev/mapper/ubuntu--vg-ubuntu--lv ext4      3.9G  2.6G  1.2G  69% /
（此处省略）
/dev/sda2                           ext4      976M   77M  833M   9% /boot
tmpfs                              tmpfs     796M     0  796M   0% /run/user/1000
/dev/mapper/testvg-testlv             ext4      6.1G   29M  5.8G   1% /mnt/testlvm
```

可发现刚建立的逻辑卷的文件系统名为/dev/mapper/testvg-testlv，也就是说，实际上使用的逻辑卷设备位于/dev/mapper/，系统自动建立链接文件/dev/testvg/testlv 指向该设备文件。

如果希望系统启动时自动挂载，更改/etc/fstab 文件，添加如下定义：

```
/dev/testvg/testlv /mnt/testlvm  ext4   defaults    0    0
```

4. 动态调整逻辑卷容量

LVM 系统最主要的用途就是弹性调整磁盘容量，基本方法是首先调整逻辑卷的容量，然后对文件系统进行处理。这里介绍动态增加卷容量的例子。上述创建逻辑卷的例子中，只将部分卷组（200 个 PE）分配给逻辑卷，这里将未分配卷组分配给逻辑卷。

（1）首先使用 vgdisplay 命令查验 testvg 卷组的情况，发现还有 118 个 PE（3.69 GiB 空间）未被使用。

（2）执行 lvresize 命令基于卷组 testvg 所有剩余空间进一步扩充逻辑卷 testlv。

```
zhongxp@linuxsrv:~$ sudo lvresize  -l +118 /dev/testvg/testlv
  Size of logical volume testvg/testlv changed from 6.25 GiB (200 extents) to <9.94 GiB (318 extents).
  Logical volume testvg/testlv successfully resized.
```

lvresize 命令的语法很简单，基本上同 lvcreate，也通过选项-l 或-L 指定要增加的容量。

（3）再次使用 vgdisplay 命令查验 testvg 卷组的情况，发现 PE 都用尽了。

```
VG Size               <9.94 GiB
PE Size               32.00 MiB
Total PE              318
Alloc PE / Size        318 / <9.94 GiB
Free  PE / Size        0 / 0
```

（4）执行 lvdisplay 命令显示逻辑卷 testlv 的详细情况，下面是从中挑出的相关信息。

```
LV Size                <9.94 GiB                          # 逻辑卷的容量
Current LE             318                              # 逻辑卷分配的 PE 数量
```

（5）执行以下命令检查该逻辑卷文件系统的磁盘空间占用情况，可以发现虽然逻辑卷容量增加了，但是文件系统容量并没有增加，还需要进一步操作。

```
zhongxp@linuxsrv:~$ df -lhT  /mnt/testlvm
Filesystem                  Type  Size  Used Avail Use% Mounted on
/dev/mapper/testvg-testlv ext4  6.1G   29M  5.8G   1% /mnt/testlvm
```

（6）调整文件系统容量。

对于 ext 系列文件系统，需要使用 resize2f 命令来动态调整文件系统容量。基本用法为：

```
resize2fs [选项] 设备名 [新的容量大小]
```

如果不指定容量大小，那么将扩充为整个逻辑卷的容量。

```
zhongxp@linuxsrv:~$ sudo resize2fs /dev/testvg/testlv
resize2fs 1.44.1 (24-Mar-2018)
Filesystem at /dev/testvg/testlv is mounted on /mnt/testlvm; on-line resizing
required
old_desc_blocks = 1, new_desc_blocks = 2
The filesystem on /dev/testvg/testlv is now 2605056 (4k) blocks long.
```

对于 xfs 文件系统，可以执行 xfs_growfs 命令调整容量。

再次检查逻辑卷文件系统的容量，发现容量已增加到位：

```
zhongxp@linuxsrv:~$ df -lhT  /mnt/testlvm
Filesystem                  Type  Size  Used Avail Use% Mounted on
/dev/mapper/testvg-testlv ext4  9.8G   29M  9.2G   1% /mnt/testlvm
```

提 示　**如果要将新添加的物理存储器用于扩充 LVM 容量，需要先将它转换为 LVM 物理卷，然后 vgextend 命令扩充卷组，接着才是使用 lvresize 命令基于卷组剩余空间扩充逻辑卷，最后调整文件系统容量。**

5. 删除逻辑卷

由于磁盘分区融入逻辑卷，删除逻辑卷并恢复磁盘分区，不能简单地执行逻辑卷删除命令，而是建立逻辑卷的逆过程，需要按照以下流程来处理。

（1）卸载系统 LVM 文件系统。

（2）使用 lvremove 命令删除相应的逻辑卷。

（3）使用命令 vgchange -a n 卷组名，停用相应的卷组。

（4）使用命令 vgremove 删除相应的卷组。

（5）使用命令 pvremove 删除相应的物理卷。

（6）将相应磁盘分区 ID 改回 83 或 8300（Linux 分区）。

12.2 LAMP 服务器安装与配置

LAMP 服务器安装

正式的 Internet 应用都要部署到服务器上，Ubuntu 服务器版就是不错的选择。LAMP 是 Web 网络应用和环境的优秀组合，仍然是 Linux 服务器端最重要的应用平台之一。在 Ubuntu 服务器上可以方便地构建 LAMP 平台。早期的 Ubuntu 服务器版默认安装有 Taskel 工具，而且在安装过程中可以选择安装 LAMP 服务器来搭建 Web 发布平台。只是 Ubuntu 18.04 LTS 服务器在安装过程中默认不再提供

Taskel 工具，需要先安装该工具，再通过该工具来安装 LAMP 服务器。安装之后，根据实际需要进行相应的配置，重点是 Apache 和 MySQL 服务器的配置。

12.2.1 在 Ubuntu 服务器上安装 LAMP

上一章已经示范了在 Ubuntu 桌面版上安装 LAMP 平台的过程，Ubuntu 服务器上安装过程是一样的。除了 LAMP 之外，Tasksel 还能用于安装 DNS 服务器、邮件服务器等套件。

为便于以 Web 方式在线管理 MySQL 数据库，一般还需要安装 phpMyAdmin 工具。

12.2.2 在 Ubuntu 上配置 Apache

配置 Apache 服务器的关键是对配置文件进行设置。Apache 服务器启动时自动读取配置文件内容，根据配置指令决定 Apache 服务器的运行。可以直接使用文本编辑器修改该配置文件。配置文件改变后，只有下次启动 Apache，或重新启动 Apache 才能生效。

1. Apache 配置文件体系

在 Windows 系统中，Apache 的配置文件通常只有一个 httpd.conf。而 Ubuntu 上的 Apache 配置文件并不像 Windows 那样简单，它将各个设置项分布在不同的配置文件中，虽然复杂一些，但是这样的设计更为合理。

Ubuntu 的 Apache 主配置文件是/etc/apache2/apache2.conf，Apache 在启动时会自动读取这个文件的配置信息。打开主配置文件/etc/apache2/apache2.conf，其中列举了所有 Apache 配置文件，并给出其层级结构：

```
/etc/apache2/
|-- apache2.conf
|    --  ports.conf
|-- mods-enabled
|    |-- *.load
|    -- *.conf
|-- conf-enabled
|    -- *.conf
-- sites-enabled
    -- *.conf
```

apache2.conf 是主配置文件，Apache 在启动时由它将所有其他 Apache 配置文件整合在一起。而其他的一些配置文件，如 ports.conf 等，则是通过 Include 指令包含进来。

ports.conf 配置文件用于设置 Apache 使用的端口。

位于 mods-enabled、conf-enabled 和 sites-enabled 目录中的配置文件分别包含用于管理模块、全局配置和虚机主机配置的特别配置片段。

在/etc/apache2 目录下还有一个 sites-available 目录，它实际上是与 sites-enabled 目录对应的。虚拟主机实际上是通过位于 sites-available 目录中的站点配置文件来配置的，而在 sites-enabled 目录中放置的是指向 sites-available 目录中对应站点配置文件的符号链接。如果 Apache 上配置了多个虚拟主机，每个虚拟主机的配置文件都放在 sites-available 下，那么对于虚拟主机的停用、启用就非常方便，当在 sites-enabled 下建立一个指向某个虚拟主机配置文件的链接时，就启用它；如果要关闭某个虚拟主机，只需删除相应的链接即可，这样就不用去改配置文件。

与之类似的还有用于管理模块的 mods-enabled 与 mods-available 目录，前者用于存放链接文件，后者用于存放实际的配置文件。

2. Apache 配置文件语法格式

Apache 配置文件每行一个指令，格式如下：

```
指令名称　参数
```

指令名称不区分大小写，但参数通常区分大小写。如果要续行，可在行尾加上“\”符号。以“#”符号开头的行是注释行。

参数中的文件名需要用“/”代替“\”。以“/”打头的文件名，服务器将视为绝对路径。如果文件名不以“/”打头，将使用相对路径。文件路径可以加上引号作为字符串，也可以不加引号。

配置文件中也使用容器来封装一组指令，用于限制指令的条件或指令的作用域。容器语句成对出现，格式为

```
<容器名  参数>
  一组指令
<容器名>
```

<Directory>、<Files>和<Location>分别用于限定作用域为目录、文件和 URL 地址，通过一组封装指令对它们实现控制。<VirtualHost>用于定义虚拟主机。

在主配置文件，通过 Include 或 IncludeOptional 指令将其他配置文件包含进来。在/etc/apache2/apache2.conf 中默认定义有以下 Include 语句：

```
# Include module configuration:
IncludeOptional mods-enabled/*.load
IncludeOptional mods-enabled/*.conf
# Include list of ports to listen on
Include ports.conf
# Include generic snippets of statements
IncludeOptional conf-enabled/*.conf
# Include the virtual host configurations:
IncludeOptional sites-enabled/*.conf
```

Include 和 IncludeOptional 两个指令的区别在于，如果参数使用了通配符却不能匹配任何文件，前者会报错，而后者则会忽略此错误。

3. Apache 全局配置

主配置文件 apache2.conf 用于定义全局配置，设置 Apache 服务器整体运行的环境变量。

常见的全局配置是设置连接参数。一般情况下，每个 HTTP 请求和响应都使用一个单独的 TCP 连接，服务器每次接受一个请求时，都会打开一个 TCP 连接并在请求结束后关闭该连接。若能对多个处理重复使用同一个连接，即持久连接（允许同一个连接上传输多个请求），则可减小打开 TCP 连接和关闭 TCP 连接的负担，从而提高服务器的效率。Apache 设置持久连接的指令如下。

- TimeOut：设置连接请求超时的时间，单位为秒。默认设置值为 300。
- KeepAlive：设置是否启用持久连接功能。默认设置为 On。
- MaxKeepAliveRequests：设置在一个持久连接期间所允许的最大 HTTP 请求数目。默认设置为 100，可以将该值适当加大，以提高服务器的性能。设置为 0 则表示没有限制。
- KeepAliveTimeout：设置一个持久连接期间所允许的最长时间。默认设置为 5（秒）。对于高负荷的服务器，该值设置过大会引起性能问题。

配置目录访问控制也很重要，使用<Directory>容器封装一组指令，使其对指定的目录及其子目录有效。该指令不能嵌套使用，其命令用法如下：

```
<Directory  目录名>
   一组指令
</Directory>
```

目录名可以采用文件系统的绝对路径，也可以是包含通配符的表达式。Apache 提供访问控制指令（如 Allow、Deny、Order）来限制对目录、文件或 URL 地址的访问。Apache 可以对每个目录设置访问控制，下面是对“/”（文件系统根目录）的默认设置。

```
<Directory />
# 允许使用符号链接
```

```
    Options FollowSymLinks
# 禁止使用 htaccess 文件
    AllowOverride None
# 拒绝所有访问
    Require all denied
</Directory>
```

对网站目录/var/www 的默认设置如下。

```
<Directory /var/www/>
# 允许目录浏览和使用符号链接
    Options Indexes FollowSymLinks
# 禁止使用 htaccess 文件
    AllowOverride None
# 允许所有访问
    Require all granted
</Directory>
```

4. Apache 虚拟主机配置

Apache 支持虚拟主机，让同一 Apache 服务器进程能够运行多个 Web 网站。Ubuntu 中配置 Apache 虚拟主机与其他操作系统有所不同，Apache 默认会读取/etc/apache2/sites-enabled 中的站点配置文件。默认情况下，该目录下只有一个名为 000-default.conf 的链接文件，指向/etc/apache2/sites-available 中的站点配置文件 000-default.conf，该文件的主要内容如下：

```
<VirtualHost *:80>
ServerAdmin webmaster@localhost
DocumentRoot /var/www/html

ErrorLog ${APACHE_LOG_DIR}/error.log
CustomLog ${APACHE_LOG_DIR}/access.log combined

</VirtualHost>
```

使用<VirtualHost>容器定义虚拟主机。VirtualHost 指令的参数是提供 Web 服务的 IP 地址和端口。默认端口为 80。如果将服务器上的任何 IP 地址都用于虚拟主机，可以使用参数“*”。如果使用多个端口，应当明确指定端口（如*:80）。

配置文件 000-default.conf 中默认提供的 IP 地址和端口为“*:80”，这表示没有指定具体的 IP 地址，凡是使用该主机上的任何有效地址，端口为 80 的都可以访问此处指定的 HTTP 内容。

在<VirtualHost>容器中使用 DocumentRoot 指令定义网站根目录。例中为/var/www/html。每个网站必须有一个主目录。主目录位于发布的网页的中央位置，包含主页或索引文件以及到所在网站其他网页的链接。主目录是网站的“根”目录，映射为网站的域名或服务器名。用户使用不带文件名的 URL 访问 Web 网站时，请求将指向主目录。

对于要使用多个虚拟主机的情况，需要在/etc/apache2/sites-available 目录中为每个虚拟主机创建一个站点配置文件，然后在/etc/apache2/sites-enabled 创建相应的链接文件。虚拟主机配置文件的内容可以参考 000-default.conf 的内容，主要是使用<VirtualHost>容器定义虚拟主机，其中使用指令 ServerName 设置服务器用于识别自己的主机名和端口，使用 DocumentRoot 设置主目录的路径。

基于 IP 的虚拟主机使用多 IP 地址来实现，将每个网站绑定到不同的 IP 地址，如果使用域名，则每个网站域名对应于独立的 IP 地址。例如两个虚拟主机配置文件中的主要内容分别为

```
<VirtualHost 192.168.199.211>
    ServerName info.abc.com
    DocumentRoot /var/www/info
</VirtualHost>
```

和

```
<VirtualHost 192.168.199.212>
```

```
    ServerName sales.abc.com
    DocumentRoot /var/www/sales
</VirtualHost>
```

基于名称的虚拟主机方案将多个域名绑定到同一 IP 地址。多个虚拟主机共享同一个 IP 地址，各虚拟主机之间通过域名进行区分。例如两个虚拟主机配置文件中的主要内容分别为：

```
<VirtualHost *:80>
   ServerName info.abc.com
   DocumentRoot /var/www/info
</VirtualHost>
```

和

```
<VirtualHost *:80>
   ServerName sales.abc.com
   DocumentRoot /var/www/sales
</VirtualHost>
```

在/etc/apache2/sites-available 和/etc/apache2/sites-enabled 目录创建好虚拟主机配置文件和相应的链接文件之后，重启 Apache 即可使配置生效。也可以使用 Apache 提供的专门工具 a2ensite 和 a2dissite 来启用和停用相应配置文件所定义的虚拟主机。这两个工具实际上是根据站点配置文件名称在/etc/apache2/sites-enabled 目录中创建或删除指向/etc/apache2/sites-available 目录相应站点配置文件的符号链接。例如：

```
sudo a2dissite 000-default.conf
sudo a2ensite info-abc-com.conf
sudo a2ensite info-abc-sales.conf
```

然后执行以下命令重启 Apache 即可生效：

```
sudo systemctl restart  apache2
```

12.2.3 在 Ubuntu 上配置 PHP

Ubuntu Linux 上的 PHP 配置文件不像 Windows 那样简单，它将各个设置项分布在不同的配置文件中，虽然复杂一些，但是这样的设计更为合理。

1. PHP 配置文件体系

例中一键安装的 LAMP 平台中，PHP 版本为 7.2，相应的 PHP 配置文件默认放在/etc/php/7.2 目录下。在该目录下有 3 个子目录：apache2、cli 和 mods-available。apache2 和 cli 目录下都有 php.ini 文件且彼此独立。这两个目录还有 conf.d 子目录，且均是指向/etc/php/7.2/mods-available/目录相应配置文件的符号链接。

不同的 SAPI 使用不同的配置文件。SAPI 全称 Server Application Programming Interface，可译为服务器端应用编程端口。它提供一个与外部通信的接口，是 PHP 与其他应用交互的接口，PHP 脚本执行有多种方式，可以通过 Web 服务器，也可以直接在命令行下，还可以嵌入在其他程序中。如果是 Apache，则使用 etc/php/7.2/apache2 目录下的配置文件；如果是命令行（CLI），则使用/etc/php/7.2/cli 目录下的配置文件。/etc/php/7.2/mods-available 目录下存放的则是针对某一扩展的额外配置文件，并且对 Apache 和命令行都是通用的。

在 Windows 系统中，PHP 的配置文件通常只有一个 php.ini。Ubuntu 中的 PHP 分类配置使配置信息更加清晰和模块化。修改 PHP 配置文件要视具体情况而定，作为 Apache 的模块运行 Web 服务就要修改 apache2 目录下的 php.ini，作为 Shell 脚本运行则修改 cli 目录下的 php.ini。

2. PHP 配置文件格式

PHP 配置文件每行一个设置项，格式如下：

```
指令名称 = 值
```

指令名称区分大小写，值可以是一个字符串、一个数字、一个 PHP 常量（如 E_ALL），或是一个表达式（如 E_ALL & ~E_NOTICE），或是用引号括起来的字符串（如" foo"）。

表达式仅限于位运算符和括号。&、|、^、~和！分别表示 AND、OR、XOR（异或）、NOT（二进制非）和 NOT（逻辑非）。

12.2.4 在 Ubuntu 上配置和管理 MySQL

MySQL 是 LAMP 平台的后台数据库，配置和管理很重要。

1. MySQL 配置文件

Ubuntu 上的 MySQL 主配置文件为/etc/mysql/my.cnf，该文件默认嵌入两个配置子目录。基本配置位于/etc/mysql/mysql.conf.d/mysqld.cnf 文件中，每行一个设置项，格式如下：

```
参数 = 值
```

例如，下面一行定义 MySQL 服务运行时的端口号，默认为 3306。

```
port            = 3306
```

出于安全考虑，需要将 MySQL 绑定至本地主机 IP 地址。可以在配置文件检查 bind-address 参数的设置。

```
bind-address            = 127.0.0.1
```

要使修改的配置文件生效，先保存该文件，然后执行以下命令重启 MySQL：

```
sudo systemctl restart mysql
```

2. 设置 MySQL 用户和密码

与早期版本的 Tasksel 一键安装不同，在一键安装 LAMP 平台的过程中安装数据库服务器 MySql 5.7 时未提示输入密码，为默认管理员账户 debian-sys-maint 自动生成的密码保存在/etc/mysql/debian.cnf 文件中：

```
zhongxp@linuxsrv:~$ sudo cat /etc/mysql/debian.cnf
# Automatically generated for Debian scripts. DO NOT TOUCH!
[client]
host     = localhost
user     = debian-sys-maint
password = WhOaeG2itif6CRWy                #自动生成的密码
socket   = /var/run/mysqld/mysqld.sock
[mysql_upgrade]
host     = localhost                        #自动生成的密码
user     = debian-sys-maint
password = WhOaeG2itif6CRWy
socket   = /var/run/mysqld/mysqld.sock
```

通过用户名 debian-sys-maint 和自动生成的密码就可以直接登录 MySQL 进行操作：

```
zhongxp@linuxsrv:~$ mysql -u debian-sys-maint -p
Enter password:
Welcome to the MySQL monitor.  Commands end with ; or \g.
Your MySQL connection id is 3
Server version: 5.7.27-0ubuntu0.18.04.1 (Ubuntu)
（此处省略）
mysql>
```

登录之后可以设置新的用户名和密码。要注意 MySql 5.7 没有 password 字段，密码存储在 authentication_string 字段中。下面示范新建管理员账户 root 并设置密码的过程：

```
mysql> use mysql;
Reading table information for completion of table and column names
You can turn off this feature to get a quicker startup with -A

Database changed
mysql> update user set authentication_string=PASSWORD("abc123") where user='root';
Query OK, 1 row affected, 1 warning (0.00 sec)
```

```
Rows matched: 1  Changed: 1  Warnings: 1

mysql> update user set plugin="mysql_native_password";
Query OK, 1 row affected (0.00 sec)
Rows matched: 4  Changed: 1  Warnings: 0

mysql> flush privileges;
Query OK, 0 rows affected (0.00 sec)

mysql> quit
Bye
```

使用 PASSWORD()函数定义密码，例中密码为 abc123。执行以下命令重启 MySQL：

```
sudo systemctl restart mysql
```

然后以 root 身份再次登录 MySQL，输入上述密码即可。

3. 使用 MySQL 命令行管理工具

可以使用 mysql 命令连接到 MySQL 服务器上执行简单的管理任务，基本语法如下：

```
mysql -h 主机地址 -u 用户名  -p 密码
```

登录本地主机可以省略主机地址。例如，执行以下命令，输入 root 的密码，即可登录到 MySQL 服务器。

登录成功后，显示相应提示信息，可输入 MySQL 命令或 SQL 语句，结束符使用分号或"\g"。例如执行 show databases 命令显示已有数据库。注意命令末尾一定要使用结束符。

```
mysql> show databases;
+--------------------+
| Database           |
+--------------------+
| information_schema |
| mysql              |
| performance_schema |
| phpmyadmin         |
| sys                |
+--------------------+
5 rows in set (0.00 sec)
```

还可以在系统中使用命令行工具 mysqladmin 来完成 MySQL 服务器的管理任务。基本语法格式为

```
mysqladmin -u[用户名] -p[密码] 子命令
```

4. 使用 phpMyAdmin 管理 MySQL

除通过命令行访问 MySQL 服务器，实际应用中更倾向于基于图形界面的 Web 管理工具。phpMyAdmin 是用 PHP 语言编写的 MySQL 管理工具，可实现数据库、表、字段及其数据的管理，功能非常强大。例如，以管理员身份登录之后，管理 MySQL 用户的界面如图 12-22 所示，管理数据库表的界面如图 12-23 所示。

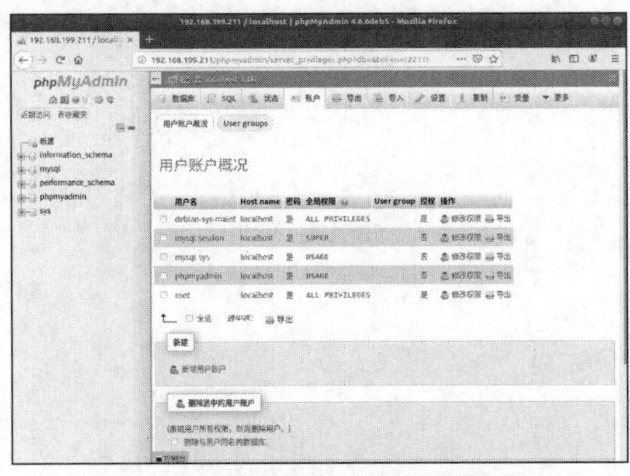

图 12-22　使用 phpMyAdmin 管理用户

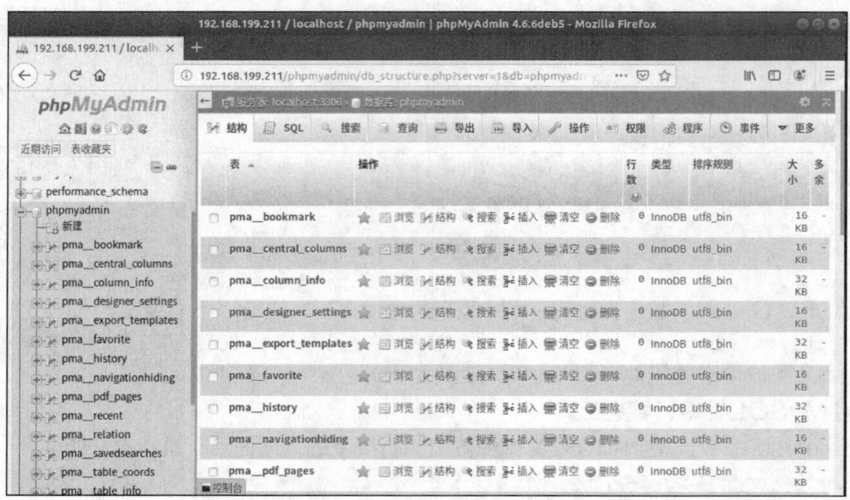

图 12-23 使用 phpMyAdmin 管理数据库表

12.3 习题

1. 简述 LVM 机制。
2. 简述 Ubuntu 系统中的 Apache 配置文件体系。
3. 简述 Ubuntu 系统中的 PHP 配置文件体系。
4. 安装 Ubuntu 服务器，在安装过程中安装 OpenSSH 服务器。
5. 为 Ubuntu 服务器配置静态 IP 地址。
6. 尝试通过 SSH 远程登录 Ubuntu 服务器进行操作。
7. 在 Ubuntu 服务器上安装 Webmin 并进行远程管理操作测试。
8. 添加一块磁盘，基于该磁盘建立一个逻辑卷。
9. 在 Ubuntu 服务器上一键安装 LAMP 平台并进行测试。
10. 为 MySQL 服务器添加一个管理员账户 root。